岩体工程非线性分析理论与数值仿真

Nonlinear Analysis Theory and Numerical Simulation for Rock Mass Engineering

刘耀儒 杨 强 著

U0341416

清华大学出版社

北 京

内 容 简 介

本书系统介绍了作者近年来在岩体工程稳定性和加固措施评价方面的最新研究成果及其在国内重大工程中的应用,主要围绕岩体工程的非线性分析理论和数值仿真,对岩体结构的稳定和加固理论、岩体结构非平衡演化理论、长期稳定性分析、蠕变损伤模型、水对岩体结构的影响、岩体结构仿真分析平台和大规模数值计算进行了叙述,具有很强的理论和实际使用意义。同时,本书还结合锦屏一级、拉西瓦、溪洛渡等重大工程,对坝基、边坡和地下工程方面的应用进行了详细介绍,从工程问题、数值模型、稳定性分析、加固分析、长期安全性评价等方面进行全面阐述。

本书针对岩体结构的非线性特征,注重非线性分析理论、力学模型、数值实现与工程应用的紧密结合,提出非线性分析理论、力学模型,开发数值仿真平台,并已经在国内重大工程中得到成功应用,在保障工程安全方面提供了科学依据。

本书可供岩石力学、岩体工程和水工结构工程领域的科研人员使用,同时可对交通、采矿和能源工程领域的相关科研人员提供帮助,也可以作为高等院校岩土相关专业的研究生教学用书。

图书在版编目(CIP)数据

岩体工程非线性分析理论与数值仿真/刘耀儒,杨强著. —北京:清华大学出版社,2021.4
ISBN 978-7-302-57679-2

Ⅰ.①岩… Ⅱ.①刘… ②杨… Ⅲ.①岩体力学-非线性-分析方法 Ⅳ.①O151.2

中国版本图书馆 CIP 数据核字(2021)第 045420 号

责任编辑:张占奎
封面设计:刘　逸
责任校对:赵丽敏
责任印制:杨　艳

出版发行:清华大学出版社
　　　网　　　址:http://www.tup.com.cn,http://www.wqbook.com
　　　地　　　址:北京清华大学学研大厦 A 座　　　　　邮　　　编:100084
　　　社 总 机:010-62770175　　　　　　　　　　　邮　　　购:010-62786544
　　　投稿与读者服务:010-62776969,c-service@tup.tsinghua.edu.cn
　　　质量反馈:010-62772015,zhiliang@tup.tsinghua.edu.cn
印 刷 者:三河市铭诚印务有限公司
装 订 者:三河市启晨纸制品加工有限公司
经　　　销:全国新华书店
开　　　本:185mm×260mm　　　印　　张:23.25　　　字　　数:563千字
版　　　次:2021 年 6 月第 1 版　　　印　　次:2021 年 6 月第 1 次印刷
定　　　价:188.00 元

产品编号:087176-01

我国的水利水电工程建设、交通工程、油气地下储存、煤炭和矿山开采等均涉及一系列世界级的岩体工程,其特点是工程规模巨大、地形地质条件复杂、工程施工对赋存环境扰动强烈,高坝坝基及开挖高边坡、深埋地下洞室及引水隧洞等施工、运行中的岩体结构的稳定、演化规律和加固等是工程安全的关键问题。

岩体结构由于裂隙和结构面的存在,呈现明显的非线性特性。另外,由于勘探技术的限制,与坝体等人工结构相比,施工和运行中的不确定性突出。赋存地质环境中的高地应力特征,使开挖卸荷后的岩体结构变形表现出很强的非线性特征。多个工程的监测资料表明,蓄水、引水等水对岩体结构的影响也主要体现在非线性方面。岩体结构稳定、破坏和加固分析必须要考虑岩体材料达到屈服强度后的力学行为,以及岩体结构从初始微裂纹发展到破坏的整体非线性演化过程。传统的以线性分析为主体的分析理论、经验方法等难以处理岩体的上述非线性特点,必须基于非线性分析理论进行岩体结构工程的稳定分析和安全评价。

清华大学水利系从 20 世纪 80 年代开始,就开始基于弹塑性理论进行岩体结构稳定和加固的研究工作,并在高坝坝基稳定和加固分析中进行应用。其之后陆续在破坏后力学行为、本构关系积分、稳定性评价指标等非线性分析的核心关键问题上进行了深入研究,逐渐发展完善了基于命令行的数值仿真分析程序 TFINE,在水利水电工程、交通工程、能源储库等国家重大工程中得到广泛应用。相关创新性研究成果也获得了国家科技进步奖二等奖。同时,也编入了我国的水利行业标准《混凝土拱坝设计规范》(SL 282—2018)和电力行业标准《混凝土拱坝设计规范》(DL/T 5346—2006),以及 2011 年修订的《水工设计手册》(第 5 卷混凝土坝)中。岩体结构非平衡演化的研究成果 2014 年列为国家基金委项目成果巡礼的22 项代表性成果之一。

本书共分 9 章。第 1 章介绍了岩体工程安全、稳定和加固分析方面的研究及发展现状;第 2 章介绍了基于弹塑性理论的岩体结构稳定性和加固分析;第 3 章介绍了岩体结构非平衡演化及时效变形稳定和控制理论;第 4 章介绍了基于内变量热力学理论的、可以描述蠕变损伤三阶段的岩体结构蠕变损伤模型及长期稳定性评价指标;第 5 章介绍了水对岩体结构的影响,重点阐述基于有效应力的非线性分析理论和数值实现;第 6 章介绍了岩体结构仿真分析平台及大规模数值计算,重点阐述岩体结构仿真分析平台 TFINE 及其并行计算;第 7～9 章分别介绍了非线性分析理论在高拱坝坝基、岩质高边坡和地下岩体工程中的应用,结合锦屏一级、溪洛渡、大岗山、白鹤滩、小湾等重大水利水电工程等重点介绍工程应用。

本书的研究成果和出版得到国家重点研发计划课题(项目编号:2018YFC0407005)、国家自然科学基金国际(地区)合作与交流项目(项目编号：41961134032)、国家自然科学基金重点项目(项目编号：51739006)、国家重点基础研究发展计划("973"计划)课题(项目编号：2015CB057904)、水沙科学与水利水电工程国家重点实验室科研课题(项目编号：2013-KY-2、2019-KY-03)、国家自然科学基金(项目编号：51479097)的资助,作者在此深表谢意!

　　本书是清华大学水利系在岩体结构工程非线性分析理论研究和工程实践方面的多年经验总结,包含了岩体结构稳定和加固方面的成果。参加本书研究工作的还有张泷、何柱、程立、武哲书、吕庆超、吕帅、朱玲、官福海、潘元炜、常强、邓检强、宋子亨、吕征、林聪、周浩文、王峻、李波、崔智雄、冷旷代、王传奇、黄跃群、陶灼夫、王守光、王兴旺、侯少康、张凯、庄文宇等。本书的研究成果也得到了中国电建集团所属的多个勘测设计研究院的大力支持和帮助,在此一并致谢!

　　由于作者水平有限,书中难免存在不足之处,敬请读者批评指正。

作　者

2020 年 7 月于清华园

CONTENTS 目 录

第 **1** 章

绪　　论

1.1　岩体工程安全

我国的水利水电工程建设、交通工程、油气地下储存、煤炭和矿山开采等均涉及一系列世界级的岩体工程,其特点是工程规模巨大、地质环境恶劣、工程扰动强烈。以水利水电工程为例,我国水电资源主要集中在西部地区,该地区具有全球最强烈的现代地壳活动和高地应力场,其特殊复杂的地质、地形条件,以及超大规模水电站长期安全、稳定运行的要求,使西部地区巨型水电枢纽大量采用高拱坝、地下厂房和深埋隧洞引水发电的布置形式,如溪洛渡拱坝(坝高 285.5m)、小湾拱坝(坝高 294.5m)、锦屏一级拱坝(坝高 305m)、锦屏二级引水隧洞(长 17.4km,埋深达 2800m)、构皮滩拱坝(坝高 232.5m)、拉西瓦拱坝(坝高 250m)等。高坝、坝基及开挖高边坡、深埋地下洞室及引水隧洞等的破坏、稳定和加固是工程安全的关键问题。

在高拱坝安全方面,其核心问题主要是坝体体型优化、建基面优化选择和坝基加固处理,主要目的是提高拱坝的整体稳定性[1,2]。国内外一些拱坝的工程实践表明,大坝的失稳或破坏大多是坝的基岩或坝体建基面附近存在缺陷,从而引起坝体和地基的一定部位,尤其是上游坝踵和坝与基岩的相接处,产生拉压应力集中或者大变形,导致拱坝局部开裂,进而引起大坝开裂或者坝和基础整体产生较大的非线性变形,造成坝体的最终失稳破坏。例如,奥地利高 200m 的 Kolnbrein 拱坝在 1977 年建成后第一次蓄水时即出现上游坝踵处开裂而漏水的问题[图 1-1(a)],不得不进行为期十多年的修复工作[3]。经调查发现,拱坝破坏的主要原因是上游坝体和基础的开裂造成渗流穿过帷幕,产生较大的扬压力,引起拱坝上抬。我国最早建成的二滩拱坝,其下游坝面左右岸靠近基础的部位也出现了较大面积的开裂,监测资料和科研分析表明,坝基玄武蚀变带遇水软化,使坝基产生不均匀变形,坝体局部受力条件不好,在温度荷载作用下,引起坝体开裂。可见,坝体开裂与地基变形也有很大的关系。另外,地基失稳是引起拱坝破坏的另一重要原因。例如,1959 年法国 Malpasset 拱坝因降雨量大和地基中深层裂隙的发展,造成坝体连同地基发生深层滑动而溃坝,死亡 400 余人,如图 1-2 所示。据统计,混凝土高坝的失事大部分与地基有关。更为关键的是,由于勘探等技术手段的限制,相比于坝体由人工浇筑而成,坝基的不确定性及由此带来的工程安全风险问题更为突出。因此,掌握坝基岩体的破坏演化过程,并进行稳定性评价和加固设计,对保证大坝的整体稳定和安全具有很重要的现实意义。而随着拱坝高度的不断增加,特高拱坝的体型优化、地基处理、稳定分析呈现强烈的非线性,其复杂程度和难度都急剧上升,涉及的不是简单的大坝高度的量变问题,而是常规设计原则、方法、手段及判据的质的变化[4-9]。

(a)　　　　　　　　　　　　　　　　(b)

图 1-1　奥地利 Kolnbrein 坝

(a) 坝踵开裂破坏情况;(b) 加固处理后的拱坝

(a)　　　　　　　　　　　　　　　　(b)

图 1-2　法国的 Malpasset 拱坝

(a) 破坏前;(b) 破坏后

伴随着高坝的建设,对大坝安全影响巨大的是近坝的人工或者天然岩质高边坡问题,近坝高边坡的稳定往往会成为制约工程建设和运行的重要关键因素[10]。近坝的天然边坡主要指水库库岸边坡等,该类边坡在水库蓄水后,受水的影响易发生库岸滑坡,造成涌浪,影响大坝和附近居民的安全。例如,意大利的 Vajoint 大坝发生库岸滑坡,导致大坝失效[11]。人工边坡则包括大坝开挖形成的坝肩边坡、船闸边坡、电站厂房边坡等。随着近些年我国高坝水库的蓄水和逐渐投入运行,近坝边坡的变形及对大坝的影响逐渐成为工程安全的热点问题。尤其是谷幅变形的产生机理,已经成为岩体工程中的前沿研究课题和研究热点,如拉西瓦电站的右岸果卜边坡大变形[12]、锦屏一级水电站高边坡的长期时效变形[13]和溪洛渡两岸边坡的整体变形[14]等。

岩体工程另外一个很重要的方面是地下工程,包括深埋地下洞室和隧洞。水利水电工程中的地下厂房[15-20]和引水隧洞[21,22]、油气工程中的地下储油库[23,24]、交通工程中的深埋长隧洞[25]等,规模往往比较大、所处的地质环境比较复杂,而且一般涉及过水和防水的问题,在设计、施工和运行中将遭遇一系列特殊的岩石力学问题,如高地应力[26]、跨活动断层[27]、高内外水压力[28]、岩爆[29]等。跨度最大的溪洛渡地下电站厂房、锦屏二级水电站深埋引水隧洞、川藏铁路[30]等都会遭遇岩石力学问题。

岩体工程设计寿命长、失事后果严重、安全度要求高,而且岩体工程往往规模巨大,所赋存的地质环境复杂,不确定因素较多。同时,岩体材料和结构具有强烈的非线性特征。

(1)岩体材料的非线性[31]

岩体是由岩石物质及结构的不连续面组成的综合体。岩体结构包括两个基本要素:结构面和结构体。其中的结构面是指岩体中具有一定方向、延展较大、厚度较小的二维面状地质界面,包括物质分界面和不连续面,如节理、断层、层面和软弱夹层等。结构面是岩体的重要组成单元,对岩体的性质有重大影响,使岩体具有不连续和非均质的特征。

(2)岩体工程特点

岩体工程一般包括人工结构及其赋存的地质环境。高坝及坝基、边坡、地下洞室和隧洞等均是常见的岩体工程。岩体工程规模大,整体力学响应反映出明显的非线性特征,而且还涉及复杂的非线性受力调整、局部破坏到整体失稳的渐进破坏过程。另外,边坡倾倒破坏和不连续面的力学特征也呈现出明显的几何非线性特征。

(3)岩体工程施工和运行期的安全评价

岩体工程与赋存的地质环境联系密切,地应力的存在使岩体工程施工涉及的开挖等造成强烈的卸荷现象,由此引发的卸荷变形、松弛开裂,以及运行期的蓄水和岩体长期流变等特性也具有典型的非线性特征。

综上所述,可以看到,采用常规的线弹性分析方法将很难反映岩体工程的特点,岩体工程安全评价中的稳定和破坏等关键问题的分析必须考虑岩体的非线性力学行为,尤其是超出强度或者承载力后的强非线性力学行为。因此,需要采用非线性分析理论和方法,对岩体工程的稳定性和加固进行分析和评价,建立相应的安全评价体系,为设计和施工提供可靠的依据,以保证岩体工程的高效安全运行,这对岩石力学学科的发展和工程应用都具有重大的意义。

1.2 岩体工程的稳定和加固分析

对于岩体工程的安全,其核心内容包括两个方面:稳定性和加固处理。稳定性用于判别岩体工程是否稳定,是否影响安全,以及是否需要加固处理;而加固处理则包括加固处理措施的选择和加固效果的评价。同时,岩体工程的稳定性分析还应考虑地应力和参数反演、水岩耦合等因素。

1.2.1 岩体工程的稳定性评价

在拱坝的稳定分析方面,稳定主要包括抗滑稳定和变形稳定两种模式。常规拱坝设计主要从拱坝坝肩的抗滑稳定方面来考察拱坝稳定性,采用的方法是刚体极限平衡法,与拱坝和地基联合承载的真实工况差别较大,但是应用较广泛,相关规范中也有明确的规定。地质力学模型试验和三维非线性有限元计算可以更真实地反映拱坝和地基的联合工作情况及其中的非线性应力调整[8],但是只能给出位移、应力和点安全度的分布,其中点安全度反映的是局部点的安全度,而不是整体稳定情况。变形稳定目前尚无明确的定义和控制指标,而从地质力学模型超载试验经常可以观察到大坝破坏是坝肩变形过大导致大坝丧失承载力造成的。因此,对于控制坝肩岩体变形的建基面的优化分析至关重要。一般而言,建基面一般选择在微新或者更好的岩体上,但是溪洛渡拱坝建基面的优化分析证明[32],坝体放在弱风化下层岩体,主要为Ⅲ1类岩,其安全性和稳定性也是有保证的,并且减少了开挖量和混凝土方量,在经济性和安全性方面都得到了很优的结果。实际上,在建基面优化分析中,应注重考虑坝体和地基的联合作用,地基过硬和过软对坝体应力和位移都是不利的。

在岩石高边坡的稳定性评价方面,常用的边坡稳定分析方法为刚体极限平衡法[10]和有限元法。前者概念清晰、计算简单,但是与真实的滑坡受力和变形情况有质的区别。有限元法则能给出边坡中较真实的应力场和位移场,但是无法给出明确的滑块的滑动安全系数。虽然许多学者基于有限元法,采用强度折减系数法[33]来获得边坡的稳定安全系数,但是对于大型复杂岩体容易形成三维畸形网格、高度不均匀的材料分区、高量级荷载,这对收敛很不利。在较低荷载量级时,局部区域就会出现发散,使整个计算无法进行下去。常规方法对发散性质(是计算策略问题,还是局部失稳或总体失稳问题)无从判断。因而采用强度折减法得到的结果会带有一定的人为因素。有些学者将刚体极限平衡法和非线性有限元法相结合,来考虑块体非线性的影响[34-36]。文献[37,38]基于多重网格法,将非线性有限元法或者有限差分法的计算成果应用于极限分析中,获得了坝肩抗滑稳定和边坡滑块的滑动安全系数,同时对滑动面上的应力和位移分布进行了分析,并推广到边坡三维动力稳定分析中。可以说,这种方法同时考虑了抗滑稳定和变形稳定,在稳定分析中具有很大的应用前景。

如果将受荷载作用的岩体工程结构视为变形力学系统,那么能量法也是一个适用于该力学系统稳定分析的普遍原理[39]。文献[40]运用能量法并借助突变理论导出岩体工程开挖系统失稳破坏的能量突变准则,并将其引入有限元程序中,以判断岩体工程系统失稳的可能性;文献[41,42]基于能量法提出了干扰能量法,即采用干扰位移引起的干扰能量判定岩体结构稳定与否,而干扰能量可以通过数值计算得到;文献[43]基于能量法研究指出,结构失稳时结构整体弹塑性切向刚度矩阵将丧失正定性;事实上,刚度矩阵的特征值法和奇异刚度矩阵法都是能量法的推论[39]。不过能量法在岩体结构工程中的应用并不广泛,原因在于只有当岩石介质出现应变软化区系统时,才可能出现失稳,而目前岩石材料的峰后变形行为的研究还不够深入,缺乏成熟和适用的本构关系。不过能量法具有明确且严格的稳定性判据,又可以借助有限元等数值计算方法进行分析,是一种很有潜力的稳定性分析方法。

1.2.2 岩体工程加固效果的评价

加固是岩体工程中不可缺少的一项工程措施。在正常工作状态下,各种加固措施对应力、变形的改变效果甚微,加固分析是有限元分析的一个难点。例如,大量地质力学模型试验都证明非常有效的拱坝贴脚、坝趾锚固等加固措施[44]，以及工程实践证明非常有效的锚索[45]，在数值计算上均反映不出特别明显的效果。

岩体工程空间尺度较大，而且一般为高次超静定结构，而加固措施的效应和加固力对结构变形特征极为敏感。所以，变形、稳定、加固三者是紧密联系在一起的，孤立地谈一方面或两方面意义不大。基于抗滑稳定的加固设计比较明确，但滑动失稳是一种处在超载或降强下的极端状态，偏离正常工作状态很远。着眼于正常工作状态的基于变形稳定的加固设计可能更具有工程实际意义，但到目前为止，还没有一套明确的设计方法和准则。

针对这些问题，文献[46]提出了变形稳定和控制理论，指出了超出屈服面的不平衡力即为加固力的物理意义，从而建立变形稳定性和加固力的直接关系，并且已经在高拱坝[46-48]、高边坡[49,50]、地下能源储备库[23]等大型岩石工程的稳定及加固分析中得到应用。根据不平衡力的大小、方向、分布，即可有效地确定加固力，同时整体和局部、坝肩和边坡稳定的特点也变得非常明确，长期困扰稳定分析的收敛性问题也可得到有效解决。除最优加固分析外，限制变形、抗裂等加固分析都可以纳入这一体系。

1.2.3　基于地质力学模型试验的岩体工程稳定分析

地质力学模型试验是根据一定的相似理论，一般以特定的结构-复杂地质条件为整体的研究对象，进行缩尺研究的物理模拟方法[51]。地质力学模型试验能模拟岩体结构中的不连续构造，如断层、软弱带、节理裂隙等；能研究结构在非线性情况下的力学响应；同时能模拟在荷载逐渐增加情况下，结构从逐步开裂到最终破坏的全过程。

目前，基于地质力学模型试验的整体安全度包括超载安全度、强度储备安全度及综合安全度。例如，对于拱坝而言，其具有较强的超载能力，为了使拱坝地基系统处于极限平衡状态，常用的手段是增加上游水压力或降低材料的抗剪强度，以系统达到极限平衡状态时荷载变化或强度变化的倍数来评价拱坝的整体稳定性。前者称为超载安全度，后者称为强度储备安全度。有时采用两者结合的方法，既考虑荷载增加又考虑强度折减，以两种安全度的乘积表征系统的安全度，称为综合安全度。

在拱坝安全评价中，用超载分析还是降强分析是坝工界一个长期争论的焦点。超载分析突出了拱端推力作为主要滑动力的地位，这和常规刚体极限平衡分析的精神是一致的。降强分析则强调了岩体、结构面力学参数不确定性的一面。由于山体应力受自重应力（或构造应力）主导，降强分析反映的破坏机制容易和边坡稳定问题混淆。综合强度指标将两者结合起来：先降强至一定程度，再超载。超载系数实际上是拱坝相对于水荷载的极限承载力，严格说来应有若干个针对不同荷载的极限承载力，这样才能全面说明问题。强度储备系数的前提是先要假定不同材料的降强比例。总的说来，对拱坝这样复杂的结构体系追求单一的安全指标是不适宜的，无法全面反映客观存在的可能多种失稳模式，应该建立反映拱坝破坏多尺度特点的安全指标体系，如点、面、块、整体安全度。这也是"工程稳定广角度准则"的精神[52]。

1.2.4　岩体工程稳定分析要考虑的其他因素

（1）地应力场的数值模拟

岩体工程一般处在复杂的地质环境中，岩体的自重应力和地质构造应力对工程结构的影响比较大。工程中的地应力场资料往往是若干测点的实测地应力值,而在数值分析中,通常需要有完整的初始地应力场。各种荷载组合的计算工况分析均是在初始地应力场的基础上进行的,因此需要在模型中建立初始地应力场。初始地应力场对边坡施工期和地下洞室施工开挖的稳定性分析影响非常大。同时,对运行期的长期变形和稳定性影响也很大。

数值分析中确定初始地应力场的通常做法是通过若干实测点的地应力值进行回归分析,求出回归系数,最终确定岩体初始地应力场。常用的初始地应力场的回归方法主要可以分为直接的地应力场多元回归法、应力函数法和由测点应力值直接推算应力场。但是不管采用哪种方法,计算中的计算量大、收敛速度慢、计算结果不够精确等问题一直没有得到很好的解决。许多学者也提出了一些方法来改进地应力模拟中的一些问题,如文献[53]提出应力函数和有限元联合反演地应力场的方法,文献[54-56]采用 FLAC^{3D} 对地应力场的反演分析做了研究。在减小计算时间和反演精度方面,将回归方法和遗传算法结合进行地应力场的反演分析是很有发展潜力的一种方法[57-59],而且神经网络算法具有很好的并行计算性能,可以采用并行计算技术,以大大缩短地应力反演的计算时间。

目前的地应力反演一般是基于线弹性计算进行的,但是经线性叠加得到的回归分析结果,很可能不能全面满足岩石材料的屈服准则和内部节点的平衡条件,而且多元回归方法求得的测点反演结果不会精确等于测点的实测值,它只能保证反演结果同实测值之差(即残差)的平方和最小。这些都会带来多余的作用和荷载,导致开挖模拟过程的非线性计算产生较大的误差。因此,需要对初始的反演结果进行校正[60]。校正一般包括满足屈服条件的弹塑性校正、满足平衡条件的弹塑性校正和弹塑性校正。经过上述调整后的地应力场,可以保证在后续非线性计算过程中的准确性和合理性。

(2) 参数反演分析

反分析按照其内涵来说包括反演分析和反馈分析[61],这两者既有联系又有区别。反演分析是根据正分析的结果,应用计算力学方法,反求岩体材料或者坝体混凝土等的力学参数、数值计算模型及其计算成果,以校准影响计算精度的主要因素;反馈分析则是综合应用反演分析的成果和正分析,推求岩体工程的运行状态、安全度等评价指标。

在岩体工程的反分析方面,由于岩体工程一般处于整体线弹性工作状态,所以针对线弹性进行反演分析的研究较多,也比较成熟,主要对变形模量进行反演。文献[62-64]在隧洞、非圆形洞室等的平面位移反分析方面提出了各自的位移反分析方法。对于弹塑性分析或者非线性分析中的强度参数,如摩擦系数和黏滞力等,反演难度则比较大。而这些参数对于岩体工程的稳定分析更为重要。弹塑性问题的变形反分析主要采用单纯形优化和直接搜索法等[65,66]。文献[67]基于地震前后破坏垮塌的边坡稳定性分析,采用变形稳定和控制理论进行了边坡岩体强度参数的反演分析。

计算机的迅速发展为解决复杂岩体工程问题提供了新的思路。传统参数辨识方法存在诸多局限性,因此已有大量学者尝试将机器学习应用于参数反演领域。常见的机器学习算法包括 BP 神经网络[68-71]、遗传算法[72-75]、粒子群算法[76-78]等。

(3) 渗流场模拟及和应力场的耦合分析

渗流场对拱坝坝基开裂、岩石高边坡和地下洞室的稳定均起着不可忽视的作用,渗流场和应力场的耦合分析是一个亟待解决的问题。蓄水期高坝水库的谷幅变形[79,80]、水库诱发地震[81,82]等都是由于水对岩体的作用产生的。在坝肩稳定方面,地下渗流水的存在会对坝肩岩体产生较大的渗透力,同时水使岩体参数下降,会导致坝肩失稳破坏,法国的 Malpasset 拱坝失稳就是典型的例子。在边坡的不稳定因素方面,水是诱发边坡不稳定的一个很主要的因素[83]。降雨、水库蓄水和泄洪雨雾是导致边坡失稳的主要因素。在地下洞室开挖方面,隧道的开挖,一方面使地下水排泄有了新的通道,加速了径流循环,破坏了原有的补给—运移—排泄系统的平衡;另一方面,造成围岩应力重新分布,部分结构面由于增压闭合,部分岩体卸荷松弛或产生剪切滑移,为地下水的排泄提供了新的通道,进而对隧洞开挖的稳定性产生影响。

传统的渗流场和应力场的耦合分析,主要集中于耦合分析方法方面,可以分为全耦合、迭代耦合、显式耦合和伪耦合[84,85]。全耦合方法将孔隙压力和温度等渗流变量、位移和应力等力学变量等耦合在一起进行整体计算;迭代耦合方法则分别计算渗流场和应力场,在每一时步通过交换数据来进行耦合;显式耦合方法是迭代耦合方法的特例,它只迭代一次;伪耦合模型则在一个程序同时计算渗流场和应力场,而孔隙率和渗透系数通过经验公式进行计算。在上面的耦合模型中,迭代耦合方法灵活性大,已被证实最为有效。在岩体工程中,水对岩体变形、强度等的影响可能更为重要,尤其是在非线性影响机制方面。

（4）岩体工程非线性分析中的大规模计算

岩体工程的失稳通常伴随着岩体工程变形的非均匀性、非线性和大位移等特点,是一个相当复杂的高度非线性问题。岩体结构非线性和损伤开裂等方面的数值分析,如高拱坝坝踵和岩体的开裂、坝肩岩体的稳定性分析等,计算量更是大得惊人,而且岩体工程规模往往非常大,开裂破坏分析往往涉及复杂的多尺度和多场耦合问题,所以计算量非常巨大。因此,岩体工程稳定分析对大规模计算的需求迫切[86],难点是非线性计算的收敛性和并行计算的负载平衡问题。

参考文献

[1] 周维垣,杨若琼,剡公瑞. 大坝整体稳定分析系统[J]. 岩石力学与工程学报,1997,16(5):424-430.

[2] 汝乃华,姜忠胜. 大坝事故与安全·拱坝[M]. 北京:中国水利水电出版社,1995.

[3] BAUSTADTER K,WIDMANN R. The behavior of the Kolnbrein arch dam. [C]//The Fifteenth International Congress on Large Dams,Lausane,1985.

[4] 潘家铮. 溪洛渡电站拱坝设计优化之我见[J]. 中国三峡建设,2004,11(2):4-5.

[5] 朱伯芳. 论拱坝应力控制标准[M]//特稿拱坝枢纽分析与重点问题研究. 李瓒,陈飞,郑建波,等. 北京:中国电力出版社,2004:721-732.

[6] 周维垣,杨若琼,刘耀儒,等. 高拱坝整体稳定地质力学模型试验研究[J]. 水力发电学报,2005,24(1):53-58,64.

[7] LIU Y R,ZHOU W Y. Stability analysis and evaluation of Xiluodu arch dam [C]//Second International Symposium on New Development in Rock Mechanics and Rock Engineering,Shenyang,2002.

[8] 周维垣,杨若琼,剡公瑞. 高拱坝的有限元分析方法和设计判据研究[J]. 水利学报,1997(8):1-6.

[9] 周维垣,杨若琼,剡公瑞. 高拱坝稳定性评价的方法和准则[J]. 水电站设计,1997,13(2):1-7.

[10] 陈祖煜,汪小刚,杨键,等. 岩质边坡稳定分析:原理方法程序[M]. 北京:中国水利水电出版

社,2005.

[11] KIERSCH A G. Vajont reservoir disaster[J]. ASCE civil engineering,1964:32-40.

[12] LIU Y R,WANG X M,WU Z S,et al. Simulation of landslide-induces surges and analysis of impact on dam based on stability evaluation of reservoir bank slope[J]. Landslides,2018,15(10):2031-2045.

[13] 程立,刘耀儒,潘元炜,等. 锦屏一级拱坝左岸边坡长期变形对坝体影响研究[J]. 岩石力学与工程学报,2016,35(S2):4040-4052.

[14] LIU Y R,WANG W Q,HE Z,et al. Nonlinear creep damage model considering effect of pore pressure and analysis of long-term stability of rock structure[J]. International Journal of damage mechanics,2020,29(1):144-165.

[15] 张明,卢裕杰,毕忠伟,等. 利用神经网络的反馈分析方法及其在地下厂房中的应用[J]. 岩石力学与工程学报,2010,29(11):2211-2220.

[16] 刘会波,肖明,赵辰,等. 复杂地应力环境大型地下洞室围岩时效变形机制及力学模拟[J]. 岩石力学与工程学报,2013,32(S2):3565-3574.

[17] 李仲奎,周钟,徐千军,等. 锦屏一级水电站地下厂房时空智能反馈分析的实现与应用[J]. 水力发电学报,2010,29(3):177-183.

[18] 王克忠,李仲奎,王玉培,等. 大型地下洞室断层破碎带变形特征及强柔性支护机制研究[J]. 岩石力学与工程学报,2013,32(12):2455-2162.

[19] 江权,樊义林,冯夏庭,等. 高应力下硬岩卸荷破裂:白鹤滩水电站地下厂房玄武岩开裂观测实例分析[J]. 岩石力学与工程学报,2017,36(5):1076-1087.

[20] 冯夏庭,吴世勇,李邵军,等. 中国锦屏地下实验室二期工程安全原位综合监测与分析[J]. 岩石力学与工程学报,2016,35(4):649-657.

[21] DENG M J. Challenges and thoughts on risk management and control for the group construction of a super-long tunnel by TBM[J]. Engineering,2018,4:112-122.

[22] 邓铭江. 深埋超特长输水隧洞 TBM 集群施工关键技术探析[J]. 岩土工程学报,2016,38(4):577-587.

[23] 杨强,刘耀儒,冷旷代,等. 能源储备地下库群稳定性与连锁破坏分析[J]. 岩土力学,2009,30(12):3553-3561,3568.

[24] DENG J Q,LIU Y R,YANG Q,et al. A viscoelastic,viscoplastic,and viscodamage constitutive model of salt rock for underground energy storage cavern[J]. Computers and geotechnics,2020,119:103288.

[25] 王明友,侯少康,刘耀儒,等. TBM 隧洞豆砾石回填灌浆密实度影响研究[J]. 隧道建设(中英文),2020,40(3):326-336.

[26] 黄润秋,王贤能,唐胜传,等. 深埋长隧道工程开挖的主要地质灾害问题研究[J]. 地质灾害与环境保护,1997,9(1):50-68.

[27] 颜天佑,崔臻,张勇慧,等. 跨活动断裂隧洞工程赋存区域地应力场分布特征研究[J]. 岩土力学,2018,39(S1):378-386.

[28] 任旭华,陈祥荣,单治钢. 富水区深埋长隧洞工程中的主要水问题及对策[J]. 岩石力学与工程学报,2004,23(11):1924-1929.

[29] 冯夏庭,张传庆,陈炳瑞,等. 岩爆孕育过程的动态调控[J]. 岩石力学与工程学报,2012,31(10):1983-1997.

[30] 卢春房,蔡超勋. 川藏铁路工程建设安全面临的挑战与对策[J]. Engineering,2019,5(5):833-838.

[31] 周维垣,杨强. 岩石力学数值计算方法[M]. 北京:中国电力出版社,2005.

[32] 杨强,朱玲,翟明杰. 基于三维非线性有限元的坝肩稳定刚体极限平衡法机理研究[J]. 岩石力学与工程学报,2005,24(19):3403-3409.

[33] 赵尚毅,郑颖人,时卫民. 用有限元强度折减法求边坡稳定安全系数[J]. 岩土工程学报,2002, 24(3):343-346.

[34] 张伯艳,陈厚群. 用有限元和刚体极限平衡方法分析坝肩抗震稳定[J]. 岩石力学与工程学报, 2001,(5):665-670.

[35] 周资斌,章青,吴锋. 弹塑性有限元和刚体极限平衡法混合分析土坡稳定[J]. 安徽建筑工业学院学报:自然科学版,2003,11(3):5-8.

[36] 康亚明,杨明成,胡艳香. 极限平衡法和有限单元法混合分析土坡稳定[J]. 中国矿业,2006,15(3):74-77.

[37] 杨强,朱玲,薛利军. 基于三维多重网格法的极限平衡法在锦屏高边坡稳定性分析中的应用[J]. 岩石力学与工程学报,2005,24(S2):5313-5318.

[38] LIU Y R,HE Z,LENG K D,et al. Dynamic limit equilibrium analysis of sliding block for rock slope based on nonlinear FEM[J]. Journal of Central South University,2013,20:2263-2274.

[39] 王来贵,黄润秋,张倬元,等. 岩石力学系统运动稳定性问题及其研究现状[J]. 地球科学进展, 1997,12(3):236-241.

[40] 蔡美峰,孔广亚,贾立宏. 岩体工程系统失稳的能量突变判断准则及其应用[J]. 北京科技大学学报,1997,19(4):325-328.

[41] 卓家寿,邵国建,陈振雷. 工程稳定问题中确定滑坍面、滑向与安全度的干扰能量法[J]. 水利学报, 1997(8):81-85.

[42] 邵国建,卓家寿,章青. 岩体稳定性分析与评判准则研究[J]. 岩石力学与工程学报,2003,22(5):691-696.

[43] 殷有泉. 非线性有限元基础[M]. 北京:北京大学出版社,2007.

[44] 官福海,刘耀儒,杨强,等. 白鹤滩高拱坝坝趾锚固研究[J]. 岩石力学与工程学报,2010,29(7):1323-1332.

[45] 徐前卫,尤春安,朱合华. 预应力锚索的三维数值模拟及其锚固机理分析[J]. 地下空间与工程学报,2005,1(2):214-218.

[46] 杨强,刘耀儒,陈英儒,等. 变形加固理论及高拱坝整体稳定与加固分析[J]. 岩石力学与工程学报, 2008,27(6):1121-1136.

[47] YANG Q,LIU Y R,CHEN Y R,et al. Deformation reinforcement theory and its application to high arch dams[J]. Science in China series e-technological sciences,2008,51(S1):32-47.

[48] LIU Y R,HE Z,YANG Q,et al. Long-term stability analysis for high arch dam based on time-dependent deformation reinforcement theory[J]. International Journal of Geomechanics,2017, 17(4):04016092.

[49] LIU Y R,WANG C Q,YANG Q. Stability analysis of soil slope based on deformation reinforcement theory[J]. Finite elements in analysis and design,2012,58:10-19.

[50] 刘耀儒,黄跃群,杨强,等. 基于变形加固理论的岩土边坡稳定和加固分析[J]. 岩土力学,2011, 32(11):3349-3354.

[51] 刘耀儒,杨强,杨若琼,等. 高拱坝地质力学模型试验[M]. 北京:清华大学出版社,2016.

[52] 卓家寿,章青. 不连续介质力学问题的界面元法[M]. 北京:科学出版社,2000.

[53] 余成学,熊文林,陈胜宏. 边坡初始地应力场的应力函数与有限元联合反演法[J]. 武汉水利电力大学学报,1995,28(4):366-371.

[54] 李仲奎,戴荣,姜逸明. FLAC^{3D}分析中的初始地应力场生成及在大型地下洞室群计算中的应用[J]. 岩石力学与工程学报,2002,21(S2):2387-2392.

[55] 杨柯,张立翔,李仲奎. 地下洞室群有限元分析的地应力场计算方法[J]. 岩石力学与工程学报, 2002,21(12):1639-1644.

[56] 梅松华,盛谦,冯夏庭,等. 龙滩水电站左岸地下厂房区三维地应力场反演分析[J]. 岩石力学与工

程学报,2004,23(23):4006-4011.

[57] 戴荣,李仲奎. 三维地应力场 BP 反分析的改进[J]. 岩石力学与工程学报,2005,24(1):83-88.

[58] 石敦敦,傅永华,朱暾,等. 人工神经网络结合遗传算法反演岩体初始地应力的研究[J]. 武汉大学学报(工学版),2005,38(2):73-76.

[59] 易达,徐明毅,陈胜宏,等. 人工神经网络在岩体初始应力场反演中的应用[J]. 岩土力学,2004,25(6):943-946.

[60] 杨强,刘福深,任继承. 三维初始地应力场的多尺度弹塑性校正[J]. 水力发电学报,2007,26(6):24-29.

[61] 吴中如,顾冲时. 大坝原型反分析及其应用[M]. 南京:江苏科学技术出版社,2000.

[62] 刘允芳. 弹性介质岩体中非圆形洞室位移反分析计算[J]. 岩石力学与工程学报,1986,5(1):25-39.

[63] 杨志法,刘竹华. 位移反分析在地下工程设计中的初步应用[J]. 地下工程,1981,2:9-14.

[64] 吴凯华. 隧洞围岩原始应力与弹性常数的反分析[J]. 土木工程学报,1988,21(2):51-59.

[65] GIODA G, SAKURAI S. Back analysis procedures for the interpretation of field measurements in geomechanics[J]. International journal for numerical & analytical methods in geomechanics,1987,11(6):555-583.

[66] 薛琳. 黏弹性岩体力学模式识别与参数反演解析方法研究[J]. 工程地质学报,1995,3(1):70-77.

[67] LYV Q C,LIU Y R,YANG Q. Stability analysis of earthquake-induced rock slope based on back analysis of shear strength parameters of rock mass[J]. Engineering geology,2017,228:39-49.

[68] 张秋彬,李俊才,徐建鹏. 破碎软岩隧道围岩参数反演分析[J]. 公路,2019,64(12):293-297.

[69] 黄戡,刘宝琛,彭建国,等. 基于遗传算法和神经网络的隧道围岩位移智能反分析[J]. 中南大学学报(自然科学版),2011,42(1):213-219.

[70] 张向东,袁升礼,殷增光,等. 基于遗传算法的软岩破碎带巷道围岩参数反分析[J]. 辽宁工程技术大学学报(自然科学版),2018,37(2):285-289.

[71] LIU K, LIU B. Intelligent information-based construction in tunnel engineering based on the GA and CCGPR coupled algorithm[J]. Tunnelling and underground space technology,2019,88(6):113-128.

[72] 周明,孙树栋. 遗传算法原理与应用[M]. 北京:国防工业出版社,1999.

[73] 丁德馨,张志军,孙钧. 弹塑性位移反分析的遗传算法研究[J]. 工程力学,2003,20(6):1-5.

[74] 刘耀儒,杨强,刘福深,等. 基于并行改进遗传算法的拱坝位移反分析[J]. 清华大学学报,2006,46(9):1542-1545,1550.

[75] 刘福深,刘耀儒,杨强,等. 基于改进遗传算法的拱坝位移反分析[J]. 岩石力学与工程学报,2005,24(23):4341-4345.

[76] 杨文东,张强勇,李术才,等. 粒子群算法在时效变形参数反演中的应用[J]. 中南大学学报(自然科学版),2013,44(1):282-288.

[77] 王峰,周宜红,赵春菊,等. 基于改进粒子群算法的混凝土坝热学参数反演研究[J]. 振动与冲击,2019,38(12):168-174,181.

[78] 刘文彬,刘保国,刘中战,等. 基于改进 PSO 算法的岩石蠕变模型参数辨识[J]. 北京交通大学学报,2009,33(4):140-143.

[79] CHENG L,LIU Y R,YANG Q, et al. Mechanism and numerical simulation of reservoir slope deformation during impounding of high arch dams based on nonlinear FEM[J]. Computers and geotechnics,2017,81(1):143-154.

[80] WANG S G,LIU Y R,YANG Q,et al. Analysis of abutment movements of high arch dams due to reservoir impounding[J]. Rock mechanics and rock engineering,2020,53(5):2313-2326.

[81] ELLSWORTH W L. Injection-induced earthquakes[J]. Science,2013,341(6142):1225942.

[82] KERANEN K M,SAVAGE H M,ABERS G A,et al. Potentially induced earthquakes in Oklahoma, USA：Links between wastewater injection and the 2011 Mw 5.7 earthquake sequence[J]. Geology, 2013,41(6)：699-702.

[83] 张有天. 岩石水力学与工程[M]. 北京：中国水利水电出版社,2005.

[84] TRAN D, SETTARI A,NGHIEM L. New iterative coupling between a reservoir simulator and a geomechanics module[J]. SPE journal,2004,9(3)：362-369.

[85] 杜广林,周维垣,赵吉东. 裂隙介质中的多重裂隙网络渗流模型[J]. 岩石力学与工程学报,2000, 19(6)：1014-1018.

[86] LIU Y R,ZHOU W Y,YANG Q. A distributed memory parallel element-by-element scheme based on Jacobi-conditioned conjugate gradient for 3-D finite element analysis[J]. Finite elements in analysis & design,2007,43(6-7)：494-503.

第 ② 章

基于弹塑性理论的岩体结构
稳定性和加固分析

在岩体结构数值分析中,加固效果主要从加固措施对结构位移、应力和屈服区等力学效应的影响来进行评价。但大量计算实践表明,加固措施对这些力学效应的影响往往都很小,以此来评价加固效果很容易得出加固与否无关紧要的错误结论。对于岩体结构的稳定,常规的刚体极限平衡法不适于对高坝坝基、高边坡、大型地下洞室群等大型岩体工程稳定评价及加固等控制手段进行分析,需要在变形结构分析的基础上开展稳定与控制分析,而这是岩体数值分析方法的一个核心难点。本章基于复杂多自由度变形结构体系失稳的严格定义及其集合逻辑表述,发展了变形稳定和控制理论,基于有限元进行了数值实现,并对基于弹塑性分析的岩体结构抗滑稳定分析的多重网格法进行了介绍。

2.1 关联理想弹塑性本构关系及其增量拓展

2.1.1 关联理想弹塑性本构关系

线弹性应力-应变关系是全量关系,$\boldsymbol{\sigma} = \boldsymbol{D} : \boldsymbol{\varepsilon}$ 或 $\boldsymbol{\varepsilon} = \boldsymbol{C} : \boldsymbol{\sigma}$,其中,$\boldsymbol{\sigma}$ 和 $\boldsymbol{\varepsilon}$ 分别为二阶应力、应变张量,$\boldsymbol{D}$ 和 $\boldsymbol{C}$ 分别为四阶弹性和柔度张量。弹塑性本构关系是增量微分关系,即

$$\mathrm{d}\boldsymbol{\sigma} = \boldsymbol{D} : (\mathrm{d}\boldsymbol{\varepsilon} - \mathrm{d}\boldsymbol{\varepsilon}^{\mathrm{P}}) \tag{2-1}$$

其中,$\boldsymbol{\varepsilon}^{\mathrm{P}}$ 为塑性应变张量。式(2-1)通常也可写为

$$\mathrm{d}\boldsymbol{\sigma} = \mathrm{d}\boldsymbol{\sigma}^{\mathrm{e}} - \mathrm{d}\boldsymbol{\sigma}^{\mathrm{P}} \tag{2-2}$$

其中,

$$\mathrm{d}\boldsymbol{\sigma}^{\mathrm{e}} = \boldsymbol{D} : \mathrm{d}\boldsymbol{\varepsilon}, \quad \mathrm{d}\boldsymbol{\sigma}^{\mathrm{P}} = \boldsymbol{D} : \mathrm{d}\boldsymbol{\varepsilon}^{\mathrm{P}} \tag{2-3}$$

本节在应变空间里讨论材料的本构行为,即考虑材料被施加一个应变微分增量 $\mathrm{d}\boldsymbol{\varepsilon}$ 后的材料力学行为。如式(2-1)所示,弹塑性力学的核心内容必然围绕确定 $\mathrm{d}\boldsymbol{\varepsilon}^{\mathrm{P}}$ 展开。本节只讨论关联理想弹塑性材料,其屈服条件为

$$f = f(\boldsymbol{\sigma}) \leqslant 0 \tag{2-4}$$

一致性条件为

$$df = \frac{\partial f}{\partial \boldsymbol{\sigma}} : d\boldsymbol{\sigma} = 0 \tag{2-5}$$

关联正交流动法则为

$$d\boldsymbol{\varepsilon}^{p} = d\lambda \frac{\partial f}{\partial \boldsymbol{\sigma}} \tag{2-6}$$

对一个材料应力状态 $\boldsymbol{\sigma}$，施加一个应变 $d\boldsymbol{\varepsilon}$，若 $f(\boldsymbol{\sigma}) < 0$，为弹性响应；若 $f(\boldsymbol{\sigma}) = 0$，则材料加载准则为

$$\frac{\partial f}{\partial \boldsymbol{\sigma}} : d\boldsymbol{\sigma}^{e} = f(\boldsymbol{\sigma} + d\boldsymbol{\sigma}^{e}) \geqslant 0 \tag{2-7}$$

其卸载准则为

$$\frac{\partial f}{\partial \boldsymbol{\sigma}} : d\boldsymbol{\sigma}^{e} = f(\boldsymbol{\sigma} + d\boldsymbol{\sigma}^{e}) < 0 \tag{2-8}$$

在施加 $d\boldsymbol{\varepsilon}$ 导致的上述弹性、加载、卸载 3 种状态中，仅加载状态会有塑性应变增量 $d\boldsymbol{\varepsilon}^{p}$ 产生。由一致性条件式(2-5)和正交流动法则式(2-6)可得加载时的重要关系为

$$d\boldsymbol{\varepsilon}^{p} : d\boldsymbol{\sigma} = 0 \tag{2-9}$$

对于卸载或弹性状态，由于 $d\boldsymbol{\varepsilon}^{p} \equiv 0$，式(2-9)依然成立。故对关联理想弹塑性材料，式(2-9)是普适的本构方程。应变空间的加载准则式(2-7)和卸载准则式(2-8)采用应力空间表述的屈服条件，这非常适合于基于位移法的弹塑性有限元分析。等价的应力空间加、卸载准则分别为

$$\frac{\partial f}{\partial \boldsymbol{\sigma}} : d\boldsymbol{\sigma} = 0, \quad \frac{\partial f}{\partial \boldsymbol{\sigma}} : d\boldsymbol{\sigma} < 0 \tag{2-10}$$

其中，加载条件是一致性条件式(2-5)，而卸载条件是式(2-8)，只有在卸载时 $d\boldsymbol{\sigma} = d\boldsymbol{\sigma}^{e}$。

满足屈服条件式(2-4)的应力状态是稳定的。上述加载过程实际上涉及 3 个应力状态：稳定的初始状态 $\boldsymbol{\sigma}$，$f(\boldsymbol{\sigma}) = 0$；非稳定的弹性加载状态 $\boldsymbol{\sigma} + d\boldsymbol{\sigma}^{e}$，$f(\boldsymbol{\sigma} + d\boldsymbol{\sigma}^{e}) \geqslant 0$；稳定的最终状态 $\boldsymbol{\sigma} + d\boldsymbol{\sigma}$，$f(\boldsymbol{\sigma} + d\boldsymbol{\sigma}) = 0$。

弹性加载状态和最终状态的应力差值为 $d\boldsymbol{\sigma}^{e} - d\boldsymbol{\sigma} = d\boldsymbol{\sigma}^{p} = \boldsymbol{D} : d\boldsymbol{\varepsilon}^{p}$，这说明：① 塑性应变增量 $d\boldsymbol{\varepsilon}^{p}$ 产生的条件是使非稳定的应力状态 $\boldsymbol{\sigma} + d\boldsymbol{\sigma}^{e}$ 松弛到稳定的应力状态 $\boldsymbol{\sigma} + d\boldsymbol{\sigma}$；② 在给定 $d\boldsymbol{\varepsilon}$ 的前提下，关联正交流动法则式(2-6)实质上是要求以最小的 $d\boldsymbol{\varepsilon}^{p}$ 实现这一松弛过程。

2.1.2 弹塑性本构关系的增量拓展

变形稳定和控制理论需要将上述微分形式的本构关系拓展为增量形式。图 2-1 所示为一个典型的增量加载过程。初始应力状态 $\boldsymbol{\sigma}_0$ 要求是稳定的，即 $f(\boldsymbol{\sigma}_0) \leqslant 0$。

对初始状态施加应变增量 $\Delta\boldsymbol{\varepsilon}$，相应于弹性应力增量 $\Delta\boldsymbol{\sigma}^{e} = \boldsymbol{D} : \Delta\boldsymbol{\varepsilon}$，弹性加载状态应力为 $\boldsymbol{\sigma}_1 = \boldsymbol{\sigma}_0 + \Delta\boldsymbol{\sigma}^{e}$。如果有

$$f(\boldsymbol{\sigma}_1) > 0 \tag{2-11}$$

则应变增量 $\Delta\boldsymbol{\varepsilon}$ 导致塑性加载，否则材料响应是纯弹性的。对于加载过程，最终应力状态为 $\boldsymbol{\sigma} = \boldsymbol{\sigma}_1 - \Delta\boldsymbol{\sigma}^{p}$，且 $f(\boldsymbol{\sigma}) = 0$。显然式(2-11)对应于加载条件式(2-7)，而 $f(\boldsymbol{\sigma}) = 0$ 对应于一致性条件式(2-5)。

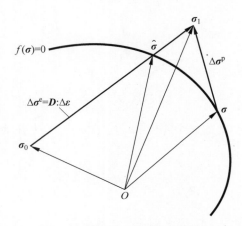

图 2-1　弹塑性应力调整示意图

将应力应变增量微分形式[式(2-1)]和关联正交流动法则[式(2-6)]改写为增量形式,则有

$$\Delta \boldsymbol{\sigma} = \boldsymbol{D} : (\Delta \boldsymbol{\varepsilon} - \Delta \boldsymbol{\varepsilon}^{\mathrm{P}}) \tag{2-12}$$

$$\Delta \boldsymbol{\varepsilon}^{\mathrm{P}} = \Delta \lambda \frac{\partial f}{\partial \boldsymbol{\sigma}} \tag{2-13}$$

式(2-12)和式(2-13)可视为式(2-1)、式(2-6)的积分形式,其中式(2-12)是精确成立的。由积分中值定理可知,式(2-13)仍可精确成立。如果能恰当地选取从 $\hat{\boldsymbol{\sigma}}$ 到 $\boldsymbol{\sigma}$ 的路径中的一点应力状态,则可以确定 $\partial f / \partial \boldsymbol{\sigma}$。该点应力状态在理论上是存在的,但难以解析确定。本书以最终应力状态 $\boldsymbol{\sigma}$ 确定 $\partial f / \partial \boldsymbol{\sigma}$,在此意义下,增量正交流动法则是近似的。如 2.1.1 节所述,弹性加载状态和最终状态的应力差值应为塑性应力增量,即 $\Delta \boldsymbol{\sigma}^{\mathrm{P}} = \boldsymbol{\sigma}_1 - \boldsymbol{\sigma}$。故塑性应变增量可表述为

$$\Delta \boldsymbol{\varepsilon}^{\mathrm{P}} = \boldsymbol{C} : \Delta \boldsymbol{\sigma}^{\mathrm{P}} = \boldsymbol{C} : (\boldsymbol{\sigma}_1 - \boldsymbol{\sigma}) \tag{2-14}$$

将式(2-14)代入正交流动法则式(2-13),并注意到 $\boldsymbol{\sigma}$ 在屈服面上,即可确定最终应力状态 $\boldsymbol{\sigma}$,即

$$\boldsymbol{C} : (\boldsymbol{\sigma}_1 - \boldsymbol{\sigma}) = \Delta \lambda \left. \frac{\partial f}{\partial \boldsymbol{\sigma}} \right|_{\boldsymbol{\sigma}}, \quad f(\boldsymbol{\sigma}) = 0 \tag{2-15}$$

如果 $f(\boldsymbol{\sigma}_1) < 0$,则 $\boldsymbol{\sigma} = \boldsymbol{\sigma}_1$。对于加载过程,式(2-9)可以推广为

$$\mathrm{d} \boldsymbol{\sigma} : \Delta \boldsymbol{\varepsilon}^{\mathrm{P}} = 0 \tag{2-16}$$

若以最终应力状态 $\boldsymbol{\sigma}$ 确定 $\partial f / \partial \boldsymbol{\sigma}$,容易说明式(2-16)是精确成立的,而且对弹性加载也适用。若屈服准则为 Drucker-Prager 准则(简称 D-P 准则),则有

$$f = \alpha I_1 + \sqrt{J_2} - k \leqslant 0 \tag{2-17}$$

可求得最终应力 $\boldsymbol{\sigma}$ 的解析解为[1]

$$\boldsymbol{\sigma} = \boldsymbol{\sigma}_{ij} = (1 - n) \boldsymbol{\sigma}_{ij}^1 + p \delta_{ij} \tag{2-18a}$$

其中,

$$\left. \begin{array}{l} n = \dfrac{w\mu}{\sqrt{J_2}}, \quad p = -mw + 3nI_1 \\[3mm] m = \alpha(3\lambda + 2\mu), \quad w = \dfrac{f}{3\alpha m + \mu} \end{array} \right\} \tag{2-18b}$$

其中，J_2、I_1、f 均由$\boldsymbol{\sigma}_1$确定，λ、μ 为拉梅常数，且有

$$\lambda = \frac{E\nu}{(1+\nu)(1-2\nu)}, \quad \mu = \frac{E}{2(1+\nu)} \tag{2-18c}$$

式中，E、ν 分别为弹性模量和泊松比。式(2-18a)推导过程是用$\boldsymbol{\sigma}_1$确定$\partial f/\partial \boldsymbol{\sigma}$，但由于 D-P 准则的对称性，这等价于用$\boldsymbol{\sigma}$确定$\partial f/\partial \boldsymbol{\sigma}$。

下面讨论由式(2-15)确定$\boldsymbol{\sigma}$的几何意义。在应力空间里设度量张量为$\boldsymbol{C}/2$，则应力空间成为欧氏空间，两个应力张量$\boldsymbol{\sigma}_1$和$\boldsymbol{\sigma}$为该空间的两个点，其距离为

$$l = \sqrt{\frac{1}{2}(\boldsymbol{\sigma}_1 - \boldsymbol{\sigma}):\boldsymbol{C}:(\boldsymbol{\sigma}_1 - \boldsymbol{\sigma})} \tag{2-19}$$

在此空间内可以说明，由式(2-15)确定的$\boldsymbol{\sigma}$是屈服面上距$\boldsymbol{\sigma}_1$最近的点，或者说此时的 l 即为点$\boldsymbol{\sigma}_1$到屈服面的距离，而$\boldsymbol{\sigma}$为从$\boldsymbol{\sigma}_1$到屈服面的垂线的垂足。确定屈服面上距$\boldsymbol{\sigma}_1$最近点$\boldsymbol{\sigma}$的问题对应于下述拉格朗日极值条件，即

$$\frac{\partial \Gamma}{\partial \boldsymbol{\sigma}} = 0, \quad \Gamma = l^2 + \Delta\lambda f(\boldsymbol{\sigma}) \tag{2-20}$$

该条件展开后即得式(2-15)。

在加载时，应变增量 $\Delta\boldsymbol{\varepsilon}$ 是可以任意指定的。由于理想弹塑性屈服准则的限制，在加载时应力增量不能任意指定，$f(\boldsymbol{\sigma}_1) > 0$ 是非稳定的。但可以应用非平衡态热力学的思路处理这一问题。在非平衡态热力学里，通过引入内变量将非平衡态视为约束平衡态，从而可以用成熟的平衡态热力学理论处理非平衡态热力学问题[2-6]。非平衡态演化的驱动力是内变量的共轭力，如果对非平衡态施加反向共轭力，非平衡态就失去演化动力，成为约束平衡态。

如图 2-1 所示，可以认为$\boldsymbol{\sigma}_1$由应力加载从$\boldsymbol{\sigma}_0$而得，应力增量为$\boldsymbol{\sigma}_1 - \boldsymbol{\sigma}_0$。因为 $f(\boldsymbol{\sigma}_1) > 0$，所以$\boldsymbol{\sigma}_1$是非稳定的或处于非平衡态。如果能对应力状态$\boldsymbol{\sigma}_1$施加一个加固应力增量，使其稳定下来，该稳定状态就是约束平衡态。显然这个加固应力增量就是$-\Delta\boldsymbol{\sigma}^p$。由式(2-19)和式(2-20)可知，弹塑性本构关系实际上是要求该加固力增量最小。这个理解虽然只是对应变加载的一个新的解释，对结果没有任何改动，但在概念上有两个重要创新：①应力增量可以是任意的；②屈服面以外的应力状态是有意义的，可以作为约束平衡态来研究。

2.2 变形稳定和控制理论

2.2.1 弹塑性结构的失稳及稳定性评价

岩体材料具有很强的非线性，目前的数值分析主要采用弹塑性方法。对于一个弹塑性结构，在承受外荷载及给定加载路径下，如果结构是稳定的，则一定存在同时满足平衡条件、变形协调条件和本构关系的力学解，其中本构关系就包含了屈服准则；如果结构处于失稳状态，则结构不存在同时满足上述 3 个条件的力学解[7-9]。

假设变形协调的位移场为 $\boldsymbol{u}$，残余塑性位移场为 $\boldsymbol{u}^p$，由几何方程可以确定应变场$\boldsymbol{\varepsilon}$和塑性应变场$\boldsymbol{\varepsilon}^p$，再由弹塑性应力-应变关系$\boldsymbol{\sigma} = \boldsymbol{D}:(\boldsymbol{\varepsilon} - \boldsymbol{\varepsilon}^p)$确定一个应力场，其中 $\boldsymbol{D}$ 为四阶弹性张量。这样得到的应力场集合称为协调应力场集合，记为 S_k。

在 S_k 中,满足屈服条件的应力场集合记为 S,称为协调稳定应力场集合;满足平衡条件的结构应力场集合记为 S_1,称为协调平衡应力场集合。

考虑任意的协调平衡应力场 $\boldsymbol{\sigma}_1(\boldsymbol{\sigma}_1 \in S_1)$ 和协调稳定应力场 $\boldsymbol{\sigma}(\boldsymbol{\sigma} \in S)$,其差值为塑性应力增量场 $\Delta\boldsymbol{\sigma}^{\mathrm{p}}$:

$$\Delta\boldsymbol{\sigma}^{\mathrm{p}} = \boldsymbol{\sigma}_1 - \boldsymbol{\sigma} \tag{2-21}$$

塑性应力增量场 $\Delta\boldsymbol{\sigma}^{\mathrm{p}}$ 对应于塑性应变增量场 $\Delta\boldsymbol{\varepsilon}^{\mathrm{p}} = \boldsymbol{C}:\Delta\boldsymbol{\sigma}^{\mathrm{p}}$,其中 $\boldsymbol{C}$ 为四阶柔度张量。

对于线弹性结构,因为不存在屈服条件,所以 $S = S_k$,故有 $S_1 \cap S = S_1 = S_k \cap S_s$,也即线弹性结构的真实应力场就是 S_1 中的一个元素,它应该满足弹性余能最小(弹性结构的最小余能原理[6])。

对于弹塑性结构,则要看 S 和 S_1 是否存在交集:如果 S 和 S_1 的交集不为空,则结构稳定,交集元素个数取决于解的唯一性特性,如图 2-2(a)所示;如果交集为空,则结构失稳,如图 2-2(b)所示。

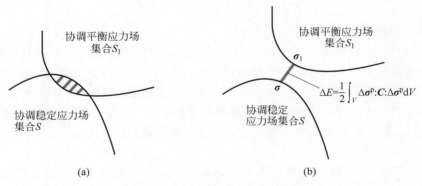

图 2-2 弹塑性解向量空间示意图
(a) 结构稳定;(b) 结构失稳

定义一个关于应力场的欧式空间,一个应力场为该空间的一个点。如果度量张量为 $\boldsymbol{C}/2$,则 $\boldsymbol{\sigma}_1$ 和 $\boldsymbol{\sigma}$ 的距离 L 为

$$L^2 = \frac{1}{2}\int_V (\boldsymbol{\sigma}_1 - \boldsymbol{\sigma}):\boldsymbol{C}:(\boldsymbol{\sigma}_1 - \boldsymbol{\sigma})\mathrm{d}V \tag{2-22}$$

其中,V 为整个结构。

两个应力场集合 S 和 S_1 的距离 $\hat{L}$ 定义为

$$\hat{L} = \min_{\boldsymbol{\sigma}_1,\boldsymbol{\sigma}} L \quad (\boldsymbol{\sigma}_1 \in S_1, \boldsymbol{\sigma} \in S) \tag{2-23}$$

显然,两个应力场集合 S_1 和 S 的距离 $\hat{L}$ 可作为结构稳定性判据。

1) 如果 $\hat{L}=0$,表明在 V 内处处有 $\boldsymbol{\sigma}_1 = \boldsymbol{\sigma}$,存在同时满足平衡条件和屈服条件的协调应力场,结构稳定。

2) 如果 $\hat{L}>0$,表明在 V 内不存在能同时满足平衡条件和屈服条件的应力场,结构失稳,且 $\hat{L}$ 越大,结构失稳程度越大。

L^2 的物理意义是余能,也可称为塑性余能(余能范数)ΔE,即

$$\Delta E = L^2 = \frac{1}{2}\int_V \Delta\boldsymbol{\sigma}^{\mathrm{p}} : \boldsymbol{C} : \Delta\boldsymbol{\sigma}^{\mathrm{p}} \mathrm{d}V = \frac{1}{2}\int_V (\boldsymbol{\sigma}_1 - \boldsymbol{\sigma}) : \boldsymbol{C} : (\boldsymbol{\sigma}_1 - \boldsymbol{\sigma}) \mathrm{d}V \tag{2-24}$$

式(2-24)表明,ΔE 也是塑性应力增量场 $\Delta\boldsymbol{\sigma}^{\mathrm{p}}$ 的一个标量范数。在此意义下,ΔE 也被称为余能范数。对最近距离定义 $\Delta E_{\min} = \hat{L}^2$,则结构稳定性判别标准为 $\Delta E_{\min} = 0$。由此得 $\Delta\boldsymbol{\sigma}^{\mathrm{p}}$ 处处为 0,结构是稳定的;$\Delta E_{\min} > 0$,结构失稳。

2.2.2　变形稳定和控制理论的有限元实现和加固分析

对给定荷载及加载路径下的弹塑性结构,经典弹塑性理论要求结构的力学解(包括位移场、应力场)必须满足变形协调条件、平衡条件和本构关系,弹塑性本构关系中包括屈服条件。这意味着如果弹塑性结构的力学解存在,则结构应力场处处不超出屈服条件,结构是稳定的。在经典弹塑性力学中并不探讨失稳结构的力学行为。而实际中,需要研究如何确定最有效的加固力系使失稳结构稳定,即需研究失稳结构的力学行为。

对于失稳结构,协调平衡应力场 $\boldsymbol{\sigma}_1$ 在 V 内总有一部分区域不满足屈服条件,该区域记为 V_1。即在 V_1 内,结构不能承受应力场 $\boldsymbol{\sigma}_1$,结构是不稳定的。但是,可以用约束平衡态来看待应力场 $\boldsymbol{\sigma}_1$,通过对结构施加一个加固应力增量场,使结构稳定,处于约束平衡态。显然这个加固应力增量场就是反向的塑性应力增量场 $-\Delta\boldsymbol{\sigma}^{\mathrm{p}}$。

由于应力场 $\boldsymbol{\sigma}_1 = \boldsymbol{\sigma} + \Delta\boldsymbol{\sigma}^{\mathrm{p}} = \sigma_{ij}^1$ 是协调平衡应力场,其满足平衡条件。假设弹塑性结构作用有体积力 $\boldsymbol{f} = f_i$,应力边界为 S_σ,边界条件为 $\boldsymbol{T} = T_i = \sigma_{ij}n_j$,则对于任意给定的虚位移 $\delta\boldsymbol{u} = \delta u_i$,其相应的虚应变为 $\delta\varepsilon_{ij}$。由虚位移原理,得

$$\int_V \delta\varepsilon_{ij}\sigma_{ij}^1 \mathrm{d}V = \int_V \delta u_i f_i \mathrm{d}V + \int_{S_\sigma} \delta u_i T_i \mathrm{d}S \tag{2-25}$$

即

$$\int_V \delta\varepsilon_{ij}\sigma_{ij} \mathrm{d}V = \int_V \delta u_i f_i \mathrm{d}V + \int_{S_\sigma} \delta u_i T_i \mathrm{d}S - \int_V \delta\varepsilon_{ij}\Delta\sigma_{ij}^{\mathrm{p}} \mathrm{d}V \tag{2-26}$$

将结构进行有限元离散化后,假设形函数矩阵为 $\boldsymbol{N}$、应变矩阵为 $\boldsymbol{B}$、外荷载等效节点力为 $\boldsymbol{F}$,则由式(2-26)可导出有限元的支配方程为

$$\sum_e \int_{Ve} \boldsymbol{B}^{\mathrm{T}}\boldsymbol{\sigma}_1 \mathrm{d}V = \sum_e \int_{Ve} \boldsymbol{N}^{\mathrm{T}}\boldsymbol{f} \mathrm{d}V + \sum_e \int_{S_\sigma} \boldsymbol{N}^{\mathrm{T}}\boldsymbol{T} \mathrm{d}S \tag{2-27}$$

即

$$\sum_e \int_{Ve} \boldsymbol{B}^{\mathrm{T}}\boldsymbol{\sigma} \mathrm{d}V = \boldsymbol{F} - \sum_e \int_{Ve} \boldsymbol{B}^{\mathrm{T}}\Delta\boldsymbol{\sigma}^{\mathrm{p}} \mathrm{d}V = \boldsymbol{F} - \Delta\boldsymbol{Q} \tag{2-28}$$

其中,$\Delta\boldsymbol{Q}$ 为塑性应力场 $\Delta\boldsymbol{\sigma}^{\mathrm{p}}$ 的等效节点力,在有限元分析中称为不平衡力,且有

$$\Delta\boldsymbol{Q} = \sum_e \int_{Ve} \boldsymbol{B}^{\mathrm{T}}\Delta\boldsymbol{\sigma}^{\mathrm{p}} \mathrm{d}V \tag{2-29}$$

加固力的等效节点力就是 $-\Delta\boldsymbol{Q}$。也就是说,对于一个特定的变形状态,加固力和不平衡力大小相等、方向相反。在节点力水平上,式(2-28)可理解为:

结构自承力 ＝ 外荷载 ＋ 加固力

或者

结构自承力 ＋ 不平衡力 ＝ 外荷载

这两个表述是等价的,但意义有所不同。前者说明加固力是外力,后者说明不平衡力是

内力。

上述思想就是变形稳定和控制理论，其基本要点可表述如下：对给定外荷载下的结构，结构出现不平衡力的区域即为首先破坏区域；为维持稳定，出现不平衡力的区域就是需要加固的区域；加固力和不平衡力大小相等、方向相反。

在外荷载及加载路径给定的情况下，弹塑性失稳结构总是趋于塑性余能最小的状态。塑性余能范数是加固力的度量，因此要求失稳结构总是趋于加固力最小化、自承力最大化的状态，在应力层面上表现为应力场σ_1和σ的不断调整过程，但是这两个应力场都是基于变形协调的位移场，调整过程也是一个变形过程。因此，加固力是和变形相关的，针对不同的变形，加固力也是不同的[10,11]。

2.2.3　长方柱体的压缩数值试验

长方柱体的有限元网格如图 2-3 所示，模型尺寸为 40mm×20mm×8mm。边界条件为底部法向约束，底部中心节点固端约束（以保证为静定结构），顶部施加均布荷载，不考虑自重作用。

材料采用理想弹塑性材料，屈服准则为 Drucker-Prager 准则，弹性模量 $E_1 = 98\text{GPa}$，泊松比 $\mu_1 = 0.25$，内摩擦系数 $f_1 = 0.839$，黏聚力 $c_1 = 47\text{MPa}$。荷载加载范围为 130～141MPa，分 12 级施加，每级为 1MPa。

对于本次数值试验，$\sigma_1 = 137\text{MPa}$、$\sigma_2 = 0\text{MPa}$、$\sigma_3 = 0\text{MPa}$（未施加围压），式（2-17）中的屈服函数 $f = -0.005 < 0$（接近 0），表明没有围压的试件的承载力在 137MPa 左右。

数值试验得到的长方柱体整体塑性余能范数随荷载的变化曲线如图 2-4 所示。由图 2-4 可以看到，长方柱体的塑性余能范数在加载到 137.00MPa 前均为 0，在加载到 137.00～138.00MPa 范围内开始出现，以后随加载骤增，说明其在荷载为 137.00～138.00MPa 时发生了破坏，与基于 Drucker-Prager 准则的材料压缩破坏理论解一致。

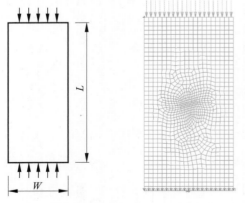
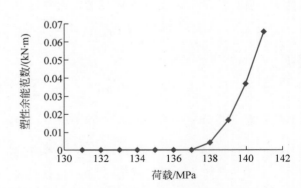

图 2-3　长方柱体压缩试验模型及有限元网格　　图 2-4　长方柱体整体塑性余能范数随荷载的变化曲线

在加载到 137.00MPa（理论解为 137.01MPa）前，整个模型范围无不平衡力的分布。从 137.00MPa 开始，试件的正、侧剖面的不平衡力矢量如图 2-5 所示。由图 2-5 可见，长方柱体试件周围出现垂直于试件表面的均布不平衡力，且 4 个侧面不平衡应力大小基本一致，而试件内部几乎没有不平衡力的分布。

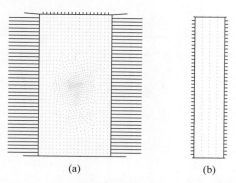

图 2-5 加载到 137.00MPa 后的不平衡力矢量图
(a) 正剖面；(b) 侧剖面

当荷载为 141.00MPa 时，长方柱体四周的不平衡力大小为 1.19MPa（均布，图 2-6 中不平衡力矢量为不平衡应力积分到节点上的结果）。为验证反向不平衡力的加固作用，在柱子周围施加 1.19MPa 围压后，其塑性余能范数随荷载的变化曲线如图 2-6 所示。可以看出，由于 1.19MPa 围压的作用，长方柱体的承载力由 137.01MPa 提高到 141.00MPa 左右，这与理论解是一致的。

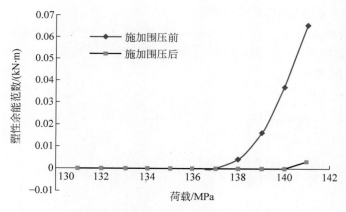

图 2-6 施加围压前后塑性余能范数随荷载的变化曲线

当 $\sigma_1 = 141.00$MPa、$\sigma_2 = 1.19$MPa、$\sigma_3 = 1.19$MPa 时，屈服函数 $f = -0.005 < 0$（接近 0）。这表明，由于 1.19MPa 的围压作用，试件的承载力提高到了 141.00MPa 左右。承载力的提高和加固力的比值为 $(141.00 - 137.01)/1.19 = 3.35$（应力大小相比）。由此可见，少量的加固力显著地提高了结构的承载力。

2.2.4 条形基础和地基系统加固数值试验

条形基础和地基系统及其有限元网格分别如图 2-7 和图 2-8 所示。由于对称性，取一半进行分析。条形基础和两侧的压重土都简化为均布力系，荷载大小分别为 p_u 和 q，压重土事实上起到了对系统加固的作用。底面固端约束，四周边界面法向（x 向、y 向）约束。模型遵循"无重介质地基的极限承载力——普朗特尔-瑞斯那课题"的假定[12]。

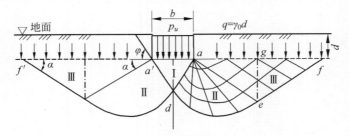

图 2-7　条形基础模型

地基土采用理想弹塑性模型，不考虑剪胀性，屈服条件为 Drucker-Prager 准则，弹性模量 $E_3 = 207$MPa，泊松比 $\mu_3 = 0.3$，内摩擦系数 $f_3 = 0.364$，黏聚力 $c_3 = 0.069$MPa（依据邓楚键等[13,14]的研究，采用 Mohr-Coulomb 内切圆拟合的 Drucker-Prager 参数）。

为了对比分析，首先计算没有压重的情况：$q = 0$MPa，$p_u = 0.3 \sim 1.2$MPa，分 10 级加载，每级 0.1MPa，依据"普朗特尔-瑞斯那课题"的分

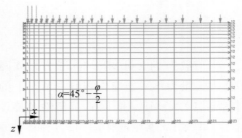

图 2-8　条形基础有限元网格

析，条形基础极限承载力 $p_u = qN_q + cN_c$，$\varphi = 20°$ 时，$N_c = 14.90$，$N_q = 6.4$，故 $p_{u\text{-max}} = 1.03$MPa。如果有压重，$q = 0.05$MPa，$N_q = 6.4$，故 $p_{u\text{-max}} = 1.35$MPa。超载时地基中不平衡力的分布如图 2-9 所示。

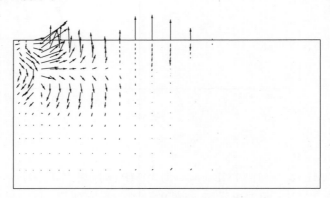

图 2-9　超载时地基中不平衡力的分布

压重对模型整体塑性余能范数的影响如图 2-10 所示。施加 q（加固力）前后，塑性余能范数分别在 1.0MPa 和 1.3MPa 左右发生突变，与"普朗特尔-瑞斯那解"较为接近，且加固后系统的不平衡力相对加固前小了很多。

极限荷载的增加值与加固力的比值为 $N_q = 6.4$。计算表明，该值受内摩擦角 φ 的影响，即 φ 越大，N_q 越大。

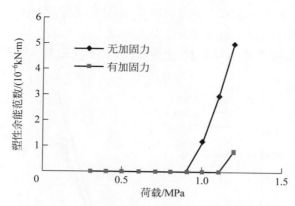

图 2-10　压重对模型整体塑性余能范数的影响

2.2.5　坝踵区不同尺寸有限元网格数值试验

拱坝和重力坝坝踵区属应力奇异区域,其计算拉应力水平随有限元网格尺寸而异,网格越小,拉应力越大,这一角缘效应将影响相当高度范围的应力值。最新规范[15]规定:"有限元法计算的坝基应力,其上游面拉应力宽度,宜小于坝底宽度的 0.07 倍或小于坝踵至帷幕中心线的距离",其中主观因素的成分较大。下面考察坝踵区有限元网格尺寸对余能范数的影响。

重力坝模型如图 2-11 所示,坝高 100m,底宽 70m,下游面坡度 1.5∶1,坡脚 56.3°。边界条件为底面固端约束,上、下游边界面法向(y 向)约束,侧面法向(x 向)约束。

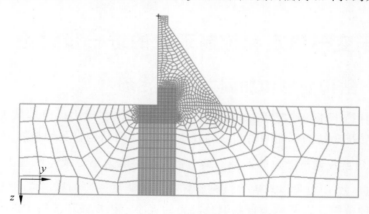

图 2-11　重力坝模型及有限元网格图

坝体和坝基的材料采用理想弹塑性模型,屈服准则采用 Drucker-Prager 准则,如表 2-1所示。

表 2-1　重力坝模型材料参数表

材料	弹性模量/GPa	泊松比	容重/(10^4 N/m^3)	内摩擦系数	黏聚力/MPa
坝体	21.0	0.167	2.40	1.70	5.0
地基	19.0	0.130	2.65	1.30	1.8

以坝踵点为中心,向上下游和上下高程各 20m(1/5 坝高)范围内,按不同尺寸建立 5 种有限元网格模型(坝踵区网格平均尺寸分别为 3.0、2.5、2.0、1.0 和 0.5m)。计算所得的不同尺寸网格模型的塑性余能范数随超载(上游水荷载)的变化曲线如图 2-12 所示。

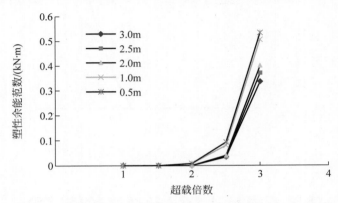

图 2-12　不同尺寸网格模型的塑性余能范数随超载的变化曲线

由图 2-12 可以看出,塑性余能范数在超载到一定程度(2.5 倍水荷载)后出现,随后其变化受网格密度的影响较大(3.0 倍水荷载时,网格尺寸从 3.0m 缩小到 0.5m,塑性余能范数增长了 56.8%)。但在 2.5 倍水荷载前,各模型的塑性余能范数均为 0,只是在 2.5 倍后有了较大区别,其突变点却基本一致,这说明应用其作为结构稳定的判据受网格的影响较小。

2.3　关于变形稳定和控制理论的进一步讨论

2.3.1　结构变形和加固之间的关系

失稳结构有趋于新的稳定状态的趋势,这种趋势的内在动力可以理解为结构的自我调整能力。如果受扰动结构不能调整到新的稳定状态,说明结构自我调整能力有所不足,故可用 $\hat{L}$ 来衡量结构自我调整能力的不足。结构自我调整能力不足或差距越大,结构破坏范围和程度就越严重,故 $\hat{L}$ 也可以理解为结构破坏程度的测度。协调稳定应力场集合 S 在前述欧氏空间的延伸范围就表征结构自我调整能力的大小。拱坝破坏分析中的降强分析就是集合 S 的延伸范围不断缩小,而集合 S_1 维持不变。

边坡稳定分析中的潘家铮最大最小原理[16]如下:①滑坡如能沿许多滑面滑动,则失稳时,它将沿抵抗力最小的一个滑面破坏(最小值原理);②滑坡体的滑面确定时,则滑面上的反力(以及滑坡体内的内力)能自行调整,以发挥最大的抗滑能力(最大值原理)。显然,潘家铮最大最小原理可视为最小塑性余能原理的推论,即最大原理对应于结构自承力最大化的要求,最小原理对应于加固力最小化的要求。

弹塑性失稳结构趋于自承力最大化而加固力最小化的状态,在应力层面上表现为应力场 σ 和 σ_1 的不断调整过程,但这两个应力场都是基于变形协调的位移场,故这个调整过程也是一个变形过程。在弹塑性分析中,假设这个过程是瞬时完成的,但实际上是需要一定时间的。若采用弹黏塑性模型,最小塑性余能原理应表述如下:在外荷载及加载路径给定的情况下,弹黏塑性失稳结构缓慢地通过变形调整趋于自承力最大化而加固力最小化的状态。这一表述无疑对新奥法施工原理给出了一个非常贴切的说明。新奥法施工原理的核心就是加固力要和变形状态(或加固时机)配套才能取得最优加固效果,反之,如果加固目的是控制位移,则需要更大的加固力。在设计结构的加固措施时采用弹塑性分析就足够了,无须考虑时效。在监测分析中,需要根据测点位移速率确定结构稳定性和加固措施,必须采用弹黏塑性分析。

塑性应力场 $\Delta\boldsymbol{\sigma}^{\mathrm{P}}$ 是由满足变形协调条件的位移场确定的,故加固力－$\Delta\boldsymbol{\sigma}^{\mathrm{P}}$ 是自平衡力系。通常意义上的加固力也确实是自平衡的,如锚固力。锚固力沿锚索分布确实很复杂,但锚索处于平衡状态,故锚索受力是自平衡的(略去锚索所受重力),锚索受力的反作用力就是锚固力,故锚固力必然是自平衡的。由此自平衡特性及圣维南原理可知,稳定结构加固力对变形和应力的影响范围非常有限。

塑性余能是加固力的范数。以结构塑性余能为整体稳定指标,实际上是以加固力来评判结构稳定性的。应该说这种做法是合理的,在隧洞围岩稳定分类中,围岩稳定性很大程度上是由支护类型来说明的。

结构加固理论的基本要素是确定结构的加固区域和加固力。变形稳定和控制理论可视为连续介质的加固理论。石根华的关键块理论[17]可视为非连续介质的加固理论。关键块理论要求对岩体块系的关键块体进行加固,关键块的加固力由刚体极限平衡法确定。在这个意义上,结构出现塑性应力的区域可以称作关键区域。

2.3.2 结构稳定性分析

在结构稳定性分析中,重点是考察一个微小扰动导致的一个稳定结构的稳定性变化。卓家寿和章青[18]提出了以结构总势能 Π 判别弹塑性结构稳定性的准则。此时,微小扰动为任意的虚位移场 $\delta\boldsymbol{u}$,该微小扰动导致的系统势能增量 $\Delta\Pi$ 可以作为系统稳定性判据:当 $\Delta\Pi>0$ 时,结构稳定;当 $\Delta\Pi=0$ 时,结构处于临界状态;当 $\Delta\Pi<0$ 时,结构失稳。对于稳定结构,应有 $\delta\Pi=0$,故有 $\Delta\Pi=\delta\Pi+\delta^2\Pi/2=\delta^2\Pi/2$。所以上述稳定判据实质上是以结构总势能的二阶变分为依据的。殷有泉[19]也提出了类似的理论,并指出如果结构失稳,则结构整体弹塑性切向刚度矩阵丧失正定性,而这又意味着结构无解。所以,对于失稳的定义而言,上述理论与变形稳定和控制理论是一致的。

在变形稳定和控制理论的框架中,可以采用最小塑性余能 ΔE_{min} 来探讨结构的稳定性,它对应于两个最近的应力场 $\boldsymbol{\sigma}$ 和 $\boldsymbol{\sigma}_1$。某个微小扰动导致的系统塑性余能增量为 $\Delta\hat{E}_{\mathrm{min}}$。对于稳定结构,始终要求 $\Delta E_{\mathrm{min}}=0$,故结构稳定性条件如下:当 $\Delta\hat{E}_{\mathrm{min}}=0$ 时,结构稳定;当 $\Delta\hat{E}_{\mathrm{min}}>0$ 时,结构失稳。对于某个稳定的结构状态,如果至少有一个微小扰动使其丧失稳定,即 $\Delta\hat{E}_{\mathrm{min}}>0$,则该状态为极限状态,所对应的外荷载为极限承载力。

对于失稳结构,$\Delta E_{\mathrm{min}}>0$。若将失稳状态视为约束平衡态,针对某个微小扰动,仍可采用相同的稳定判断:当 $\Delta\hat{E}_{\mathrm{min}}\leqslant0$ 时,结构稳定;当 $\Delta\hat{E}_{\mathrm{min}}>0$ 时,结构失稳。但此处的物理意义和稳定结构有所不同：在微小扰动作用下，结构失稳程度加剧，原有的加固力不足以维持稳定，从而导致结构失稳。对于任意失稳状态，$\Delta\hat{E}_{\min}>0$ 总是可能的，故失稳状态就是极限状态，此时外荷载和加固力的组合就是结构极限承载力。

将加固力与结构极限承载力联系在一起是对传统极限承载力概念的推广，因此变形稳定和控制理论可视为对传统极限分析理论的一个拓展。传统的极限分析[20-22]习惯将结构极限承载力表示为基准荷载的倍数 K，并称 K 为安全系数；而加固力的测度为余能范数 $\Delta E_{\min}$。故失稳结构的广义极限承载力可表示为安全系数和余能范数的组合，即 $(K,\Delta E_{\min})$。最小塑性余能原理是基于关联流动法则推导而来的。岩土材料一般为非关联流动材料。由 Radenkovic 第一定理[23]可知，在相同屈服条件下，考虑非关联效应使结构极限承载力降低，换句话说，考虑非关联效应将使加固力提高。

这里拓展了微小扰动定义，微小扰动可能来源于以下方面：①荷载变化，它会引起集合 S_s 的变化，如拱坝超载破坏分析；②结构强度的变化，它会引起集合 S' 的变化，如拱坝降强破坏分析；③对结构位移的限制，它会引起集合 S_k 的变化。某个方面的微小扰动或其组合最终都将引起集合 S_1 和 S 的微小变动，并导致应力场 $\boldsymbol{\sigma}$ 和 $\boldsymbol{\sigma}_1$ 的微小变动 $\delta\boldsymbol{\sigma}$ 和 $\delta\boldsymbol{\sigma}_1$，并最终导致 $\Delta\hat{E}_{\min}$。塑性余能扰动增量可表述为 $\Delta\hat{E}_{\min}=\delta(\Delta E_{\min})+\delta^2(\Delta E_{\min})/2$，其中由式(2-24)可得

$$\left.\begin{aligned}\delta(\Delta E_{\min})&=\int_V(\boldsymbol{\sigma}_1-\boldsymbol{\sigma}):\boldsymbol{C}:(\delta\boldsymbol{\sigma}_1-\delta\boldsymbol{\sigma})\mathrm{d}V\\\delta^2(\Delta E_{\min})&=\int_V(\delta\boldsymbol{\sigma}_1-\delta\boldsymbol{\sigma}):\boldsymbol{C}:(\delta\boldsymbol{\sigma}_1-\delta\boldsymbol{\sigma})\mathrm{d}V\end{aligned}\right\}\tag{2-30}$$

对于稳定结构，总有 $\boldsymbol{\sigma}_1=\boldsymbol{\sigma}$，故有

$$\delta(\Delta E_{\min})=0,\quad\Delta\hat{E}_{\min}=\delta^2(\Delta E_{\min})/2\tag{2-31}$$

故稳定结构总有 $\Delta E_{\min}=\delta(\Delta E_{\min})=0$，其稳定状态可表述为：如果对所有微小扰动均有 $\delta^2(\Delta E_{\min})=0$，则结构处于稳定状态；如果至少对一个微小扰动有 $\delta^2(\Delta E_{\min})>0$，则结构处于极限状态。该判据也可由应力场及其变分表述：如果对所有微小扰动均有 $\delta\boldsymbol{\sigma}_1=\delta\boldsymbol{\sigma}$，则结构处于稳定状态；如果至少对一个微小扰动有 $\delta\boldsymbol{\sigma}_1\neq\delta\boldsymbol{\sigma}$，则结构处于极限状态。

对于失稳结构，$\Delta E_{\min}>0$，且 $\delta(\Delta E_{\min})\neq0$。在加固力帮助下结构始终处于极限状态或约束平衡态。对此只能讨论在某个微小扰动作用下的约束平衡态的稳定性：当 $\delta(\Delta E_{\min})\leqslant0$ 时，结构稳定；当 $\delta(\Delta E_{\min})>0$ 时，结构失稳。

2.3.3　变形稳定和控制理论与刚体极限平衡法的对比

传统的岩土加固分析多采用简单、概念清楚的刚体极限平衡法进行，如图 2-13 所示。刚体极限平衡法有助于加深对变形稳定和控制理论的认识。

刚体极限平衡法的基本单元是滑面，弹塑性分析的基本单元是材料微元体。一个滑面只能考虑滑面张开和沿滑面滑移的两种破坏模式，且不考虑变形特征；而材料微元体允许任意方向的剪切破坏和各种多轴破坏模式，故对弹塑性介质的适应性更好一些。

下面讨论正交流动法则在刚体极限平衡法上的意义。考虑图 2-13(b)所示的以滑坡为工程背景的单滑块系统。滑块受外荷载 G（如滑坡自重）和加固力 Q（如锚固力）作用，滑面内

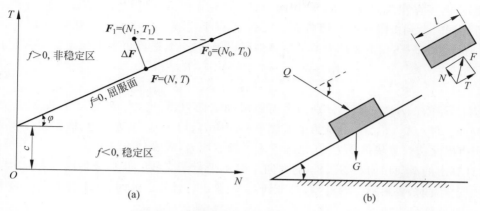

图 2-13　刚体极限平衡法加固分析示意图

（a）屈服面示意图；（b）单滑块示意图

摩擦角和黏聚力分别为 φ 和 c，滑面长 l，滑面内力为 $\boldsymbol{F}$，其法向和剪切分量分别为 N 和 T，即 $\boldsymbol{F}=(N,T)$。基于莫尔-库仑准则的滑面屈服条件为 $f=T-N\tan\varphi-cl$，如图 2-13（a）所示。

首先不考虑加固力作用，此时滑面内力为 $\boldsymbol{F}_1$，可由平衡条件 $\boldsymbol{F}_1+\boldsymbol{G}=0$ 确定。如果 $f(\boldsymbol{F}_1)>0$，说明滑块抗滑力不足，需要施加加固力 $\boldsymbol{Q}$ 以维持稳定。施加加固力后的平衡条件为 $\boldsymbol{F}+\boldsymbol{G}+\boldsymbol{Q}=0$，滑面内力为 $\boldsymbol{F}$ 且 $f(\boldsymbol{F})=0$。由加固前后的平衡条件可得 $\boldsymbol{Q}=\boldsymbol{F}_1-\boldsymbol{F}$，显然最优加固力要求在满足 $f(\boldsymbol{F})=0$ 的前提下，$\boldsymbol{F}$ 和 $\boldsymbol{F}_1$ 距离最近。实际上这就是正交流动法则的极值提法，如式（2-20）所示，也就是说正交流动法则对应于滑面的最优加固力的要求。

刚体极限平衡法处理的结构体系是多滑块体系，其是超静定问题，由于滑面上没有指定力和变形的关系，需要引入额外假定才能求解，如潘家铮最大最小原理[16]。现代块系结构极限分析方法，如 DEM、DDA 及刚体界面元等都引入了滑面变形本构方程。

2.4　基于弹塑性数值模拟的岩体结构抗滑稳定分析

本节基于三维非线性有限元方法，采用多重网格法来计算滑块的稳定安全系数，将非线性有限元法[24]和极限平衡分析法[25]有机结合在一起，充分考虑变形和岩体弹塑性应力调整对岩体结构抗滑稳定的影响。

2.4.1　滑块的极限平衡分析

考虑如图 2-14 所示的典型滑块的稳定分析的刚体极限平衡法，滑移体是由 3 个结构面（上游侧滑面 F_1、下游侧滑面 F_2 和上游拉裂面 F_3）与临空面构成的块体。失稳岩体主要承受的荷载包括岩块自重 W，作用在结构面上的渗透压力 U_1、U_2、U_3 和岩体抗力。考虑滑动块体沿交线 on 的滑动模式，此时可假设拉裂面

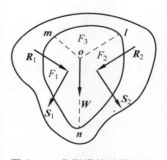

图 2-14　典型滑块计算简图

mol 面拉开,不存在法向反力 R_3 和切向力 S_3,但存在渗透压力 U_3,并假设上游侧滑面和下游侧滑面同时达到极限状态且切向力 S_1、S_2 平行于交线。这些假定意味着只有 3 个未知数,R_1、R_2 和 $S_1 + S_2$,由 3 个力的平衡条件可以确定它们,进而可求出稳定安全系数 K_c 为

$$K_c = \frac{f_1(R_1 - U_1) + c_1 A_1 + f_2(R_2 - U_2) + c_2 A_2}{S_1 + S_2} \tag{2-32}$$

其中,R_1、S_1、U_1、A_1、f_1、c_1 分别为上游侧滑面法向力、切向力、渗透压力、面积和剪摩系数;R_2、S_2、U_2、A_2、f_2、c_2 分别为下游侧滑面法向力、切向力、渗透压力、面积和剪摩系数。

用有限元法计算块体受力时,已经考虑了渗透压力,故式(2-32)中的 U_1、U_2 不予计入。另外,计算出的滑面切向力 S_1、S_2 的方向一般不平行于交线 on,如图 2-15 所示。因此,计算滑块安全度时,要根据二者夹角,投影到 on 上再进行计算。此时,基于有限元法的块体安全度 K 的计算公式如下:

$$K = \frac{f_1 R_1 + c_1 A_1 + f_2 R_2 + c_2 A_2}{S_1 \cos\alpha_1 + S_2 \cos\alpha_2} \tag{2-33}$$

若考虑滑面内的材料分区,块体安全度计算公式应修正为

$$K = \frac{\sum\limits_{i=1}^{n}(f_{1i} R_{1i} + c_{1i} A_{1i}) + \sum\limits_{i=1}^{m}(f_{2i} R_{2i} + c_{2i} A_{2i})}{\sum\limits_{i=1}^{n}(S_{1i} \cos\alpha_{1i}) + \sum\limits_{i=1}^{m}(S_{2i} \cos\alpha_{2i})} \tag{2-34}$$

其中,n 为上游侧滑面材料分区数;m 为下游侧滑面材料分区数;f_{1i}、c_{1i} 分别为上游侧滑面各材料分区剪摩系数;f_{2i}、c_{2i} 分别为下游侧滑面各材料分区剪摩系数;A_{1i} 为上游侧滑面各材料分区面积;A_{2i} 为下游侧滑面各材料分区面积;R_{1i}、S_{1i} 分别为上游侧滑面各材料分区法向力与切向力;R_{2i}、S_{2i} 分别为下游侧滑面各材料分区法向力与切向力;α_{1i} 为上游侧滑面各材料分区切向力与交线夹角;α_{2i} 为下游侧滑面各材料分区切向力与交线夹角。

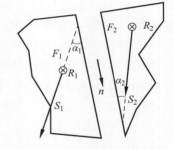

图 2-15 面切向力与块体交线夹角示意图

同样,也可得到滑面的安全度计算公式。例如,对于上游侧滑面,其滑动安全度为

$$K_1 = \frac{f_1 R_1 + c_1 A_1}{S_1} \tag{2-35}$$

2.4.2 基于多重网格法的滑面受力分析

三维有限元的应力成果和结构网格有关,高斯点上的成果精度最高。如何将有限元计算的应力结果映射到滑动面上,是基于有限元的极限分析中的一个关键问题。多重网格法[26-28]将滑面(平面或曲面)剖分成平面或曲面网格,该网格与结构网格相互独立,如图 2-16 所示,而滑面上各个结点的应力由结构网格上高斯点的应力插值得到。例如,对于滑面 P 中的 A 节点,首先搜索与其距离最近的高斯点 B,取其所在单元 M 的所有高斯点进行应力插值(假设单元均采用 8 个高斯积分点),则有

$$\sigma_{ij} = \sum_{k=1}^{8} \sigma_{ij}^{(k)} S_k, \quad S_k = 1 \bigg/ \left(L_k^n \sum_{k=1}^{8} \frac{1}{L_k^n} \right) \tag{2-36}$$

其中,σ_{ij} 为滑面网格上节点 A 的某一应力分量,$\sigma_{ij}^{(k)}$ 为单元 M 第 k 个高斯点的某一应力分量;S_k 为单元 M 第 k 个高斯点的权函数,L_k 为节点 A 与第 k 个高斯点间的距离。当指数 $n=0$ 时,节点 A 应力为 8 个高斯点应力的算数平均;当 $n \to \infty$ 时,节点 A 应力就是最近高斯点应力。经计算比较,取 $n=2$。理论上,在自重应力场作用下,上游侧滑面、下游侧滑面和后缘拉裂面的合力应与块体自重平衡,方向为竖直方向。利用这一点可以验证多重网格的精度。对锦屏一级左岸变形拉裂岩体的计算表明,当 n 取 2 时,得到的三面的合力方向偏离铅直方向约 5°,合力大小和自重相差约为 6%,计算精度满足要求。

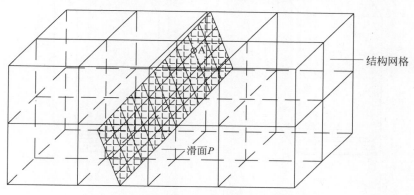

图 2-16 滑面与结构网格示意图

要求滑面 P 的合力,需先将每一个四边形单元分为两个三角形,如图 2-17 所示,单元力矢量为两个三角形上力矢量的和。单元中任意一个三角形上的力矢量按下式计算:

$$\boldsymbol{F}_i = \bar{\sigma}_{ij} \boldsymbol{A}_j \tag{2-37}$$

其中,$\boldsymbol{F}_i$ 为某一单元其中一个三角形上的力矢量;$\bar{\sigma}_{ij}$ 为该单元中其中一个三角形所有节点应力矢量的平均值,$\bar{\sigma}_{ij} = \frac{1}{3}(\sigma_{ij}^{(A)} + \sigma_{ij}^{(B)} + \sigma_{ij}^{(C)})$;$\boldsymbol{A}_j$ 为该单元其中一个三角形的面积矢量,$\boldsymbol{A}_j = \boldsymbol{BC} \times \boldsymbol{BA}/2$。

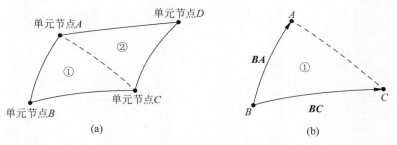

图 2-17 面积矢量示意图

首先将滑面上各单元法向矢量加和求平均,得到滑面的平均法向矢量;然后将各单元的力矢量加和得到的合矢量投影到滑面平均法向上,即可得到滑面的法向合力,另一分量即为滑面的切向合力。由此,可确定各滑面上的面安全度及块体的整体安全度。

2.4.3　计算精度分析

为检验多重网格法计算效果,对三维长方块体进行了有限元计算[29]。如图 2-18 所示,块体高 $l_1=10\mathrm{m}, l_2=5\mathrm{m}, l_3=9\mathrm{m}$,长度和宽度相等为 $h=b=5\mathrm{m}$。弹性模量 $E=2.1\times 10^{10}\mathrm{Pa}$,泊松比 $\mu=0.167$,剪模系数 $f=0.7, c=0.6\times 10^6\mathrm{Pa}$。容重 $\gamma=3.43\times 10^4\mathrm{N/m^3}$。在 $z=10$ 端部固支,考虑自重荷载。

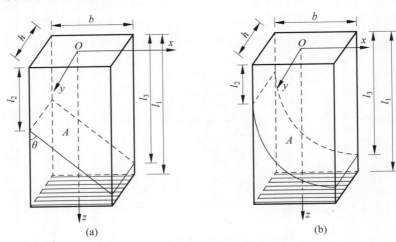

图 2-18　三维柱体算例示意图

(a) 平面滑面；(b) 曲面滑面

有限元计算采用两套网格方案:8 节点六面体规则单元和 8 节点六面体不规则单元,分别如图 2-19(a)和(b)所示。为了对比平面网格和曲面网格的精度,对平面滑面和曲面滑面分别进行了分析,如图 2-18(a)和(b)所示。

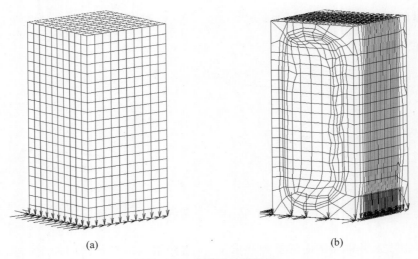

图 2-19　有限元计算网格

(a) 规则网格；(b) 不规则网格

为了分析滑面网格疏密对计算精度的影响,对于平面和曲面网格,分别分析了3套疏密不同的网格,如图2-20(a)～(c)所示。其中,图2-20(b)和有限元计算网格疏密相当。

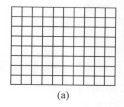 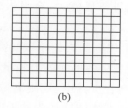 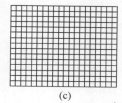

(a)　　　　　　　　(b)　　　　　　　　(c)

图 2-20 A 滑面网格示意图

(a) 8×10; (b) 10×12; (c) 15×20

本例三维柱体仅受自重荷载,块体内体力为零,侧面自由,故滑面 A 所受合力理论上应为滑面 A 上方块体重力,即

$$\begin{cases} F = \gamma \cdot V \\ F_N = \gamma \cdot V \sin\theta \\ F_S = \gamma \cdot V \cos\theta \end{cases} \tag{2-38}$$

其中,V 为滑面 A 上方块体体积;θ 如图 2-19(a)中所示。

由式(2-38)计算出三维柱体内应力分布并投影至面 A 上,即可得到滑面 A 上的受力情况。将此解近似看作理论解。

由多重网格法计算的结果分别如表 2-2 和表 2-3 所示。

表 2-2 滑面为平面时的计算精度　　　　　　　　　　　　　　%

有限元计算网格	规则网格			不规则网格		
滑面网格	(a)	(b)	(c)	(a)	(b)	(c)
合力	1.52	0.52	1.05	1.36	2.01	1.59
法向合力	0.86	0.09	0.15	0.02	0.82	0.30
切向合力	2.57	1.49	2.50	3.57	3.87	3.64

表 2-3 滑面为曲面时的计算精度

曲面 A 上合力		矢量方向			力的大小/N	误差/%
		l	m	n		
理论解		0.000	0.000	−1.000	5.940×10^6	0
规则有限元网格	(a) 6×10	0.001	0.000	−1.000	5.899×10^6	0.69
	(b) 10×15	0.004	0.000	−1.000	5.939×10^6	0.02
	(c) 15×20	0.001	0.000	−1.000	5.905×10^6	0.59
不规则有限元网格	(a) 6×10	−0.001	0.000	−1.000	5.954×10^6	0.24
	(b) 10×15	−0.004	0.000	−1.000	5.895×10^6	0.76
	(c) 15×20	−0.002	−0.001	−1.000	5.973×10^6	0.56

由表 2-2 和表 2-3 可以看出:

(1) 采用多重网格插值的结果与理论解吻合得较好。

(2) 有限元计算网格分布均匀且较为密集时,多重网格法的插值精度的误差相对较小。

（3）滑面的 3 种网格方案（表 2-2）中，（b）最接近理论解，误差率分别为 0.52%、0.09%、1.49%。考虑到该网格方案中滑面的节点分布密度与三维柱体的有限元模型中高斯点分布密度最为接近，当选择最近的高斯点进行插值时，会引入较小误差。由此可见，并非滑面网格越密集，插值结果就越精确。

（4）有限元规则网格的精度比不规则网格的精度要高。

（5）当滑面为曲面时，面上合力是将各单元的力矢量加和得到的合矢量。可以看到，本例两个方案的结果与理论解也较为吻合。其中，规则有限元网格的整体计算精度比不规则有限元网格的好。当滑面网格与模型网格密度最为接近时，精度最高。

2.4.4　与刚体极限平衡法的对比

与刚体极限平衡法相比，基于非线性有限元的多重网格法更符合实际情况。

1. 计算状态不同

多重网格法采用非线性有限元进行应力计算，考虑了非线性应力调整的影响，比较符合实际受力状态，相应计算得到的边坡稳定安全系数比较符合实际情况；而刚体极限平衡法计算的是极限破坏状态，滑动面反力是根据滑动块体的平衡计算得到的，考虑的是极限滑动状态，计算相对比较保守。

刚体极限平衡法假定滑面上的滑动力和棱线平行，这是一个很强的假定。而基于有限元的多重网格法表明，实际的滑动力一般情况下并不和棱线平行，而是有一定的角度。

2. 对破坏过程的描述

多重网格法不仅可以计算得到滑块的安全系数，也可以得到每个滑面的滑动安全系数、滑面上的滑动力的分布和安全系数的分布；针对不同的安全系数，多重网格法不仅可以获得总的加固力的大小，也可以获得加固力在不同部位的分布情况。

刚体极限平衡法针对的是极限破坏状态，不包含对破坏过程的描述，计算得到的结果是滑块的安全系数。针对不同的安全系数，刚体极限平衡法计算得到的加固力大小是一个整体的加固力大小，不能确定加固力在不同部位的分布。

3. 渗流荷载的比较

多重网格法在应力计算中就考虑了渗流荷载，在稳定安全度计算中不再考虑渗透压力的作用；而刚体极限平衡法中渗流荷载是通过在拉裂面作用渗透压力体现渗流荷载的。

参考文献

[1] 杨强，杨晓君，陈新. 基于 D-P 准则的理想弹塑性本构关系积分研究[J]. 工程力学，2005，22(4)：15-19，47.

[2] RICE J R. Inelastic constitutive relations for solids：an integral variable theory and its application to metal plasticity[J]. Journal of the mechanics and physics of solids，1971，19(1)：433-455.

[3] YANG Q，CHEN X，ZHOU W Y. Thermodynamic relationship between creep crack growth and creep deformation[J]. Journal of non-equilibrium thermodynamics，2005，30(1)：81-94.

[4] YANG Q，CHEN X，ZHOU W Y. Multiscale thermodynamic significance of the scale invariance

approach in continuum inelasticity[J]. Journal of engineering materials and technology,2006,128(4): 125-132.

[5] YANG Q,WANG R K,XUE L J. Normality structures with thermo-dynamic equilibrium points[J]. Journal of applied mechanics,2007,74(5): 965-971.

[6] YANGQ, BAO J Q,LIU Y R. Asymptotic stability in constrained configuration space for solids[J]. Journal of non-equilibrium thermodynamics,2009,34 (2): 155-170.

[7] 杨强,刘耀儒,陈英儒,等. 变形加固理论及高拱坝整体稳定与加固分析[J]. 岩石力学与工程学报, 2008,27(6): 1121-1136.

[8] 刘耀儒,王传奇,杨强. 基于变形加固理论的结构稳定和加固分析[J]. 岩石力学与工程学报,2008, 27(S2): 3905-3912.

[9] LIU Y R,WANG C Q,YANG Q. Stability analysis of soil slope based on deformation reinforcement theory[J]. Finite Elements in Analysis & Design,2012,58: 10-19.

[10] 杨强,薛利军,王仁坤,等. 岩体变形加固理论及非平衡态弹塑性力学[J]. 岩石力学与工程学报, 2005,24(20): 3 704-3 712.

[11] 杨强,周维垣,陈新. 岩土工程加固分析中的最小余能原理和上限定理[C]//冯夏庭,黄理兴. 21 世纪的岩土力学与岩土工程. 武汉,2003: 158-166.

[12] 陈仲颐,周景星,王洪瑾. 土力学[M]. 北京:清华大学出版社,1994.

[13] 邓楚键,孔位学,郑颖人. 极限分析有限元法讲座Ⅲ:增量加载有限元法求解地基极限承载力[J]. 岩土力学,2005,26(3): 500-504.

[14] 马少坤,于劲,王蓉. 条形浅基础下无重土地基承载力研究[J]. 沈阳建筑大学学报(自然科学版), 2008,24(2): 230-233.

[15] 中华人民共和国水利部. 混凝土重力坝设计规范:SL 319—2018[S]. 北京:中国水利水电出版社,2005.

[16] 陈祖煜. 建筑物抗滑稳定分析中"潘家铮最大最小原理"的证明[J]. 清华大学学报(自然科学版), 1998,38(1): 1-4.

[17] GOODMAN R E,SHI G H. Block theory and its application to rock engineering[M]. Englewood Cliffs:Prentice-Hall Inc. ,1985.

[18] 卓家寿,章青. 不连续介质力学问题的界面元法[M]. 北京:科学出版社,2000.

[19] 殷有泉. 非线性有限元基础[M]. 北京:北京大学出版社,2007.

[20] 杨强,陈新,周维垣,等. 推求拱坝极限承载力的一种有效算法[J]. 水利学报,2002(11): 60-65.

[21] 杨强,程勇刚,赵亚楠,等. 混凝土拱坝的极限分析[J]. 水利学报,2003(10): 38-43.

[22] 杨强,程勇刚,赵亚楠,等. 基于非线性规划的极限分析方法及其应用[J]. 工程力学,2004,21(2): 15-19.

[23] LUBLINER J. Plasticity theory[M]. New York:Macmillan Publishing Company,1990.

[24] YANG X L, YIN J H. Slope Stability Analysis with Nonlinear Failure Criterion[J]. Journal of engineering mechanics,2004,130(3): 267-273.

[25] KIMJ, SALGADO R,LEE J. Stability analysis of complex soil slopes using limit analysis [J]. Journal of geotechnical and geoenvironmental engineering,2002,128(7): 546-557.

[26] 杨强,陈新,周维垣. 岩土工程加固分析的弹塑性力学基础[J]. 岩土力学,2005,26(4): 553-557.

[27] 杨强,朱玲,刘福深. 高拱坝坝肩稳定分析中拉裂面的作用机理研究 [J]. 水力发电,2005,31(7): 36-38.

[28] 刘耀儒,杨强,薛利军,等. 基于三维非线性有限元的边坡稳定分析方法[J]. 岩土力学,2007, 28(9): 1894-1898.

[29] 朱玲. 基于多重网格法的强度校核法的研究及其工程应用[D]. 北京:清华大学,2006.

第 **3** 章

岩体非平衡演化及时效变形
稳定和控制理论

3.1 概述

3.1.1 岩体结构工程中的非平衡演化

自然条件下的岩体结构经过漫长的地质演化过程而处于天然的平衡状态,Fairhurst 等将其称为预先存在平衡(pre-existing equilibrium)[1]。剧烈的工程扰动,如开挖、蓄水等,破坏了这种平衡,使扰动岩体出现与时间有关的应力和变形重分布过程,该过程可称为非平衡演化过程,直接影响岩体工程结构的正常运行、长期稳定和安全[2]。

在水利水电工程中,我国众多的高拱坝,如锦屏一级拱坝(坝高 305m)、小湾拱坝(坝高 294.5m)、溪洛渡拱坝(坝高 285.5m)等,几乎都处在西南地区。该地区处于强烈隆升的青藏高原东部,河谷快速下切和强褶皱山系在时间和空间上叠加形成了河谷陡峻、高地应力的复杂地形地质结构。天然情况下,拱坝坝址区地质体(拱坝及近坝区域的山体总称)处于一个非常缓慢的天然地质演化过程中,一般处于临界或者接近临界稳定的状态。而高拱坝工程规模一般很大,对拱坝坝址区地质体会产生巨大的工程扰动[3-5]。

(1) 坝肩开挖边坡往往在 600~700m,而且开挖一般位于坡脚、河床部位等高地应力集中部位。这种人工高边坡开挖的卸荷效应非常巨大。

(2) 拱坝施工和水库蓄水产生的上千万吨自重和水荷载作用。

(3) 蓄水导致的天然渗流场改变及岩体软化,这是一个长期的演化过程。

这些巨大的工程扰动使原本处于临界稳定状态的坝址区地质体偏离平衡状态,必然要向平衡态演化。相对于很缓慢的天然地质演化过程,这种由工程扰动引起的演化过程是非常剧烈的,会产生不均匀的大变形,同时伴随着岩体损伤。而世界拱坝工程实践及其重大灾变均表明,坝基是拱坝稳定安全的控制性因素,而西南地区这种特殊的复杂地形地质条件使高拱坝安全问题更加严峻突出。

拱坝坝基稳定的核心是变形稳定问题[6],其变形稳定的演化本质上就是一个由工程扰动和坝基岩体损伤引起的非平衡演化过程[7],坝基演化过程对拱坝的稳定和安全影响深远[8]，高拱坝建设中的诸多控制性难题均和这种演化过程有关，如 Vajont 拱坝库区滑坡[9]（图 3-1）、拉西瓦拱坝右岸果卜边坡的大变形（最大变形达 39.8m）[10]（图 3-2）、锦屏一级拱坝左岸边坡的蠕变变形[11]（图 3-3）、二滩拱坝运行期的坝面裂缝[12]（图 3-4）、小湾建基面卸荷[13]（图 3-5）、大岗山右岸开挖边坡裂缝[14]（图 3-6）等。目前，我国许多高拱坝已经投入运行，高拱坝的长期安全问题将更为突出。

图 3-1 Vajont 拱坝（意大利）库区滑坡

图 3-2 拉西瓦拱坝右岸果卜边坡大变形

图 3-3 锦屏一级拱坝左岸边坡的蠕变变形

图 3-4 二滩拱坝运行期的坝面裂缝

图 3-5 小湾建基面卸荷

图 3-6 大岗山右岸开挖边坡裂缝

地下隧道和洞室工程的时效变形和破坏问题更加突出,如南非 Hartebeesfontein 金矿巷道的变形破坏[15](图 3-7)、我国金川矿区巷道的变形破坏[16](图 3-8)等。地下工程开挖扰动引起的时效变形和长期稳定性问题本质上也是非平衡演化的问题。

图 3-7　南非 Hartebeesfontein 金矿巷道的变形破坏

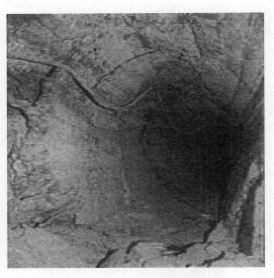

图 3-8　金川矿区巷道的变形破坏

3.1.2　新奥法施工原理和非平衡演化机制

洞室开挖的新奥法施工原理(new Austrian tunneling method,NATM)是岩体结构非平衡演化的最好例证,它给出了岩体工程结构系统稳定、变形和控制的清晰关系。陈宗基就曾指出"新奥法原理是一般流变结构演化规律甚至地球动力学演化规律在隧道工程背景下的缩影"[2]。

新奥法围岩支护特征曲线如图 3-9 所示。从图 3-9 中可以看出,岩体结构非平衡演化是由两种相互竞争的机制造成的。

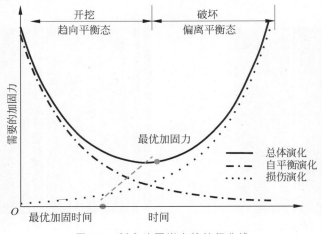

图 3-9　新奥法围岩支护特征曲线

（1）非平衡系统自发的演化趋势。当预先平衡的结构受到扰动偏离平衡态后，要发生时效的演化过程，结构变形发展，应力释放或者重分布，材料抗力发挥作用，结构发挥其自承能力，使结构向一个新的平衡态演化，该过程是结构趋向于平衡态演化的自组织行为。

（2）损伤演化趋势。结构在向新的平衡态演化的过程中，往往伴随着材料损伤和能量耗散，导致岩体结构偏离平衡态，最终失稳破坏。

在岩体结构稳定和非平衡演化研究中，以上两个机制都必须加以考虑。新奥法揭示的岩体结构非平衡演化趋势，可以直观地解释为：初始阶段，结构趋于平衡状态，后期逐渐偏离平衡状态。其分界点是在最接近于平衡状态的位置，该点的特征状态是变形速率与加固力达到最小值。

3.2 时效变形稳定和控制理论

3.2.1 Lyapunov 稳定性

Lyapunov 函数是用来研究和分析非线性系统稳定性的经典理论，目前仍被广泛应用于研究热力学稳定[17-20]和结构稳定[21]中。Lyapunov 稳定分析方法是分析运动方程关于定点（定态）稳定性常用的数学方法[22]。对某一自治的（Autonomous）运动方程（组）：

$$\dot{x} = f(x) \tag{3-1}$$

其中，x 称为状态变量。存在某点 x_0 使得

$$\dot{x}_0 = f(x_0) = 0 \tag{3-2}$$

则该点 x_0 称为定点。Lyapunov 稳定性直接法要求存在一个连续函数 $V(x)$，在定点处有

$$V(x_0) = 0 \tag{3-3}$$

在定点 x_0 领域内，除定点外，其他点的该函数是正定的：

$$V(x) > 0 \tag{3-4}$$

函数 $V(x)$ 为运动方程（3-1）的 Lyapunov 函数。

Lyapunov 直接法判定定点稳定性的三定理如下[22]。

（1）如果运动方程（3-1）存在一个 Lyapunov 函数 $V(x)$，其全导数 $\dot{V}(x)$ 是负半定的，即对定点 x_0 领域所有点都有 $\dot{V}(x) \leqslant 0$，表明运动方程的定点是稳定的。

（2）如果函数 $V(x)$ 的全导数是负定的，即除了 $\dot{V}(x_0) = 0$ 外，领域其他所有点都有 $\dot{V}(x) < 0$，则运动方程的定点呈渐进稳定性。

（3）如果函数 $V(x)$ 的全导数是正定的，即除定点外，领域其他所有点都有 $\dot{V}(x) > 0$，则运动方程的定点是不稳定的。

图 3-10 所示为 Lyapunov 稳定性图例说明。

无论是对于材料层次的热力学稳定研究，还是对于结构层次的结构系统稳定分析，Lyapunov

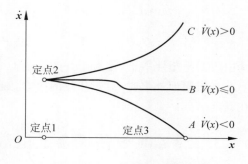

图 3-10 Lyapunov 稳定性图例说明

函数都并不唯一。Lyapunov 理论的核心问题是需要构造出一个 Lyapunov 函数。

3.2.2　基于过应力的黏塑性模型

对于经典的塑性理论，屈服面的概念是其理论基础和基本前提。然而，通过一致性条件确定的塑性应变增量，实际上也依赖于人为的定义[23]。相比于理想弹塑性理论，经典黏塑性理论保留了屈服面，但应力场却可以不满足一致性条件，即可以存在超出屈服面的应力状态。这部分超出屈服面的应力，即为过应力(overstress)。Perzyna 模型[24]、Duvaut-Lions 模型[25,26]等均为过应力黏塑性模型的代表。

一维情况下，两种模型实际上具有相同的形式，均可以用经典的元件模型——宾汉姆模型(Bingham model)来定义，如图 3-11 所示。

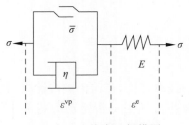

图 3-11　一维宾汉姆模型

总应变 ε 为

$$\varepsilon = \varepsilon^{e} + \varepsilon^{vp} \tag{3-5}$$

其中，ε^{e} 为弹性应变；ε^{vp} 为黏塑性应变。将式(3-5)改写为率形式

$$\dot{\varepsilon} = \dot{\varepsilon}^{e} + \dot{\varepsilon}^{vp} \tag{3-6}$$

则弹性应变率为

$$\dot{\varepsilon}^{e} = \frac{\dot{\sigma}}{E} \tag{3-7}$$

黏塑性应变率为

$$\dot{\varepsilon}^{vp} = \gamma(\sigma - \bar{\sigma}) = (\sigma - \bar{\sigma})/\eta \tag{3-8}$$

其中，γ 为流动系数；η 为黏滞系数。

三维情况下，两种模型的形式不一致。对于 Perzyna 模型，黏塑性应变率为

$$\dot{\boldsymbol{\varepsilon}}^{vp} = \gamma^{vp} \langle \Phi(f(\boldsymbol{\sigma})) \rangle \frac{\partial g(\boldsymbol{\sigma})}{\partial \boldsymbol{\sigma}} \tag{3-9}$$

其中，γ^{vp} 为黏塑性流动系数；$f(\boldsymbol{\sigma})$ 为屈服函数；$g(\boldsymbol{\sigma})$ 为塑性势函数。对于关联流动，有 $f(\boldsymbol{\sigma}) = g(\boldsymbol{\sigma})$。$\Phi(f(\boldsymbol{\sigma})) = (f(\boldsymbol{\sigma})/f_0)^n$ 为过应力函数，采用屈服函数来定义，$\langle \Phi(f(\boldsymbol{\sigma})) \rangle$ 的意义为

$$\langle \Phi(f(\boldsymbol{\sigma})) \rangle = \begin{cases} (f(\boldsymbol{\sigma})/f_0)^n, & f(\boldsymbol{\sigma}) > 0 \\ 0, & f(\boldsymbol{\sigma}) \leqslant 0 \end{cases} \tag{3-10}$$

其中，f_0 用来使 $f(\boldsymbol{\sigma})$ 无量纲化。

对于 Duvaut-Lions 模型，黏塑性应变率为

$$\dot{\boldsymbol{\varepsilon}}^{vp} = \gamma^{vp} \boldsymbol{C} : (\boldsymbol{\sigma} - \bar{\boldsymbol{\sigma}}) = \gamma^{vp} \Delta\lambda \frac{\partial g(\boldsymbol{\sigma})}{\partial \bar{\boldsymbol{\sigma}}} \tag{3-11}$$

其中，$\Delta\lambda$ 为塑性乘子，是大于 0 的标量。

当屈服面外突时，对于任意的应力状态 $\boldsymbol{\sigma}$，当 $\boldsymbol{\sigma}$ 超出屈服面时，其在屈服面上的投影 $\bar{\boldsymbol{\sigma}}$ 存在且唯一。

3.2.3　时效塑性余能范数

在考虑时效的情况下，结构的失稳和演化也可以采用类似 2.2.1 节的集合方法定义。

对于一个具有时效变形的弹-黏塑性体,假定两个应力场:满足本构关系的应力场集合 S 和满足平衡条件的结构应力场集合 S_1。如果这两个应力场相交,则结构处于稳定状态。如果两个应力场不相交,则结构处于非平衡态,将发生演化变形。

对于结构处于非平衡态,即图 2-2 中 S 和 S_1 不相交的情况,如果采用柔度张量的一半,即 $C/2$ 作为度量张量,则时效塑性余能范数 ΔE 可表示为

$$\Delta E = \frac{1}{2}\int_V (\boldsymbol{\sigma}-\bar{\boldsymbol{\sigma}}):\boldsymbol{C}:(\boldsymbol{\sigma}-\bar{\boldsymbol{\sigma}})\mathrm{d}V \tag{3-12}$$

显然,时效塑性余能范数 ΔE 是过应力的一个范数,同时也是两个应力场的广义距离。

下面证明在流变学范畴内,时效塑性余能范数是一个满足渐进稳定的 Lyapunov 函数。证明过程如下[27,28]。

显然,ΔE 是非负的,当且仅当结构稳定时 ΔE 为 0,即 $\boldsymbol{\sigma}=\bar{\boldsymbol{\sigma}}$ 时 ΔE 为 0。

下面证明:$\Delta \dot{E} \leqslant 0$。

引入经典 Duvaut-Lions 模型,将式(3-11)代入式(3-12)中,可得

$$\Delta \dot{E} = \int_V (\dot{\boldsymbol{\sigma}}-\dot{\bar{\boldsymbol{\sigma}}}):\boldsymbol{C}:(\boldsymbol{\sigma}-\bar{\boldsymbol{\sigma}})\mathrm{d}V = \gamma^{\mathrm{vp}}\int_V (\dot{\boldsymbol{\sigma}}-\dot{\bar{\boldsymbol{\sigma}}}):\dot{\boldsymbol{\varepsilon}}^{\mathrm{vp}}\mathrm{d}V = \gamma^{\mathrm{vp}}\int_V (\dot{\boldsymbol{\sigma}}:\dot{\boldsymbol{\varepsilon}}^{\mathrm{vp}}-\dot{\bar{\boldsymbol{\sigma}}}:\dot{\boldsymbol{\varepsilon}}^{\mathrm{vp}})\mathrm{d}V \tag{3-13}$$

考察第一项 $\dot{\boldsymbol{\sigma}}:\dot{\boldsymbol{\varepsilon}}^{\mathrm{vp}}$ 可得

$$\int_V \dot{\boldsymbol{\sigma}}:\dot{\boldsymbol{\varepsilon}}^{\mathrm{vp}}\mathrm{d}V = \int_V \dot{\boldsymbol{\sigma}}:(\dot{\boldsymbol{\varepsilon}}-\dot{\boldsymbol{\varepsilon}}^{\mathrm{e}})\mathrm{d}V = \int_V (\dot{\boldsymbol{\sigma}}:\dot{\boldsymbol{\varepsilon}}-\dot{\boldsymbol{\sigma}}:\boldsymbol{C}:\dot{\boldsymbol{\sigma}})\mathrm{d}V \tag{3-14}$$

显然有 $\dot{\boldsymbol{\sigma}}:\boldsymbol{C}:\dot{\boldsymbol{\sigma}} \geqslant 0$。对于 $\dot{\boldsymbol{\sigma}}:\dot{\boldsymbol{\varepsilon}}$,在恒定外部边界的情况下,则有

$$\begin{cases} \dot{\boldsymbol{f}}=0, & \text{在 } V \text{ 内} \\ \dot{\boldsymbol{t}}=0, & \text{在 } S_t \text{ 上} \\ \dot{\boldsymbol{u}}=0, & \text{在 } S_u \text{ 上} \\ \dot{T}=0, & \text{在 } V \text{ 内} \end{cases} \tag{3-15}$$

其中,$\dot{T}$ 为温度变化率。

考虑率边值问题,使用散度定理可得

$$0 = \int_{S_u} \dot{\boldsymbol{t}}\cdot\dot{\bar{\boldsymbol{u}}}\mathrm{d}S_u + \int_{S_t}\dot{\bar{\boldsymbol{t}}}\cdot\dot{\boldsymbol{u}}\mathrm{d}S_t = \int_S \dot{\boldsymbol{t}}\cdot\dot{\boldsymbol{u}}\mathrm{d}S$$
$$= \int_V \dot{\boldsymbol{\sigma}}:\dot{\boldsymbol{\varepsilon}}\mathrm{d}V + \int_V \mathrm{div}\dot{\boldsymbol{\sigma}}:\dot{\boldsymbol{\varepsilon}}\mathrm{d}V = \int_V \dot{\boldsymbol{\sigma}}:\dot{\boldsymbol{\varepsilon}}\mathrm{d}V - \int_V \rho\dot{\boldsymbol{f}}:\dot{\boldsymbol{u}}\mathrm{d}V = \int_V \dot{\boldsymbol{\sigma}}:\dot{\boldsymbol{\varepsilon}}\mathrm{d}V \tag{3-16}$$

其中,ρ 为密度。式(3-16)即为考虑恒定外部边界条件的率边值问题的率等式。

考察式(3-13)中第二项 $\dot{\bar{\boldsymbol{\sigma}}}:\dot{\boldsymbol{\varepsilon}}^{\mathrm{vp}}$,根据加卸载准则,则有以下两种情况。

(1) 卸载:$\dot{\boldsymbol{\varepsilon}}^{\mathrm{vp}}=0$,所以 $\dot{\bar{\boldsymbol{\sigma}}}:\dot{\boldsymbol{\varepsilon}}^{\mathrm{vp}}=0$。

(2) 加载:代入式(3-11),可得

$$\dot{\bar{\boldsymbol{\sigma}}}:\dot{\boldsymbol{\varepsilon}}^{\mathrm{vp}} = \gamma^{\mathrm{vp}}\dot{\bar{\boldsymbol{\sigma}}}:\Delta\lambda\frac{\partial g}{\partial \bar{\boldsymbol{\sigma}}}\begin{cases} >0, & \text{应变硬化} \\ =0, & \text{理想弹塑性} \\ <0, & \text{应变软化} \end{cases} \tag{3-17}$$

因此,在不考虑应变软化的情况下,有 $\dot{\bar{\boldsymbol{\sigma}}}:\dot{\boldsymbol{\varepsilon}}^{\mathrm{vp}} \geqslant 0$。

根据式(3-14)、式(3-16)和式(3-17)可得

$$\Delta \dot{E} = \gamma^{vp} \int_V (-\dot{\boldsymbol{\sigma}} : \boldsymbol{C} : \dot{\boldsymbol{\sigma}} - \bar{\dot{\boldsymbol{\sigma}}} : \dot{\boldsymbol{\varepsilon}}^{vp}) dV \tag{3-18}$$

在考虑恒定外部边界条件的情况下,对于应变硬化材料,由于$\bar{\dot{\boldsymbol{\sigma}}} : \dot{\boldsymbol{\varepsilon}}^{vp} > 0$,所以,时效塑性余能范数 $\Delta \dot{E} < 0$,根据 Lyapunov 函数的定理一得证。

对于理想弹塑性材料,则式(3-18)简化为

$$\Delta \dot{E} = \gamma^{vp} \int_V (-\dot{\boldsymbol{\sigma}} : \boldsymbol{C} : \dot{\boldsymbol{\sigma}}) dV \tag{3-19}$$

考虑二阶导数,则有

$$\Delta \ddot{E} = -2\gamma^{vp} \int_V \dot{\boldsymbol{\sigma}} : \boldsymbol{C} : \ddot{\boldsymbol{\sigma}} dV = -2\gamma^{vp} \int_V \dot{\boldsymbol{\sigma}} : (\ddot{\boldsymbol{\varepsilon}} - \ddot{\boldsymbol{\varepsilon}}^{vp}) dV \tag{3-20}$$

代入式(3-11)的一阶导数和式(3-16)可得

$$\Delta \ddot{E} = 2\gamma^{vp} \int_V \dot{\boldsymbol{\sigma}} : \ddot{\boldsymbol{\varepsilon}}^{vp} dV = 2\gamma^{vp} \int_V \dot{\boldsymbol{\sigma}} : \boldsymbol{C} : (\dot{\boldsymbol{\sigma}} - \bar{\dot{\boldsymbol{\sigma}}}) dV \tag{3-21}$$

对于右端项有

$$\dot{\boldsymbol{\sigma}} : \boldsymbol{C} : (\dot{\boldsymbol{\sigma}} - \bar{\dot{\boldsymbol{\sigma}}}) = (\dot{\boldsymbol{\sigma}} - \bar{\dot{\boldsymbol{\sigma}}}) : \boldsymbol{C} : (\dot{\boldsymbol{\sigma}} - \bar{\dot{\boldsymbol{\sigma}}}) + \bar{\dot{\boldsymbol{\sigma}}} : \boldsymbol{C} : (\dot{\boldsymbol{\sigma}} - \bar{\dot{\boldsymbol{\sigma}}}) \geqslant \bar{\dot{\boldsymbol{\sigma}}} : \boldsymbol{C} : (\dot{\boldsymbol{\sigma}} - \bar{\dot{\boldsymbol{\sigma}}}) = \bar{\dot{\boldsymbol{\sigma}}} : \ddot{\boldsymbol{\varepsilon}}^{vp} \tag{3-22}$$

考虑式(2-14)和式(2-20)的一阶导数,并考虑屈服函数外突性,可得

$$\bar{\dot{\boldsymbol{\sigma}}} : \ddot{\boldsymbol{\varepsilon}}^{vp} = \gamma^{vp} \bar{\dot{\boldsymbol{\sigma}}} : \left(\frac{\partial \Delta\lambda}{\partial \bar{\boldsymbol{\sigma}}} \frac{\partial f}{\partial \bar{\boldsymbol{\sigma}}} + \Delta\lambda \frac{\partial^2 f}{\partial^2 \bar{\boldsymbol{\sigma}}} \right) : \bar{\dot{\boldsymbol{\sigma}}} = \Delta\lambda \gamma^{vp} \bar{\dot{\boldsymbol{\sigma}}} : \frac{\partial^2 f}{\partial^2 \bar{\boldsymbol{\sigma}}} : \bar{\dot{\boldsymbol{\sigma}}} \geqslant 0 \tag{3-23}$$

因此,在考虑恒定外部边界条件的情况下,对于理想弹塑性材料,有 $\Delta \dot{E} \leqslant 0$、$\Delta \ddot{E} \geqslant 0$。其可以根据 Lyapunov 函数定理一的推论得证。

时效塑性余能范数实际上是基于经典黏塑性模型(Duvaut-Lions 模型)的非算法依赖的结构稳定性评价指标,反映了整体结构偏离平衡态的程度。当 $\Delta E = 0$ 时,则结构处于稳定状态。当 $\Delta E > 0$ 时,则结构处于非平衡态,结构将发生非平衡演化。结构自发的演化方向是朝向平衡态的,使 ΔE 量值逐渐减小,结构逐渐趋于稳定,即

$$\Delta E \rightarrow \Delta E_{\min} \tag{3-24}$$

然而,在岩体结构自平衡演化过程中,材料损伤和能量耗散往往导致损伤演化逐渐累积。当结构损伤演化更为剧烈时,ΔE 量值将逐渐增大,结构将偏离平衡态,逐渐失稳破坏。因此,时效塑性余能范数反映了结构的演化方向。

3.2.4　时效不平衡力

时效塑性余能范数是整体稳定的评价指标,对于结构局部稳定或者开裂破坏,也需要相匹配的一个局部稳定指标来判别。

对于结构的时效变形来说,基于经典黏塑性模型,过应力指明了结构黏塑性演化的方向,是时效变形的驱动力,其大小和分布表明了时效变形发生的速率和演化方向。然而,对于工程问题来说,真正具有指导意义的是所需的加固力大小及加固的方向、分布等。

对于处于非平衡态的结构,将其某一时刻过应力在节点上积分,可得该时刻的时效不平衡力 $\Delta \boldsymbol{Q}$,即

$$\Delta \boldsymbol{Q} = \sum \int_V \boldsymbol{B}^{\mathrm{T}} (\boldsymbol{\sigma} - \bar{\boldsymbol{\sigma}}) dV \tag{3-25}$$

其中，B 为应变矩阵。

根据节点平衡方程可得

$$\Delta Q = F - \sum \int_V B^T \bar{\sigma} dV \tag{3-26}$$

其中，F 为外荷载作用产生的等效节点力。

从式（3-25）和式（3-26）可以得出：时效不平衡力是结构自承载力与外部作用力的差值。对处于非平衡态的结构施加 $-\Delta Q$，则结构将恢复到平衡态，非平衡演化也将停止。

当时效塑性余能范数取得最小值 ΔE_{min} 时，ΔQ 也取得最小值，即该时刻所需的加固力最小，此时结构自平衡演化所提供的抗力达到最大。潘家铮最大原理说明[29]：当结构破坏模式确定时，结构自身发挥的承载力达到最大。时效变形稳定和控制理论从理论层次对潘家铮最大原理进行了验证。

3.2.5 非平衡演化特性与时效变形稳定和控制理论

1. 时效变形稳定和控制理论的特点

时效变形稳定和控制理论评价体系给出了反映结构整体稳定的时效塑性余能范数和反映结构局部稳定的时效不平衡力，具有严格的数学基础和明确的物理意义。该评价体系具有以下几个特点。

（1）明确的稳定评价指标，即

$$\Delta E_{min} \begin{cases} = 0, & \text{稳定} \\ > 0, & \text{失稳} \end{cases} \tag{3-27}$$

（2）非平衡演化的方向，即 ΔE 逐渐减小，则趋于稳定；ΔE 逐渐增大，则趋于失稳破坏。

（3）非平衡演化的内在驱动力。过应力是时效变形的驱动力，是非平衡演化的内在驱动力。

（4）结构失稳的机制。从极限分析的角度分析，当结构失稳时，是以最小塑性余能范数 ΔE_{min} 对应的速度场 v_{min} 发生塑性流动，即

$$v_{min} = \sum \int_V B^T C : (\dot{\sigma} - \dot{\bar{\sigma}}) dV = \sum \int_V B^T \dot{\varepsilon}_{min}^p dV \tag{3-28}$$

其中，$\dot{\varepsilon}_{min}^p$ 为结构最小的塑性流动速率。

（5）结构加固所需的加固力。从结构的失稳控制角度，ΔE_{min} 对应的 $-\Delta Q$ 是非平衡结构加固所需的最优加固力。

2. 材料层次非平衡演化特性

时效塑性余能范数可以反映材料层次非平衡演化特性。对于岩石或者金属材料典型蠕变曲线，其三阶段演化过程为初始蠕变、稳态蠕变和加速蠕变，可以分别对应材料的自平衡演化、恒定演化及损伤演化阶段。

当荷载等级较小时，在初期荷载扰动情况下，材料开始进入初始蠕变状态的自平衡演化，随后为蠕变速率降为 0 的平衡态。这一过程与时效塑性余能范数在初始扰动后逐渐衰减至 0 的过程是一致的，如图 3-12(a)所示。对于单一材料的情况，其初始时效塑性余能范数即为 0。

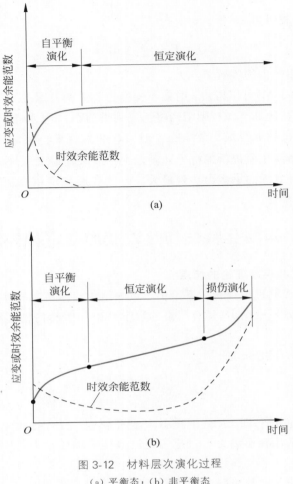

图 3-12 材料层次演化过程

（a）平衡态；（b）非平衡态

当荷载足够大时,材料从恒定演化状态进入加速蠕变的损伤演化状态,直至材料损伤破坏。该过程中,材料损伤演化加剧,导致时效塑性余能范数达到最小值后,继续增大,材料演化方向背离平衡态,最终损伤破坏,如图 3-12(b)所示。对于单一材料情况,其初始时效塑性余能范数即为最小值。

3. 结构层次非平衡演化特性

时效塑性余能范数可以反映结构层次非平衡演化特性。

对于图 3-9 所示的新奥法围岩支护特征曲线,时效塑性余能范数的演化过程实际是围岩总体演化过程。初始阶段,围岩受到扰动,其自发的演化趋势趋向平衡态,时效塑性余能范数逐渐减小;后期受到损伤演化加剧的影响,其逐渐偏离平衡态,时效塑性余能范数逐渐增大。时效塑性余能范数取得极小值时,其变形速率与加固力达到最小值,此时即为最优加固力。

对于高边坡的演化过程,黄润秋从地球动力学演化角度,将边坡的演化分成 3 个阶段,具体如下[30]。

（1）表生改造阶段：边坡受到河谷下切或人工开挖等扰动后，边坡应力调整及释放，使得岩体发生变形，逐步适应新的平衡态。这一阶段是结构层次的自平衡演化过程，岩体结构抗力逐步发挥作用，边坡趋向平衡态演化，边坡整体的时效塑性余能范数逐渐减小。

（2）时效变形阶段：表生改造的应力调整完成，边坡外荷载以自重应力场为主，边坡可能处于新的平衡态，并发生持续的时效变形。这一阶段是结构层次的恒定演化过程，边坡在内在驱动力作用下，发生持续的变形，边坡整体的时效塑性余能范数逐渐取得最小值。

（3）破坏发展阶段：随着时效变形的逐渐发展，边坡进入累进性破坏阶段。这一阶段是结构层次的损伤演化过程，边坡在持续变形的情况下，岩体损伤逐渐累积，损伤演化加剧，最终失稳破坏，时效塑性余能范数也逐渐发散。

时效塑性余能范数从理论层面阐释和支持了高边坡演化的 3 个阶段过程。

3.3 时效变形稳定和控制理论的数值实现及验证

3.3.1 基于蠕变损伤模型的数值实现

从理论上讲，时效变形稳定和控制理论是一个理论框架，可以采用任何蠕变损伤模型和数值方法来实现。本节采用弹-黏弹-黏塑性模型和有限元方法来实现。

1. 弹-黏弹性模型

弹-黏弹性模型由一个弹簧和两个串联的 Kelvin 模型组成，如图 3-13 所示。本构方程表示为[31]

$$\ddot{\varepsilon} + \left(\frac{E_1}{\eta_1} + \frac{E_2}{\eta_2}\right)\dot{\varepsilon} + \frac{E_1 E_2}{\eta_1 \eta_2}\varepsilon = \frac{1}{E_0}\ddot{\sigma} + \left(\frac{E_1}{E_0 \eta_1} + \frac{\eta_1 + \eta_2}{\eta_1 \eta_2} + \frac{E_2}{E_0 \eta_2}\right)\dot{\sigma} +$$
$$\left(\frac{E_0 E_1 + E_1 E_2 + E_0 E_2}{E_0 \eta_1 \eta_2}\right)\sigma \tag{3-29}$$

其中，E_0 为瞬时弹性模量；E_i 和 $\eta_i (i=1,2)$ 分别为中第 i 个 Kelvin 模型元件的黏弹性模量和黏弹性黏滞系数。

黏弹性应变可以表示为

$$\varepsilon = \frac{\sigma_0}{E_0} + \frac{\sigma_0}{E_1}(1 - e^{\frac{-E_1}{\eta_1}t}) + \frac{\sigma_0}{E_2}(1 - e^{\frac{-E_2}{\eta_2}t})$$
$$= \sigma_0[\phi_0 + \phi_1(1 - e^{-r_1 t}) + \phi_2(1 - e^{-r_2 t})]$$
$$\tag{3-30}$$

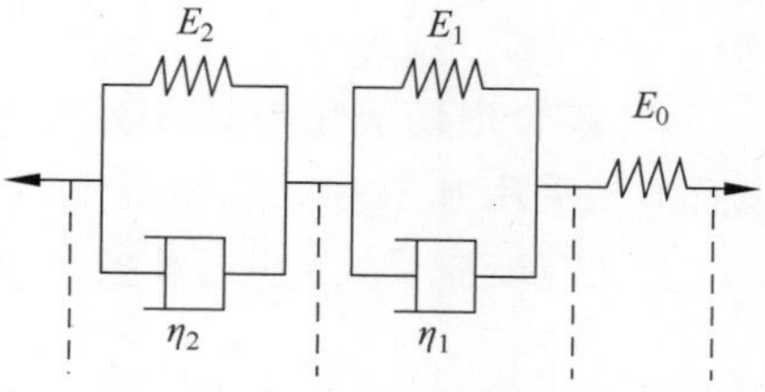

图 3-13 黏弹性模型

其中，$\phi_i = 1/E_i$；$r_i = E_i/\eta_i$。

在一维情况下，黏弹性应变为

$$e_{ij} = \frac{1}{2}[\sigma_m \phi_0 + S_{ij}\phi_1(1 - e^{-r_1 t}) + S_{ij}\phi_2(1 - e^{-r_2 t})] \tag{3-31}$$

其中，e_{ij} 为偏应变张量；σ_m 为球应力张量。

2. 黏塑性模型

采用 Duvaut-Lions 模型作为黏塑性模型，应力 $\boldsymbol{\sigma}$ 满足[32]：

$$\begin{cases} f(\boldsymbol{\sigma}) = 0 \\ \boldsymbol{C} : (\dot{\boldsymbol{\sigma}}_1 - \boldsymbol{\sigma}) = \lambda \dfrac{\partial f}{\partial \boldsymbol{\sigma}} \end{cases} \tag{3-32}$$

采用 Drucker-Prager 屈服准则，则有

$$f(\boldsymbol{\sigma}) = \alpha I_1 + \sqrt{J_2} - k \tag{3-33}$$

其中，α 和 k 分别为 Drucker-Prager 屈服准则的参数；I_1 和 J_2 分别为应力张量的不变量。

由一致性条件 $f(\boldsymbol{\sigma}) = 0$ 可以得到 λ 的解析解

$$\lambda = \frac{f(\boldsymbol{\sigma})}{9\alpha^2 K + G} \tag{3-34}$$

其中，K 为体积模量，$K = E_0/3(1-2\nu)$；G 为剪切模量，$G = E_0/2(1+\nu)$；ν 为泊松比。

因此，Drucker-Prager 屈服准则可以写为

$$\dot{\varepsilon}_{ij}^{\mathrm{vp}} = \Gamma^{\mathrm{vp}} \frac{f(\boldsymbol{\sigma})}{9\alpha^2 K + G} \frac{\partial f}{\partial \boldsymbol{\sigma}} \tag{3-35}$$

3. 损伤模型

这里采用总应变的指数形式的函数来衡量损伤演化率。损伤演化率的表达式为[33]

$$\dot{\phi} = \Gamma^{\mathrm{vd}} \left(\frac{Y}{Y_0} \right)^q \exp(k\bar{\varepsilon}) \tag{3-36}$$

其中，Γ^{vd} 为损伤黏滞系数；Y 为名义面积上的损伤驱动力；Y_0 为参考状态下的损伤驱动力，在蠕变试验中定义；q 和 k 分别为材料参数；$\bar{\varepsilon}$ 为等效黏性应变。

$\bar{\varepsilon}$ 可以由下式求得

$$\bar{\varepsilon} = \sqrt{\frac{2}{3} \bar{\varepsilon}_{ij} \bar{\varepsilon}_{ij}} \tag{3-37}$$

其中，$\bar{\varepsilon}_{ij}$ 为有效应变张量，可以分解为可恢复的黏弹性部分 $\bar{\varepsilon}_{ij}^{\mathrm{ve}}$ 和不可恢复的黏塑性部分 $\bar{\varepsilon}_{ij}^{\mathrm{vp}}$，即 $\bar{\varepsilon}_{ij} = \bar{\varepsilon}_{ij}^{\mathrm{ve}} + \bar{\varepsilon}_{ij}^{\mathrm{vp}}$。假定损伤演化依赖于黏塑性应变，则损伤模型可以与黏弹性和黏塑性模型进行耦合。加载时间和速率通过黏弹性应变和黏塑性应变对损伤演化产生影响。

为了耦合损伤演化与黏性变形，连续损伤力学中的本构方程应当用有效应力张量来表示，而不是采用基于有效应力应变等效假定的名义应力张量来表示。因此，名义应力张量 σ_{ij} 和名义应变张量 ε_{ij} 应当替换为有效应力张量 $\bar{\sigma}_{ij}$ 和有效应变张量 $\bar{\varepsilon}_{ij}$[33]，即

$$\begin{cases} \boldsymbol{\sigma}_{ij} \to \bar{\boldsymbol{\sigma}}_{ij} = \dfrac{\sigma_{ij}}{(1-\phi)^2} \\ \\ \boldsymbol{\varepsilon}_{ij} \to \bar{\boldsymbol{\varepsilon}}_{ij} = \varepsilon_{ij} \end{cases} \tag{3-38}$$

3.3.2　数值算例和验证

基于上述的蠕变损伤模型和三维有限元方法的时效变形稳定和控制理论在三维有限元分

析程序(three-dimensional finite element,TFINE)中实现,并用于模拟损伤蠕变的演化过程。

1. 模型验证

蠕变试验采用尺寸为 4cm×4cm×8cm 的长方体试件,该试件采用重晶石粉、胶水和膨润土制作而成,常用于地质力学模型实验中的岩体结构的模拟[34]。弹塑性力学参数通过单轴压缩试验和直剪试验确定,如表 3-1 所示。黏弹性本构参数依照 200kPa 单轴应力下蠕变试验的卸载段计算确定[35],如表 3-2 所示。黏塑性和损伤力学参数基于 360kPa 下稳态和加速蠕变阶段的多重反演得到[36]。360kPa 应力下的数值结果和试验数据如图 3-14 所示。可以看到,数值结果与试验数据比较接近。分析程序可以模拟考虑损伤演化的岩体蠕变的 3 个阶段。

表 3-1 弹塑性力学参数

变形模量/MPa	泊松比	摩擦系数	黏聚力/kPa	密度/(kg/m³)
358	0.29	1.2	7.47	2100

表 3-2 蠕变和损伤力学参数

Φ_1/MPa^{-1}	r_1/min^{-1}	Φ_2/MPa^{-1}	r_2/min^{-1}	Γ^{vp}/min^{-1}	Γ^{vd}/min^{-1}	Y_0/MPa	q	k
4.8×10^{-4}	5.67×10^{-3}	2.3×10^{-4}	2.17×10^{-3}	2.3×10^{-2}	3.1×10^{-6}	0.7	2	150

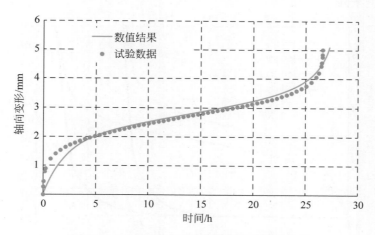

图 3-14 360kPa 应力下的数值结果和试验数据

2. 整体破坏和损伤演化

图 3-15 为不同应力状态下是否有损伤的轴向变形随时间的变化曲线。不考虑损伤演化时,变形曲线只有初始蠕变和稳态蠕变阶段,但是考虑损伤演化的变形曲线则还具有加速蠕变阶段。随着应力的增加,轴向变形会增大,并且加速蠕变阶段会越早出现。图 3-16 为轴向变形和损伤因子随时间的变化曲线。在初始蠕变和早期的稳态蠕变阶段,损伤因子几乎为 0。在稳态蠕变的后期,损伤因子快速增加,轴向变形进入加速蠕变阶段。

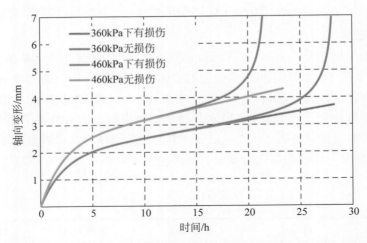

图 3-15　不同应力状态下是否有损伤的轴向变形随时间的变化曲线

　　图 3-17 为不同应力状态下轴向变形和塑性余能范数随时间的变化曲线。可以看到,在初始蠕变和稳态蠕变阶段,塑性余能范数几乎为 0。在加速蠕变阶段,塑性余能范数急剧增加,表明试件的稳定性急剧下降,试件趋向于破坏。从图 3-16 和图 3-17 可以看出,随着损伤演化的逐渐发展,试件变形有一定程度增长。但是,试件仍然处于稳定状态。塑性余能范数不大。当试件趋向于破坏时,损伤因子快速增加,相应的塑性余能范数急剧增加,对应着结构稳定性急剧下降。

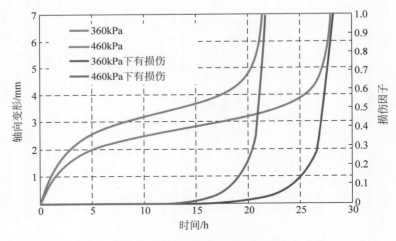

图 3-16　轴向变形和损伤因子随时间的变化曲线

3. 黏塑性变形和不平衡力

　　图 3-18 为 360kPa 应力下是否考虑损伤的黏塑性变形和不平衡力随时间的变化曲线。在不考虑损伤的情况下,黏塑性变形,即不可逆的时效变形,呈线性增长状态。此时,不平衡力保持不变。考虑损伤演化的黏塑性变形在大约 25h 后增长比较显著,不平衡力也增长明显。不平衡力是过应力的等效节点力,因此过应力是不可逆时效变形的有效驱动力。

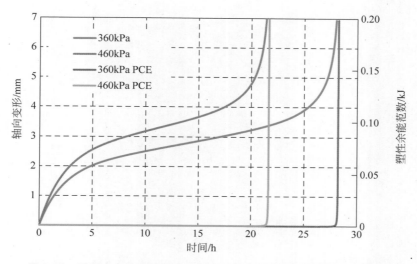

图 3-17 不同应力状态下轴向变形和塑性余能范数随时间的变化曲线

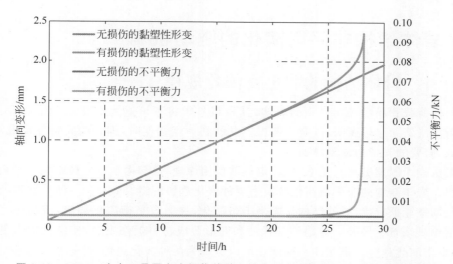

图 3-18 360kPa 应力下是否考虑损伤的黏塑性变形和不平衡力随时间的变化曲线

28.23h 时的不平衡力分布如图 3-19 所示。由图 3-19 可看到,不平衡力主要垂直于侧面,说明主要的塑性变形是侧面膨胀。根据式(3-30)和式(3-35),竖直和水平方向的弹-黏弹性和塑性变形可以分离,如表 3-3 所示。竖直向变形大于水平向变形,但是黏弹性变形占主导。由于不平衡力的存在,水平向黏塑性变形比竖直向要大。同时,不平衡力的反向力是最优的加固力,因此,施加围压是提高稳定性的最优方案。

表 3-3 弹-黏弹-黏塑性变形   mm

方向	总变形	弹-黏弹性变形	黏塑性变形
竖直向	13.5	10.4	3.1
水平向	10	2.7	7.2

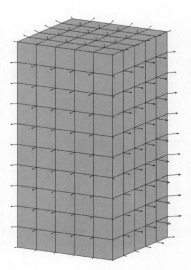

图 3-19 28.23h 时的不平衡力分布

3.4 岩体结构非平衡演化的驱动机制[21]

3.4.1 岩体结构的非平衡演化规律

受外部荷载和环境长期作用的岩体,其材料参数将不可避免地发生劣化效应。图 3-9 所示的新奥法施工原理表明,成洞后期损伤发展到一定程度时,围岩的完整性被破坏,自承能力降低,需要的支护力急剧增加。

新奥法施工原理虽然只是唯象的、定性的实用原理,但却揭示了岩体结构非平衡演化的基本规律。岩体结构的非平衡演化其实是两种演化趋势的组合效应:一种是材料硬化及结构的自我调整能抵抗扰动,使结构朝向平衡态演化,称为自平衡演化趋势,该趋势可以通过最小余能原理表征;另外一种趋势是扰动和变形造成材料损伤发展,使结构背离平衡态演化,称为损伤演化趋势。虽然非平衡演化可以分解为两种演化趋势,但是两者必定是相互耦合的。

由上述分析可知,时效变形和损伤发展是结构非平衡演化的核心,也是岩体工程结构长期稳定性研究无法回避的问题。

3.4.2 驱动岩体结构非平衡演化的有效应力

Rice 内变量热力学理论采用一组标量内变量表征材料内部的结构重排列,其演化率假设仅与同自身共轭的热力学力有关,且可以由一个广义流动势函数导出,即 Rice 正则结构[37]。在该理论框架下,表征材料硬化、损伤效应的岩体细观变量能以内变量的方式引入,以准确、全面地描述岩体在非平衡演化过程中的非弹性变形行为。

Rice 内变量热力学理论框架内的非弹性应变率表示为[37]

$$\dot{\boldsymbol{\varepsilon}}^{i} = \frac{\partial f_{\alpha}(\boldsymbol{\sigma}, \theta, \boldsymbol{\zeta})}{\partial \boldsymbol{\sigma}} \dot{\zeta}_{\alpha} \qquad (3\text{-}39)$$

其中，$\boldsymbol{\sigma}$ 为应力张量；θ 为温度；$\boldsymbol{\zeta}=(\zeta_1,\zeta_2,\cdots,\zeta_n)$ 为内变量；$\boldsymbol{f}=(f_1,f_2,\cdots,f_n)$ 为与内变量 $\boldsymbol{\zeta}$ 共轭的热力学力。如果本节没有特别注明，方程中的重复下标将遵循 Einstein 求和约定。由式(3-39)可知，非弹性应变率与内变量变化率直接相关，因此本节将式(3-39)称为内变量率形式的非弹性应变率方程。

在内变量热力学理论中，如果内变量演化方程仅与同自身共轭的热力学有关，那么材料系统处于平衡状态的必要充分条件是[38]

$$f=0 \tag{3-40}$$

某一时刻某个共轭力函数 $f_\alpha(\boldsymbol{\sigma},\theta,\boldsymbol{\zeta})=0$ 在应力空间(约束了内变量和温度的热力学状态子空间)中是一个空间曲面(称为零力曲面)，该曲面将应力空间划分为两个区域，$f_\alpha=0$ 曲面以内的空间可称为平衡应力空间，以外的空间可称为非平衡应力空间，如图 3-20 所示。如果材料热力学状态$(\boldsymbol{\sigma},\theta,\boldsymbol{\zeta})$处于平衡应力空间中，内变量不产生不可逆变化，材料始终处于平衡状态，表现出弹性变形一类的变形行为；当$(\boldsymbol{\sigma},\theta,\boldsymbol{\zeta})$落入非平衡应力空间中，热力学力 f_α 大于0，材料系统处于非平衡状态，并将发生不可逆的非弹性变形。

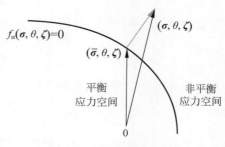

图 3-20　有效应力示意图

图 3-20 中的$(\bar{\boldsymbol{\sigma}},\theta,\boldsymbol{\zeta})$是$(\boldsymbol{\sigma},\theta,\boldsymbol{\zeta})$在零力曲面上的最近点投影，可以将当前时刻的热力学力 f_α 在该投影点处展开：

$$f_\alpha(\boldsymbol{\sigma},\theta,\boldsymbol{\zeta})=f_\alpha(\bar{\boldsymbol{\sigma}},\theta,\boldsymbol{\zeta})+\frac{\partial f_\alpha}{\partial \boldsymbol{\sigma}}\Big|_{\hat{\boldsymbol{\sigma}}}:(\boldsymbol{\sigma}-\bar{\boldsymbol{\sigma}}) \tag{3-41}$$

其中，$f_\alpha(\bar{\boldsymbol{\sigma}},\theta,\boldsymbol{\zeta})=0$；$\hat{\boldsymbol{\sigma}}$ 为 $\bar{\boldsymbol{\sigma}}$ 到 $\boldsymbol{\sigma}$ 应力路径上的某一点。如果 $\hat{\boldsymbol{\sigma}}=\boldsymbol{\sigma}$，式(3-41)可简化为

$$f_\alpha(\boldsymbol{\sigma},\theta,\boldsymbol{\zeta})=\boldsymbol{Y}^\alpha:(\boldsymbol{\sigma}-\bar{\boldsymbol{\sigma}}) \tag{3-42}$$

其中，

$$\boldsymbol{Y}^\alpha(\boldsymbol{\sigma},\theta,\boldsymbol{\zeta})=\partial f_\alpha/\partial \boldsymbol{\sigma}\,|_{\boldsymbol{\sigma}} \tag{3-43}$$

式(3-43)是表征方向的张量函数；热力学 f_α 的大小由$(\boldsymbol{\sigma}-\bar{\boldsymbol{\sigma}})$控制。内变量热力学理论认为热力学力 $\boldsymbol{f}$ 驱动内变量 $\boldsymbol{\zeta}$ 发生演化，使材料内部表现出硬化、损伤特征，外部表现出与时间有关的非弹性变形，结构出现非平衡演化过程。可见，控制热力学力大小的$(\boldsymbol{\sigma}-\bar{\boldsymbol{\sigma}})$是总应力 $\boldsymbol{\sigma}$ 中能够有效驱动材料和结构发生非平衡演化的部分，本书将其称为有效应力。

值得注意的是，有效应力是针对某一个共轭力 f_α 而言的，不同的共轭力对应不同的有效应力。

3.4.3　有效应力形式本构方程及非弹性余能

Rice 正则结构中，某内变量的演化率仅与同自身共轭的热力学力有关，内变量的运动方程可写为如下形式[39]：

$$\dot{\zeta}_\alpha=\kappa^\alpha L^\alpha(\theta,\boldsymbol{\zeta})f_\alpha \quad (\alpha\ 不求和) \tag{3-44}$$

其中，κ^α 控制内变量演化的快慢；L^α 控制内变量在构型空间(约束了应力和温度的热力学状态子空间)中的演化路径。结合式(3-39)、式(3-42)和式(3-44)得

$$\dot{\varepsilon}_{ij}^i = \sum_{\alpha=1}^n Y_{ij}^\alpha \kappa^\alpha L^\alpha Y_{kl}^\alpha (\sigma_{kl} - \bar{\sigma}_{kl}^\alpha)$$

$$= \sum_{\alpha=1}^n \kappa^\alpha L^\alpha R_{ijkl}^\alpha (\sigma_{kl} - \bar{\sigma}_{kl}^\alpha) = \sum_{\alpha=1}^n \kappa^\alpha \bar{R}_{ijkl}^\alpha (\sigma_{kl} - \bar{\sigma}_{kl}^\alpha) \tag{3-45}$$

其中，$\partial f_\alpha / \partial \sigma_{ij} = Y_{ij}^\alpha$；$R_{ijkl}^\alpha = Y_{ij}^\alpha Y_{kl}^\alpha$，$\bar{R}_{ijkl}^\alpha = L^\alpha R_{ijkl}^\alpha$，$\bar{\sigma}_{kl}^\alpha$ 为 σ_{kl} 在 $f_\alpha = 0$ 上的最近点投影。式(3-45)便是有效应力形式的非弹性应变率方程。与式(3-39)相比，有效应力形式的本构方程物理意义更加直观和明确。

在忽略温度梯度条件下，材料系统的能量耗散率 Φ 为

$$\Phi = \theta \dot{\eta} = f_\alpha \dot{\zeta}_\alpha \tag{3-46}$$

其中，η 为熵增。同样地，能量耗散率也可以表示为有效应力形式：

$$\Phi = \sum_{\alpha=1}^n \kappa^\alpha (\sigma_{ij} - \bar{\sigma}_{ij}^\alpha) \bar{R}_{ijkl}^\alpha (\sigma_{kl} - \bar{\sigma}_{kl}^\alpha) \tag{3-47}$$

如果式(3-47)的等式右面各项不考虑 κ^α 值，稍加改造并在材料体积 V 内积分，得到

$$\Omega = \frac{1}{2} \int_V \sum_{\alpha=1}^n (\sigma - \bar{\sigma}^\alpha) : \bar{R}^\alpha : (\sigma - \bar{\sigma}^\alpha) \mathrm{d}V \tag{3-48}$$

参考式(3-12)的时效塑性余能范数，Ω 可称为非弹性余能。非弹性余能是在内变量热力学理论框架下推导得到，同时考虑硬化、损伤效应，比塑性余能范数更具有一般性。如果当 $\alpha = 1$ 时，且共轭力 f 仅是应力 $\boldsymbol{\sigma}$ 的函数，且如果有

$$\kappa = \frac{1}{\mu}, \quad \bar{R}_{ijkl} = C_{ijkl} \tag{3-49}$$

那么式(3-45)和式(3-48)将分别退化为 Duvant-Lions 模型的黏塑性本构方程和塑性余能范数。

3.4.4 岩体结构非平衡演化稳定性分析

Rice 正则结构中，内变量的演化率仅与同自身共轭的热力学力有关，且可以由一个广义流动势函数导出[37]，即

$$\dot{\zeta}_\alpha = \frac{\partial Q}{\partial f_\alpha} \tag{3-50}$$

其中，Q 为流动势函数。

方程(3-44)遵从内变量演化的齐次运动率定律：

$$f_b \frac{\partial \dot{\zeta}_\alpha}{\partial f_b} = q \dot{\zeta}_\alpha \tag{3-51}$$

其中，q 为方程阶数。

根据式(3-46)、式(3-50)和式(3-51)可得

$$\Phi = (1+q)Q \tag{3-52}$$

因此，能量耗散率的全域积分为

$$L = \int_V \Phi \mathrm{d}V = (1+q) \int_V Q \mathrm{d}V = (1+q) L_1 \tag{3-53}$$

其中,L_1 为广义流动势函数的全域积分,文献[40]曾在 Rice 内变量热力学理论框架下采用 L_1 作为 Lyapunov 函数,并据此深入分析了岩体结构的非平衡演化规律和长期稳定性。式(3-53)表明 L 和 L_1 具有相同的数学性质,因此基于 L_1 对岩体结构的非平衡演化和长期稳定性分析方法和结论对 L 都是适用和成立的。因此,能量耗散率及其时间导数的全域积分可以表征结构非平衡演化状态,分析结构长期稳定性问题(详见第 4 章)。

参考文献

[1] FAKHIMI A A. FAIRHURST C. A model for the Time-dependent behavior of rock [J]. International Journal of rock mechanics and mining sciences & geomechanics abstracts, 1994, 31(2): 117-126.

[2] 陈宗基. 根据流变学与地球动力学观点研究新奥法[J]. 岩石力学与工程学报, 1988, 7(2): 97-106.

[3] 马洪琪. 小湾水电站建设中的几个技术难题[J]. 水利水运工程学报, 2009(4): 11-16.

[4] 王兰生, 李文纲, 孙云志. 岩体卸荷与水电工程[J]. 工程地质学报, 2008, 16(2): 145-154.

[5] 谢和平, 冯夏庭, 等. 灾害环境下重大工程安全性的基础研究[M]. 北京:科学出版社, 2009.

[6] 汝乃华, 姜忠胜. 大坝事故与安全·拱坝[M]. 北京:中国水利水电出版社, 1995.

[7] 许传华, 任青文, 李瑞. 围岩稳定的熵突变理论研究[J]. 岩石力学与工程学报, 2004, 23(12): 1992-1995.

[8] 王思敬. 坝基岩体工程地质力学分析[M]. 北京:科学出版社, 1990.

[9] KIERSCH A G. Vajont reservoir disaster[J]. ASCE civil engineering, 1964: 32-40.

[10] LIU Y R, WANG X M, WU Z S, et al. Simulation of landslide-induces surges and analysis of impact on dam based on stability evaluation of reservoir bank slope[J]. Landslides, 2018, 15(10): 2031-2045.

[11] 宋胜武, 向柏宇, 杨静熙, 等. 锦屏一级水电站复杂地质条件下坝肩高陡边坡稳定性分析及其加固设计[J]. 岩石力学与工程学报, 2010, 29(3): 442-458.

[12] 刘耀儒. 岩体工程若干关键技术问题研究[R]. 北京:清华大学, 2005.

[13] 周华, 王国进, 傅少君, 等. 小湾拱坝坝基开挖卸荷松弛效应的有限元分析[J]. 岩土力学, 2009, 30(4): 1175-1180.

[14] 杨强, 刘耀儒. 四川省大渡河大岗山水电站右岸枢纽区边坡稳定分析及加固措施研究[R]. 北京:清华大学, 2012.

[15] MALAN D F. Simulating the time-dependent behaviour of excavations in hard rock[J]. Rock mechanics and rock engineering, 2002, 35(4): 225-254.

[16] 陈宗基. 地下巷道长期稳定性的力学问题[J]. 岩石力学与工程学报, 1982, 1(1): 1-20.

[17] EDELEN D. Asymptotic stability, Onsager fluxes and reaction kinetics[J]. International Journal of engineering science, 1973, 11(8): 819-839.

[18] YANG Q, BAO J Q, LIU Y R. Asymptotic stability in constrained configuration space for solids[J]. Journal of non-equilibrium thermodynamics, 2009, 34(2): 155-170.

[19] GURTIN M E. Thermodynamics and the energy criterion for stability[J]. Archive for rational mechanics and analysis, 1973, 52(2): 93-103.

[20] PETRYK H, STUPKIEWICZ S. Instability of equilibrium of evolving laminates in pseudo-elastic solids[J]. International Journal of non-Linear mechanics, 2012, 47(2): 317-330.

[21] 张泷, 刘耀儒, 杨强. 岩体结构非平衡演化的有效应力原理及长期稳定性分析[J]. 力学学报, 2015, 47(4): 624-633.

[22] 刘秉正, 彭建华. 非线性动力学[M]. 北京:高等教育出版社, 2007.

[23] 范镜泓. 内蕴时间弹塑性本构方程及其在非均匀应变场条件下的试验验证[J]. 力学学报,1986, 18(S1): 98-107.

[24] PERZYNA P. Fundamental problems in viscoplasticity[J]. Advances in applied mechanics,1966,9: 243-377.

[25] DUVAUT G,LIONS J L. Inequalities in mechanics and physics[M]. Berlin: Springer-Verlag,1976.

[26] NGUYEN Q S. Stability and nonlinear solid mechanics[M]. New York: John Wiley & Sons, Ltd. ,2000.

[27] YANG Q,LENG K D,CHANG Q,et al. Failure mechanism and control of geotechnical structures [C]//The 2nd International Symposium on Constitutive Modeling of Geomaterials,Beijing,2013.

[28] LIU Y R, HE Z, YANG Q,et al. Long-term stability analysis for high arch dam based on time-dependent deformation reinforcement theory[J]. International Journal of geomechanics, 20017, 17(4): 04016092.

[29] 潘家铮. 建筑物的抗滑稳定和滑坡分析[M]. 北京: 水利出版社,1980.

[30] 黄润秋. 岩石高边坡发育的动力过程及其稳定性控制[J]. 岩石力学与工程学报,2008,27(8): 1525-1544.

[31] 徐卫亚,杨圣奇,褚卫江. 岩石非线性黏弹塑性流变模型(河海模型)及其应用[J]. 岩石力学与工程学报,2006,25(3): 433-447.

[32] 杨强,杨晓君,陈新. 基于 D-P 准则的理想弹塑性本构关系积分研究[J]. 工程力学,2004,22(4): 15-19.

[33] AL-RUB R K A,DARABI M K,YOU T,et al. A unified continuum damage mechanics model for predicting the mechanical response of asphalt mixtures and pavements[J]. International Journal of roads and airports,2011,1: 68-84.

[34] LIU Y R,GUAN F H,YANG Q,et al. Geomechanical model test for stability analysis of high arch dam based on small blocks masonry technique[J]. International Journal of rock mechanics and mining sciences,2013,61: 231-243.

[35] 李娜,曹平,衣永亮,等. 分级加卸载下深部岩石流变实验及模型[J]. 中南大学学报(自然科学版), 2011,42(11): 3465-3471.

[36] ZHANG L,LIU Y R,YANG Q. A creep model with damage based on internal variable theory and its fundamental properties[J]. Mechanics of materials,2014,78: 44-55.

[37] RICE J R. Inelastic constitutive relation for solids: an internal-variable theory and its application to metal plasticity[J]. Journal of mechanics and physics of solids,1971,19: 433-455.

[38] YANG Q,LIU Y R,FENG X Q,et al. Time-independent plasticity related to critical point of free energy function and functional[J]. Journal of engineering materials and technology,2014,136(2): 0210011-2010019.

[39] FISCHER F D, SVOBODA J, PETRYK H. Thermodynamic extremal principle for irreversible processes in material science[J]. Acta material,2014,67: 1-20.

[40] 冷旷代. 岩体结构非平衡演化稳定与控制理论基础研究[D]. 北京: 清华大学,2013.

第 4 章

基于内变量热力学的
蠕变损伤本构模型

本章基于内变量热力学理论,采用动态演化观点研究扰动岩体结构非平衡演化规律和岩体工程结构长期稳定性问题,重点对流变模型和长期稳定性进行讨论。通过对目前岩体工程结构整体稳定和长期稳定性两方面研究进展综述与评价,提出了一套完整、可行的岩体结构长期稳定性分析模型。材料层次主要开展基于内变量热力学理论的流变模型的研究工作。模型既要能够描述材料的宏观时效力学行为,如蠕变变形、应力松弛等,还要能表征材料内部结构的改变;此外,模型还必须能描述蠕变过程中材料的能量耗散过程,这也是材料稳定性和结构长期稳定性分析的基础。结构层次则基于流变模型的研究展开,结合 Lyapunov 系统稳定性理论建立适用于岩石工程结构的长期稳定性方法,包括定量的稳定性评价指标、明确的稳定性判据等。本章最后还讨论了蠕变和应力松弛的内在一致性。

4.1　概述

通常提到的结构整体稳定性分析方法大部分基于刚塑性或者弹塑性理论,没有考虑材料与时间相关的变形过程,因此无法获得结构与时间有关的力学响应。同时,各种整体稳定分析方法均含有极限分析的思想,仅考虑结构受力最终状态而忽略时效演化过程,因此无法正确分析和评价结构在运行期的稳定与安全。

目前,学术界和工程界主要基于流变学研究岩体结构的时效变形和长期稳定。1928年,在美国 E.C. Bingham 教授的倡议下成立流变协会,标志着流变学成为一门独立的学科。1954 年,我国的陈宗基在国际上最早创立土流变学,并且于 20 世纪 80 年代开始基于流变力学观点研究岩石工程的时效变形和长期稳定。流变学不断发展,如今在化学工业、航天航空技术、建筑科学等领域广泛应用。在岩石力学和工程领域,早期研究主要集中在岩石流变试验方向。1939 年,Griggs 对灰岩、页岩和砂岩等岩石开展流变试验研究[1]。此后,国内外学者相继从各个不同角度开展岩石流变试验研究[2-4]。

4.1.1 岩体结构工程时效分析的数值方法

进入 21 世纪,由于计算机技术的快速发展,越来越多的学者开始采用大规模的数值方法分析岩体工程结构的时效变形行为。有学者将流变模型在有限元中实现以模拟岩体结构时效变形,如 Desai 和 Zhang[5] 改进了经典黏塑性模型,并采用非线性有限元程序分析盐岩洞穴的时效变形行为;Golshani 等[6] 采用基于细观力学的损伤模型和有限元程序模拟地下洞室开挖损伤区随时间的发展;国内学者孙钧等[7]、陈卫忠等[8]、徐平等[9]、朱维申等[10]也运用黏弹或黏塑性模型结合有限元法分别对深层隧洞、盐岩储气库、船闸边坡等岩体结构工程的时效力学行为进行了分析。

同有限元计算程序相比,Itasca 公司的大型岩土工程有限差分软件 FLAC^{3D} 应用更加广泛。首先,因为 FLAC^{3D} 自带有多种蠕变模型,可以直接应用。例如,Barla 等[11]、Sharifzadeh 等[12]、杨根兰和黄润秋[13]、丁秀丽等[14] 均采用 FLAC^{3D} 自带的 CVISC 模型对隧洞、坝肩岩体、边坡等进行时效分析,刘建华等[15] 采用 FLAC^{3D} 中的 WIPP 模型分析小浪底水利枢纽地下厂房的变形和稳定性,王芝银等[16] 利用 FLAC^{3D} 中的 Maxwell 模型对地下储油洞的黏弹性稳定性进行了分析。其次,FLAC^{3D} 提供了一个相对比较便利的二次开发环境,因此许多学者将新提出的或改进的蠕变模型引入 FLAC^{3D} 并用于岩体结构工程分析。例如,Malan[17] 将 Perzyna 弹-黏塑性模型在 FLAC^{3D} 中程序实现并模拟金矿隧洞的时效变形行为,徐卫亚等[18] 将提出的非线性黏弹-黏塑性流变模型(河海模型)引入 FLAC^{3D} 并对锦屏一级水电站进行三维流变数值模拟,陈锋等[19]、熊良宵等[20]、陈国庆等[21] 也利用 FLAC^{3D} 二次开发程序接口编译用户自定义模型并应用于分析实际岩体结构工程的时效行为。

除了有限元法和有限差分法,也有学者采用其他数值分析方法进行研究分析。Ghorbani 和 Sharifzadeh[22] 采用三维离散元法分析电站地下厂房洞室的长期稳定性;国内的陆晓敏等[23] 在块体单元法中引入弹黏塑性流变模型分析裂隙岩质边坡的时效变形及长期稳定。

4.1.2 流变试验研究

目前,岩石室内流变试验发展已经非常成熟,国内外学者开展了大量的单轴、三轴流变试验。

Williams 和 Elizzi[24] 研制了三轴加载设备,开展了三轴情况下软岩的蠕变试验。Weidinger 等[25] 在单轴状态下进行了盐岩稳态蠕变试验,指出蠕变速率变化过程与内部晶粒的尺寸和位错间距的变化是一致的。Haupt[26] 进行了大量盐岩单轴松弛试验,指出盐岩松弛现象非常显著,停止加载 1min 后,应力即会下降 20% 以上,有时甚至下降 40% 以上。Boukharov 等[27] 对晶质岩进行试验研究,提出加速蠕变与微破裂过程引发的膨胀应变(dilatant strain)有关。Ito 和 Sasajima[28] 在地下深部的实验室,保持温度、湿度恒定情况下,进行了长达 10 年的花岗岩、辉长岩蠕变试验。

国内学者也开展了大量的蠕变试验。赵宝云等[29] 进行了红砂岩单轴压缩蠕变试验。赵延林等[30] 进行了节理软岩分级加卸载蠕变试验。李男等[31] 对泥岩进行了分级加载剪切蠕变试验。曹平等[32]对深部岩石进行了分级增量加载松弛试验。杨春和等[33]进行了单轴、三轴盐岩应力松弛、蠕变试验,分析不同应力路径对盐岩时效变形的影响,指出稳态蠕变速率与加载路径无关。梁卫国等[34]研究了不同矿物成分和应力水平对盐岩蠕变特性的影响,指出氯化钠盐岩的蠕变速率比钙芒硝盐岩的蠕变速率要低两个量级。王如宾等[35]对火山角砾岩进行不同围压下三轴蠕变试验,测试渗透系数随蠕变过程的变化情况,并指出稳态蠕变阶段,渗透系数基本维持不变,且进入加速蠕变阶段后,渗透系数显著增大。郤保平等[36]对高温静水压力下花岗岩的蠕变特性进行了研究,指出热应力作用下岩石内部晶粒和胶结物的位错、微破裂,是蠕变存在温度阈值的主要原因。张宁等[37]也进行了高温作用下花岗岩三轴蠕变的研究。王宇等[38]对软弱夹层进行了剪切蠕变试验,并提出用拐点法确定其长期强度。高延法等[39]采用冲击荷载施加扰动的方式,研究了扰动对砂岩蠕变特性的影响,指出应力状态接近强度极限时,扰动作用影响较大。

然而室内试验有其很大的局限性,如室内试验一般试件尺寸小,具有一定的尺寸效应[40];此外室内试验基本以岩块为主,难以反映天然岩体复杂的构造情况。现场试验能够很好地避免这些缺点,不过在工程现场试验,又面临着环境差、工程扰动大、试验花费大等问题,此外也需要研制能适应工程现场的新型自动化设备。陈宗基和康文法[41]于1959年就开展了实测花岗岩隧洞顶板下垂变形的现场试验。徐平等[42]对三峡永久船闸边坡内的岩体进行现场剪切、压缩蠕变试验。陈卫忠等[43]对深部巷道内的泥岩进行现场真三轴蠕变试验。张强勇等[44]对大岗山坝区的辉绿岩脉开展现场剪切蠕变试验。李维树等[45]研制了现场真三轴蠕变试验系统,克服了已有现场设备存在的缺点,并对锦屏二级深埋大理岩进行了现场蠕变试验。总体来看,现场流变试验仍需进一步发展。

流变试验一般持续时间较短,试件尺寸也有限,因此,为了将有限的时间和空间获得的试验成果运用到实际工程中去,需要采取一定的方法。目前,比较常用的方法是贝叶斯分布[46-48]。此外,还有其他一些处理的方法,如灰色系统[49]等。但是,无论采用何种方法延拓参数,都应该以工程实测资料为准,不能偏离现场实际情况。总体来看,这方面的研究还不是很成熟。

4.1.3 流变模型研究

流变模型是沟通试验研究、理论分析和数值计算的关键环节,无论采用何种数值分析方法,都需要一个流变模型来表征材料与时间有关的变形行为,进而获得结构随时间变化的力学响应。历经近百年的发展,国内外学者提出了大量的流变模型。

1. 经验模型

经验模型是在流变试验的基础上通过一定的理论假设建立起来的应力-应变-时间甚至温度的函数关系式,其理论主要有老化理论、流动理论、强化理论、继效理论等[50]。老化理论假设应力、应变和时间之间存在显式关系;流动理论认为应变率与应力和时间之间存在函数关系;强化理论(或硬化理论)假设应变率是应力和应变的函数关系式;继效理论主要考虑材料的变形历史,采用积分形式蠕变方程。经验模型的研究成果很多。Griggs和Hansen分别提出了比较著名的对数型和幂函数型本构方程[51];日本学者Okubo等[52]曾提出过相对比较复杂的非线性蠕变模型,我国的金丰年和浦奎英[53]、金丰年[54]也提出过类似模型并结合有限元分析隧道围岩的蠕变变形;Yang 等[55]根据大量的蠕变试验,提出了适用于盐岩的包含初始蠕变和稳态蠕变的本构方程;Carter 等[56]从盐岩位错运动流变机制和激活能概念出发,提出了稳态蠕变应变率可以采用应力偏量的幂函数及能量和温度的指数函数表示。

经验模型虽然简单,但是方程的物理意义不明确,且具有极强的针对性;同时,由于经验模型一般是基于特定的岩石或试验提出的,其适用条件比较苛刻而难以推广,目前很少用于实际工程。

2. 组合元件模型

组合元件模型通过一些基本元件采用并联和串联的方式组合而成。组合元件模型的基本元件主要有 3 种:Hooke 体(弹性体)、Newton 体(黏性体)和 St. Venant 体(塑性体)。早期比较著名的组合元件模型,如 Maxwell 模型、Kelvin 模型、Kelvin-Voigt 模型、Burgers 模型、Bingham 模型、Ponting-Thomson 模型和 Nishihara 模型等均是由上述 3 种基本元件组成的经典流变模型[57]。而将相同的经典流变模型再相互串联和并联便构成了更复杂的广义模型,如广义 Maxwell 模型、广义 Kelvin 模型、广义 Burgers 模型等。我国的夏才初等[58]将基本流变模型进行串、并联组合提出了统一流变模型,该模型是理论流变力学模型中最复杂的流变模型,它包括了其他 14 种组合元件模型,即这 14 种模型都是统一流变模型的特例。

不论基本元件如何组合,得到的模型均是线性模型,其主要原因在于基本元件的本构方程是线性的。为表征岩石材料的非线性蠕变特点,有学者将流变模型的基本参数进行修正,如宋德彰和孙钧[59]将 Bingham 模型中的定常的黏壶黏滞系数改写为剪应力和时间的函数;阎岩等[60]在西原模型的基础上,将蠕变参数表示为应力和时间的函数,提出了变参数模型;熊良宵和杨林德[61]对 Bingham 模型中的黏滞系数进行了改进,并与六元件模型串联组成新的非线性黏弹黏塑性流变模型。也有学者提出新的非线性元件来构建新的组合元件模型,如 Boukharov 等[62]用有质量的黏壶来模拟岩石的加速蠕变;徐卫亚等[18]提出了非线性黏塑性体并与五元件线黏弹性模型串联组成河海模型;邓荣贵等[63]也提出了一种非线性黏滞阻尼元件,并与经典模型串联组成岩石流变复合模型。

组合元件模型的优势在于能将复杂流变特征直观表达出来,可以很方便地分离弹性应变分量、黏弹性应变分量和黏塑性应变分量。此外,经典组合元件模型的本构方程一般可写成关于时间的显式表达式,因此程序实现方便,应用也相对较多。不过,组合元件模型在处理非线性流变问题上依旧面临困难;更重要的是,模型的一维本构方程有时难以推广到三维情况。

3. 经典黏塑性理论模型

与理想弹塑性理论相比,经典黏塑性理论保留了屈服面概念,但是摒弃了一致性条件,即在经典的黏塑性模型中当前的应力状态可以超出屈服面从而形成过应力。Perzyna 模型[64]、Duvaut-Lions 等模型[65]都是过应力模型的经典代表,Wang 等[66]提出了一致性模型,该模型中的屈服函数是率相关的。

对于岩石流变而言,模型研究的重点在屈服函数的选择上,实际上能用于岩石流变分析的屈服函数有限。孙钧[67]讨论了 Mohr-Coulomb 准则、Drucker-Prager 准则、von Mises 准则在岩石流变有限元计算分析中的应用；Desai 和 Zhang[5]将广义屈服函数引入经典 Perzyna 黏塑性模型，以表征盐岩材料的黏塑性变形；Deng 等[68]在 Duvaut-Lions 模型中运用 Drucker-Prager 准则，采用有限元计算盐岩地下储库的时效变形。

与组合元件模型从一维状态出发不同，经典黏塑性理论模型继承了经典弹塑性模型的力学基础，是真正的三维本构模型。不过经典黏塑性模型也继承了经典弹塑性理论处理岩土类材料的不足之处，但经典黏塑性模型仍是岩石工程长期稳定性研究中常采用的流变模型。

4. 基于分数阶导数的流变模型

分数阶微积分是研究任意阶微分和积分的理论，是整数阶微积分向任意阶微分与积分的推广。分数阶微积分在力学领域的研究开始于材料黏弹性本构关系的研究，Welch 等[69]提出了一个基于时间分数阶导数的流变模型用以研究高分子材料黏弹性行为；Beda 和 Chevalier[70]基于绘图拟合法提出一种新的模型参数辨识方法；Adolfsson 等[71]基于应力内变量的概念提出了一种分数阶导数黏弹性模型；Zhou 等[72]将分数阶 Abel 黏壶代替西原模型中的 Newton 体，构建了基于分数阶导数的盐岩流变本构方程；殷德顺等[73]基于分数阶微分算子提出了一种软体元件的本构方程，含该软体元的模型可以刻画土的流变特性。与其他几类流变模型相比，基于分数阶导数的流变模型的数学式比较复杂，研究时间也相对较短，几乎还没有应用于岩土工程。

5. 细观物理模型

与上述几种宏观唯象的流变模型不同，岩石流变的细观模型是从细观物理机制出发建立的。岩石作为一种天然材料，内部必然充满裂隙、空隙、裂纹等初始缺陷，受力后缺陷附近存在应力集中，从而使缺陷进一步扩展，考虑该扩展过程的时间效应便可以建立岩石流变细观本构方程。早在 1979 年，Dragon 引入裂缝密度参数提出了一个岩石的黏塑性本构方程[74]；Shao 等[75]基于岩石细观力学的研究，采用微结构的演化表征时效变形，并提出蠕变模型；此外邓广哲和朱维申[76]、陈卫忠等[77]、肖洪天等[78]国内学者均在岩石流变损伤/断裂模型研究方面取得了一定的研究成果。虽然岩石宏观变形是内部细观结构变化的外在表现，通过分析内部细观结构变化的物理机制来研究岩石流变特性的基本思路是正确的，但是相关研究的实际应用较少，主要原因可能是细-宏观跨尺度问题还没有较好地解决。

6. 基于不可逆热力学理论的流变模型

从热力学的观点看，岩石流变过程的本质是一种能量耗散、系统增熵的不可逆热力学过程，因此可以在不可逆热力学的理论框架下对其进行研究。在连续体运动学唯象理论中，考虑耗散效应的方法大致有 3 种[79]：引入黏性应力(viscous stress)；假设变形历史对应力有影响；采用内变量使不可逆过程中的 Helmholtz 自由能可以唯一确定，这样当前时刻的材料状态便由可观测变量和一组内变量表征，材料的变形历史则间接体现在内变量的演化过程中。基于不可逆热力学的流变模型一般采用第三种处理方法，因此模型的本构方程能很好地描述材料的能量耗散；此外，内变量表征材料内部结构改变，其变化必须要受到热力学条件约束，因此模型具有热力学一致性。基于不可逆热力学理论的流变模型可以细分为两类：一类是基于内时理论建立的流变模型，另一类是采用内变量热力学理论建立的流变模型。

内时理论最初由 Valanis[80]于 1971 年提出,理论的核心思想是采用内蕴时间描述材料的不可逆变形历史,材料当前的应力状态可视为整个变形和温度历史的泛函。由于采用内蕴时间度量材料变形历史,模型在形式上具有统一性,因此材料的本构关系可以准确且方便地建立,本构方程建立的关键就在于内蕴时间的定义。换句话说,内时理论将材料性质和内部结构变化对本构关系的影响直接体现在其与内蕴时间的关系上[50]。

目前,内时理论在岩石材料模型方面的研究和应用还比较少。我国最先基于内时理论开展材料弹塑性本构方程研究的是 Valanis 的学生范镜泓[81];随后杨春和等[82]基于内时理论导出的本构方程可以反映软岩的非线性变形、剪胀、交错效应等复杂物理力学现象。流变模型研究方面,李彰明等[83]在内蕴时间广义化基础上导出具有一般性质的本构方程,并在此基础上提出岩石的黏塑性模型;陈沅江等[84]从内时理论出发,在内蕴时间中引入牛顿时间,在自由能函数中引入损伤变量,推导出适用于软岩的内时流变模型;李建中和曾祥熹[85]利用内时理论对黏土的流变性进行研究,提出了假三轴条件下的流变本构方程。

虽然有学者基于内时理论建立了流变模型,但相关研究成果很少,有待进一步探索。不过另一类不可逆热力学流变模型——基于内变量热力学理论的流变模型的研究又是另一番景象。

1967 年,Coleman 和 Gurtin[79]首先给出内变量热力学公式,之后内变量热力学理论迅速发展。Rice 正则结构[86]、Ziegler 最大耗散原理[87]及 Edelen 非线性内变量热力学理论[88]是当前国际上比较流行的三大内变量热力学理论体系,Yang 等[89,90]揭示了该三大理论体系之间的内在联系。内变量热力学主要采用一组内变量表征材料系统内部结构调整,采用内变量对时间的全微分表征其运动状态,因此内变量热力学理论是基于牛顿时间概念的。内变量热力学理论能得以蓬勃发展的原因在于它是分析材料非弹性变形行为,如塑性、黏性、黏弹性、黏塑性变形强有力的理论工具。因此,基于内变量热力学理论开展材料模型研究的深度和广度均大于内时理论。

将内变量热力学用于材料性质的研究最早是在金属领域。1969 年 Teodosiu[91]将位错密度视为内变量并采用内变量热力学理论分析非弹性变形,随后 Rice[92]、Mandel[93]、Bammann 和 Aifantis[94,95]等致力于内变量热力学理论发展,以更好地研究金属塑性变形。早期的相关研究主要集中在与时间无关的塑性方面。在金属和聚合物蠕变研究方面,1981年 Murakami 和 Ohno[96]首先将内变量理论用于金属蠕变研究;Lubliner[97]讨论了固体材料黏弹性和黏塑性行为的热力学基础;Chaboche 和 Nouailhas[98]、Chaboche[99]在基于内变量热力学理论构建能反映 Bauschinger 效应的黏塑性内变量本构方程研究方面做了大量工作;Houlsby 和 Puzrin[100]基于两个势函数推导出率相关材料的非线性黏塑性模型;Voyiadjis 等[101,102]在内变量热力学理论框架下发展出考虑材料的硬化、损伤和愈合效应的本构方程;Schapery[103]基于内变量热力学理论对黏弹性损伤和考虑损伤的黏弹-黏塑性非线性本构关系进行了深入研究。

在岩土类材料研究领域,Hansen 和 Brown[104]在 1988 年首先采用内变量理论研究颗粒材料变形,Collins 和 Houlsby[105]对导出岩体工程材料塑性模型的能量势函数和耗散势函数的形式进行了深入讨论,Li 和 Dafalias[106]采用内变量理论研究耗散机制与水压力有关的砂土变形;我国的陈敬虞等[107]基于内变量理论推导了岩土材料增量型本构关系的弹塑性矩阵,并给出了塑性应变增量的表达式。流变模型研究方面,Aubertin 等[108,109]建立了适用于盐岩的内变量蠕变本构方程,Sherburn 等[110]采用 Bammann 内变量模型研究岩土材料黏塑性问题;Zhu 和 Sun[111]基于内变量热力学理论建立适用于沥青混合料的黏弹-黏塑性损伤模型;Liu 等[112]同样在不可逆内变量热力学框架下建立了一个用于混凝土材料的黏塑性-损伤耦合本构方程;朱耀庭等[113]也基于内变量热力学理论构建黏弹-黏塑性本构方程。

与其他几大类流变模型相比,基于内变量热力学理论的流变模型具有一些无法替代的优势。首先,模型的本构方程满足基本的热力学定律,具有热力学一致性;其次,模型的本构方程还能表征材料系统的能量耗散过程;再次,本构方程能建立材料力学行为与其内部微结构变化的联系;最后,本构方程的核心是内变量运动方程(组),可以在此运动方程的基础上采用非线性系统稳定理论对材料稳定性进行分析。此外,Schapery[103]还认为基于内变量热力学理论的本构方程无须小变形假设;不过 Voyiadjis 等[101]在研究可以描述相互耦合的非弹性-损伤-愈合过程的本构方程时指出其适用于小变形条件。

虽然基于内变量热力学理论研究材料本构方程的成果较多,但研究岩土类材料流变模型的研究还相对较少;另外,目前研究的重点均集中在如何使本构方程能描述材料变形过程中的复杂力学现象,没有进一步基于提出的本构方程分析材料能量耗散过程和稳定性。此外,基于内变量热力学理论的本构方程一般是一组微分方程组,变量之间相互耦合,数值求解困难,因此目前这类模型几乎还没有应用于实际岩体工程结构。

4.1.4 岩体流变与损伤耦合的本构方程研究

由于岩石内部存在各种各样的缺陷,加上外界荷载和环境的长时间作用,岩石材料参数会产生劣化效应。为了研究材料参数的劣化对流变的影响,Murakami 和 Kamiya[114]将损伤变量概念引入流变学中。之后越来越多的学者开始研究流变与损伤的耦合关系,提出了许多流变损伤模型,以分析结构的时效破坏问题。

在传统流变学中引入损伤的另一个重要原因是,经典流变模型无法描述材料蠕变全过程,尤其是加速蠕变阶段。引入损伤变量可以很好地解决这个问题。不少学者认为只有在加速蠕变阶段才发生损伤,也有学者提出不同看法。范秋雁等[115]根据泥岩蠕变试验配合扫描电镜提出岩石的蠕变机制:岩石蠕变是损伤和硬化相互竞争的结果;在过渡蠕变阶段,硬化效应比损伤效应明显;在加速蠕变阶段,损伤效应占据绝对优势,材料加速变形且最终破坏。

在流变损伤模型中,表征损伤对材料流变影响的方式主要有 3 种。第一种方式是在现有的模型中引入 Kachanov 有效应力的概念,而计算材料参数均是定常的。例如,Liu 等[112]在自由能函数中引入损伤变量,在内变量热力学理论框架下推导出混凝土蠕变损伤模型;Challamel 等[116]也采用类似方法建立准脆性材料的蠕变损伤模型;Deng 等[68]将经典的 Duvaut-Lions 模型的本构方程表示为有效应力形式,以分析盐岩地下储库的蠕变破坏;徐卫亚等[117]在 Bingham 蠕变模型中引入损伤变量以模拟加速蠕变阶段,并建立蠕变损伤本构方程。第二种方式便是引入损伤因子使得模型中流变力学参数是非定常的;张强勇等[118]、陈卫忠等[8]、王来贵等[119]均建立了变参数蠕变损伤本构方程。第三种方式便是在本构方程中另外增加一项由损伤导致的蠕变附加项;Chan 等[120]建立的 MDCF 模型便考虑了由剪切损伤、张拉损伤机制引起的蠕变变形;Voyiadjis 和 Zolochevsky[121]、Zhu 和 Sun[111]等在比自由能中增加了一项有损伤引起的附加项,推导出含有蠕变附加项的蠕变本构方程;陈锋等[19]在 Norton-Power 蠕变模型的基础上添加一项有损伤引起的蠕变分量,提出了可以模拟盐岩加速蠕变阶段的模型;杨春和等[122]在 Chan 和 Munson 等提出的本构方程的基础上增加了一项由损伤引起的附加蠕变项,给出了一个能够反映盐岩蠕变全过程的非线性蠕变本构方程。

无论上述哪种方式,流变损伤模型中损伤和变形一般是相互耦合的,且需要建立损伤变量的演化方程。损伤和变形的相互耦合体现在损伤变量演化方程通常是蠕变应变量(或者应变分量)的函数,而本构方程中应变率函数与损伤有关。固体材料在弹性、黏弹性和黏塑性变形过程中都可能发生损伤,可建立各类应变与损伤的耦合关系。Murakami 和 Kamiya[114]根据不可逆热力学理论研究了弹-脆性材料的本构方程,考虑弹性变形与二阶对称损伤张量的耦合关系。陈卫忠等[8]以 Burgers 模型为基础考虑蠕变应变对损伤和黏滞系数的影响;Park 等[123]构建了考虑损伤的黏弹性模型并应用于分析沥青混凝土单轴变形行为;岩土类材料主要考虑黏塑性应变与损伤的耦合。

4.2 基于内变量热力学理论的流变模型

流变模型是岩体工程结构长期稳定性研究的基础、核心和重要内容。岩石材料流变模型的研究成果较多,许多模型都能刻画岩石材料复杂的时效力学特性,部分模型已经应用于实际工程。不过基于传统流变模型的数值分析能得到结构的时效力学行为,但很难得到严格、定量的长期稳定评价指标和明确、统一的稳定判据,即缺乏一套系统、有效的长期稳定性分析方法。主要原因是传统流变模型的本构方程很难刻画材料系统内部结构变化和内在的能量演化过程,因此无法进一步建立严格的稳定性分析方法。

内变量热力学(thermodynamics with internal state variables)极大地推动了材料本构方程的发展,基于该理论建立的蠕变本构方程能够克服传统蠕变本构方程的缺点,尤其是方程采用内变量表征材料内部结构的重排列且能描述其不可逆能量耗散过程。而且内变量热力学理论作为非平衡态热力学的一种数学描述法,数学公式简洁,理论成熟,可作为材料热力学稳定性和结构长期稳定性研究的基础。本节基于 Rice 内变量热力学理论框架讨论固体材料的流变问题,并构建流变模型。

4.2.1 Rice 内变量热力学理论

1. 正则结构

热力学是研究由大量微观元素运动产生的宏观结果的理论,虽然具有统计平均的思想,但是在对材料系统进行宏观描述时并不直接表现出来[124]。

这里所说的材料系统可以理解为代表性体积单元(representative volume element, RVE)。在微、细观尺度上,RVE 的尺寸足够大,里面包含了足够多的微结构,如微裂隙、微小空洞等。在宏观上,RVE 的尺寸足够小,可以认为是单一的材料点。这里的研究对象是固体材料,从热力学分析角度将 RVE 被视为与环境有能量(如功、热等)交换但没有物质和信息交换的封闭系统(isolated system),该系统的热力学状态和热力学性质可以由热力学状态变量表征。

非平衡态热力学是热力学的一门分支,用于研究偏离平衡态但不远离平衡态的材料系统的热力学性质和现象[124]。内变量热力学是非平衡态热力学一种数学描述法,Rice 于 1971 年提出了一套内变量热力学理论,称为正则结构(normlity structure)。与其他内变量热力学理论相比,Rice 提出的正则结构具有如下特点:①采用一组标量微观内变量表征材料系统内部结构的变化,可以探索固体材料宏观变形的微观机理;②正则结构理论本身具有多尺度的特点,能建立材料微观结构变化与宏观力学行为的联系,沟通了热力学与材料本构关系[125];③引入约束平衡态的概念,将经典热静力学方程直接推广以表示材料的非平衡热力学过程,数学形式简洁;④假设内变量的演化仅与同自身共轭的热力学力有关。材料蠕变本构方程应该抓住时效变形源自材料内部结构变化这一机制,并且能够刻画变形过程中材料系统的能量演化过程,因此本章将 Rice 内变量热力学作为流变模型研究的理论基础。

Rice 提出采用一组标量微观内变量 $\boldsymbol{\xi}$ ($\xi_1, \xi_2, \cdots, \xi_n$)表征材料系统内部的结构变化,任何给定时刻的材料系统的热力学状态可以由应力 $\boldsymbol{\sigma}$ 或者应变 $\boldsymbol{\varepsilon}$、温度 θ 或者熵 η,以及微观内变量 $\boldsymbol{\xi}$ 确定。应力 $\boldsymbol{\sigma}$、应变 $\boldsymbol{\varepsilon}$、温度 θ、熵 η 和微观内变量 $\boldsymbol{\xi}$ 统称为热力学状态变量。比自由能 φ、比余能 ψ 和内能 υ 是主要的热力学状态函数,它们是一组完备、独立的热力学状态变量的势函数,且相互之间满足 Legendre 转化关系:

$$\varphi(\boldsymbol{\varepsilon}, \theta, \boldsymbol{\xi}) - \upsilon(\boldsymbol{\varepsilon}, \eta, \boldsymbol{\xi}) = -\eta \frac{\partial \upsilon}{\partial \eta} \tag{4-1}$$

$$\varphi(\boldsymbol{\varepsilon}, \theta, \boldsymbol{\xi}) + \psi(\boldsymbol{\sigma}, \theta, \boldsymbol{\xi}) = \boldsymbol{\varepsilon} : \frac{\partial \varphi}{\partial \boldsymbol{\varepsilon}} \tag{4-2}$$

其中,

$$\boldsymbol{\sigma} = \frac{\partial \varphi(\boldsymbol{\varepsilon}, \theta, \boldsymbol{\xi})}{\partial \boldsymbol{\varepsilon}} \tag{4-3}$$

$$\theta = \frac{\partial \upsilon(\boldsymbol{\varepsilon}, \eta, \boldsymbol{\xi})}{\partial \eta} \tag{4-4}$$

如果考虑约束平衡态(constrained equilibrium state),经典的热静力学内能增量方程可以改写成如下形式:

$$\delta \upsilon = \boldsymbol{\sigma} : \delta \boldsymbol{\varepsilon} + \theta \delta \eta - \frac{1}{V} f_\alpha \delta \boldsymbol{\xi}_\alpha \tag{4-5}$$

其中,V 表示 RVE 的体积;$\boldsymbol{f} = (f_1, f_2, \cdots, f_n)$ 为内变量 $\boldsymbol{\xi}$ 的共轭热力学力,重复下标遵循 Einstein 求和约定。考虑上述各式即可得到余能的增量表达式:

$$\delta \psi = \boldsymbol{\varepsilon} : \delta \boldsymbol{\sigma} + \eta \delta \theta + \frac{1}{V} f_\alpha \delta \boldsymbol{\xi}_\alpha \tag{4-6}$$

如果将式(4-6)视为一个函数的全微分,则有

$$\boldsymbol{\varepsilon} = \frac{\partial \psi(\boldsymbol{\sigma}, \theta, \boldsymbol{\xi})}{\partial \boldsymbol{\sigma}} \tag{4-7}$$

$$\eta = \frac{\partial \psi(\boldsymbol{\sigma}, \theta, \boldsymbol{\xi})}{\partial \theta} \tag{4-8}$$

$$f_\alpha = V \frac{\partial \psi(\boldsymbol{\sigma}, \theta, \boldsymbol{\xi})}{\partial \xi_\alpha} \tag{4-9}$$

同样，根据式(4-2)和式(4-6)可以写出自由能的增量表达式，并得到

$$f_\alpha = -V \frac{\partial \varphi(\boldsymbol{\varepsilon}, \theta, \boldsymbol{\xi})}{\partial \xi_\alpha} \tag{4-10}$$

与时间相关的热力学过程可近似地用一系列的约束平衡态表示，将增量形式方程推广为率形式方程，以表示非平衡态热力学过程。内能 υ 的时间导数为

$$\dot{\upsilon} = \boldsymbol{\sigma} : \dot{\boldsymbol{\varepsilon}} + \theta \dot{\eta} - \frac{1}{V} f_\alpha \dot{\xi}_\alpha \tag{4-11}$$

已知热力学第一定律方程[87]：

$$\dot{\upsilon} = \boldsymbol{\sigma} : \dot{\boldsymbol{\varepsilon}} + \mathrm{div} \cdot \boldsymbol{q} \tag{4-12}$$

其中，$\boldsymbol{q}$ 为热流矢量；div 为梯度算子。由式(4-11)和式(4-12)得

$$\theta \dot{\eta} = \mathrm{div} \cdot \boldsymbol{q} + \frac{1}{V} f_\alpha \dot{\xi}_\alpha \tag{4-13}$$

已知总熵增 $\dot{\eta}$ 等于熵产 $\dot{\eta}^p$ (entropy production)和熵流 $\dot{\eta}^r$ (entropy flow)之和[87]：

$$\theta \dot{\eta} = \theta \dot{\eta}^p + \theta \dot{\eta}^r \tag{4-14}$$

而熵流与热流矢量满足关系[90]：

$$\int_V \dot{\eta}^r \, \mathrm{d}V = -\int_S \frac{q_k}{\theta} n_k \, \mathrm{d}A \tag{4-15}$$

其中，S 表示 REV 的表面积；$\boldsymbol{n}$ 表示方向向量；q_k 为热流在 k 方向的分量。根据散度定理，式(4-15)可以改写为

$$\int_V \dot{\eta}^r \, \mathrm{d}V = -\int_S \frac{q_k}{\theta} n_k \, \mathrm{d}A = -\int_V \left(\frac{q_k}{\theta}\right)_{'k} \, \mathrm{d}V \tag{4-16}$$

结合式(4-13)、式(4-14)和式(4-16)得

$$\theta \dot{\eta}^p = \frac{1}{V} f_\alpha \dot{\xi}_\alpha - \frac{\theta_{'k}}{\theta} q_k \geqslant 0 \tag{4-17}$$

式(4-17)即为名的 Clausius-Duhem 不等式。热力学第二定律要求该式只能大于或等于 0。因为这里的研究对象是常温条件下的岩石类材料，不考虑温度 θ 和热流 q 的影响。因此，式(4-17)可以简化为

$$\Phi = \theta \dot{\eta}^p = \frac{1}{V} f_\alpha \dot{\xi}_\alpha \geqslant 0 \tag{4-18}$$

其中，Φ 定义为本征能量耗散率(intrinsic energy dissipation rate)。Φ 是一个非常重要的物理量，严格的数学推导旨在说明该变量具有明确的物理意义。

内变量热力学理论的核心是内变量演化率方程。除了热力学状态变量的定义不同外，内变量演化率也是不同内变量热力学理论体系差异最显著的地方。Rice 提出，给定温度下内变量的演化仅和自身热力学力和内变量状态有关，即

$$\dot{\xi}_\alpha = \dot{\xi}_\alpha(f_\alpha, \theta, \boldsymbol{\xi}), \quad \alpha = 1, 2, \cdots, n \tag{4-19}$$

其中，n 表示微观内变量和共轭热力学力的个数。如果内变量演化率满足式(4-19)，所有内变量率方程可以由一个流动势函数 Q 导出[92]：

$$\dot{\boldsymbol{\xi}}_\alpha = V \frac{\partial Q}{\partial f_\alpha}, \quad Q(\boldsymbol{f},\theta,\boldsymbol{\xi}) = \frac{1}{V}\int_0^f \dot{\boldsymbol{\xi}}_\alpha \, \mathrm{d}f_\alpha \tag{4-20}$$

2. 正则结构的 Lagrange 公式

Rahouadj 等[126]将 Lagrange 公式引入内变量热力学,并将内能势函数的时间导数作为 Lagrange 密度函数,推导本构方程。本节将延续这个思路,采用比余能的时间导数作为 Lagrange 密度函数并推导出应变率方程。首先,将比余能的时间导数视为泛函,是状态变量及其时间导数的函数,因此有

$$\dot{\psi}(\boldsymbol{\sigma},\theta,\boldsymbol{\xi},\dot{\boldsymbol{\sigma}},\dot{\theta},\dot{\boldsymbol{\xi}}) = \boldsymbol{\varepsilon}:\dot{\boldsymbol{\sigma}} + \eta\dot{\theta} + \frac{1}{V}f_\alpha\dot{\xi}_\alpha \tag{4-21}$$

将 $\dot{\psi}$ 视为 Lagrange 密度函数 $\hat{L}$,则有

$$\hat{L} = \dot{\psi}(\boldsymbol{\sigma},\theta,\boldsymbol{\xi},\dot{\boldsymbol{\sigma}},\dot{\theta},\dot{\boldsymbol{\xi}}) \tag{4-22}$$

因此,状态变量 $(\boldsymbol{\sigma},\theta,\boldsymbol{\xi})$ 可视为广义坐标 $\boldsymbol{x}$。已知

$$-\frac{\mathrm{d}}{\mathrm{d}t}\frac{\partial \hat{L}}{\partial \dot{\boldsymbol{x}}} - \nabla \cdot \frac{\partial \hat{L}}{\partial \nabla \boldsymbol{x}} + \frac{\partial \hat{L}}{\partial \boldsymbol{x}} = 0 \tag{4-23}$$

将式(4-22)代入式(4-23),考虑式(4-21)并忽略状态变量的梯度项,得到

$$\dot{\boldsymbol{\varepsilon}} = \frac{\partial \boldsymbol{\varepsilon}}{\partial \boldsymbol{\sigma}}:\dot{\boldsymbol{\sigma}} + \frac{\partial \eta}{\partial \boldsymbol{\sigma}}\dot{\theta} + \frac{1}{V}\frac{\partial f_\alpha}{\partial \boldsymbol{\sigma}}\dot{\xi}_\alpha \tag{4-24}$$

方程式(4-24)即为由 Lagrange 公式推导出的应变率方程。如果直接对式(4-7)两端同时求时间导数,得

$$\dot{\boldsymbol{\varepsilon}} = \frac{\partial^2\psi(\boldsymbol{\sigma},\theta,\boldsymbol{\xi})}{\partial \boldsymbol{\sigma}^2}\dot{\boldsymbol{\sigma}} + \frac{\partial^2\psi(\boldsymbol{\sigma},\theta,\boldsymbol{\xi})}{\partial \boldsymbol{\sigma} \partial \theta}\dot{\theta} + \frac{\partial^2\psi(\boldsymbol{\sigma},\theta,\boldsymbol{\xi})}{\partial \boldsymbol{\sigma} \partial \xi_\alpha}\dot{\xi}_\alpha \tag{4-25}$$

考虑式(4-7)~式(4-9),式(4-25)可改写为与式(4-24)完全相同的表达式。由此可见,通过 Lagrange 公式得到的应变率方程与直接求解应变时间导数得到的等式相同。同时,引入 Lagrange 公式说明状态变量 $(\boldsymbol{\sigma},\theta,\boldsymbol{\xi})$ 在数学上可以视为广义坐标。一个系统的广义坐标要求具有独立性和完备性,因此虽然材料系统的状态变量很多,$(\boldsymbol{\sigma},\theta,\boldsymbol{\xi})$ 这组状态变量是相互独立且完备的,是一组能完整确定材料系统的热力学状态且不可再分的状态变量。

3. 多尺度热力学公式

微观内变量 $\boldsymbol{\xi}$ 通常包含大量的元素,实际的本构方程一般采用少数几个宏观内变量表示材料不可直接测的物理量。例如,损伤力学中的损伤变量本质上就是宏观内变量,用于表示由于材料内部大量微缺陷引起劣化效应。宏观内变量可视为微观内变量的平均测度值,两者具有函数关系,

$$\zeta_\beta = \zeta_\beta(\xi_1,\xi_2,\cdots,\xi_n), \quad \beta = 1,2,3,\cdots,m; \, m \leqslant n \tag{4-26}$$

其中,m 表示宏观内变量的个数,宏观内变量的个数远远小于微观内变量的个数。由内变量 $\boldsymbol{\zeta}$ 表征的材料系统和由微观内变量 $\boldsymbol{\xi}$ 表征的材料系统如果满足能量能效和耗散等效,则有

$$\psi(\boldsymbol{\sigma},\theta,\boldsymbol{\xi}) = \psi(\boldsymbol{\sigma},\theta,\boldsymbol{\zeta}), \quad \text{能量等效} \tag{4-27}$$

$$g_\beta\dot{\zeta}_\beta = \frac{1}{V}f_\alpha\dot{\xi}_\alpha, \quad \text{耗散等效} \tag{4-28}$$

可知两个材料系统的热力学状态是一样。从数学角度而言,在满足上述等效原则前提下,采用宏观内变量作为状态变量的热力学公式与采用微观内变量的热力学公式具有相同的形式,即

$$g_\beta = \frac{\partial \psi(\boldsymbol{\sigma}, \theta, \boldsymbol{\zeta})}{\partial \zeta_\beta} \tag{4-29}$$

$$\dot{\boldsymbol{\varepsilon}} = \frac{\partial \boldsymbol{\varepsilon}}{\partial \boldsymbol{\sigma}} : \dot{\boldsymbol{\sigma}} + \frac{\partial \eta}{\partial \boldsymbol{\sigma}} \dot{\theta} + \frac{\partial g_\beta}{\partial \boldsymbol{\sigma}} \dot{\zeta}_\beta \tag{4-30}$$

$$\dot{\zeta}_\beta = \frac{\partial Q(g, \theta, \zeta)}{\partial g_\beta} \tag{4-31}$$

其中,$\boldsymbol{g} = (g_1, g_2, \cdots, g_m)$ 为与内变量 $\boldsymbol{\zeta}$ 共轭的热力学力。更多关于多尺度内变量热力学的内容可以参考 Yang 等[127-128] 的研究成果。

前述内容提到,微观内变量用于表征材料系统内部微结构的重排列,虽然在数学上微观内变量可视为广义坐标,但其物理意义或力学概念模糊。从构建适用于大型结构工程的本构方程的研究角度看,探究微观内变量物理意义没有必要。虽然微观内变量没有明确的物理意义,但是许多内变量本构方程中的部分宏观内变量具有明确的物理意义,如损伤变量、硬化变量、金属位错密度、化合物浓度、塑性应变均可直接作为内变量。

4.2.2　内变量流变模型

1. 分离宏观内变量

材料的蠕变变形包含可恢复的时效变形和不可恢复的时效变形两大类。可恢复的时效变形又包括能完全渐进恢复的黏弹性变形和部分恢复的黏弹塑性变形;不可恢复的时效变形包括有应力阈值的黏塑性变形和可认为是零应力阈值的黏性变形。这里仅考虑黏弹性和黏塑性变形。

采用分离变量的思路,选择与黏弹性和黏塑性变形有关的宏观内变量 γ 和 $\boldsymbol{\lambda}(\lambda_1, \lambda_2)$,同时采用宏观内变量 χ 用于描述在蠕变变形过程材料内部结构的改变产生的损伤效应。内变量 γ 是与黏弹性变形有关的宏观内变量(为表示方便,称为黏弹性内变量),其含义是指在蠕变变形过程中,内部微结构的变化使材料系统宏观上表现出黏弹性变形,用于描述这些微结构变化的微观内变量的宏观平均测度变量便是 γ。内变量 λ 也是同样的含义。

采用分离宏观内变量的目的是将蠕变变形中的弹性、黏弹性和黏塑性应变(或应变率)分离,因此采用分离变量实际上默认了小变形假设。采用内变量热力学理论推导材料本构方程是否需要小变形假设目前存在不同的看法。Voyiadjis 等[129] 在研究可以描述相互耦合的非弹性-损伤-愈合过程的本构方程时采用了小变形假设,但 Schapery[130] 基于内变量热力学理论推导本构方程时特意强调不必要求小变形假设。本书主要面向岩石类固体材料,所以采用小变形假设是合理的。

2. 蠕变的热力学解释

蠕变是指在恒定应力条件下,材料变形随时间逐渐改变的现象。保证应力恒定是研究材料蠕变性质和构建蠕变本构方程的前提。与弹性或者弹塑性本构方程表征应力与应变关系不同,蠕变本构方程表示某一恒定应力条件下材料应变与时间的关系。

在恒定应力和温度条件下,式(4-30)可简化为

$$\dot{\boldsymbol{\varepsilon}}^c = \frac{\partial g_\beta}{\partial \boldsymbol{\sigma}} \dot{\zeta}_\beta \tag{4-32}$$

其中,$\dot{\boldsymbol{\varepsilon}}^c$ 为蠕变应变率。恒定应力条件下蠕变应变率只与内变量演化有关,内变量演化实际代表材料系统内部结构的改变,因此可以认为蠕变是材料内部结构随时间变化所表现出的宏观时效力学行为。

热力学状态变量可以视为广义坐标,其构成的空间称为状态空间。约束温度和应力条件下,仅由内变量张成的一个状态子空间称为约束构型空间(constrainted configuration space)。内变量作为热力学状态变量,其变化代表热力学过程的发生,因此蠕变过程实际对应于在约束构型空间中的热力学过程。Yang 等[131]也认为约束构型空间中的热力学过程对应材料的蠕变和松弛过程;Haslach[132]也指出蠕变和松弛过程对应于约束控制变量(control variables)条件下的热力学过程。

将蠕变与约束构型空间中的热力学过程联系起来,不仅有利于理解蠕变的本质,还对研究蠕变与松弛的等价性及材料系统热力学稳定性具有重要意义。

3. 模型本构方程的一般形式

假设材料的初始状态是处于热力学平衡态,即在 $t=0$ 时刻,$\boldsymbol{\sigma}=\boldsymbol{0}$,$\boldsymbol{\zeta}(\xi,\lambda_1,\lambda_2,\chi)=\boldsymbol{0}$,$\theta=\theta_T$,$\theta_T$ 为初始时刻材料温度。如无特殊说明,这里不考虑温度变化对材料变形的影响,因此本构方程推导过程中不涉及温度项。

根据前述内容的分析可知,通过内变量热力学理论推导本构方程首先需要知道热力学势函数的具体形式。Chaboche[133]、Voyiadjis 等[102]、Voyiadjis 和 Zolochevsky[121]、Lemaitre[134]、Ottosen 和 Ristinmaa[135]、Hansen 和 Schreyer[136]、Challamel 等[116]、Liu 等[137]、Zhou 等[138]均采用以应变或者弹性应变为状态变量的 Helmholtz 自由能函数研究材料本构关系。Collins 和 Houlsby[105]、Nguyen 和 Houlsby[139]、Schapery[103]、Einav 等[140]采用以应力为状态变量的 Gibbs 自由能密度函数研究材料变形特性。已知,Gibbs 自由能密度函数 ϕ 与比自由能函数 φ 的关系为

$$\phi = \varphi - \boldsymbol{\varepsilon} : \boldsymbol{\sigma} \tag{4-33}$$

根据式(4-1)可以建立比余能 ψ 与 ϕ 的关系,即

$$\psi = -\phi \tag{4-34}$$

根据 Schapery[103]给出的 Gibbs 自由能密度函数表达式,写出比余能的表达式为

$$\psi = \psi_e + A\gamma - \frac{1}{2}B\gamma^2 + P_i\lambda_i, \quad i=1,2 \tag{4-35}$$

其中,ψ_e、A、B 和 $\boldsymbol{P}(P_1,P_2)$均可以是 $\boldsymbol{\sigma}$、θ 和 χ 的函数。根据式(4-7)和式(4-35)可以得到总应变表达式为

$$\boldsymbol{\varepsilon} = \frac{\partial \psi_e}{\partial \boldsymbol{\sigma}} + \frac{\partial A}{\partial \boldsymbol{\sigma}}\gamma + \frac{\partial P_i}{\partial \boldsymbol{\sigma}}\lambda_i \tag{4-36}$$

上述推导中,假设 B 是一个恒为正的材料常数,与应力、温度和内变量无关。式(4-36)表明总应变由三部分组成。其中,ψ_e 只与应力有关,如果假设:

$$\psi_e = \frac{1}{2}\boldsymbol{\sigma} : C : \boldsymbol{\sigma} \tag{4-37}$$

式(4-36)等号右边第一项是弹性应变 ε^{e}，可以得到线弹性本构方程为

$$\varepsilon^{\mathrm{e}} = \boldsymbol{C} : \boldsymbol{\sigma} \tag{4-38}$$

其中，$\boldsymbol{C}$ 为四阶柔度张量。因为弹性应变在加载后瞬时发生且只与应力状态有关，在蠕变分析中弹性应变一般作为材料蠕变的初始应变值。

总应变的第二部分主要与应力和内变量 γ 有关，根据 γ 的定义，这部分应变可认为是黏弹性应变 $\varepsilon^{\mathrm{ve}}$；第三部分可以认为是对材料和结构的长期稳定性有决定性影响的黏塑性应变 $\varepsilon^{\mathrm{vp}}$。方程(4-36)可改写为

$$\boldsymbol{\varepsilon} = \boldsymbol{\varepsilon}^{\mathrm{e}} + \boldsymbol{\varepsilon}^{\mathrm{ve}} + \boldsymbol{\varepsilon}^{\mathrm{vp}} \tag{4-39}$$

$$\boldsymbol{\varepsilon}^{\mathrm{ve}} = \frac{\partial A}{\partial \boldsymbol{\sigma}} \gamma \tag{4-40}$$

$$\boldsymbol{\varepsilon}^{\mathrm{vp}} = \frac{\partial P_i}{\partial \boldsymbol{\sigma}} \lambda_i, \quad i = 1, 2 \tag{4-41}$$

式(4-39)～式(4-41)表示任意时刻总应变与应力和内变量全量的关系。蠕变本构方程一般采用率形式，因此该方程对时间求导，即可得到内变量流变模型本构方程的一般形式，即

$$\dot{\boldsymbol{\varepsilon}} = \dot{\boldsymbol{\varepsilon}}^{\mathrm{e}} + \dot{\boldsymbol{\varepsilon}}^{\mathrm{ve}} + \dot{\boldsymbol{\varepsilon}}^{\mathrm{vp}} \tag{4-42}$$

$$\dot{\boldsymbol{\varepsilon}}^{\mathrm{e}} = \boldsymbol{C} : \dot{\boldsymbol{\sigma}} \tag{4-43}$$

$$\dot{\boldsymbol{\varepsilon}}^{\mathrm{ve}} = \frac{\partial A}{\partial \boldsymbol{\sigma}} \dot{\gamma} + \frac{\partial}{\partial \chi} \left(\frac{\partial A}{\partial \boldsymbol{\sigma}} \gamma \right) \dot{\chi} \tag{4-44}$$

$$\dot{\boldsymbol{\varepsilon}}^{\mathrm{vp}} = \frac{\partial P_i}{\partial \boldsymbol{\sigma}} \dot{\lambda}_i + \frac{\partial}{\partial \chi} \left(\frac{\partial P_i}{\partial \boldsymbol{\sigma}} \lambda_i \right) \dot{\chi} \tag{4-45}$$

根据式(4-29)和式(4-35)得到与各内变量共轭的热力学力，即

$$f_{\mathrm{ve}} = \frac{\partial \psi}{\partial \gamma} = A - B\gamma \tag{4-46}$$

$$f_i^{\mathrm{vp}} = \frac{\partial \psi}{\partial \lambda_i} = P_i \tag{4-47}$$

$$f_{\mathrm{s}} = \frac{\partial \psi}{\partial \chi} = \frac{\partial A}{\partial \chi} \gamma + \frac{\partial P_i}{\partial \chi} \lambda_i \tag{4-48}$$

直接将热力学力表达式代入蠕变应变率方程(4-32)，得到

$$\dot{\boldsymbol{\varepsilon}}^c = \frac{\partial A}{\partial \boldsymbol{\sigma}} \dot{\gamma} + \frac{\partial P_i}{\partial \boldsymbol{\sigma}} \dot{\lambda}_i + \frac{\partial}{\partial \boldsymbol{\sigma}} \left(\frac{\partial A}{\partial \chi} \gamma + \frac{\partial P_i}{\partial \chi} \lambda_i \right) \dot{\chi} \tag{4-49}$$

可见，式(4-49)等于式(4-44)与式(4-45)之和，即蠕变应变等于黏弹性应变与黏塑性应变之和。

需要说明两点：

(1) 内变量流变模型的本构方程表示各时刻总应变率与应力和内变量的关系。"各时刻"是指从加载开始后整个过程中的任意时刻。加载过程中，认为内变量没有发生改变，因此蠕变应变率为 0，仅有弹性应变(率)产生；在应力恒定状态下，弹性应变率为 0，内变量发生演化，蠕变应变率不为 0。

(2) 由内变量流变模型的本构方程可知，内变量 χ 与 γ 和 $\boldsymbol{\lambda}$ 间是相互耦合的；内变量 χ

影响与内变量 γ 和 $\boldsymbol{\lambda}$ 共轭的热力学力,热力学力影响内变量 γ 和 $\boldsymbol{\lambda}$ 的演化,进一步又影响驱动自身演化的热力学力 f_s。所以,与其他直接将蠕变应变与损伤相互耦合的本构方程不同,这里所考虑的蠕变-损伤的耦合实际由内变量之间的相互耦合表征的。

4.2.3 黏弹性本构方程及其基本性质

4.2.2节提到了内变量流变模型的本构方程考虑了蠕变应变是与损伤的相互耦合,蠕变应变又包括黏弹性和黏塑性应变,因此黏弹性应变与损伤应该也是相互耦合的。对固体材料而言,在黏弹性变形过程中是有可能发生损伤的,但与黏塑性变形相比,黏弹性变形一般较小,甚至在分析一些流变性质较强的岩石(如盐岩)时都不会考虑黏弹性变形。因此,这里不考虑损伤与黏弹性变形的耦合,在本构方程上表现为 A 与内变量 χ 无关。

1. 黏弹性本构方程

不考虑黏弹性-损伤耦合,黏弹性本构方程(4-44)可简化为

$$\dot{\boldsymbol{\varepsilon}}^{\mathrm{ve}} = \frac{\partial A}{\partial \boldsymbol{\sigma}} \dot{\gamma} \tag{4-50}$$

黏弹性变形过程可以认为是近平衡态附近的热力学过程,假设内变量 γ 的变化率与热力学力 f_{ve} 呈线性关系:

$$\dot{\gamma} = \frac{1}{\eta_{\mathrm{e}}} f_{\mathrm{ve}} = \frac{1}{\eta_{\mathrm{e}}} (A - B\gamma) \tag{4-51}$$

其中,η_{e} 为黏滞系数。结合式(4-40)、式(4-50)和式(4-51),得到

$$\eta_{\mathrm{e}} \dot{\boldsymbol{\varepsilon}}^{\mathrm{ve}} + B\boldsymbol{\varepsilon}^{\mathrm{ve}} = \frac{\partial A}{\partial \boldsymbol{\sigma}} A \tag{4-52}$$

式(4-52)即为黏弹性蠕变本构方程。如果将弹性应变 $\boldsymbol{\varepsilon}^{\mathrm{e}}$ 作为黏弹性应变的初始值 c,定义弹-黏弹性应变 $\boldsymbol{\varepsilon}^{\mathrm{ce}}$ 为

$$\boldsymbol{\varepsilon}^{\mathrm{ce}} = \boldsymbol{\varepsilon}^{\mathrm{ve}} + c = \frac{\partial A}{\partial \boldsymbol{\sigma}} \gamma + c \tag{4-53}$$

加载-恒载-卸载全过程中的弹-黏弹性应变率为

$$\dot{\boldsymbol{\varepsilon}}^{\mathrm{ce}} = \frac{\partial A}{\partial \boldsymbol{\sigma}} \dot{\gamma} + \frac{\partial c}{\partial \boldsymbol{\sigma}} : \dot{\boldsymbol{\sigma}} \tag{4-54}$$

结合式(4-51)、式(4-53)和式(4-54)便可推导出

$$\eta_e \dot{\boldsymbol{\varepsilon}}^{\mathrm{ce}} + B\boldsymbol{\varepsilon}^{\mathrm{ce}} = \eta_{\mathrm{e}} \frac{\partial c}{\partial \boldsymbol{\sigma}} : \dot{\boldsymbol{\sigma}} + \frac{\partial A}{\partial \boldsymbol{\sigma}} A + Bc \tag{4-55}$$

式(4-55)即为考虑初始弹性应变的本构方程,严格地说该方程应被称为弹-黏弹性本构方程。该方程是三维形式,且能退化为经典黏弹性模型的本构方程。如果仅考虑一维情况,且假设:

$$A = \sigma, \quad B = E_2, \quad c = \sigma/E_1 \tag{4-56}$$

式(4-55)将退化为

$$\eta_{\mathrm{e}} \frac{E_1}{E_1 + E_2} \dot{\varepsilon}^{\mathrm{ce}} + \frac{E_1 E_2}{E_1 + E_2} \varepsilon^{\mathrm{ce}} = \frac{\eta_{\mathrm{e}}}{E_1 + E_2} \dot{\sigma} + \sigma \tag{4-57}$$

式(4-57)便是 Kelvin-Voigt 模型(图 4-1)的本构方程。其中,η_e 为黏壶黏滞系数;E_1 和 E_2 分别为模型中弹簧的弹性模量;ε^{ce} 为轴向总应变;σ 为轴向应力。

同样地,如果假设:

$$A = \frac{E_2}{E_1 + E_2}\sigma, \quad B = \frac{E_2 E_1}{E_1 + E_2}, \quad c = \frac{\sigma}{E_1 + E_2} \tag{4-58}$$

式(4-55)可改写为

$$\eta_e \frac{E_1 + E_2}{E_2}\dot{\varepsilon}^{ce} + E_1 \varepsilon^{ce} = \frac{\eta_e}{E_2}\dot{\sigma} + \sigma \tag{4-59}$$

式(4-59)即为 Poynting-Thomson 模型(图 4-2)的本构方程。其中,η_e 为黏壶黏滞系数;E_1 和 E_2 分别为模型中弹簧的弹性模量;ε^{ce} 为轴向总应变;σ 为轴向应力。

图 4-1　Kelvin-Voigt 模型　　　　图 4-2　Poynting-Thomson 模型

将推导的考虑初始弹性应变的黏弹性本构方程退化为经典黏弹性模型的本构方程,主要是为了证明,至少能部分证明所构建的黏弹性本构方程是合理的,且具有一定的普遍性。

2. 黏弹性内变量的物理意义

由式(4-52)和式(4-55)可见,虽然黏弹性本构方程是由内变量热力学理论推导得出,但本构方程并不显示含有内变量 γ。内变量 γ 实际隐藏在本构方程中,具有一定的物理意义。

在一维条件下,根据式(4-40)和式(4-56)得到

$$\gamma = \varepsilon^{ve} \tag{4-60}$$

如果满足式(4-58),可得

$$\gamma = \frac{E_2}{E_1 + E_2}\varepsilon^{ve} \tag{4-61}$$

可见,内变量 γ 实际是 Kelvin-Voigt 模型和 Poynting-Thomson 模型中黏壶的应变量。如果考虑三维情况,假设

$$A = \bar{a}\sqrt{J_2}, \quad J_2 = \frac{1}{2}s_{ij}s_{ij} \tag{4-62}$$

其中,$\bar{a}$ 为方程参数;s_{ij} 为应力偏量;J_2 为应力偏量第二不变量。将式(4-62)代入式(4-52)得到

$$s_{ij} = 2\eta_1 \dot{e}_{ij}^{ve} + 2G_1 e_{ij}^{ve} \tag{4-63}$$

很明显,式(4-63)是 Kelvin 黏弹性模型的三维本构方程。其中,η_1 为黏弹性黏滞系数,$\eta_1 = \eta_e/\bar{a}^2$;$G_1$ 为黏弹性剪切模量,$G_1 = B/\bar{a}^2$;e_{ij}^{ve} 为黏弹性偏应变张量。经典模型的黏弹性本构方程一般假定体应力不产生黏性变形,式(4-62)的假设实际也暗含了这种假定。由式(4-40)可知:

$$e_{ij}^{ve} = \frac{\bar{a}}{2}\frac{s_{ij}}{J_2}\gamma \tag{4-64}$$

方程(4-64)等式两边双点积自乘,可得

$$\gamma = \frac{\bar{a}}{2}\sqrt{J_2'}, \quad J_2' = e_{ij}^{\mathrm{ve}} e_{ij}^{\mathrm{ve}}/2 \tag{4-65}$$

可见 A 在满足式(4-62)的条件下,内变量 γ 具有明确的物理意义,即与黏弹性应变偏量第二不变量(等效黏弹性应变)线性相关。特别地,当 $\bar{a}=2$ 时,内变量 γ 等于等效黏弹性应变。

4.2.4 黏塑性本构方程及其基本性质

1. 黏塑性本构方程

许多研究表明,当应力水平超过某应力阈值后材料将发生黏塑性变形。这里基于内变量热力学理论解释和分析蠕变变形,假设只有当共轭热力学力超过某阈值后材料内部结构才发生不可逆改变,出现黏塑性变形。这种假设具有合理性:首先,热力学力是应力的函数,约束其他变量时应力超过某阈值等价于热力学力超过某阈值;其次,前述内容指出蠕变是材料内部结构改变的结果,内部结构的改变由内变量表征,而内变量演化的直接驱动力是热力学力,因此该假设合理地抓住了黏塑性变形发生的内在机制。

因为热力学力是应力和内变量的函数,假设与黏塑性内变量 $\boldsymbol{\lambda}$ (λ_1,λ_2) 共轭的热力学力为

$$f_1^{\mathrm{vp}} = P_1 = \sqrt{J_2} \tag{4-66}$$

$$f_2^{\mathrm{vp}} = P_2 = (1+b\chi)(aI_1 + \sqrt{J_2}) \tag{4-67}$$

结合式(4-48)得到与内变量 χ 共轭的热力学力为

$$f_s = b\lambda_2(aI_1 + \sqrt{J_2}) \tag{4-68}$$

其中,I_1 为应力张量第一不变量;a 和 b 分别为材料参数。由式(4-45)可得到黏塑性应变率方程为

$$\left. \begin{aligned} \dot{\varepsilon}_m^{\mathrm{vp}} &= a\left[(1+b\chi)\dot{\lambda}_2 + b\lambda_2\dot{\chi}\right] \\ \dot{e}_{ij}^{\mathrm{vp}} &= \left[\dot{\lambda}_1 + (1+b\chi)\dot{\lambda}_2 + b\lambda_2\dot{\chi}\right]\frac{s_{ij}}{2\sqrt{J_2}} \end{aligned} \right\} \tag{4-69}$$

其中,$\varepsilon_m^{\mathrm{vp}}$ 为黏塑性体应变;e_{ij}^{vp} 为黏塑性偏应变。

根据前面的分析可知内变量的演化由热力学力驱动且存在阈值,假设各内变量演化方程为

$$\left. \begin{aligned} \dot{\lambda}_1 &= \frac{1}{\eta_{p1}}\langle f_1^{\mathrm{vp}} - h\lambda_1 \rangle \\ \dot{\lambda}_2 &= \kappa_{p2}\left\langle \frac{f_2^{\mathrm{vp}} - R}{R} \right\rangle^p \\ \dot{\chi} &= \kappa_{p3}\exp(m\chi)\left(\frac{f_s}{R}\right)^2 \mathrm{sign}(\dot{\lambda}_2) \end{aligned} \right\} \tag{4-70}$$

式(4-70)和式(4-71)即为考虑损伤的内变量黏塑性本构方程,其中,η_{p1}、κ_{p2} 和 κ_{p3} 均是黏滞系数;m 为方程参数;p、h 和 R 分别为材料常数;Macaulay 括号 $\langle\rangle$ 表示:

$$\langle x \rangle = \begin{cases} x, & x > 0 \\ 0, & x \leqslant 0 \end{cases} \tag{4-71}$$

$\text{sign}(x)$为符号函数,即

$$\text{sign}(x) = \begin{cases} 1, & x > 0 \\ 0, & x = 0 \\ -1, & x < 0 \end{cases} \tag{4-72}$$

运用 Macaulay 括号表示当热力学力超过某阈值后,内变量$\boldsymbol{\lambda}$才出现演化,可以很好地描述内变量$\boldsymbol{\lambda}$和黏塑性应变的不可恢复性。内变量χ的演化方程也可以用 Macaulay 括号表示,但这里的演化方程采用 sign 函数,这是因为假设χ和λ_2是共生关系,即只有当λ_2演化时,χ才会进一步发展。这种假设基于两方面的考虑:首先,黏塑性应变与损伤的耦合关系本质上体现在内变量λ_2和χ的耦合,而共生假设更能体现两个宏观内变量的耦合关系;其次,有研究表明岩石类材料的损伤伴随着黏塑性变形的全过程[115],内变量λ_2的演化产生黏塑性应变,所以内变量λ_2演化的同时χ必然发生改变。

2. 方程的基本性质

前面推导出考虑损伤的内变量黏塑性本构方程,本构方程采用一组自治的内变量演化方程组刻画材料系统内部结构的变化,再建立内部结构变化与宏观黏塑性变形的联系,所以本构方程的核心是内变量演化方程组。另外,3 个宏观内变量不同形式的演化方程和特性决定了黏塑性本构方程能描述过渡蠕变、稳态蠕变和加速蠕变 3 个阶段。

由式(4-70)可知,内变量λ_1的演化方程属于硬化型方程,即随着时间的增加,λ_1值逐渐加大,但变化率迅速递减,最终趋于 0。因此,内变量λ_1实际控制过渡蠕变阶段。目前许多蠕变模型仅采用黏弹性本构方程描述材料的过渡蠕变阶段,即认为该阶段材料仅发生黏弹性变形。许多试验表明过渡蠕变阶段材料具有明显的、伴随硬化效应的非弹性变形,如 Tomanovic[141] 通过加载全卸载和加载半卸载蠕变试验证明了灰岩在过渡蠕变阶段有不可恢复黏塑性变形,并且构建了一个硬化型黏塑性本构方程。因此,这里假设岩石类固体材料在过渡蠕变阶段具有伴随硬化效应的黏塑性变形和卸载后可渐进恢复的黏弹性变形。

虽然内变量χ和λ_2是共生关系,但在过渡蠕变和稳态蠕变阶段χ的值很小,因此该阶段内变量λ_2的演化方程是准恒定的,即应力保持恒定时λ_2的变化率几乎不变。因此,内变量λ_2控制材料的稳态蠕变阶段。同时,内变量λ_2的演化方程是一个幂函数,所以稳态阶段黏塑性应变率与应力状态呈幂函数关系。因此,本章提出的模型属于蠕变模型研究中比较热点的非线性模型,如 Norton-Bailey 模型[142] 等。

内变量χ的演化方程的解是一个指数函数,随着χ值的增加其变化率逐渐增加,尤其当χ值增加到一定数值时,其变化率和数值将呈现"雪崩"式增加,进而使黏塑性应变率急剧增加,因此内变量χ控制加速蠕变阶段。

将式(4-41)展开,得到

$$\boldsymbol{\varepsilon}^{\text{vp}} = \boldsymbol{\varepsilon}_1^{\text{vp}} + \boldsymbol{\varepsilon}_2^{\text{vp}} = \frac{\partial P_1}{\partial \boldsymbol{\sigma}} \lambda_1 + \frac{\partial P_2}{\partial \boldsymbol{\sigma}} \lambda_2 \tag{4-73}$$

其中,函数P_1和函数P_2可视为在应力空间的两个场。图 4-3 中,LP_1和LP_2表示过当前

应力点的函数 P_1 和函数 P_2 的等值曲面，$\partial P_1/\partial \boldsymbol{\sigma}$ 和 $\partial P_2/\partial \boldsymbol{\sigma}$ 分别为函数 P_1 和 P_2 在当前应力状态 $\boldsymbol{\sigma}$ 的梯度方向，由式(4-73)可知，$\boldsymbol{\varepsilon}_1^{\mathrm{vp}}$ 和 $\boldsymbol{\varepsilon}_2^{\mathrm{vp}}$ 分别为黏塑性应变 $\boldsymbol{\varepsilon}^{\mathrm{vp}}$ 在该梯度方向的分量。

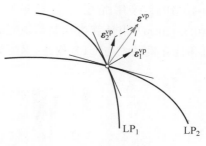

图 4-3 黏塑性应变分量图

如果考虑式(4-66)可以求得

$$\lambda_1 = 2\sqrt{J_2^{\mathrm{vp-1}}}, \quad J_2^{\mathrm{vp-1}} = \boldsymbol{\varepsilon}_1^{\mathrm{vp}} : \boldsymbol{\varepsilon}_1^{\mathrm{vp}}/2 \quad (4\text{-}74)$$

λ_1 为黏塑性应变在 $\partial P_1/\partial \boldsymbol{\sigma}$ 梯度方向分量的等效应变的 2 倍。同样考虑式(4-67)，可得

$$\lambda_2 = \frac{1}{(1+b\chi)\sqrt{(1.5a^2+0.25)}}\sqrt{J_2^{\mathrm{vp-2}}}, \quad J_2^{\mathrm{vp-2}} = \boldsymbol{\varepsilon}_2^{\mathrm{vp}} : \boldsymbol{\varepsilon}_2^{\mathrm{vp}}/2 \quad (4\text{-}75)$$

可见，λ_2 也是黏塑性应变在 $\partial P_2/\partial \boldsymbol{\sigma}$ 梯度方向分量的等效应变的倍数。

4.3 单轴蠕变试验验证和参数辨识

4.2 节给出了黏弹性和黏塑性本构方程，并详细探讨了本构方程的基本性质，尤其是对各内变量的物理意义进行了探讨。但本构方程能否很好地描述材料的蠕变变形，还需要进行模型验证。模型验证不仅验证提出的模型能否描述材料蠕变变形，而且间接地验证内变量演化率的正确性，这对下一步研究蠕变过程中材料的稳定性至关重要。本节采用地质力学模型相似材料的蠕变试验结果对本构方程进行验证。

4.3.1 试验材料和设备

相似材料以重晶石粉、胶水、膨润土为原料，按照一定配比拌合而成。试验采用的原料配比为重晶石粉：胶水：膨润土＝120：10：3。将相似材料充分拌和至最优含水率，采用特制的压块机将材料压制成为 $4\mathrm{cm}\times4\mathrm{cm}\times8\mathrm{cm}$ 的长方体试件。试件表面光整，端面和侧面平整度均满足蠕变试验要求，不同试件间的差异性较小。试验试件如图 4-4 所示。

图 4-4 蠕变试验试件

试验设备为清华大学水工结构实验室的 SLB100 三轴流变试验机，试验机系统由试验主机、控制柜、计算机控制系统和不间断电源（uninterruptible power supply，UPS）组成，如图 4-5 所示。试验机最大垂直轴向加载能力为 100kN，力测量误差为 $\pm1\%$ 示值，最大围压

为 10MPa；采用光栅传感器测量变形，变形测量范围为 0～10mm，变形测量误差为 ±0.003mm；由计算机控制系统完成数据自动采集、信息实时反馈和仪器精密控制。试验机和计算机系统与 UPS 相连，保证如遇突然停电，试验能继续正常进行。

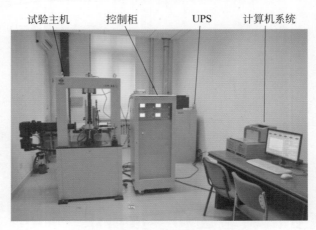

图 4-5　SLB100 三轴流变试验系统

　　试验座下部与机电伺服加载控制系统相连，上压杆将作用在试件上的轴向压力传到轴向测力传感器。利用光栅位移传感器测量压头相对于主机基准台面的位移确定轴向变形。加载和测量系统分别由控制器控制，各控制器与计算机系统通信，接收计算机发出的控制指令，并将试验数据传给计算机进行储存和处理。单轴蠕变试验如图 4-6 所示。

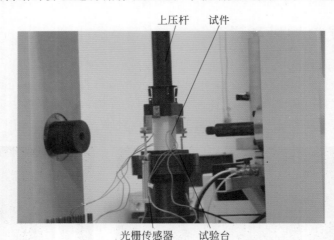

图 4-6　单轴蠕变试验

4.3.2　单轴蠕变加卸载试验

　　蠕变试验的加载方式通常有单级加载、单级加卸载和分级增量循环加卸载，如图 4-7 所示。与单级加载相比，采用单级加卸载方式可以观测试件在卸载后的渐进恢复变形，可测得其不可恢复变形，能得到全面反映加卸载过程的蠕变曲线，可以为蠕变模型参数辨识提供完备的试验数据。采用单级加卸载时,想获得更多的试验数据则需要更多的试件,因为试件的不均匀性容易产生试验数据的较大离散,采用分级增量循环加卸载能很好地避免这个问题,且能通过对有限数量试件的试验反映材料更多蠕变特征。采用分级增量循环加卸载需要考虑加载历史对蠕变应变的影响,需要对试验数据进行处理和分析,但处理方式和方法多样且没有统一标准。本次试验的试件可以比较容易得到,试件的差异性小,因此这里采用单级加卸载方式开展蠕变试验。图 4-8 为 200kPa 单轴应力水平条件下的加卸载蠕变试验全曲线。

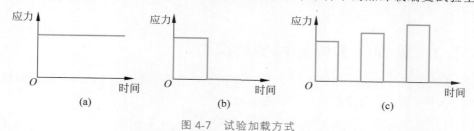

图 4-7　试验加载方式

(a)单级加载;(b)单级加卸载;(c)分级增量循环加卸载

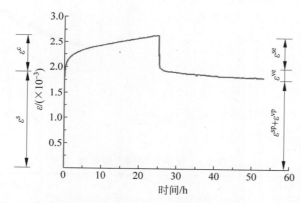

图 4-8　200kPa 单轴应力水平条件下的加卸载蠕变试验全曲线

加载过程中任意时刻的总应变 ε 可分为瞬时应变 ε^{s} 和蠕变应变 ε^{c} 两部分,即

$$\varepsilon = \varepsilon^{s} + \varepsilon^{c} \tag{4-76}$$

其中,瞬时应变 ε^{s} 可分为瞬时弹性应变 ε^{se} 和瞬时塑性应变 ε^{sp},即

$$\varepsilon^{s} = \varepsilon^{se} + \varepsilon^{sp} \tag{4-77}$$

蠕变应变 ε^{c} 又可分为黏弹性应变 ε^{ve} 和黏塑性应变 ε^{vp},即

$$\varepsilon^{c} = \varepsilon^{ve} + \varepsilon^{vp} \tag{4-78}$$

瞬时应变是在施加荷载过程中产生的,瞬时弹性应变是在卸去荷载后能瞬时恢复的应变。蠕变应变是在荷载(应力)保持恒定过程中产生的应变,包括黏弹性应变和黏塑性应变。黏弹性应变是一种延迟弹性行为,是卸除荷载后能逐渐恢复的应变。加卸载过程中应变各分量如图 4-9 所示。图中分解的各应变分量基于一个重要假设,即假设加载后的黏弹性应变

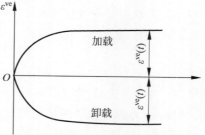

图 4-9　蠕变过程中的黏弹性应变

和卸载后的黏弹性应变具有对称性[143]。由式(4-76)和式(4-78)便能将各加载应力条件下蠕变过程中的黏弹性应变和黏塑性应变分离[144]，根据分离后的试验数据进行模型验证和参数辨识。

因为单轴蠕变试验得到轴向应力-轴向应变-时间关系数据，所以模型验证的整体思路是将三维内变量本构方程退化为一维形式，并用试验数据对方程的参数拟合，得到不同应力条件下拟合参数的平均值，再将平均值代入本构方程，计算不同应力条件下的变形时间曲线。这里假设受拉为正，受压为负。

4.3.3 黏弹性本构方程参数拟合

因为本构方程仅考虑瞬时弹性应变，所以不用加载过程的瞬时应变(包括瞬时塑性应变)数据拟合弹性模量；采用卸载过程中的瞬时应变恢复值计算弹性应变。初始压应力水平分别为160kPa、200kPa和240kPa时，试件在卸载过程中的弹性应力-应变曲线如图4-10所示。

假设在各向同性条件下，一维弹性本构方程为

$$\varepsilon^e = \frac{\sigma}{E} \qquad (4-79)$$

其中，ε^e为轴向弹性应变；σ为轴向应力；E为弹性模量。求解图4-10中各曲线的斜率，其平均值作为弹性模量E，如表4-1所示。

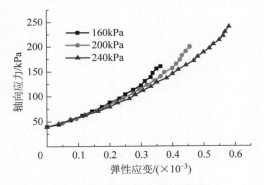

图4-10 弹性应力-应变曲线

表4-1 黏弹性本构方程参数

σ/kPa	E/MPa	n	b_c/kPa	B/MPa	η_e/(MPa·h)
160	335.2	1.234	21.240	3.529	3.123
200	357.4	1.187	22.283	3.005	3.318
240	341.0	1.128	23.704	2.607	3.554
平均值	344.5	1.183	22.409	3.047	3.322

三维黏弹性蠕变本构方程(4-52)退化为一维形式本构方程为

$$\eta_e \dot{\varepsilon}^{ve} + B \varepsilon^{ve} = \frac{\partial A}{\partial \sigma} A \qquad (4-80)$$

其中，ε^{ve}为轴向黏弹性应变；A为应力的函数。为了描述黏弹性应变与轴向应力大小的非线性关系，假设：

$$A = b_c \left(\frac{\sigma}{\sigma_c}\right)^n \qquad (4-81)$$

其中，b_c为有应力量纲的系数；n为指数；σ_c为试件的单轴抗压强度。通过恒定加载速率(0.005mm/s)的单轴压缩试验得到不同试验试件(与蠕变试验的试件相同)的应力-应变全曲线，根据加载试验全曲线确定试件的平均单轴抗压强度为358.7kPa。将式(4-81)代入式(4-80)，得

$$\eta_e \dot{\varepsilon}^{ve} + B\varepsilon^{ve} = \frac{nb_c^2}{\sigma_c}\left(\frac{\sigma}{\sigma_c}\right)^{2n-1} \tag{4-82}$$

采用 MATLAB 数值软件进行非线性拟合,以确定式(4-82)中的各参量参数,表 4-1 为非线性拟合结果。将表 4-1 中的平均值代入式(4-82)便可计算出加载后的黏弹性变形。同时,卸载后试件可渐进恢复黏弹性变形也可以采用该本构方程计算得到。卸载后,$A=0$,式(4-82)改写为

$$\eta_e \dot{\varepsilon}^{ve} + B\varepsilon^{ve} = 0 \tag{4-83}$$

将表 4-1 中的 B 和 η_e 平均值代入式(4-83),并考虑卸载完成时刻试件的初始应变值,便可计算不同应力条件下的恢复变形。图 4-11 为各应力条件下黏弹性应变试验数据和本构方程计算曲线对比图。由图 4-11 可见,加载后的黏弹性应变与试验数据吻合较好,说明黏弹性本构方程可以很好地模拟材料的非线性黏弹性应变特性。同时,该本构方程也能描述材料卸载后变形的渐进恢复特性。

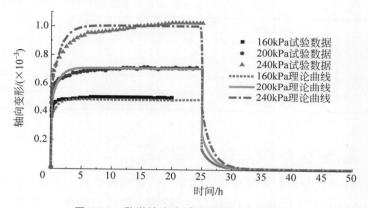

图 4-11 黏弹性应变试验数据与理论曲线

由于式(4-81)中 A 与轴向应力 σ 是非线性关系,虽能模拟非线性黏弹性应变特性,但是公式参数较多,形式复杂,且该方程很难推广到三维情况。实际岩体工程分析一般仍采用经典线性黏弹性本构方程。这里提出的黏弹性本构方程能退化为经典黏弹性本构方程。已知式(4-62)的一维形式为

$$A = \frac{\bar{a}}{\sqrt{3}} \mid \sigma \mid = \bar{w} \mid \sigma \mid \tag{4-84}$$

根据式(4-84),式(4-80)可改写为

$$\eta_e \dot{\varepsilon}^{ve} + B\varepsilon^{ve} = \bar{w}^2 \mid \sigma \mid \tag{4-85}$$

可见,与式(4-82)需要 5 个材料参数相比,式(4-85)仅需要 3 个材料参数。同样,根据式(4-85),可对图 4-11 中的黏弹性应变试验数据进行非线性拟合,确定材料参数。拟合结果如图 4-12 和表 4-2 所示。

与表 4-1 中的拟合结果相比,表 4-2 中不同应力条件下的同一个材料参数拟合值相差较大。换句话说,如果采用表 4-2 中的拟合参数平均值计算 160kPa、200kPa 和 240kPa 压应力水平下的轴向黏弹性应变,计算曲线和试验数据将有较大偏差,这就是采用线性模型描述非线性黏弹性变形的代价。

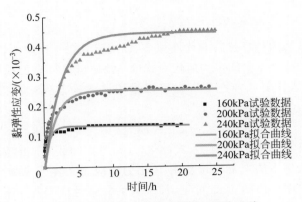

图 4-12 黏弹性应变试验数据与拟合曲线

表 4-2 黏弹性本构方程参数

σ/kPa	$\eta_\mathrm{e}/(\mathrm{MPa \cdot h})$	B/MPa	$\bar{w}$
-160	12.935	19.410	0.128
-200	25.938	15.625	0.141
-240	32.060	12.970	0.155
平均值	23.64	16.01	0.143

4.3.4 黏塑性本构方程参数拟合

采用黏塑性应变试验数据对黏塑性本构方程的材料参数进行拟合。在过渡蠕变和稳态蠕变阶段,损伤效应对黏塑性应变的贡献较小,这两个阶段可以视为"无损"的黏塑性变形阶段,因此认为该阶段的 $\chi=0,\dot{\chi}=0$。假设单轴蠕变试验发生稳态蠕变的阈值为 $\sigma_y(\mathrm{kPa})$,试验轴向应力为 $\sigma(\mathrm{kPa})$。不考虑损伤时,退化的一维黏塑性本构方程可写为

$$\dot{\varepsilon}^{\mathrm{vp}} = -\frac{1}{\sqrt{3}}\dot{\lambda}_1 + \left(a - \frac{1}{\sqrt{3}}\right)\dot{\lambda}_2 \tag{4-86}$$

内变量演化率为

$$\dot{\lambda}_1 = \frac{1}{\eta_{p1}}\left\langle \frac{1}{\sqrt{3}}\mid\sigma\mid - h\lambda_1 \right\rangle \tag{4-87}$$

$$\dot{\lambda}_2 = \kappa_{p2}\left\langle \frac{\mid\sigma\mid - \mid\bar{\sigma}_y\mid}{\mid\bar{\sigma}_y\mid} \right\rangle^p \tag{4-88}$$

其中,$\bar{\sigma}_y$ 可视为单轴压缩蠕变出现黏塑性应变的轴向应力阈值 $\sigma_y = (1/\sqrt{3}-a)\bar{\sigma}_y$。根据 4.2.4 节的分析可知,内变量 λ_2 控制稳态蠕变阶段,稳态蠕变阶段的黏塑性应变率为

$$\dot{\varepsilon}_w^{\mathrm{vp}} = \left(a - \frac{1}{\sqrt{3}}\right)\kappa_{p2}\left\langle \frac{\mid\sigma\mid - \mid\bar{\sigma}_y\mid}{\mid\bar{\sigma}_y\mid} \right\rangle^p \tag{4-89}$$

根据黏塑性应变试验曲线的直线段确定的蠕变应变率,用于拟合式(4-89)中的参数。图 4-13 为直线段的黏塑性应变率试验数据与拟合曲线,拟合参数为 $\bar{\sigma}_y = -62\mathrm{kPa}, a =$

$0.189, \kappa_{p2} = 0.009 \times 10^{-3}/\text{h}, p = 1.56$。

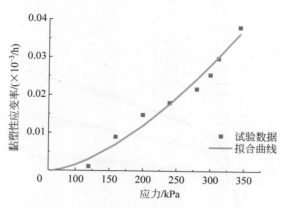

图 4-13 黏塑性应变率试验数据与拟合曲线

如果直接对式(4-86)积分,可以得到黏塑性应变关于时间 t 的显示表达式为

$$\varepsilon^{vp}(t) = -\frac{|\sigma|}{3h}(1 - e^{-\frac{h}{\eta_{p1}}t}) + \left(a - \frac{1}{\sqrt{3}}\right)\kappa_{p2}\left\langle\frac{|\sigma| - |\bar{\sigma}_y|}{|\bar{\sigma}_y|}\right\rangle^p t \quad (4\text{-}90)$$

结合上述拟合结果与黏塑性应变试验数据拟合式(4-90)中的材料参数 h 和 η_{p1},拟合结果如表 4-3 和图 4-14 所示。

表 4-3 黏塑性本构方程拟合参数

应力/kPa	a	$\kappa_{p2}/(\times 10^{-3}/\text{h})$	p	$\eta_{p1}/(\text{MPa} \cdot \text{h})$	h/MPa
-160				434.5	180.9
-200	0.189	0.009	1.56	163.9	174.4
-240				138.8	152.6
平均值	0.189	0.009	1.56	245.1	169.3

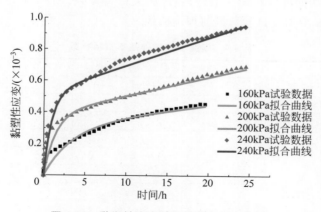

图 4-14 黏塑性应变试验数据与拟合曲线

根据黏弹性本构方程(4-82)和黏塑性本构方程(4-90),采用拟合参数结果平均值(表 4-1 和表 4-3)计算试件在单轴 220kPa、290kPa 及 360kPa 压应力水平下的蠕变理论曲线,并与

试验数据进行对比,如图 4-15 所示。由图可见,黏弹性和黏塑性本构方程能很好地预测和描述相似材料的蠕变变形。

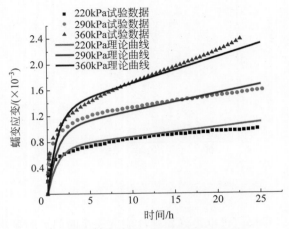

图 4-15　蠕变应变试验数据与理论曲线

考虑损伤的黏塑性应变率本构方程的一维形式为

$$\dot{\varepsilon}^{\mathrm{vp}} = -\frac{1}{\sqrt{3}}\dot{\lambda}_1 + (a - 1/\sqrt{3})\big[(1+b\chi)\dot{\lambda}_2 + b\lambda_2\dot{\chi}\big] \tag{4-91}$$

其中,

$$\dot{\lambda}_2 = \kappa_{p2}\left\langle \frac{(1+b\chi)\sigma \mid -\mid \bar{\sigma}_y \mid}{\mid \bar{\sigma}_y \mid} \right\rangle^p \tag{4-92}$$

$$\dot{\chi} = \kappa_{p3}\exp(m\chi)\left(\frac{b\lambda_2 \mid \sigma \mid}{\mid \bar{\sigma}_y \mid}\right)^2 \tag{4-93}$$

以已拟合得到的材料参数为参考,结合式(4-82),采用式(4-91)对 360kPa 压应力水平下的蠕变应变试验数据进行非线性拟合,确定相关材料参数。表 4-4 为拟合得到的材料参数结果,图 4-16 为蠕变应变试验数据与理论曲线。

表 4-4　蠕变本构方程基本材料参数

黏弹性参数	$\eta_e/(\mathrm{MPa \cdot h})$	3.322
	B/MPa	3.047
	n	1.183
	b_c	22.409
黏塑性参数	a	0.189
	$\eta_{p1}/(\mathrm{MPa \cdot h})$	245.1
	h/MPa	132.3
	$\kappa_{p2}/(\times 10^{-3}/\mathrm{h})$	0.012
	p	1.56
	$\bar{\sigma}_y/\mathrm{kPa}$	62
内变量 χ 演化方程参数	$\kappa_{p3}(\times 10^{-3}/\mathrm{h})$	0.005
	$b \times 10^3$	0.206
	m	1000

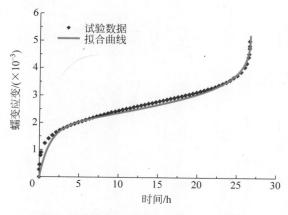

图 4-16 蠕变应变试验数据与拟合曲线

因为考虑损伤的非线性拟合需要加速蠕变阶段的试验数据,蠕变试验不能进行卸载试验,图 4-16 中的蠕变曲线中必然包括黏弹性变形,因此非线性拟合时采用了本构方程(4-82)和表 4-1 中的拟合参数结果平均值计算黏弹性变形。此外,式(4-93)中的变量 m 没有特定物理意义,计算时将其值设定为 1000,使内变量 χ 计算更加稳定。因为本构方程(4-91)中的材料参数较多,所以拟合过程中材料参数 p、$\bar{\sigma}_y$、a、η_{p1} 采用表 4-2 中的平均值,根据非线性拟合得到 360kPa 压应力条件下的材料参数 h、κ_{p2}、κ_{p3}、b。

4.3.5　方程参数敏感性分析

内变量 λ_1 的演化方程可改写为关于时间 t 的显式表达式,方程中参数 h 控制 λ_1 的极值大小,η_{p1} 控制内变量 λ_1 演化的快慢。内变量 λ_2 和 χ 的演化方程很难直接改写为关于时间 t 的显式表达式,因此很难直接定性分析其演化方程中各个参数对本构方程的影响。本节将对本构方程中材料参数 p、b、κ_{p2} 和 κ_{p3} 进行敏感性分析,调整某个参数值而保持其余参数的量值不变,计算 360kPa 压应力条件下的蠕变曲线。各参数基本取值如表 4-4 所示。

因为内变量演化方程是一常微分方程组,因此采用 MATLAB 数值分析软件中的 ode15i 程序求解数值解。图 4-17 为采用不同参数值计算的蠕变曲线。

可见,该 4 个参数在控制蠕变曲线中扮演不同角色。尽管 p 和 κ_{p2} 直接影响稳定蠕变阶段,但 p 主要控制与应力及应变率之间的非线性关系,同时对黏塑性应变率有较大影响; κ_{p2} 则主要控制应变率的大小;b 和 κ_{p3} 主要影响加速蠕变阶段。参数 b 影响加速蠕变阶段是通过增加内变量 λ_2 进而增加热力学力 f_s 实现的,对加速蠕变阶段的蠕变曲线曲率半径影响不大;参数 κ_{p3} 则直接影响内变量 χ 的演化快慢,随着 κ_{p3} 的减小,加速蠕变阶段的蠕变曲线曲率半径增大。如果蠕变 κ_{p3} 为 0,很明显黏塑性应变率将不会急剧增加,即不会出现加速蠕变阶段。

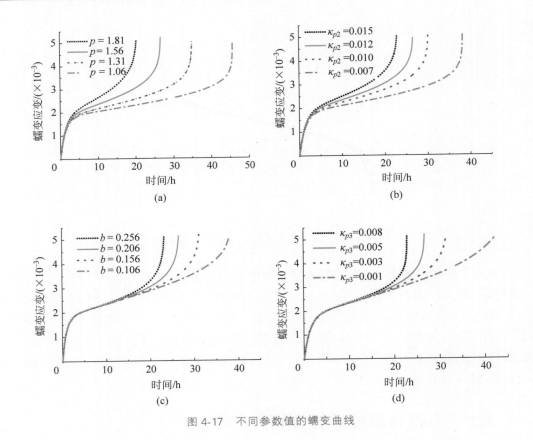

图 4-17　不同参数值的蠕变曲线

4.4　基于内变量热力学理论的岩体结构长期稳定性评价

内变量演化方程可视为一组运动方程,能够表征材料系统的热力学过程。内变量运动方程关于定点的稳定性反映材料系统的热力学稳定性。蠕变过程对应于构型空间中的热力学过程,因此材料系统的热力学稳定性也表示了蠕变过程中材料的稳定性。本节基于内变量热力学理论,采用 Lyapunov 稳定性直接法分析材料系统热力学稳定性,并以此表示蠕变过程中的材料稳定性。

采用 Lyapunov 稳定性直接法分析系统热力学稳定性的关键是找到一个 Lyapunov 函数。系统初始时刻的平衡态可作为一种特殊的定态,受扰动后的系统处于非平衡态,其热力学状态可以由热力学函数表征,因此 Lyapunov 函数一般与热力学函数有关。例如,Edelen[145]、Yang 等[131]采用熵产率函数,Coleman 和 Gurtin[79]采用 Helmholtz 自由能函数,Gurtin[146]采用正则自由能(canonical free energy)函数(自由能与保守力系的势能之和),Petryk 和 Stupkiewicz[147]用自由能、耗散能和保守力势能函数之和作为 Lyapunov 函数,冷旷代[125]采用流动势函数作为 Lyapunov 函数来研究热力学稳定性问题。由此可见,材料系统热力学稳定性研究所采用的 Lyapunov 函数并不唯一。

上述的热力学稳定性分析仅限于材料层次,而本章的研究主要面向考虑时效变形的大体积结构体,因此需要基于内变量热力学理论,采用类似热力学稳定分析方法更进一步阐明岩体工程结构的非平衡演化规律和长期稳定性。采用 Lyapunov 稳定性法分析结构稳定性的做法并不陌生,结构力学中对杆梁结构体系稳定性分析采用的能量法具有 Lyapunov 稳定分析法的内涵。对于考虑时间的大体积结构也可以采用类似方法,如冷旷代[125]采用流动势函数的结构域内积分作为 Lyapunov 函数分析岩体结构的非平衡演化规律。

　　目前,岩土工程长期稳定性评价指标几乎是经验性的、定性的,本章研究的目标之一便是建立严格、定量的长期稳定性评价指标和统一、明确的稳定性判据。此处的严格体现在两个方面,即物理严格和数学严格。物理严格是指提出的指标需要有明确的物理意义,而绝非只是从数学分析角度提出的一个变量;数学严格是指针对该指标的稳定判据需要有明确的数学基础。如果评价指标没有严格的数学基础,也很难是定量的;如果指标仅是数学严格而没有一定的物理意义,也很难说明其合理性。

　　4.4.1 节将基于 Rice 内变量热力学理论和 Lyapunov 稳定直接法,采用能量耗散率作为内变量运动方程的 Lyapunov 函数,研究材料系统的热力学稳定性,并以此分析蠕变过程中的材料稳定性。4.4.2 节将对各类蠕变对应的热力学过程的性质和特点进行分析,探究其内在规律。4.4.3 节采用能量耗散率的结构域积分分析结构非平衡演化规律和长期稳定性,提出将能量耗散率结构域积分及其时间导数作为长期稳定性评价指标体系,并给出明确的长期稳定性判据。

4.4.1　材料系统的热力学稳定分析

　　蠕变对应于材料系统在约束构型空间中的热力学过程,而热力学过程表现为内变量的不断演化。因此,如果将内变量演化方程作为一组运动方程,采用 Lyapunov 函数可以分析该运动方程关于定点的稳定性,以此代替材料系统关于平衡态的热力学稳定性(thermodynamic stability),进一步采用热力学稳定性表示蠕变过程中材料的稳定性。

　　在约束构型空间中,材料系统的热力学过程由内变量演化方程组确定,内变量演化方程实际就是一组运动方程。已知约束构型空间中,系统处于热力学平衡态的充分必要条件为

$$\dot{\boldsymbol{\zeta}}(\boldsymbol{g}^{eq}, \theta^{eq}, \boldsymbol{\zeta}^{eq}) = \boldsymbol{0} \tag{4-94}$$

其中,$(\boldsymbol{g}^{eq}, \theta^{eq}, \boldsymbol{\zeta}^{eq})$ 称为平衡点,各元素表示系统处于平衡态时的共轭力、温度和内变量。平衡点的存在对热力学稳定性研究很重要,Coleman 和 Gurtin[79]认为存在平衡点表明系统至少存在一个容许热力学过程(admissible thermodynamic process)可以使系统满足式(4-94)。通过 Lyapunov 直接法可以判定运动方程组关于定点的解的稳定性,进而表征材料系统关于热力学平衡态的稳定性。

　　这里以图 3-10 进行说明。如果将内变量演化方程视为运动方程,图中的纵轴表示内变量变化率大小,横轴是内变量变化率为 0 的所有平衡点的集合。初始时刻系统处于平衡状态,由图中定点 1 表示。受到外部扰动后,系统偏离平衡态而处于非平衡态,如定点 2 所示。此时,内变量演化率必不等于 0,材料系统发生非平衡演化,演化过程完全由内变量运动方程决定。如果运动方程关于定点 1 是渐进稳定性,那么系统将随时间逐渐趋于平衡态,并最终处于新的平衡态(如定点 3),如图 3-10 中曲线 A 所示;如果系统关于定点 1 是稳定性的,那么系统将不能远离平衡态,图 3-10 中的曲线 B 只能趋近横轴或者保持水平;如果系统关于定点是不稳定的,如图 3-10 中的曲线 C 与横轴距离逐渐增加,表明系统背离平衡态演化。

热力学稳定性研究中，Lyapunov 函数一般与热力学函数有关。这里选择能量耗散率 Φ 作为 Lyapunov 函数。由式(4-18)和式(4-28)可知，能量耗散率满足约束构型空间中作为任意内变量运动方程的 Lyapunov 函数的条件。约束构型空间中，能量耗散率的时间导数为

$$\dot{\Phi} = \frac{\mathrm{d}\Phi}{\mathrm{d}t} = \frac{\mathrm{d}(g_\alpha \dot{\zeta}_\alpha)}{\mathrm{d}t} = \frac{\partial(g_\alpha \dot{\zeta}_\alpha)}{\partial \zeta_\beta}\dot{\zeta}_\beta = \frac{\partial g_\alpha}{\partial \zeta_\beta}\dot{\zeta}_\alpha \dot{\zeta}_\beta + \frac{\partial \dot{\zeta}_\alpha}{\partial \zeta_\beta}g_\alpha \dot{\zeta}_\beta \tag{4-95}$$

根据具体内变量运动方程和式(4-95)计算 Φ 的全导数，进而判定系统的热力学稳定性。如果内变量演化方程仅是共轭热力学力的函数，则有

$$\frac{\partial \dot{\zeta}_\alpha}{\partial \zeta_\beta} = \frac{\partial \dot{\zeta}_\alpha}{\partial g_k}\frac{\partial g_k}{\partial \zeta_\beta} \tag{4-96}$$

式(4-95)可改写为

$$\dot{\Phi} = \frac{\partial g_\alpha}{\partial \zeta_\beta}\dot{\zeta}_\alpha \dot{\zeta}_\beta + \frac{\partial \dot{\zeta}_\alpha}{\partial g_k}\frac{\partial g_k}{\partial \zeta_\beta}g_\alpha \dot{\zeta}_\beta \tag{4-97}$$

特别地，如果热力学流(内变量的变化率)是 Onsager 流(Onsager fluxes)，即

$$\dot{\zeta}_m = \boldsymbol{L}_{mn}g_n \tag{4-98}$$

其中，$\boldsymbol{L}_{mn}$ 为正定对称的唯象系数矩阵。将式(4-98)代入式(4-97)，得到

$$\dot{\Phi} = 2\frac{\partial g_\alpha}{\partial \zeta_\beta}\boldsymbol{L}_{\alpha m}\boldsymbol{L}_{\beta n}g_m g_n \tag{4-99}$$

可见，能量耗散率的时间导数取决于热力学力与内变量的相关关系，如果满足

$$\frac{\partial g_\alpha}{\partial \zeta_\beta} < 0 \tag{4-100}$$

则 Φ 的时间导数小于 0，系统关于平衡态是渐进稳定的。如果热力学力仅仅是应力和温度的函数，很明显系统关于平衡态是稳定的。如果满足：

$$\frac{\partial g_\alpha}{\partial \zeta_\beta} > 0 \tag{4-101}$$

系统关于平衡态是非稳定的，即受到微小扰动，系统便会偏离平衡态。

Onsager 流表明了热力学流与热力学力成线性关系，是一类经典且简单热力学流。一般，如果热力学流与热力学力满足齐次运动率定律[79]：

$$\frac{\partial \dot{\zeta}_\alpha}{\partial g_\beta}g_\beta = q\dot{\zeta}_\alpha \tag{4-102}$$

其中，q 为齐次函数指数，大于 0。如果假设内变量演化率仅和与自身共轭的热力学力相关，考虑式(4-102)，式(4-97)可改写为

$$\dot{\Phi} = (1+q)\frac{\partial g_\alpha}{\partial \zeta_\beta}\dot{\zeta}_\alpha \dot{\zeta}_\beta \tag{4-103}$$

假设热力学过程中热力学流始终大于 0，则能量耗散率时间导数的符号同样取决于热力学力与内变量的相关关系。

只有针对某些特殊的热力学流(如 Onsager 流等)并在某些假定条件下才能严格证明系统关于平衡态的热力学稳定性。如果热力学流是关于热力学力和内变量的复杂函数，则不

能通过数学证明其稳定性,只能通过数值计算确定。

黏弹性内变量 γ 的演化方程是关于热力学力的线性方程,可知该运动方程是渐进稳定的,进而可以判断发生黏弹性变形的材料系统是逐渐趋于平衡态的。黏塑性内变量 $\boldsymbol{\lambda}$ (λ_1,λ_2) 和内变量 χ 的运动方程是关于热力学力的复杂函数,无法直接证明其稳定性,需要通过计算来判定黏塑性变形过程中材料的稳定性。相关分析详见 4.4.2 节。

能量耗散率可作为材料当前热力学状态与平衡态远近(距离)的量度;Φ 越大,材料系统偏离平衡态越远,此时材料系统内部结构运动越剧烈,系统越不稳定,即材料越容易破坏;根据 Φ 的时间导数确定材料系统的演化趋势,趋于平衡态和稳定态都有利于材料系统稳定,即材料越不容易破坏。因此,采用能量耗散率及其时间导数对材料稳定分析的意义在于该指标可用于结构局部时效破坏分析,揭示结构在长期变形过程中的薄弱部位。

4.4.2 蠕变的热力学性质

前述内容中常提到"蠕变对应于约束构型空间中的热力学过程"。已知蠕变变形有多种类型,如黏性变形、黏弹性变形和黏塑性变形等;一个完整蠕变过程又可分为不同的阶段,如过渡蠕变、稳态蠕变和加速蠕变阶段。不同的蠕变阶段和蠕变变形对应不同的热力学过程,不同的热力学过程必然有不同性质和特点。本节分别对各类蠕变变形对应的热力学过程的性质进行分析,并找出其内在规律。

除了 4.4.1 节提到的热力学稳定性外,本节还讨论热力学流的流态问题。如果内变量运动方程仅和自身共轭的热力学力和内变量状态有关,见式(4-19),那么所有内变量运动方程可以由一个流动势函数导出,见式(4-20)。Yang 等[127-128,131]指出方程(4-19)所表示的运动方程仅是非线性 Onsager 流的一种特殊情况。如果内变量运动方程满足

$$\frac{\partial \dot{\zeta}_\alpha}{\partial g_\beta} = \frac{\partial \dot{\zeta}_\beta}{\partial g_\alpha} \tag{4-104}$$

则所有的内变量演化方程也可以由一个势函数导出。Onsager 非线性倒易关系式(4-104)等价于

$$\nabla_g \times \dot{\boldsymbol{\zeta}} \equiv 0 \tag{4-105}$$

其中,$\nabla_g \times$ 表示在 $\boldsymbol{g}$ 空间(热力学力空间)中的旋度算子,从流体力学的角度可以认为热力学流 $\dot{\boldsymbol{\zeta}}$ 在热力学力空间是无旋流或者有势流;相反,如果不满足式(4-104)和式(4-105),内变量演化方程需要多个流动势函数导出,此时的热力学流称为有旋流[127-128,131]。

能量耗散率的时间导数方程(4-95)可改写为

$$\dot{\Phi} = \frac{\partial g_\alpha}{\partial \zeta_\beta} \dot{\zeta}_\alpha \dot{\zeta}_\beta + \frac{\partial \dot{\zeta}_\alpha}{\partial \zeta_\beta} g_\alpha \dot{\zeta}_\beta = M_{\alpha\beta} \dot{\zeta}_\alpha \dot{\zeta}_\beta + N_{\alpha\beta} g_\alpha \dot{\zeta}_\beta \tag{4-106}$$

假定在热力学过程中所有的热力学力和热力学流均是非负的,那么 $M_{\alpha\beta}$ 和 $N_{\alpha\beta}$ 实际控制 Φ 随时间的变化趋势,也直接控制材料系统的热力学稳定性。

1. 黏弹性变形的热力学性质

如果仅考虑黏弹性变形,假设黏弹性内变量的变化率是该内变量共轭热力学力的线性函数,即

$$\dot{\zeta}_\beta = \kappa_\beta g_\beta, \quad \beta \text{ 不求和}, \beta = 1, 2, \cdots, m \tag{4-107}$$

该运动方程明显满足齐次演化率定律,且函数指数 q 为 1。由式(4-103)得

$$\dot{\Phi} = 2 \frac{\partial g_\alpha}{\partial \zeta_\beta} \dot{\zeta}_\alpha \dot{\zeta}_\beta \tag{4-108}$$

仅采用一个宏观黏弹性内变量 γ,即 $m = 1$,则方程(4-108)可改写为

$$\dot{\Phi} = 2 \frac{\partial f_{\text{ve}}}{\partial \gamma} \dot{\gamma}^2 \tag{4-109}$$

共轭热力学力 f_{ve} 的表达式为式(4-46),则有

$$\dot{\Phi} = -2B\dot{\gamma}^2 < 0 \tag{4-110}$$

此时有

$$\boldsymbol{M}_{\alpha\beta} = [-B]$$
$$\boldsymbol{N}_{\alpha\beta} = [-B/\eta_{\text{e}}] \tag{4-111}$$

式(4-111)中的 $\boldsymbol{M}_{\alpha\beta}$ 和 $\boldsymbol{N}_{\alpha\beta}$ 可视为只有一行一列的矩阵,则该矩阵是对称、负定的。能量耗散率随时间逐渐减小表明材料系统关于平衡态是渐进稳定的。可见,黏弹性变形过程是趋于平衡态的非平衡演化过程。

根据式(4-84)和表 4-2 中的方程参数结果,计算在单轴压应力 100kPa 条件下的能量耗散率及其时间导数随时间的变化曲线,结果如图 4-18 所示。

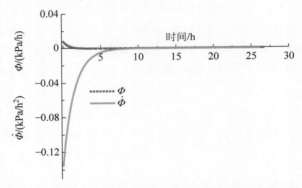

图 4-18　单轴压应力 100kPa 条件下黏弹性变形过程的能量耗散率及其时间导数曲线

运动方程式(4-106)明显满足式(4-104),内变量的运动方程可以由一个势函数导出,因此与黏弹性过程有关的热力学流属于无旋流和有势流。

2. 过渡蠕变阶段的热力学性质

当应力水平较小时,材料仅表现出过渡蠕变阶段。该阶段变形包含黏弹性变形和黏塑性硬化变形。换句话说,在低应力水平下仅发生内变量 γ 和 λ_1 的演化,演化方程如式(4-52)和式(4-71)所示,共轭热力学力方程如式(4-47)式(4-67)所示,根据该方程可以得到式(4-106)中的 $\boldsymbol{M}_{\alpha\beta}$ 和 $\boldsymbol{N}_{\alpha\beta}$ 为

$$\boldsymbol{M}_{\alpha\beta} = \begin{bmatrix} -B & 0 \\ 0 & 0 \end{bmatrix}$$

$$\boldsymbol{N}_{\alpha\beta} = \begin{bmatrix} -B/\eta_{\mathrm{e}} & 0 \\ 0 & -h/\eta_{p1} \end{bmatrix} \tag{4-112}$$

矩阵 $\boldsymbol{M}_{\alpha\beta}$ 和 $\boldsymbol{N}_{\alpha\beta}$ 中的元素皆非正数,因此能量耗散率必然随时间逐渐减小。同时两矩阵均保持对称,不过 $\boldsymbol{M}_{\alpha\beta}$ 是半负定矩阵,$\boldsymbol{N}_{\alpha\beta}$ 为负定矩阵。过渡蠕变阶段,材料系统关于平衡态是渐进稳定的,受扰动后逐渐趋于并最终达到平衡态。采用式(4-84)和式(4-87)的内变量演化方程及表 4-2 和表 4-3 中的参数平均值,计算在单轴压应力 160kPa 条件下材料能量耗散率及其时间导数随时间的变化曲线,如图 4-19 所示。

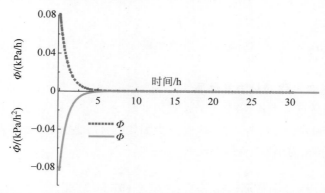

图 4-19　单轴压应力 160kPa 条件下过渡蠕变过程的能量耗散率及其时间导数曲线

内变量 γ 和 λ_1 的演化率仅和与自身共轭的热力学力有关,同样满足式(4-104),因此过渡蠕变对应的热力学流属于无旋流,可以由一个势函数导出。

3. 不考虑损伤蠕变过程的热力学性质

当应力水平较高且不考虑损伤时,将出现过渡蠕变和稳态蠕变阶段。该过程中黏弹性和黏塑性变形皆会发生,即较高应力水平条件下内变量 γ、λ_1 和 λ_2 均发生改变。各内变量演化方程如式(4-51)和式(4-70)所示。因为不考虑损伤,f_2^{vp} 与内变量 χ 无关。可以计算得到 $\boldsymbol{M}_{\alpha\beta}$ 和 $\boldsymbol{N}_{\alpha\beta}$

$$\boldsymbol{M}_{\alpha\beta} = \begin{bmatrix} -B & 0 & 0 \\ 0 & 0 & 0 \\ 0 & 0 & 0 \end{bmatrix} \quad \boldsymbol{N}_{\alpha\beta} = \begin{bmatrix} -B/\eta_{\mathrm{e}} & 0 & 0 \\ 0 & -h/\eta_{p1} & 0 \\ 0 & 0 & 0 \end{bmatrix} \tag{4-113}$$

与式(4-112)相同,式(4-113)中的矩阵 $\boldsymbol{M}_{\alpha\beta}$ 和 $\boldsymbol{N}_{\alpha\beta}$ 的元素皆非正数,但两矩阵中都有元素全为 0 的行和列,两矩阵依然保持对称,但均是半负定矩阵。这暗示了能量耗散率随时间逐渐减小,最终会趋于某大于 0 的极值,即材料系统逐渐趋于平衡态但不能到达平衡态。系统最终处于与平衡态保持恒定距离的某稳定状态,本书称为热力学稳定态。图 4-20 是基于式(4-84)、式(4-87)和式(4-88)计算的单轴压应力为 240kPa 条件下,材料的能量耗散率及其时间导数随时间的变化曲线。

与该蠕变过程有关的 3 个内变量演化方程均只和与自己共轭的热力学力有关,因此也是满足式(4-104)的非线性 Onsager 倒易关系,因此不考虑损伤的蠕变过程对应的热力学流同样属于无旋流,此时所有的热力学流可以由一个势函数导出。

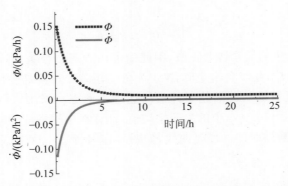

图 4-20　单轴压应力为 240kPa 条件下不考虑损伤蠕变的能量耗散率及其时间导数曲线

4. 考虑损伤蠕变过程的热力学性质

当应力水平较高且考虑损伤时，4 个宏观内变量 γ、λ_1、λ_2 和 χ 均发生演化，各内变量演化方程如式（4-52）和式（4-71）所示，各热力学力如式（4-47）、式（4-67）～式（4-69）所示，热力学力 f_2^{vp} 与 f_s 之间互为函数关系，因此：

$$\frac{\partial \dot{\chi}}{\partial f_2^{vp}} = \frac{\partial \dot{\chi}}{\partial f_s}\frac{\partial f_s}{\partial f_2^{vp}} = \frac{2\kappa_{p3}e^{m\chi}}{R}\left(\frac{f_s}{R}\right)\frac{b\lambda_2}{1+b\chi} \tag{4-114}$$

$$\frac{\partial \dot{\lambda}_2}{\partial f_s} = \frac{\partial \dot{\lambda}_2}{\partial f_2^{vp}}\frac{\partial f_2^{vp}}{\partial f_s} = \frac{p\kappa_{p2}}{R}\left\langle\frac{f_2^{vp}-R}{R_2}\right\rangle^{p-1}\frac{1+b\chi}{b\lambda_2} \tag{4-115}$$

由此可见：

$$\frac{\partial \dot{\chi}}{\partial f_2^{vp}} \neq \frac{\partial \dot{\lambda}_2}{\partial f_s} \tag{4-116}$$

考虑损伤时的热力学流并不满足非线性倒易关系，因此其流态是有旋流；内变量演化方程也不能由一个势函数导出。考虑能量耗散率的全导数，则有

$$\boldsymbol{M}_{\alpha\beta} = \begin{bmatrix} -B & 0 & 0 & 0 \\ 0 & 0 & 0 & 0 \\ 0 & 0 & 0 & bH \\ 0 & 0 & bH & 0 \end{bmatrix} \tag{4-117}$$

$$\boldsymbol{N}_{\alpha\beta} = \begin{bmatrix} -B/\eta_e & 0 & 0 & 0 \\ 0 & -h/\eta_{p1} & 0 & 0 \\ 0 & 0 & 0 & \kappa_{p2}pbH(P_2-R)^{p-1}/R^p \\ 0 & 0 & 2\lambda_2\kappa_{p3}e^{m\chi}(bH/R)^2 & \kappa_{p3}me^{m\chi}(bH\lambda_2/R)^2 \end{bmatrix} \tag{4-118}$$

其中，$H = (aI_1 + \sqrt{J_2})$；$P_2 = H(1+b\chi)$。可见，矩阵 $\boldsymbol{M}_{\alpha\beta}$ 依旧保持对称性，但矩阵 $\boldsymbol{N}_{\alpha\beta}$ 缺失了对称性。两个矩阵均有大于 0 和小于 0 的元素，因此能量耗散率随时间的变化趋势不能直接定性分析，需要通过计算得到。图 4-21 是基于式（4-84）、式（4-92）和式（4-93）计算出的在单轴压应力 360kPa 条件下材料的能量耗散率及其时间导数随时间的变化曲线。

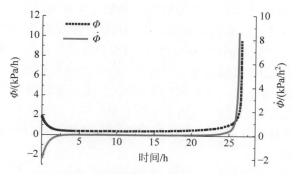

图 4-21 单轴压应力 360kPa 条件下考虑损伤蠕变过程的能量耗散率及其时间导数曲线

由图 4-21 可知,受应力扰动后材料系统的能量耗散率随时间逐渐减小,系统逐渐趋于平衡态,随后在很长一段时间内 Φ 几乎保持不变,材料系统处于热力学稳定态。蠕变后期,损伤效应明显,Φ 及其时间导数随时间急剧增加,材料系统偏离平衡态发展。不同阶段蠕变变形对应的热力学过程的性质总结如表 4-5 所示。

表 4-5 不同蠕变类型及其热力学性质

蠕变阶段	过渡蠕变阶段	过渡和稳态蠕变阶段	过渡、稳态和加速蠕变阶段
变形类型	黏弹性和(或)黏塑性硬化变形	黏弹性和不考虑损伤黏塑性变形	黏弹性和考虑损伤黏塑性变形
典型蠕变曲线	ε^c / O / t	ε^c / O / t	ε^c / O / t
热力学力条件	$f_{ve}>0, P_1>R_1$	$f_{ve}>0, \boldsymbol{P}>\boldsymbol{R}$ (不考虑损伤)	$f_{ve}>0, \boldsymbol{P}>\boldsymbol{R}$ (考虑损伤)
热力学流条件	$\dot{\gamma}>0,$ $\dot{\lambda}_1 \geqslant 0$	$\dot{\gamma}>0, \dot{\lambda}_1>0,$ $\dot{\lambda}_2>0, \dot{\chi}=0$	和
热力学力和内变量共轭条件	$\boldsymbol{M}_{\alpha\beta}=[-B],$ $\boldsymbol{M}_{\alpha\beta}=\begin{bmatrix} -B & 0 \\ 0 & 0 \end{bmatrix}$	$\boldsymbol{M}_{\alpha\beta}=\begin{bmatrix} -B & 0 & 0 \\ 0 & 0 & 0 \\ 0 & 0 & 0 \end{bmatrix}$	$\boldsymbol{M}_{\alpha\beta}=\begin{bmatrix} -B & 0 & 0 & 0 \\ 0 & 0 & 0 & 0 \\ 0 & 0 & 0 & bH \\ 0 & 0 & bH & 0 \end{bmatrix}$
热力学流和内变量共轭条件	$\boldsymbol{N}_{\alpha\beta}=[-B/\eta_e],$ $\boldsymbol{N}_{\alpha\beta}=$ $\begin{bmatrix} -B/\eta_e & 0 \\ 0 & -h/\eta_{p1} \end{bmatrix}$	$\boldsymbol{N}_{\alpha\beta}=$ $\begin{bmatrix} -B/\eta_e & 0 & 0 \\ 0 & -h/\eta_{p1} & 0 \\ 0 & 0 & 0 \end{bmatrix}$	$\boldsymbol{N}_{\alpha\beta}=$ $\begin{bmatrix} -B/\eta_e & 0 & 0 & 0 \\ 0 & -h/\eta_{p1} & 0 & 0 \\ 0 & 0 & 0 & \kappa_{p2}pbHP_g \\ 0 & 0 & 2\lambda_2\kappa_{p3}e^{m\chi}P_s & \kappa_{p3}me^{m\chi}P_f \end{bmatrix}$
特征矩阵	对称,(半)负定	对称,半负定	非对称
势函数	单势函数	单势函数	多势函数
热力学流	无旋流	无旋流	有旋流
能量耗散率变化	Φ 趋于 0	Φ 趋于定值	Φ 先减小后增加
材料热力学状态	趋于平衡态	趋于稳定态	先趋于稳定态后背离稳定态

注:$H=(aI_1+\sqrt{J_2})$,$P_2=H(1+b\chi)$,$P_s=(bH/R)^2$,$P_f=(bH\lambda_2/R)^2$,$P_g=(P_2-R)^{p-1}/R^p$。

不考虑损伤时,过渡蠕变和稳态蠕变阶段的能量耗散率随时间逐渐减小;系统最终趋于平衡态或热力学稳定态;所有内变量运动方程可由一个流动势函数导出,热力学流在热力学力空间内是无旋流;特征矩阵保持对称性,且为负定或半负定矩阵。

考虑损伤时,蠕变模型能模拟蠕变 3 个阶段。在过渡蠕变和稳态蠕变阶段,损伤效果不明显,材料系统首先趋于平衡态;随着内变量的演化,能量耗散率及其时间导数急剧增加,材料系统背离平衡态发展;该过程中,热力学流不能由一个势函数导出,热力学流在热力学力空间内是有旋流;特征矩阵均不再保持对称性,即出现对称破缺(symmetry breaking),也不再是负定或半负定矩阵。

5. 蠕变过程中的材料稳定性

处于平衡态的材料系统受到不同大小的应力扰动,会发生不同类型的蠕变变形,相应地,系统关于平衡态的热力学稳定性不同。因为蠕变对应于约束构型空间中的热力学过程,这里将热力学稳定性用于表示蠕变过程中材料的稳定性。

应力水平较低时,材料仅发生过渡蠕变,该蠕变过程中材料处于渐进稳定状态,并最终到达新的平衡态。当应力水平较高时,发生过渡蠕变和稳态蠕变,该变形过程中材料系统的能量耗散率逐渐衰减但不能减小为 0;从数学上,基于运动学稳定性理论可以判断材料系统是稳定的;不过真实的材料系统在该过程一直伴随着能量耗散、内部结构调整和时效变形的增加。长期荷载作用下,出现这类蠕变过程的区域可能会因为过大的时效变形成为结构的薄弱部位。

当应力水平较高且损伤效应明显时,蠕变过程中材料系统的能量耗散率先减小,保持一段时间大致恒定后迅速增大;材料先趋于稳定态,在经历一段时间的稳定演化后再背离平衡态发展,最终处于失稳状态;整个过程中伴随着能量耗散、损伤发展及变形增加。长期荷载作用下,出现该类蠕变过程的区域是结构体最容易出现局部破坏的部位,如果对这些部位不及时加以处理,结构体内局部破坏的区域将不断扩展、贯通,并最终导致结构整体趋于失稳状态。

4.4.3 岩体结构的长期稳定性评价

材料稳定性研究的边界条件是保持 RVE 的应力场和温度场恒定;结构稳定性研究也需要有不随时间变化的边界条件,即面力边界条件上的恒定荷载和位移边界条件上的恒定位移。边界条件的表达式为

$$S^{ui} \bigcup S^{ti} = S, \quad S^{ui} \bigcap S^{ti} = \varnothing \tag{4-119}$$

$$\left. \begin{aligned} \boldsymbol{u} &= \bar{\boldsymbol{u}}, \quad \text{on } S^{ui} \\ \dot{\boldsymbol{u}} &= 0, \quad \text{on } S^{ui} \\ \boldsymbol{\sigma} \cdot \boldsymbol{n} &= \bar{\boldsymbol{t}}, \quad \text{on } S^{ti} \\ \dot{\boldsymbol{\sigma}} \cdot \boldsymbol{n} &= 0, \quad \text{on } S^{ti} \end{aligned} \right\} \tag{4-120}$$

其中,S^{ui} 为位移边界;S^{ti} 为面力边界;S 为结构总边界;$\boldsymbol{u}$ 为位移场;$\boldsymbol{n}$ 和 $\bar{\boldsymbol{t}}$ 分别为应力边界条件的外法向和恒定面力。在结构体内,有

$$\left. \begin{aligned} \text{div} \cdot \boldsymbol{\sigma} + \rho \boldsymbol{b} &= 0, \quad \text{in } V_s \\ \text{div} \cdot \dot{\boldsymbol{\sigma}} + \rho \dot{\boldsymbol{b}} &= 0, \quad \text{in } V_s \end{aligned} \right\} \tag{4-121}$$

式(4-121)中忽略了惯性项,仅考虑拟静力情况。其中,ρ 表示连续体质量;b 为单位质量所受的体积力;V_s 为结构体体积。此外假定结构体全局内有恒定的体力场和温度场。考虑上述式(4-119)～式(4-121),可以得到[148]

$$
\begin{aligned}
0 &= \int_{V_s} \dot{\boldsymbol{t}} \cdot \dot{\boldsymbol{u}} \, \mathrm{d}V \int_{S^{ui}} \dot{\boldsymbol{t}} \cdot \dot{\bar{\boldsymbol{u}}} \, \mathrm{d}S + \int_{S^{ui}} \dot{\bar{\boldsymbol{t}}} \cdot \dot{\boldsymbol{u}} \, \mathrm{d}S = \int_S \dot{\boldsymbol{t}} \cdot \dot{\boldsymbol{u}} \, \mathrm{d}S \\
&= \int_{V_s} \dot{\boldsymbol{\sigma}} : \dot{\boldsymbol{\varepsilon}} \, \mathrm{d}V + \int_{V_s} \mathrm{div} \cdot \dot{\boldsymbol{\sigma}} \cdot \dot{\boldsymbol{u}} \, \mathrm{d}V \\
&= \int_{V_s} \dot{\boldsymbol{\sigma}} : \dot{\boldsymbol{\varepsilon}} \, \mathrm{d}V - \int_{V_s} \rho \dot{\boldsymbol{b}} \cdot \dot{\boldsymbol{u}} \, \mathrm{d}V = \int_{V_s} \dot{\boldsymbol{\sigma}} : \dot{\boldsymbol{\varepsilon}} \, \mathrm{d}V
\end{aligned}
\tag{4-122}
$$

由此,得到一个反映恒定外部作用条件下结构体内在应力、应变调整的"约束方程",即

$$
\int_{V_s} \dot{\boldsymbol{\sigma}} : \dot{\boldsymbol{\varepsilon}} \, \mathrm{d}V = 0
\tag{4-123}
$$

已知能量耗散率在结构域内的积分为

$$
\Omega = \int_{V_s} \Phi \, \mathrm{d}V = \int_{V_s} g_\alpha \dot{\zeta}_\alpha \, \mathrm{d}V
\tag{4-124}
$$

很明显,Ω 为一个非负标量值。如果结构内部所有的材料点均处于平衡态,那么结构也处于平衡态,此时 Ω 必为 0。受荷载扰动后,结构偏离平衡态,Ω 必定大于 0,Ω 实际表征了结构当前非平衡状态离平衡态的距离。

与材料稳定性分析类似,将 Ω 作为 Lyapunov 函数,考察 Ω 的时间导数:

$$
\dot{\Omega} = \int_{V_s} \dot{\Phi} \, \mathrm{d}V
\tag{4-125}
$$

考虑到在恒定外荷载和位移边界条件下结构体内部各材料点的应力会随时间发生改变,能量耗散的时间导数为

$$
\dot{\Phi} = \frac{\mathrm{d}(g_\alpha \dot{\zeta}_\alpha)}{\mathrm{d}t} = \dot{\zeta}_\alpha \dot{g}_\alpha + g_\alpha \ddot{\zeta}_\alpha
\tag{4-126}
$$

如果内变量变化率仅是共轭热力学力的函数,则有

$$
g_\alpha \frac{\mathrm{d}\dot{\zeta}_\alpha}{\mathrm{d}t} = g_\alpha \frac{\partial \dot{\zeta}_\alpha}{\partial g_\beta} \dot{g}_\beta
\tag{4-127}
$$

进一步假设内变量运动方程只和与自身共轭的热力学力有关,且满足齐次演化率定律式(4-102),式(4-126)可改写为

$$
\dot{\Phi} = \frac{\mathrm{d}(g_\alpha \dot{\zeta}_\alpha)}{\mathrm{d}t} = (1+q) \dot{g}_\alpha \dot{\zeta}_\alpha
\tag{4-128}
$$

在恒定温度条件下,热力学力的时间导数为

$$
\dot{g}_\alpha = \frac{\mathrm{d}g_\alpha}{\mathrm{d}t} = \frac{\partial g_\alpha}{\partial \boldsymbol{\sigma}} : \dot{\boldsymbol{\sigma}} + \frac{\partial g_\alpha}{\partial \zeta_\beta} \dot{\zeta}_\beta
\tag{4-129}
$$

将式(4-129)代入式(4-126)中,得到

$$
\dot{\Phi} = (1+q) \left(\frac{\partial g_\alpha}{\partial \boldsymbol{\sigma}} \dot{\zeta}_\alpha : \dot{\boldsymbol{\sigma}} + \frac{\partial g_\alpha}{\partial \zeta_\beta} \dot{\zeta}_\alpha \dot{\zeta}_\beta \right)
\tag{4-130}
$$

根据式(4-32)和式(4-42),式(4-130)可改写为

$$
\dot{\Phi} = (1+q) \left[(\dot{\boldsymbol{\varepsilon}} - \dot{\boldsymbol{\sigma}} : \boldsymbol{C}) : \dot{\boldsymbol{\sigma}} + \frac{\partial g_\alpha}{\partial \zeta_\beta} \dot{\zeta}_\alpha \dot{\zeta}_\beta \right]
\tag{4-131}
$$

将式(4-131)代入式(4-124)并考虑式(4-123),得到

$$\dot{\Omega} = (1+q)\int_{V_s} \left[(\dot{\boldsymbol{\varepsilon}} : \dot{\boldsymbol{\sigma}} - \dot{\boldsymbol{\sigma}} : \boldsymbol{C} : \dot{\boldsymbol{\sigma}}) + \frac{\partial g_\alpha}{\partial \zeta_\beta} \dot{\zeta}_\alpha \dot{\zeta}_\beta \right] \mathrm{d}V$$

$$= (1+q)\left[-\int_{V_s} (\dot{\boldsymbol{\sigma}} : \boldsymbol{C} : \dot{\boldsymbol{\sigma}}) \mathrm{d}V + \int_{V_s} (M_{\alpha\beta} \dot{\zeta}_\alpha \dot{\zeta}_\beta) \mathrm{d}V \right] \tag{4-132}$$

可见,如果矩阵 $\boldsymbol{M}_{\alpha\beta}$ 中的元素均是非正的,则可以保证 $\dot{\Omega}$ 必然小于 0,结构体朝向平衡态演化。特别地,如果结构体满足本章提出的弹-黏弹性蠕变本构方程,那么受恒定荷载和边界位移作用时,结构体将始终朝向平衡态演化,即结构体整体趋于稳定。

如果内变量变化率与共轭热力学力和内变量有关,如本章中黏塑性内变量 λ 和内变量 χ 的演化方程,则不能直接推导出 Ω 随时间的变化规律,需要通过数值计算确定,即黏塑性变形结构体的非平衡演化规律和趋势只能通过计算判定。考察 Lyapunov 稳定性定理,结构整体长期稳定性的判定准则如下。

(1) 如果某时段内 $\Omega = 0$ 且 $\dot{\Omega} = 0$,说明该时段内结构处于平衡态,结构保持稳定。例如,在弹性变形范围内,结构是处于平衡状态的。

(2) 如果某时段内 $\Omega > 0$ 且 $\dot{\Omega} < 0$,表示该时段结构整体朝向平衡态发展,结构逐渐趋于稳定。例如,仅发生弹-黏弹性变形时,结构一定是逐渐趋于稳定的,此时主要考虑结构变形是否会影响工程长期正常运行。

(3) 如果某时段内 $\Omega > 0$ 且 $\dot{\Omega} = 0$,表明结构整体处于恒定的非平衡演化阶段,结构即不趋于平衡态也不远离平衡态,既结构整体并没有趋于稳定但也没有出现整体失稳趋势,可认为结构处于恒定演化阶段。该阶段的结构体虽然没有整体趋于失稳的趋势,但还是需要注意结构体内部局部的薄弱部位对工程长期运行产生的影响。

(4) 如果某时段内 $\Omega > 0$ 且 $\dot{\Omega} > 0$,表明结构体背离平衡态演化。结构体内越来越多的区域开始远离平衡态,即结构体内部出现局部破坏的地方越来越多,最有可能的情况是损伤区开始扩展、贯通,因此结构体势必在一定时段内出现整体失稳。结构背离平衡态演化的情况在结构工程中一定要极力避免,必须在该阶段出现前完成加固处理,防止损伤进一步演化,保证结构稳定。

可见,能量耗散率的结构域内积分 Ω 及其时间导数 $\dot{\Omega}$ 能表示结构体在长期荷载作用下可能的非平衡演化趋势和长期稳定状态,因此本章提出采用 Ω 和 $\dot{\Omega}$ 作为结构长期稳定性的定量评价指标,非平衡演化趋势和长期稳定性判据如表 4-6 所示。

表 4-6 结构长期稳定性判据

Ω 及其时间导数	结构非平衡演化趋势	结构长期稳定性
$\Omega = 0, \dot{\Omega} = 0$	处于平衡态	结构稳定
$\Omega > 0, \dot{\Omega} < 0$	趋于平衡态	结构渐进稳定
$\Omega > 0, \dot{\Omega} = 0$	恒定演化态	结构动态稳定
$\Omega > 0, \dot{\Omega} > 0$	背离平衡态	结构趋于失稳

4.5 蠕变损伤模型的程序实现

前面给出了考虑损伤的内变量流变模型及结构长期稳定性评价指标和判定准则,本节采用数值方法将提出的模型和评价方法实现,并应用于实际岩石工程。将提出的本构模型进行数值实现,目前常见的方法是采用数值分析软件所提供的二次开发程序接口编译用户自定义模型。

目前通用有限元程序 Abaqus、Ansys 和 Marc 等都提供二次开发的程序接口,各程序接口分别有自己的特点[148]。三维有限差分数值分析软件 FLAC^{3D} 提供了一个相对比较便利的开发环境,开放性较好,程序编写的代码相对较少且计算效率高。徐平等[149]、徐卫亚等[18]、杨文东等[150]均基于 FLAC^{3D} 将新提出的或改进的蠕变模型编译为计算程序并用于实际工程。本节将采用 FLAC^{3D} 软件对前面提出的流变模型进行程序实现。

4.5.1 内变量蠕变本构方程的中心差分形式

4.2 节基于内变量热力学理论推导出内变量蠕变本构方程,总应变率如式(4-42)所示。总应变率 $\dot{\varepsilon}_{ij}$ 可以分解为偏应变率 $\bar{e}_{ij}$ 和体应变 $\dot{\varepsilon}_m$,即

$$\bar{e}_{ij} = \bar{e}_{ij}^{e} + \bar{e}_{ij}^{ve} + \bar{e}_{ij}^{vp}$$

$$\dot{\varepsilon}_m = \dot{\varepsilon}_m^{e} + \dot{\varepsilon}_m^{ve} + \dot{\varepsilon}_m^{vp} \tag{4-133}$$

弹性本构方程如式(4-43)所示,各向同性条件下弹性本构方程可写为

$$\dot{\varepsilon}_m^{e} = \dot{\sigma}_{kk}/9K, \quad \bar{e}_{ij}^{e} = \dot{s}_{ij}/2G \tag{4-134}$$

其中,K 为弹性体积模量;G 为弹性剪切模量。

根据式(4-62)得到黏弹性偏应变的本构方程(4-63),同时该式也表明:

$$\dot{\varepsilon}_m^{ve} = 0 \tag{4-135}$$

即体应力不产生黏弹性变形,剪应力也不产生黏弹性体应变变化。

对于黏塑性本构方程式(4-69),只有当 $f_2^{vp} > R$ 时,内变量 λ_2 和 χ 才发生演化,即 λ_2 和 χ 的演化条件为

$$F = c_1 \sigma_m + \sqrt{J_2} - \bar{R} > 0 \tag{4-136}$$

其中,$c_1 = 3c$;σ_m 为平均应力;$\bar{R} = R/(1+b\chi)$。方程(4-136)类似于弹塑性力学中的 Drucker-Prager 屈服准则,函数 F 的偏导数决定了黏塑性应变分量在应力空间中的方向。在 $p\text{-}q$ 空间中,$F=0$ 与横坐标相交,如图 4-22 所示。显然本构方程(4-69)无法正确表征应力 $\boldsymbol{\sigma}$ 位于交点右侧时的黏塑性变形,因此需要对黏塑性本构方程进行改进。

引入类似拉伸屈服准则的方程 $G=0$,则有

$$G = \sigma_m - \sigma^t = 0 \tag{4-137}$$

其中,σ^t 为材料长期强度参数。函数 G 和函数 F 在 $p\text{-}q$ 空间中交于点 B_1(图 4-22),交点 B_1 的坐标为 $(\sigma^t, \bar{R} - c_1\sigma^t)$。现定义过交点 B_1 的方程 $H_s = 0$,即

$$H_s = \sqrt{J_2} - a^p \sigma_m - \bar{R} + (a^p + c_1)\sigma^t = 0 \tag{4-138}$$

其中,a^p 为方程的斜率。如果假设 $H_s = 0$ 与 $F=0$ 垂直,则有

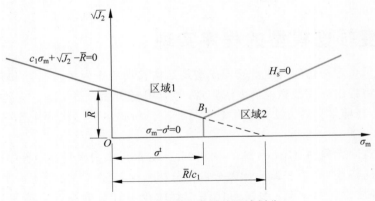

图 4-22 不同演化规律的区域划分

$$a^p = \frac{1}{c_1} \tag{4-139}$$

如果假设 $H_s = 0$，且与 $F = 0$ 关于 $G = 0$ 对称，那么有

$$a^p = c_1 \tag{4-140}$$

方程斜率还可以假设成其他形式，如在 FLAC^{3D} 中 Drucker-Prager 弹塑性模型采用的斜率为

$$a^p = \sqrt{1 + c_1^2} - c_1 \tag{4-141}$$

一般，岩石类材料的 c_1 值较小，如果 $H_s = 0$ 方程的斜率 a^p 为式（4-139），区域 2 的范围将很大，可能不符合实际情况。式（4-140）和式（4-141）的斜率都可以保证区域 2 范围大小适中，前者具有较为明晰的物理意义，后者是 FLAC^{3D} 软件中 Drucker$_1$Prager 模型采用的定义形式，其合理性已经通过广泛运用得到检验。这里 $H_s = 0$ 方程的斜率由式（4-141）定义。

方程 $H_s = 0$、$F = 0$ 和 $G = 0$ 将 p_1q 空间划分为了 3 个区域。当应力 σ 在区域 1 中时，黏塑性应变率为式（4-69）。当应力 σ 落在区域 2 中时，假设共轭热力学力为

$$f_2^{\text{vp}} = (1 + b\chi)\sigma_m \tag{4-142}$$

$$f_s = \frac{\partial f_2^{\text{vp}}}{\partial \chi} \lambda_2 = b\lambda_2 \sigma_m \tag{4-143}$$

内变量演化率方程假设为

$$\dot{\lambda}_2 = \kappa_{p2} \left\langle \frac{f_2^{\text{vp}} - \sigma^t}{\sigma^t} \right\rangle^p \tag{4-144}$$

$$\dot{\chi} = \kappa_{p3} \exp(m\chi) \left(\frac{f_s}{T} \right)^2 \tag{4-145}$$

此时，黏塑性应变率方程为

$$\dot{\varepsilon}_m^{\text{vp}} = (1 + b\chi)\dot{\lambda}_2 + b\lambda_2 \dot{\chi} \tag{4-146}$$

$$\overline{e}_{ij}^{\text{vp}} = \frac{s_{ij}}{2\sqrt{J_2}} \dot{\lambda}_1 \tag{4-147}$$

应变率可改写为增量形式,即

$$\Delta e_{ij} = \Delta e_{ij}^{\text{e}} + \Delta e_{ij}^{\text{ve}} + \Delta e_{ij}^{\text{vp}}$$

$$\Delta \varepsilon_m = \Delta \varepsilon_m^{\text{e}} + \Delta \varepsilon_m^{\text{ve}} + \Delta \varepsilon_m^{\text{vp}} \tag{4-148}$$

弹性本构方程的增量形式为

$$\Delta \varepsilon_m^{\text{e}} = \frac{\Delta \sigma_m}{3K}, \quad \Delta e_{ij}^{\text{e}} = \frac{\Delta s_{ij}}{2G} \tag{4-149}$$

其中,$\Delta s_{ij} = s_{ij}^{\text{n}} - s_{ij}^{\text{o}}$,$\Delta \sigma_m = \sigma_m^{\text{n}} - \sigma_m^{\text{o}}$。上标符号 n 表示历经时间步 Δt 后的新量值,符号 o 表示旧量值。

黏弹性本构方程的增量形式可写为[151]

$$e_{ij}^{\text{ve-n}} = \frac{1}{C} \left[D e_{ij}^{\text{ve-o}} + \frac{\Delta t}{4 \eta_{\text{e}}} (s_{ij}^{\text{n}} + s_{ij}^{\text{o}}) \right] \tag{4-150}$$

其中,

$$C = 1 + \frac{G_1 \Delta t}{2 \eta_{\text{e}}}, \quad D = 1 - \frac{G_1 \Delta t}{2 \eta_{\text{e}}} \tag{4-151}$$

考虑式(4-148)~式(4-150),可得到

$$s_{ij}^{\text{n}} = \frac{1}{M} \left[\Delta e_{ij} - \Delta e_{ij}^{\text{vp}} - \left(\frac{D}{C} - 1 \right) e_{ij}^{\text{ve-o}} + N s_{ij}^{\text{o}} \right] \tag{4-152}$$

其中,

$$M = \frac{1}{2G} + \frac{\Delta t}{4 \eta_{\text{e}} C}, \quad N = \frac{1}{2G} - \frac{\Delta t}{4 \eta_{\text{e}} C} \tag{4-153}$$

同样地,可以得到平均应力增量公式为

$$\sigma_m^{\text{n}} = \sigma_m^{\text{o}} + 3K (\Delta \varepsilon_m - \Delta \varepsilon_m^{\text{vp}}) \tag{4-154}$$

如果不考虑黏塑性变形,式(4-152)和式(4-154)退化为

$$\left. \begin{aligned} s_{ij}^{\text{n}} &= \frac{1}{M} \left[\Delta e_{ij} - \left(\frac{D}{C} - 1 \right) e_{ij}^{\text{ve-o}} + N s_{ij}^{\text{o}} \right] \\ \sigma_m^{\text{n}} &= \sigma_m^{\text{o}} + 3K \Delta \varepsilon_m \end{aligned} \right\} \tag{4-155}$$

由式(4-155)便可以直接计算时间步中新的应力值。根据新的应力值便可以根据式(4-150)得到新的黏弹性应变值。为了计算黏弹性内变量 γ 的新量值,同样需要写出其中心差分形式的演化方程:

$$\gamma^{\text{n}} = \frac{1}{C} \left(D \gamma^{\text{o}} + \frac{\Delta t}{\bar{a} \eta_{\text{e}}} \sqrt{\bar{J}_2} \right) \tag{4-156}$$

其中,

$$\bar{J}_2 = \frac{1}{2} \bar{s}_{ij} \bar{s}_{ij}, \quad \bar{s}_{ij} = \frac{1}{2} (s_{ij}^{\text{n}} + s_{ij}^{\text{o}}) \tag{4-157}$$

因为黏塑性应变增量是新、旧应力值的函数,所以考虑黏塑性变形时还需要对其中心差分形式的本构方程进一步分析。黏塑性本构方程(4-69)由 3 个部分组成,其增量方程为

$$\left. \begin{aligned} \Delta e_{ij}^{\text{vp}} &= \Delta e_{ij}^{\text{vp1}} + \Delta e_{ij}^{\text{vp2}} + \Delta e_{ij}^{\text{vp3}} \\ \Delta \varepsilon_m^{\text{vp}} &= \Delta \varepsilon_m^{\text{vp1}} + \Delta \varepsilon_m^{\text{vp2}} + \Delta \varepsilon^{\text{vp3}} \end{aligned} \right\} \tag{4-158}$$

注意到,内变量 λ_1 和 γ 具有相同形式的演化方程,其共轭热力学方程也具有相同的表

达式,因此 $\bar{e}_{ij}^{\,vp1}$ 与 $\bar{e}_{ij}^{\,ve}$ 的中心差分方程具有相同表达式。黏弹性应变 e_{ij}^{ve} 和黏塑性应变分量 e_{ij}^{vp1} 虽然表达式几乎相同,但并不完全等价。黏弹性应变 e_{ij}^{ve} 在卸载或者应力水平减小后可渐进恢复,新的黏弹性应变和黏弹性内变量依旧可以根据式(4-150)和式(4-156)计算得到。黏塑性应变 e_{ij}^{vp1} 分量是不可恢复的,如果卸载或者降低应力水平后有 $f_{vp}^{1} < h\lambda_1$,则有

$$\lambda_1^{n} = \lambda_1^{o}, \quad e_{ij}^{vp1-n} = e_{ij}^{vp1-o} \tag{4-159}$$

因为黏弹性应变 e_{ij}^{ve} 和黏塑性应变分量 e_{ij}^{vp1} 具有相同的性质,再加上在实际的岩石工程中黏弹性变形较小,一般不与黏塑性同时考虑,同时为了方便程序开发,在考虑黏塑性变形时忽略黏弹性变形。因此式(4-152)和式(4-154)退化为

$$\left.\begin{array}{l} s_{ij}^{n} = 2G(\Delta e_{ij} - \Delta e_{ij}^{vp}) + s_{ij}^{o} \\[2mm] \sigma_{m}^{n} = \sigma_{m}^{o} + 3K(\Delta\varepsilon_m - \Delta\varepsilon_m^{vp}) \end{array}\right\} \tag{4-160}$$

当 $f_1^{vp} > h\lambda_1$ 时,有

$$e_{ij}^{vp1-n} = \frac{1}{C_1}\left[D_1 e_{ij}^{vp1-o} + \frac{\Delta t}{4\eta_{p1}}(s_{ij}^{n} + s_{ij}^{o})\right] \tag{4-161}$$

其中,

$$C_1 = 1 + \frac{h\Delta t}{2\eta_{p1}}, \quad D_1 = 1 - \frac{h\Delta t}{2\eta_{p1}} \tag{4-162}$$

整理式(4-160)和式(4-161),可得

$$s_{ij}^{n} = \frac{1}{M_1}\left[\Delta e_{ij} - \Delta e_{ij}^{vp23} - \left(\frac{D_1}{C_1} - 1\right)e_{ij}^{vp1-o} + N_1 s_{ij}^{o}\right] \tag{4-163}$$

其中,

$$M_1 = \frac{1}{2G} + \frac{\Delta t}{4\eta_{p1}C_1}, \quad N_1 = \frac{1}{2G} - \frac{\Delta t}{4\eta_{p1}C_1} \tag{4-164}$$

$$\Delta e_{ij}^{vp23} = \Delta e_{ij}^{vp2} + \Delta e_{ij}^{vp3} \tag{4-165}$$

求解内变量 λ_1 的差分方程为

$$\lambda_1^{n} = \frac{1}{C_1}\left(h\lambda_1^{o} + \frac{\Delta t}{\eta_{p1}}\sqrt{J_2}\right) \tag{4-166}$$

因为 $\Delta\varepsilon_m^{vp1} = 0$,所以

$$\sigma_m^{n} = \sigma_m^{o} + 3K(\Delta\varepsilon_m - \Delta\varepsilon_m^{vp23}) \tag{4-167}$$

其中,

$$\Delta\varepsilon_m^{vp23} = \Delta\varepsilon_m^{vp2} + \Delta\varepsilon_m^{vp3} \tag{4-168}$$

因为 Δe_{ij}^{vp23} 和 $\Delta\varepsilon_m^{vp23}$ 是一个时间步中新、旧应力值和内变量值的函数,所以式(4-163)和式(4-167)需要迭代求解。当应力状态位于图 4-22 的区域 1 时,黏塑性应变分量的中心差分形式为

$$\Delta e_{ij}^{vp2} = (1 + b\bar{\chi})\frac{\bar{s}_{ij}}{2\sqrt{\bar{J}_2}}\Delta\lambda_2, \quad \Delta\varepsilon_m^{vp2} = c(1 + b\bar{\chi})\Delta\lambda_2 \tag{4-169}$$

$$\Delta e_{ij}^{vp3} = b\bar{\lambda}_2\frac{\bar{s}_{ij}}{2\sqrt{\bar{J}_2}}\Delta\chi, \quad \Delta\varepsilon_m^{vp3} = cb\bar{\lambda}_2\Delta\chi \tag{4-170}$$

其中,

$$\bar{\lambda}_2 = (\lambda_2^n + \lambda_2^o)/2, \quad \bar{\chi} = (\chi^n + \chi^o)/2 \tag{4-171}$$

该区域内,内变量 λ_2 和 χ 演化方程的中心差分形式为

$$\Delta\lambda_2 = \kappa_{p2}\left[\frac{(1+b\bar{\chi})(c\bar{I}_1 + \sqrt{\bar{J}_2}) - R}{R}\right]^p \Delta t \tag{4-172}$$

$$\Delta\chi = \kappa_{p3}\exp(m\bar{\chi})\left[\frac{b\lambda_2(c\bar{I}_1 + \sqrt{\bar{J}_2})}{R}\right]^2 \Delta t \tag{4-173}$$

其中, $\bar{I}_1 = \bar{\sigma}_{kk}$; $\bar{\sigma}_{ij} = (\sigma_{ij}^n + \sigma_{ij}^o)/2$ 。

当应力状态位于图 4-22 的区域 2 时,有

$$\Delta e_{ij}^{\mathrm{vp2}} = 0, \quad \Delta\varepsilon_m^{\mathrm{vp2}} = (1+b\bar{\chi})\Delta\lambda_2 \tag{4-174}$$

$$\Delta e_{ij}^{\mathrm{vp3}} = 0, \quad \Delta\varepsilon_m^{\mathrm{vp3}} = b\bar{\lambda}_2\Delta\chi \tag{4-175}$$

该区域内,内变量 λ_2 和 χ 演化方程的中心差分形式为

$$\Delta\lambda_2 = \kappa_{p2}\left[\frac{(1+b\bar{\chi})\bar{\sigma}_m - \sigma^t}{\sigma^t}\right]^p \Delta t \tag{4-176}$$

$$\Delta\chi = \kappa_{p3}\exp(m\bar{\chi})\left(\frac{b\bar{\lambda}_2\bar{\sigma}_m}{\sigma^t}\right)^2 \Delta t \tag{4-177}$$

其中, $\bar{\sigma}_m = \bar{I}_1/3$ 。

根据式(4-163)~式(4-177),通过迭代求出新的应力值,再计算新的内变量值,进而计算新的共轭热力学力的量值,最终得到新的能量耗散率量值。

4.5.2 流变模型的程序实现

FLAC$^{\mathrm{3D}}$ 是由美国 Itasca 公司开发的一款三维有限差分计算软件,广泛应用于岩土工程结构分析[151]。该软件支持用户编写自定义模型,将自定义蠕变本构方程的 C/C++ 代码编译成动态链接库文件(扩展名为. dll),然后在结构计算时,加载生成的 DLL 文件并执行即可[150]。

在程序计算过程中,首先由初始应力和外荷载获得节点的不平衡力(unbalance force),再以等效在节点上的质量建立关于节点位移的运动方程,求解方程得到节点位移速率,之后进一步计算单元的应力增量。根据给定的单元应变增量、时间步和初始时刻的应力,通过编译的计算程序便可以计算新的单元应力值和用户自定义的特征变量。根据新的单元应力值再求得节点不平衡力,进而计算出下一时刻的应变增量,如此循环,计算出结构的应力和变形[149]。主程序给定应变增量,编译的计算程序的作用便是根据应变增量对应力张量进行更新,更新的依据便是如式(4-156)所示的中心差分形式的本构方程。

编写动态链接库文件时需要 3 个头文件: stensor. h、axes. h 和 conmodel. h。这 3 个头文件分别包含了用于写本构模型或与本构模型进行数据交流的结构或者类,如 ConstitutiveModel 基类的定义就包含在头文件 conmodel. h 中。ConstitutiveModel 为一个抽象的基类,定义了若干数量的虚成员函数,编写代码时需要将这些虚成员函数全部替换为明确的函数后才可编译可执行计算文件[152]。ConstitutiveModel 类中的成员函数

Run 是 FLAC^{3D} 与用户自定义模型间最重要的连接,因为该成员函数的主要任务是由主程序提供的应变增量计算新的应力值,以其他用户自定义特征变量,最终得到结构的力学响应[152]。

基于前述的蠕变损伤模型,开发了两个计算程序:一个是基于弹-黏弹性本构方程的实现程序,称为 CTV-E(code based on thermodynamics for visco-elasticity)程序,该程序的功能便是根据式(4-159)直接更新单元应力,并计算新的黏弹性应变、新的黏弹性内变量 γ 及能量耗散率等;另一个是基于弹-黏塑性本构方程编写,可简称为 CTV-P(code based on thermodynamics for visco-plasticity)程序,该程序需要通过迭代求解式(4-167)和式(4-171),以更新单元应力,进一步计算黏塑性应变增量、新的内变量值及能量耗散率等。两个计算程序的编写流程图如图 4-23 和图 4-24 所示。

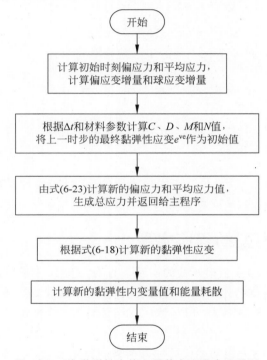

图 4-23　弹-黏弹性本构方程的实现程序流程图

4.5.3　计算程序验证

在将计算程序应用于结构工程计算之前,需要对程序编写的正确性进行验证。单轴受压条件下的轴向应变、内变量和能量耗散率等可以由 MATLAB 数值计算程序求解一组微分方程组得到,虽然该结果实际也是通过数值计算获得的,这里还是称其为"解析解"。通过 FLAC^{3D} 调用计算程序计算一个单位单元在受压条件下的变形、内变量和能量耗散率,该结果称为"数值解"。通过对比数值解和解析解验证计算程序的正确性。

首先对程序 CTV-E 进行验证。CTV-E 是基于弹-黏弹本构方程编写而成的计算程序,需要计算加卸载的蠕变全过程,以验证其具有计算渐进恢复变形的能力。单轴受压条件下

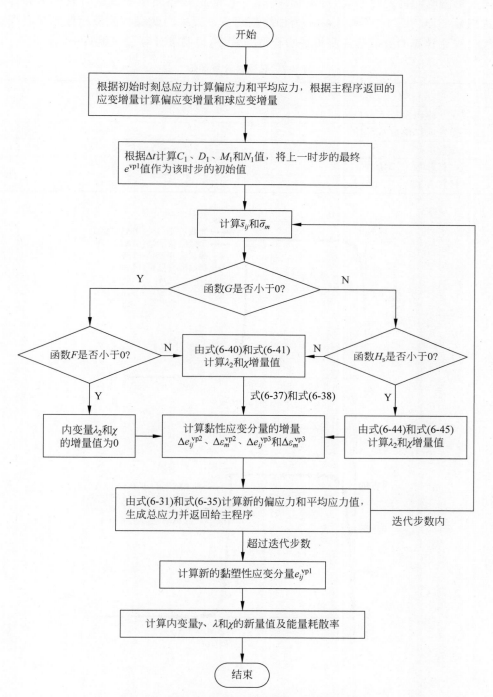

图 4-24 弹-黏塑性本构方程的实现程序流程图

黏弹性轴向应变本构方程为式(4-85)，表 4-7 为计算参数，轴向压应力为 240kPa。图 4-25 为轴向变形随时间的变化曲线，可见程序 CTV-E 能很好地模拟加载后时效变形和卸载后的渐进恢复变形。图 4-26 和图 4-27 为加卸载蠕变过程中内变量和能量耗散率随时间的变化曲线。程序计算的数值解和解析解吻合得非常好，说明该计算程序编写正确。

表 4-7　黏弹性计算参数

参　　　数	量　　　值
弹性体积模量 K/MPa	332
弹性剪切模量 G/MPa	136
参数 $\bar{a}$	1.732
材料参数 B/MPa	375
材料参数 η_e/(MPa·s)	594000

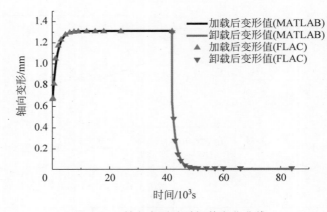

图 4-25　轴向变形随时间的变化曲线

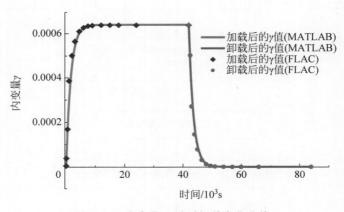

图 4-26　内变量 γ 随时间的变化曲线

基于上述方法可对程序 CTV-P 进行验证，且考虑有损伤和无损伤两种情况。单轴受压条件下无、有损伤的黏塑性轴向应变本构方程分别为式(4-86)和式(4-91)。表 4-8 为计算参数，轴向压应力为 360kPa。表 4-8 中两种情况下参数 h 的计算值不一样，这是为了避免

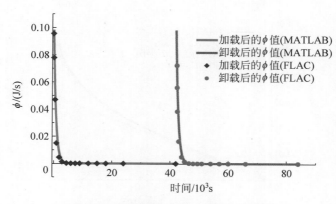

图 4-27 能量耗散率随时间的变化曲线

图 4-28 中两种情况下内变量 λ_1 随时间的变化曲线完全重合。图 4-29～图 4-31 分别为内变量 λ_2、χ 及能量耗散率域积分 Ω 随时间的变化曲线,图 4-32 为黏塑性应变随时间的变化曲线。

表 4-8 黏塑性计算参数值

参 数	考 虑 损 伤	不 考 虑 损 伤
h/MPa	160	180
c_1	0.12	0.12
R/Pa	120000	120000
$\sigma^{\mathrm{t}}/\mathrm{Pa}$	250000	250000
b	250	0
m	1000	1000
p	1.56	1.56
$\eta_{p1}/(\mathrm{MPa} \cdot \mathrm{s})$	557000	507000
$\kappa_{p2}/\mathrm{s}^{-1}$	2.28×10^{-7}	2.28×10^{-7}
$\kappa_{p3}/\mathrm{s}^{-1}$	2.60×10^{-8}	0

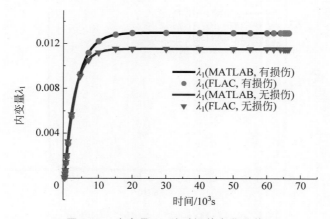

图 4-28 内变量 λ_1 随时间的变化曲线

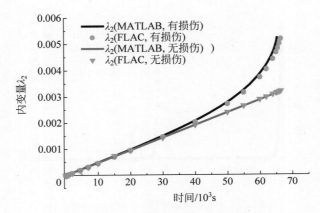

图 4-29　内变量 λ_2 随时间的变化曲线

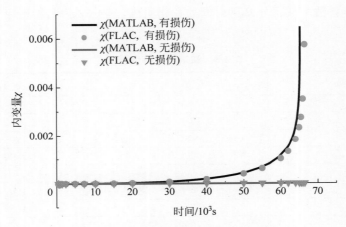

图 4-30　内变量 χ 随时间的变化曲线

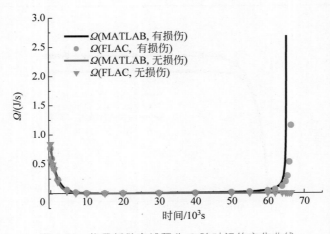

图 4-31　能量耗散率域积分 Ω 随时间的变化曲线

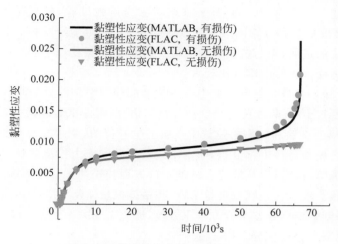

图 4-32　黏塑性应变随时间的变化曲线

不考虑损伤时,黏塑性变形、内变量和能量耗散率的数值解和解析解完全吻合。考虑损伤后,在过渡蠕变和稳态蠕变阶段,数值解和解析解吻合较好;在加速蠕变阶段,数值解和解析解虽有相同的变化趋势,但数值上略有偏差。这可能是因为程序采用固定迭代步数计算求解 $\Delta\lambda_2$ 和 $\Delta\chi$,而在加速蠕变阶段 χ 急剧增加使得迭代不够充分,最终导致解析解和数值解在该阶段有出现差异。虽然计算值在加速阶段有略微偏差,但计算程序 CTV-P 的正确性是可以保证的。

4.6　蠕变与应力松弛的内在一致性

与蠕变一样,应力松弛是岩石材料固有的时效力学行为,与岩石工程的长期稳定性密切相关,因此有必要对岩石材料的松弛特性进行研究。蠕变和松弛虽然是材料的不同时效力学行为,但目前普遍认为两者由同一物理力学机制所控制,本质是等价的。

既然蠕变和应力松弛是等价的,则可以不进行复杂的应力松弛试验而通过蠕变的试验和结果对材料应力松弛特性进行分析,因此建立蠕变和松弛间的相互转换关系显得尤为重要。目前,转换方法主要有 Laplace 变换法和作图法,不过这两种方法并没有揭示控制蠕变和应力松弛的同一物理力学机制是什么。

4.6.1　应力松弛研究综述

蠕变是指在恒定应力条件下变形随时间不断增加的过程,而应力松弛是在恒定变形条件下应力随时间不断减少的现象,两者皆是岩石材料固有的时效特性,且在实际的岩石工程中往往同时发生,因此开展岩石的应力松弛试验具有重要意义。Haupt[26]、杨春和和殷建华[153]对盐岩开展了压缩应力松弛试验,研究其时效特性和黏性效应。也有学者对其他种类的岩石进行了应力松弛试验研究,如李永盛[154]对 4 种不同强度的岩石进行单轴压缩条件下的蠕变和松弛试验,旨在建立非线性本构方程;唐礼忠和潘长良[155]对硅卡岩、石榴岩等进行峰值荷载变形条件下的应力松弛试验研究。多轴受压的应力松弛试验研究方面,李铀等[156]对红砂岩进行了双轴和三轴压缩状态的应力松弛试验,积累了宝贵数据;熊良宵等[157]对绿片岩开展单轴和双轴压缩应力松弛试验,并提出了经验拟合方程。虽然应力松弛研究取得了一定的进展,但与蠕变试验和蠕变模型研究相比,应力松弛的研究相对较少,其主要原因是应力松弛试验的难度比较大。

事实上,蠕变和松弛只是材料长期力学特性的两种理想化的力学概念,实质上它们为同一物理力学机制所控[158],两者具有等价性。换句话说,蠕变试验和松弛试验本质上是等价的[159,160]。既然蠕变试验和应力松弛试验本质上是等价的,则很容易想到通过蠕变试验和结果对岩石的应力松弛特性进行分析,而不用进行复杂的应力松弛试验。

蠕变和松弛的等价性可以从蠕变积分型本构方程和松弛积分型本构方程的积分核存在的数学关系上看出。积分核是蠕变柔量 $E(t)$ 和松弛模量 $J(t)$ 对时间的偏导数。如果已知蠕变柔量,便可得到蠕变积分型本构方程积分核,通过 Laplace 变换可以得到松弛积分方程的积分核,进而可写出松弛积分本构方程[158]。

材料的积分型本构关系是建立在 Boltzman 叠加原理基础上的,因此积分型本构关系仅能描述一些线性的、简单的时效变形。岩石材料的时效变形具有明显的非线性,还涉及硬化和损伤效应,因此目前岩石流变研究中大多采用率形式本构方程,即全微分型本构方程,这种情况下无法通过 Laplace 变换法直接将蠕变本构方程转化为松弛本构方程。

目前,人们普遍采用作图法进行松弛曲线和蠕变曲线间的转换[159]。虽然作图法被广泛采用,但蠕变和松弛曲线间的转换精度较低,局限性较大[160]。有学者对作图法的基本思想,即将应力松弛视为微小时间段内蠕变的组合提出质疑,并采用作图法与计算相结合的办法进行蠕变和松弛曲线之间的转化[161]。作图法虽然能实现蠕变和松弛曲线间的转换,但是这种方法缺乏严谨的理论基础;作图法本身也是一种近似方法,人为影响较大。另外,作图法通常是由试验曲线转化"预测曲线",因此根据蠕变试验所得到的流变参数等结果无法直接应用于松弛特性分析。

数学变换和作图法体现了蠕变和松弛是可以相互转换的,但这两种方法均没有回答控制蠕变和松弛的同一物理力学机制是什么的问题。本章将基于内变量热力学理论,从结构动态演化角度试图回答这个问题。这里将蠕变和松弛本质上的等价性和两者由相同物理力学机制控制的性质称为内在一致性。

4.6.2　应力松弛本构方程

首先仅考虑黏弹性变形情况。前文中基于内变量热力学理论推导出了三维弹-黏弹性本构方程(4-55),该方程实际是黏弹性蠕变本构方程和应力松弛方程的统一表达式。如果保持应力不变,且考虑初始弹性变形,式(4-55)可改写为

$$\eta_e \dot{\boldsymbol{\varepsilon}}^{ce} + B\boldsymbol{\varepsilon}^{ce} = \frac{\partial A}{\partial \boldsymbol{\sigma}}A + Bc \tag{4-178}$$

式(4-178)即为弹-黏弹性蠕变本构方程。其中,c 为初始弹性应变,即 $\boldsymbol{\varepsilon}^{ce}(t=0)=c$,加载完成后 c 为定值,$\boldsymbol{\varepsilon}^{ce}$ 随时间不断改变。

如果保持总应变,式(4-55)可改写为

$$B\boldsymbol{\varepsilon}^{ce} - \eta_e \frac{\partial c}{\partial \boldsymbol{\sigma}} : \dot{\boldsymbol{\sigma}} = \frac{\partial A}{\partial \boldsymbol{\sigma}}A + Bc \tag{4-179}$$

其中，c 为初始时刻的弹性变形，即 $c(t=0)=\boldsymbol{\varepsilon}^{\mathrm{ce}}$，加载完成后 $\boldsymbol{\varepsilon}^{\mathrm{ce}}$ 保持不变，因为 c 是应力状态的函数，将随时间不断改变。考虑线弹性本构方程(4-38)，式(4-179)可改写为

$$BC:\boldsymbol{\sigma}^0 - \eta_{\mathrm{e}}\boldsymbol{C}:\dot{\boldsymbol{\sigma}} = \frac{\partial A}{\partial \boldsymbol{\sigma}}A + BC:\boldsymbol{\sigma} \tag{4-180}$$

式(4-180)即为弹-黏弹性应力松弛本构方程。其中，$\boldsymbol{\sigma}^0$ 为初始应力值。

如果初始应力较大，应力松弛过程中可能会发生黏塑性变形。考虑黏塑性变形时，应力松弛过程中总应变 $\boldsymbol{\varepsilon}$ 不变，根据式(4-42)得到

$$\dot{\boldsymbol{\varepsilon}} = \dot{\boldsymbol{\varepsilon}}^{\mathrm{ce}} + \dot{\boldsymbol{\varepsilon}}^{\mathrm{vp}} = 0 \tag{4-181}$$

所以有

$$\dot{\boldsymbol{\varepsilon}}^{\mathrm{vp}} = -\dot{\boldsymbol{\varepsilon}}^{\mathrm{ce}} \tag{4-182}$$

考虑弹-黏弹性应变率方程(4-54)和黏塑性应变率方程(4-69)，得到

$$\frac{\partial f_1^{\mathrm{vp}}}{\partial \boldsymbol{\sigma}}\dot{\lambda}_1 + \frac{\partial f_2^{\mathrm{vp}}}{\partial \boldsymbol{\sigma}}\dot{\lambda}_2 + \frac{\partial f_s}{\partial \boldsymbol{\sigma}}\dot{\chi} = -\left(\frac{\partial A}{\partial \boldsymbol{\sigma}}\dot{\gamma} + \frac{\partial c}{\partial \boldsymbol{\sigma}}:\dot{\boldsymbol{\sigma}}\right) \tag{4-183}$$

考虑初始弹性应变及各内变量的共轭热力学力表达式，式(4-183)可改写为

$$\frac{\boldsymbol{s}}{2\sqrt{J_2}}\dot{\lambda}_1 + (1+b\chi)\left(a\boldsymbol{I}+\frac{\boldsymbol{s}}{2\sqrt{J_2}}\right)\dot{\lambda}_2 + b\lambda_2\left(a\boldsymbol{I}+\frac{\boldsymbol{s}}{2\sqrt{J_2}}\right)\dot{\chi} = -\left(\frac{\partial A}{\partial \boldsymbol{\sigma}}\dot{\gamma} + \boldsymbol{C}:\dot{\boldsymbol{\sigma}}\right) \tag{4-184}$$

各内变量的演化方程详见式(4-51)和式(4-70)。式(4-184)即为考虑黏弹性变形、黏塑性变形和损伤效应的应力松弛本构方程，其中 $\boldsymbol{I}$ 为二阶单位张量。如果不考虑损伤，式(4-184)简化为

$$\frac{\boldsymbol{s}}{2\sqrt{J_2}}\dot{\lambda}_1 + \left(a\boldsymbol{I}+\frac{\boldsymbol{s}}{2\sqrt{J_2}}\right)\dot{\lambda}_2 = -\left(\frac{\partial A}{\partial \boldsymbol{\sigma}}\dot{\gamma} + \boldsymbol{C}:\dot{\boldsymbol{\sigma}}\right) \tag{4-185}$$

式(4-185)即为不考虑损伤的应力松弛本构方程。如果进一步地不考虑黏弹性变形，式(4-185)可简化为

$$\frac{\boldsymbol{s}}{2\sqrt{J_2}}\dot{\lambda}_1 + \left(a\boldsymbol{I}+\frac{\boldsymbol{s}}{2\sqrt{J_2}}\right)\dot{\lambda}_2 = -\boldsymbol{C}:\dot{\boldsymbol{\sigma}} \tag{4-186}$$

式(4-186)即为不考虑黏弹性变形和损伤的应力松弛本构方程。

如果应力松弛本构方程(4-184)不考虑黏塑性变形，则有

$$0 = -\left(\frac{\partial A}{\partial \boldsymbol{\sigma}}\dot{\gamma} + \boldsymbol{C}:\dot{\boldsymbol{\sigma}}\right) \tag{4-187}$$

将内变量 γ 的演化方程(4-51)代入式(4-186)，得到

$$\frac{\partial A}{\partial \boldsymbol{\sigma}}A = B\frac{\partial A}{\partial \boldsymbol{\sigma}}\gamma - \eta_{\mathrm{e}}\boldsymbol{C}:\dot{\boldsymbol{\sigma}} \tag{4-188}$$

考虑式(4-41)和式(4-53)，式(4-188)可进一步改写为

$$B(\boldsymbol{\varepsilon}^{\mathrm{ce}} - c) - \eta_{\mathrm{e}}\boldsymbol{C}:\dot{\boldsymbol{\sigma}} = \frac{\partial A}{\partial \boldsymbol{\sigma}}A \tag{4-189}$$

其中，$\boldsymbol{\varepsilon}^{\mathrm{ce}}$ 为总应变；c 为初始弹性应变。所以考虑弹性本构方程，式(4-184)便可改写成弹-黏弹性应力松弛本构方程(4-180)，即应力松弛本构方程(4-184)可退化为弹-黏弹性应力松弛本构方程(4-180)。

如果加载初始应力过小,材料不能发生黏塑性变形,方程(4-187)中内变量 γ 只能增加,则黏弹性变形增大;因为总应变不变,所以弹性变形必定减小;所以,黏弹性应力松弛过程中,弹性变形逐渐转化为黏弹性变形。如果初始应力过大,共轭热力学力 P 大于阈值,在应力松弛过程中会产生黏塑性变形,黏塑性变形作为不可恢复变形在松弛过程中只能不断增加,而总应变不变,则具有可恢复性质的变形必定不断减少。因此,考虑黏塑性变形条件下的应力松弛过程实际是黏弹性和弹性变形转化为黏塑性变形的过程。

4.6.3　蠕变和松弛的内在一致性

蠕变是约束应力的材料时效变形行为,松弛是约束总应变的材料应力变化过程。虽然外部约束不同,材料表现出的力学行为不同,但蠕变和应力松弛之间可以相互转换,且两者具有内在的一致性。

这里基于内变量热力学理论给出了蠕变本构方程和应力松弛本构方程。两个方程基于相同的热力学方程和相同的内变量演化方程,拥有完全相同的材料参数,因此无须采用特殊的方法进行转化,便可通过蠕变试验结果对材料应力松弛特性进行分析。将 4.3.2 节中相似材料单轴蠕变加卸载试验结果对蠕变本构方程中的材料参数的辨识结果,直接应用于退化的一维应力松弛本构方程,便可计算应力松弛曲线,进而分析材料的应力松弛特性。将不考虑损伤和黏弹性变形的应力松弛本构方程(4-186)退化为一维形式:

$$\frac{1}{\sqrt{3}}\dot{\lambda}_1 + \left(a + \frac{1}{\sqrt{3}}\right)\dot{\lambda}_2 = -\frac{\dot{\sigma}}{E} \tag{4-190}$$

其中,内变量 λ_1 和 λ_2 的演化方程为式(4-87)和式(4-88),计算参数采用表 4-1 和表 4-3 的平均值。

图 4-33 为采用方程(4-190)计算的不同初始应力条件下的应力松弛时间曲线与模型相似材料应力松弛试验数据的比较图。由图 4-33 可见,应力松弛试验结果和理论曲线吻合较好,说明采用蠕变试验结果可以直接分析材料松弛特性,也进一步说明了蠕变试验与松弛试验是等价的。因为初始应力较小,计算过程中没有考虑损伤演化;同时因初始应力较小,且为简化计算,计算中也忽略了对材料总体变形和应力改变贡献较小的黏弹性项。此外,假设内变量在加载过程中不发生改变,应力松弛计算中内变量 λ_1、λ_2 的初始值均为 0。

采用蠕变试验结果能够计算分析材料松弛特性的原因在于,这里提出的蠕变和应力松弛本构方程是基于相同热力学方程的,两者有相同的内变量演化和相同的方程参数。已知内变量表征了材料系统内部结构调整,应力松弛和蠕变本构方程的内变量演化率方程相同说明在宏观应变不变的应力松弛过程和宏观应力不变的蠕变过程中,材料系统内部结构变化规律是相同的。此外,蠕变和应力松弛均对应于构型空间中的热力学过程,内变量是热力学方程的基本状态变量,由式(4-20)可知,内变量演化率(热力学流)由流动势函数控制。蠕变和应力松弛本构方程中的内变量演化率方程相同,说明蠕变和应力松弛对应的约束构型空间中的热力学过程的热力学流是由相同的流动势函数控制的。

本节从材料系统内部结构动态演化的角度,基于内变量热力学解释了蠕变和应力松弛的内在一致性。在材料层次,蠕变和应力松弛的内在一致性体现在不同的外部约束条件下,材料系统内部结构演化规律是一致的;在热力学层次,蠕变和应力松弛的内在一致性体现在控制两者对应于构型空间中的热力学流的流动势函数是相同的。

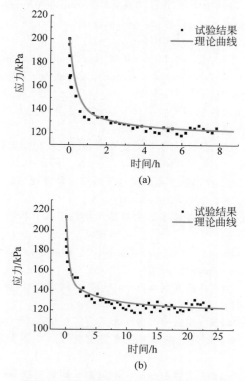

图 4-33　应力松弛试验数据与理论曲线
（a）初始应力值为 200.2kPa；（b）初始应力值为 213.6kPa

参考文献

［1］　GRIGGS D T. Creep of rocks[J]. Journal of geology,1939,47(3)：225-251.

［2］　邓检强. 盐岩密集储库群整体稳定性评价及破损机理研究[D]. 北京：清华大学,2014.

［3］　张尧,熊良宵. 岩石流变力学的研究现状及其发展方向[J]. 地质力学学报,2008,14(3)：274-285.

［4］　杨圣奇. 岩石流变力学特性的研究及其工程应用[D]. 南京：河海大学,2006.

［5］　DESAI C S,ZHANG D. Viscoplastic model for geologic materials with generalized flow rule[J]. International Journal for numerical and analytical methods in geomechanics,1987,11(6)：603-620.

［6］　GOLSHANI A,ODA M,OKUI Y,et al. Numerical simulation of the excavation damaged zone around an opening in brittle rock[J]. International Journal of rock mechanics and mining sciences,2007,44(6)：835-845.

［7］　孙钧,张德兴,张玉生. 深层隧洞围岩的粘弹——粘塑性有限元分析[J]. 同济大学学报,1981(1)：15-22.

［8］　陈卫忠,王者超,伍国军,等. 盐岩非线性蠕变损伤本构模型及其工程应用[J]. 岩石力学与工程学报,2007,26(3)：467-472.

［9］　徐平,杨挺青,徐春敏,等. 三峡船闸高边坡岩体时效特性及长期稳定性分析[J]. 岩石力学与工程学报,2002,21(2)：163-168.

［10］　朱维申,邱祥波,李术才,等. 损伤流变模型在三峡船闸高边坡稳定分析的初步应用[J]. 岩石力学

与工程学报,1997,16(5):33-38.

[11] BARLA G,BONINI M,DEBERNARDI D. Time dependent deformation in squeezing tunnels[C]// Proceedings of the 12th International Conference of International Association for Computer Methods and Advances in Geomechanics (IACMAG),Goa,2008.

[12] SHARIFZADEH M,TARIFARD A,MORIDI M A. Time-dependent behavior of tunnel lining in weak rock mass based on displacement back analysis method[J]. Tunnelling and underground space technology,2013,38:348-356.

[13] 杨根兰,黄润秋. 西南某水电站坝肩抗力体长期稳定性分析[J]. 工程地质学报,2011,19(4):626-632.

[14] 丁秀丽,付敬,刘建,等. 软硬互层边坡岩体的蠕变特性研究及稳定性分析[J]. 岩石力学与工程学报,2005,24(19):12-20.

[15] 刘建华,朱维申,李术才,等. 小浪底水利枢纽地下厂房岩体流变与稳定性 FLAC^{3D} 数值分析[J]. 岩石力学与工程学报,2005,24(14):2484-2489.

[16] 王芝银,李云鹏,郭书太,等. 大型地下储油洞黏弹性稳定性分析[J]. 岩土力学,2005,26(11):14-19.

[17] MALAN D F. Time-dependent behaviour of deep level tabular excavations in hard rock[J]. Rock mechanics and rock engineering,1999,32(2):123-155.

[18] 徐卫亚,杨圣奇,褚卫江. 岩石非线性黏弹塑性流变模型(河海模型)及其应用[J]. 岩石力学与工程学报,2006,25(3):433-447.

[19] 陈锋,杨春和,白世伟. 盐岩储气库蠕变损伤分析[J]. 岩土力学,2006,27(6):945-949.

[20] 熊良宵,杨林德,张尧. 硬岩的复合黏弹塑性流变模型[J]. 中南大学学报(自然科学版),2010,41(4):1540-1548.

[21] 陈国庆,冯夏庭,周辉,等. 锦屏二级水电站引水隧洞长期稳定性数值分析[J]. 岩土力学,2007,28(S1):417-422.

[22] GHORBANI M,SHARIFZADEH M. Long term stability assessment of Siah Bisheh powerhouse cavern based on displacement back analysis method[J]. Tunnelling and underground space technology,2009,24(5):574-583.

[23] 陆晓敏,任青文,盛芳. 裂隙岩质边坡的弹黏塑性变形及稳定性分析[J]. 岩石力学与工程学报,2002,21(4):493-497.

[24] WILLIAMS F T,ELIZZI M A. An apparatus for the determination of time dependent behaviour of rock under triaxial loading[J]. International Journal of rock mechanics and mining sciences & geomechanics abstracts,1976,13(8):245-248.

[25] WEIDINGER P,HAMPEL A,BLUM W,et al. Creep behaviour of natural rock salt and its description with the composite model:A[J]. Materials science and engineering,1997,234-236:646-648.

[26] HAUPT M. A constitutive law for rock salt based on creep and relaxation tests[J]. Rock mechanics and rock engineering,1991,24(4):179-206.

[27] BOUKHAROV G N,CHANDA M W,BOUKHAROV N G. The three processes of brittle crystalline rock creep[J]. International journal of rock mechanics and mining sciences & geomechanics abstracts,1995,32(4):325-335.

[28] ITO H,SASAJIMA S. A ten year creep experiment on small rock specimens[J]. International Journal of rock mechanics and mining sciences & geomechanics abstracts,1987,24(2):113-121.

[29] 赵宝云,刘东燕,郑颖人,等. 红砂岩单轴压缩蠕变试验及模型研究[J]. 采矿与安全工程学报,2013,30(5):744-747.

[30] 赵延林,曹平,陈沅江,等. 分级加卸载下节理软岩流变试验及模型[J]. 煤炭学报,2008,33(7):

748-753.

[31] 李男,徐辉,简文星. 砂质泥岩的剪切蠕变特性和本构模型探究[J]. 铁道建筑,2011(2):82-85.

[32] 曹平,郑欣平,李娜,等. 深部斜长角闪岩流变试验及模型研究[J]. 岩石力学与工程学报,2012,31(S1):3015-3021.

[33] 杨春和,白世伟,吴益民. 应力水平及加载路径对盐岩时效的影响[J]. 岩石力学与工程学报,2000,19(3):270-275.

[34] 梁卫国,徐素国,赵阳升,等. 盐岩蠕变特性的试验研究[J]. 岩石力学与工程学报,2006,25(7):1386-1390.

[35] 王如宾,徐卫亚,王伟,等. 坝基硬岩蠕变特性试验及其蠕变全过程中的渗流规律[J]. 岩石力学与工程学报,2010,29(5):960-969.

[36] 邸保平,赵阳升,万志军,等. 高温静水应力状态花岗岩中钻孔围岩的流变实验研究[J]. 岩石力学与工程学报,2008,27(8):1659-1666.

[37] 张宁,赵阳升,万志军,等. 高温作用下花岗岩三轴蠕变特征的实验研究[J]. 岩土工程学报,2009,31(8):1309-1313.

[38] 王宇,李建林,刘锋. 坝基软弱夹层剪切蠕变及其长期强度试验研究[J]. 岩石力学与工程学报,2013,32(S2):3378-3384.

[39] 高延法,肖华强,王波,等. 岩石流变扰动效应试验及其本构关系研究[J]. 岩石力学与工程学报,2008,27(S1):3180-3185.

[40] 夏才初,钟时猷. 岩石流变性尺寸效应的探讨[J]. 中南矿冶学院学报,1989,20(2):128-135.

[41] 陈宗基,康文法. 岩石的封闭应力、蠕变和扩容及本构方程[J]. 岩石力学与工程学报,1991,10(4):299-312.

[42] 徐平,杨挺青,徐春敏,等. 三峡船闸高边坡岩体时效特性及长期稳定性分析[J]. 岩石力学与工程学报,2002,21(2):163-168.

[43] 陈卫忠,谭贤君,吕森鹏,等. 深部软岩大型三轴压缩流变试验及本构模型研究[J]. 岩石力学与工程学报,2009,28(9):1735-1744.

[44] 张强勇,陈芳,杨文东,等. 大岗山坝区岩体现场剪切蠕变试验及参数反演[J]. 岩土力学,2011,32(9):2584-2590.

[45] 李维树,周火明,钟作武,等. 岩体真三轴现场蠕变试验系统研制与应用[J]. 岩石力学与工程学报,2012,31(8):1636-1641.

[46] 毕忠伟,丁德馨. 确定岩体力学参数先验分布的随机加权 Bayes 方法[J]. 南华大学学报(自然科学版),2009,23(4):9-13.

[47] 李珍玉,李海洋,王永和,等. 贝叶斯理论在红黏土地基沉降中的应用[J]. 长安大学学报(自然科学版),2009,29(4):30-33.

[48] LI X Y, ZHANG L M, JIANG S H. Updating performance of high rock slopes by combining incremental time-series monitoring data and three-dimensional numerical analysis[J]. International journal of rock mechanics and mining sciences,2016,83:252-261.

[49] 刘雄. 岩体力学量时空延拓的灰色系统分析[C]//岩石力学在工程中的应用——第二次全国岩石力学与工程学术会议,中国广东广州,1989.

[50] 陈沅江. 岩石流变的本构模型及其智能辨识研究[D]. 长沙:中南大学,2003.

[51] 周宏伟,王春萍,丁靖洋,等. 盐岩流变特性及盐腔长期稳定性研究进展[J]. 力学与实践,2011,33(5):1-7.

[52] OKUBO S, FUKUI K, NISHIMATSU Y. Control performance of servo-controlled testing machines in compression and creep tests[J]. International Journal of rock mechanics and mining sciences & geomechanics abstracts,1993,30(3):247-255.

[53] 金丰年,浦奎英. 关于黏弹性模型的讨论[J]. 岩石力学与工程学报,1995,14(4):355-361.

[54] 金丰年. 考虑时间效应的围岩特征曲线[J]. 岩石力学与工程学报,1997,16(4):51-60.

[55] YANG C H,DAEMEN J,YIN J H. Experimental investigation of creep behavior of salt rock[J]. International Journal of rock mechanics and mining sciences,1999,36(2):233-242.

[56] CARTER N L,HORSEMAN S T,RUSSELL J E,et al. Rheology of rock-salt[J]. Journal of structural geology,1993,15(9-10):1257-1271.

[57] 周维垣. 高等岩石力学[M]. 北京:水利电力出版社,1990.

[58] 夏才初,王晓东,许崇帮,等. 用统一流变力学模型理论辨识流变模型的方法和实例[J]. 岩石力学与工程学报,2008,27(8):1594-1600.

[59] 宋德彰,孙钧. 岩质材料非线性流变属性及其力学模型[J]. 同济大学学报(自然科学版),1991,19(4):395-401.

[60] 阎岩,王思敬,王恩志. 基于西原模型的变参数蠕变方程[J]. 岩土力学,2010,31(10):3025-3035.

[61] 熊良宵,杨林德. 硬脆岩的非线性黏弹塑性流变模型[J]. 同济大学学报(自然科学版),2010,38(2):188-193.

[62] BOUKHAROV G N,CHANDA M W,BOUKHAROV N G. The 3 processes of brittle crystalline rock creep[J]. International Journal of rock mechanics and mining sciences & geomechanics abstracts,1995,32(4):325-335.

[63] 邓荣贵,周德培,张倬元,等. 一种新的岩石流变模型[J]. 岩石力学与工程学报,2001,20(6):780-784.

[64] PERZYNA P. Fundamental problems in viscoplasticity[J]. Advances in applied mechanics,1966,9(2):244-368.

[65] DUVAUT G,LIONS J L,JOHN C W. Inequalities in mechanics and physics[M]. Berlin:Springer-Verlag,1976.

[66] WANG W M,SLUYS L J,DEBORST R. Viscoplasticity for instabilities due to strain softening and strain-rate softening[J]. International Journal for numerical methods in engineering,1997,40(20):3839-3864.

[67] 孙钧. 岩土材料流变及其工程应用[M]. 北京:中国建筑工业出版社,1999.

[68] DENG J Q,YANG Q,LIU Y R. Time-dependent behaviour and stability evaluation of gas storage caverns in salt rock based on deformation reinforcement theory[J]. Tunnelling and underground space technology,2014,42:277-292.

[69] WELCH S W J,RORRER R A L,DUREN R G. Application of time-based fractional calculus methods to viscoelastic creep and stress relaxation of materials[J]. Mechanics of time-dependent materials,1999,3(3):279-303.

[70] BEDA T,CHEVALIER Y. New methods for identifying rheological parameter for fractional derivative modeling of viscoelastic behavior[J]. Mechanics of time-dependent materials,2004,8(2):105-118.

[71] ADOLFSSON K,ENELUND M,OLSSON P. On the fractional order model of viscoelasticity[J]. Mechanics of time-dependent materials,2005,9(1):15-34.

[72] ZHOU H W,WANG C P,HAN B B,et al. A creep constitutive model for salt rock based on fractional derivatives[J]. International Journal of rock mechanics and mining sciences,2011,48(1):116-121.

[73] 殷德顺,任俊娟,和成亮,等. 一种新的岩土流变模型元件[J]. 岩石力学与工程学报,2007,26(9):1899-1903.

[74] 张忠亭,王宏,陶振宇. 岩石蠕变特性研究进展概况[J]. 长江科学院院报,1996,13(S1):2-6.

[75] SHAO J F,ZHU Q Z,SU K. Modeling of creep in rock materials in terms of material degradation[J]. Computers and geotechnics,2003,30(7):549-555.

[76] 邓广哲,朱维申. 岩体裂隙非线性蠕变过程特性与应用研究[J]. 岩石力学与工程学报,1998, 17(4): 10-17.

[77] 陈卫忠,朱维申,李术才. 节理岩体断裂损伤耦合的流变模型及其应用[J]. 水利学报,1999(12): 33-37.

[78] 肖洪天,强天弛,周维垣. 三峡船闸高边坡损伤流变研究及实测分析[J]. 岩石力学与工程学报, 1999,18(5): 512-515.

[79] COLEMAN B D, GURTIN M E. Thermodynamics with internal state variables[J]. Journal of chemical physics,1967,47(2): 597-613.

[80] VALANIS K C. Theory of viscoplasticity without a yield surface, Part I-general theory[J]. Archives of mechanics,1971,23(4): 517-533.

[81] 范镜泓. 内蕴时间弹塑性本构方程及其在非均匀应变场条件下的试验验证[J]. 力学学报,1986, 18(S1): 98-107.

[82] 杨春和,王武林,范镜泓. 软岩静力学特性的一种内时本构描述[J]. 岩土力学,1987,8(1): 11-17.

[83] 李彰明,王武林,冯遗兴. 广义内时本构方程及凝灰岩黏塑性模型[J]. 岩石力学与工程学报,1986, 5(1): 15-24.

[84] 陈沅江,潘长良,曹平,等. 基于内时理论的软岩流变本构模型[J]. 中国有色金属学报,2003, 13(3): 735-742.

[85] 李建中,曾祥熹. 用内蕴时间理论进行黏土流变性研究[J]. 固体力学学报,2000,21(2): 171-174.

[86] RICE J R. Inelastic constitutive relations for solids-an internal-variable theory and its application to metal plasticity[J]. Journal of the mechanics and physics of solids,1971,19(6): 433-455.

[87] ZIEGLER H. An introduction to thermomechanics[M]. Amsterdam: North-Holland,1977.

[88] EDELEN D. A Nonlinear onsager theory of irreversibility[J]. International Journal of engineering science,1972,10(6): 481-490.

[89] YANG Q, CHEN X, ZHOU W Y. Microscopic thermodynamic basis of normality structure of inelastic constitutive relations[J]. Mechanics research communications,2005,32(5): 590-596.

[90] YANG Q, THAM L G, SWOBODA G. Normality structures with homogeneous kinetic rate laws [J]. Journal of applied mechanics-transactions of the ASME,2005,72(3): 322-329.

[91] TEODOSIU C. A dynamic theory of dislocations and its applications to the theory of the elastic-plastic continuum[J]. Journal of research of the national bureau of standards, section a (physics and chemistry),1969,73a(5): 549.

[92] RICE J R. On the structure of stress-strain relations for time-dependent plastic deformation in metals[J]. Journal of applied mechanics,1970,37(3): 728-737.

[93] MANDEL J. Constitutive equations and directors in plastic and viscoplastic media[J]. International Journal of solids and structures,1973,9(6): 725-740.

[94] BAMMANN D J, AIFANTIS E C. A damage model for ductile metals[J]. Nuclear engineering and design,1989,116(3): 355-362.

[95] BAMMANN D J, AIFANTIS E C. A model for finite-deformation plasticity[J]. Acta mechanica, 1987,69(1-4): 97-117.

[96] MURAKAMI S, OHNO N. A continuum theory of creep and creep damaga[C]//Proceedings of the 3rd IUTAM Symposium on Creep in Structures,Berlin,1981.

[97] LUBLINER J. On the thermodynamic foundations of non-linear solid mechanics[J]. International Journal of non-linear mechanics,1972,7(3): 237-254.

[98] CHABOCHE J L, NOUAILHAS D. A unified constitutive model for cyclic viscoplasticity and its applications to various stainless steels[J]. Journal of engineering materials and technology,1989, 111(4): 424-430.

[99] CHABOCHE J L. Cyclic viscoplastic constitutive equations. Ⅰ：a thermodynamically consistent formulation[J]. Journal of applied mechanics,1993,60(4)：813-821.

[100] HOULSBY G T,PUZRIN A M. Rate-dependent plasticity models derived from potential functions [J]. Journal of rheology,2002,46(1)：113-126.

[101] VOYIADJIS G Z,SHOJAEI A,LI G. A generalized coupled viscoplastic viscodamage viscohealing theory for glassy polymers[J]. International Journal of plasticity,2012,28(1)：21-45.

[102] VOYIADJIS G Z,SHOJAEI A,LI G. A thermodynamic consistent damage and healing model for self healing materials[J]. International Journal of plasticity,2011,27(7)：1025-1044.

[103] SCHAPERY R A. Nonlinear viscoelastic and viscoplastic constitutive equations with growing damage[J]. International Journal of fracture,1999,97(1-4)：33-66.

[104] HANSEN A C,BROWN R L. An internal state variable approach to constitutive theories for granular-materials with snow as an example[J]. Mechanics of materials,1988,7(2)：109-119.

[105] COLLINS I F,HOULSBY G T. Application of thermomechanical principles to the modelling of geotechnical materials[C]//Proceedings of the Royal Society A-Mathematical Physical and Engineering Sciences,1997,453(1964)：1975-2001.

[106] LI X S,DAFALIAS Y F. Dilatancy for cohesionless soils[J]. Geotechnique,2000,50(4)：449-460.

[107] 陈敬虞,龚晓南,邓亚虹. 基于内变量理论的岩土材料本构关系研究[J]. 浙江大学学报(理学版),2008,35(3)：355-360.

[108] AUBERTIN M,GILL D E,LADANYI B. A unified viscoplastic model for the inelastic flow of alkali-halides[J]. Mechanics of materials,1991,11(1)：63-82.

[109] AUBERTIN M,GILL D E,LADANYI B. An internal variable model for the creep of rock-salt[J]. Rock mechanics and rock engineering,1991,24(2)：81-97.

[110] SHERBURN J A,HORSTEMEYER M F,BAMMANN D J,et al. Application of the Bammann inelasticity internal state variable constitutive model to geological materials[J]. Geophysical Journal international,2011,184(3)：1023-1036.

[111] ZHU H,SUN L. A viscoelastic-viscoplastic damage constitutive model for asphalt mixtures based on thermodynamics[J]. International journal of plasticity,2013,40：81-100.

[112] LIU C,LUE H,GUAN P. Coupled Viscoplasticity Damage Constitutive Model for Concrete Materials[J]. Applied mathematics and mechanics (english edition),2007,28(9)：1145-1152.

[113] 朱耀庭,孙璐,朱浩然,等. 基于热力学理论的黏弹-黏塑性本构模型[J]. 力学季刊,2010,31(4)：449-459.

[114] MURAKAMI S,KAMIYA K. Constitutive and damage evolution-equations of elastic-brittle materials based on irreversible thermodynamics[J]. International journal of mechanical sciences,1997,39(4)：473-486.

[115] 范秋雁,阳克青,王渭明. 泥质软岩蠕变机制研究[J]. 岩石力学与工程学报,2010(8)：1555-1561.

[116] CHALLAMEL N,LANOS C,CASANDJIAN C. Creep damage modelling for quasi-brittle materials[J]. European journal of mechanics a-solids,2005,24(4)：593-613.

[117] 徐卫亚,周家文,杨圣奇,等. 绿片岩蠕变损伤本构关系研究[J]. 岩石力学与工程学报,2006,25(S1)：3093-3097.

[118] 张强勇,杨文东,张建国,等. 变参数蠕变损伤本构模型及其工程应用[J]. 岩石力学与工程学报,2009,28(4)：732-739.

[119] 王来贵,赵娜,何峰,等. 岩石蠕变损伤模型及其稳定性分析[J]. 煤炭学报,2009,34(1)：64-68.

[120] CHAN K S,BODNER S R,FOSSUM A F,et al. A constitutive model for inelastic flow and damage evolution in solids under triaxial compression[J]. Mechanics of materials,1992,14(1)：1-14.

[121] VOYIADJIS G Z, ZOLOCHEVSKY A. Thermodynamic modeling of creep damage in materials with different properties in tension and compression [J]. International Journal of solids and structures, 2000, 37(24): 3281-3303.

[122] 杨春和, 陈锋, 曾义金. 盐岩蠕变损伤关系研究 [J]. 岩石力学与工程学报, 2002, 21(11): 1602-1604.

[123] PARK S W, KIM Y R, SCHAPERY R A. A viscoelastic continuum damage model and its application to uniaxial behavior of asphalt concrete [J]. Mechanics of materials, 1996, 24(4): 241-255.

[124] MAUGIN C A. The Thermomechanics of nonlinear irreversible behaviors [M]. Singapore: World Scientific, 1999.

[125] 冷旷代. 岩体结构非平衡演化稳定与控制理论基础研究 [D]. 北京: 清华大学, 2013.

[126] RAHOUADJ R, GANGHOFFER J F, CUNAT C. A thermodynamic approach with internal variables using Lagrange formalism. Part I: General framework [J]. Mechanics research communications, 2003, 30(2): 109-117.

[127] YANG Q, XUE L J, LIU Y R. Multiscale thermodynamic basis of plastic potential theory [J]. Journal of engineering materials and technology-transactions of the ASME, 2008, 130: 0445014.

[128] YANG Q, CHEN X, ZHOU W Y. On multiscale significance of Rice's normality structure [J]. Mechanics research communications, 2006, 33(5): 667-673.

[129] VOYIADJIS G Z, SHOJAEI A, LI G. A generalized coupled viscoplastic viscodamage viscohealing theory for glassy polymers [J]. International Journal of plasticity, 2012, 28(1): 21-45.

[130] SCHAPERYR A. Nonlinear viscoelastic and viscoplastic constitutive equations with growing damage [J]. International Journal of fracture, 1999, 97(1-4): 33-66.

[131] YANG Q, BAO J Q, LIU Y R. Asymptotic stability in constrained configuration space for solids [J]. Journal of non-equilibrium thermodynamics, 2009, 34(2): 155-170.

[132] HASLACH H W. A non-equilibrium thermodynamic geometric structure for thermoviscoplasticity with maximum dissipation [J]. International Journal of plasticity, 2002, 18(2): 127-153.

[133] CHABOCHE J L. Thermodynamic formulation of constitutive equations and application to the viscoplasticity and viscoelasticity of metals and polymers [J]. International Journal of solids and structures, 1997, 34(18): 2239-2254.

[134] LEMAITRE J. Coupled elasto-plasticity and damage constitutive equations [J]. Computer methods in applied mechanics and engineering, 1985, 51(1-3): 31-49.

[135] OTTOSEN N S, RISTINMAA M. Corners in plasticity-koiter's theory revisited [J]. International Journal of solids and structures, 1996, 33(25): 3697-3721.

[136] HANSEN N R, SCHREYER H L. A thermodynamically consistent framework for theories of elastoplasticity coupled with damage [J]. International Journal of solids and structures, 1994, 31(3): 359-389.

[137] LIU C, LUE H, GUAN P. A unified viscoplasticity constitutive model based on irreversible thermodynamics [J]. Science in China series e-technological sciences, 2008, 51(4): 378-385.

[138] ZHOU H, HU D, ZHANG F, et al. A thermo-plastic/viscoplastic damage model for geomaterials [J]. Acta mechanica solida sinica, 2011, 24(3): 195-208.

[139] NGUYEN G D, HOULSBY G T. A coupled damage-plasticity model for concrete based on thermodynamic principles: Part I: model formulation and parameter identification [J]. International Journal for numerical and analytical methods in geomechanics, 2008, 32(4): 353-389.

[140] EINAV I, HOULSBY G T, NGUYEN G D. Coupled damage and plasticity models derived from energy and dissipation potentials [J]. International Journal of solids and structures, 2007, 44(7-8):

2487-2508.

[141] TOMANOVIC Z. Rheological model of soft rock creep based on the tests on marl[J]. Mechanics of time-dependent materials,2006,10(2):135-154.

[142] BETTEN J. Creep Mechanics[M]. Berlin:Springer,2002.

[143] 李娜,曹平,衣永亮,等. 分级加卸载下深部岩石流变实验及模型[J]. 中南大学学报(自然科学版),2011,42(11):3465-3471.

[144] LI Y S,XIA C C. Time-dependent tests on intact rocks in uniaxial compression[J]. International Journal of rock mechanics and mining sciences,2000,37(3):467-475.

[145] EDELEN D. Asymptotic stability,onsager fluxes and reaction-kinetics[J]. International Journal of engineering science,1973,11(8):819-839.

[146] GURTIN M E. Thermodynamics and energy criterion for stability[J]. Archive for rational mechanics and analysis,1973,52(2):93-103.

[147] PETRYK H,STUPKIEWICZ S. Instability of equilibrium of evolving laminates in pseudo-elastic solids[J]. International Journal of non-linear mechanics,2012,47(2):317-330.

[148] 褚卫江,徐卫亚,杨圣奇,等. 基于 FLAC³ᴰ 岩石黏弹塑性流变模型的二次开发研究[J]. 岩土力学,2006,27(11):2005-2010.

[149] 徐平,李云鹏,丁秀丽,等. FLAC³ᴰ 黏弹性模型的二次开发及其应用[J]. 长江科学院院报,2004,21(2):10-13.

[150] 杨文东,张强勇,张建国,等. 基于 FLAC³ᴰ 的改进 Burgers 蠕变损伤模型的二次开发研究[J]. 岩土力学,2010,31(6):1956-1964.

[151] Itasca Consulting Group,inc. FLAC³ᴰ users manuals[M]. Denver:Itasca Consulting Group. Inc.,2003.

[152] 杨春和,李银平,陈锋. 层状盐岩力学理论与工程[M]. 北京:科学出版社,2009.

[153] 杨春和,殷建华. 盐岩应力松弛效应的研究[J]. 岩石力学与工程学报,1999,18(3):262-265.

[154] 李永盛. 单轴压缩条件下四种岩石的蠕变和松弛试验研究[J]. 岩石力学与工程学报,1995,14(1):39-47.

[155] 唐礼忠,潘长良. 岩石在峰值荷载变形条件下的松弛试验研究[J]. 岩土力学,2003,24(6):940-942.

[156] 李铀,朱维申,彭意,等. 某地红砂岩多轴受力状态蠕变松弛特性试验研究[J]. 岩土力学,2006,27(8):1248-1252.

[157] 熊良宵,杨林德,张尧. 绿片岩多轴受压应力松弛试验研究[J]. 岩土工程学报,2010,32(8):1158-1165.

[158] 刘雄. 岩石流变学概论[M]. 北京:地质出版社,1994.

[159] 黄晓婧,王俊彪,张贤杰. 铝合金时效蠕变与时效应力松弛关系研究[J]. 航空制造技术,2011(11):99-101.

[160] 湛利华,王萌,黄明辉. 基于蠕变公式的时效应力松弛行为预测模型[J]. 机械工程学报,2013,49(10):70-76.

[161] 湛利华,阳凌. 时效蠕变与时效应力松弛行为转换关系[J]. 塑性工程学报,2013,20(3):126-131.

第 5 章

水对岩体结构的影响分析

5.1 概述

近年来,在特高拱坝的工程实践中,蓄水初期边坡产生的异常变形日益引起工程界的关注,这种异常变形以边坡向河谷收缩变形和库盆沉降为主。蓄水期库区的异常变形有两个明显特征:①不可逆的非弹性变形;②异常变形量值与水位抬升幅度、速率等密切相关。这是拱推力、渗透力等经典的蓄水期库区边坡变形的研究理论和设计方法难以解释的。

拱坝在蓄水后,由于坝体自重、蓄水后水推力作用、上游库区渗透水绕流作用等,理论上库区应该出现库岸向两岸撑开、库盆下沉的现象。然而,目前不少拱坝出现谷幅收缩、库盆上抬等现象,个别拱坝甚至坝体弦长都逐渐减小,呈现向上游变形的趋势。

典型的谷幅收缩的水利工程包括 Vajont 拱坝[1-4]、Beauregard 拱坝[5]、李家峡拱坝、锦屏一级拱坝[6]、溪洛渡拱坝等。例如,李家峡拱坝、锦屏一级拱坝等,其谷幅收缩变形均为越往高高程处,收缩变形越大。李家峡拱坝谷幅监测变形,T17-03 测线位置最高,变形量值也最大[7],如图 5-1 所示。

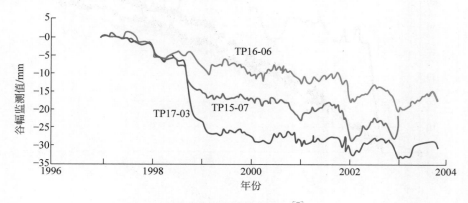

图 5-1　李家峡谷幅变形[7]

意大利的 Beauregard 拱坝[5]坝高 132m,坝顶长度 408m,基础处坝厚为 45.6m,坝顶处厚为 5m。在首次蓄水期 1958—1968 年,左岸山体出现重力式座滑变形,图 5-2 为左岸边坡铅垂线 PR4 的水平位移(右岸为正)与库水位的关系曲线,由曲线可知,位移的周期性变化与季节温度的变化及其带来的冰雪融化密切相关,温度变化过大可以导致左岸边坡及坝体产生不可恢复的变形。

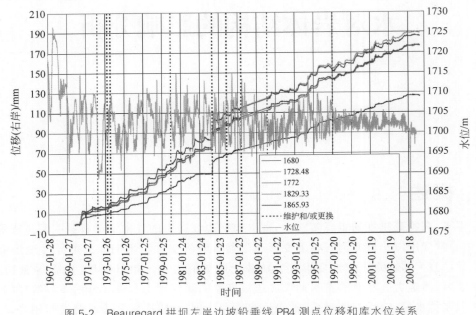

图 5-2   Beauregard 拱坝左岸边坡铅垂线 PR4 测点位移和库水位关系

溪洛渡蓄水 3 年来的谷幅变形随水位变化曲线如图 5-3 所示。由图 5-3 可知,溪洛渡拱坝谷幅收缩值接近 70mm,坝体向上游变形达 12mm[8,9]。溪洛渡拱坝的弦长变化则与锦

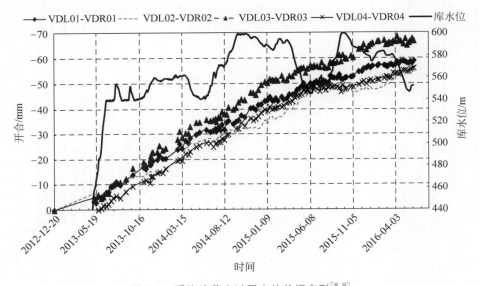

图 5-3   溪洛渡蓄水过程中的谷幅变形[8,9]

屏不同,其弦长随着库水位抬升而逐渐缩短,如图 5-4 所示,其中负号表示收缩。这一明显区别,反映了溪洛渡拱坝山体对坝体的挤压作用,要比水推力的撑开作用更显著,同时也可以进一步判断溪洛渡拱坝水面以下的谷幅变形为收缩变形。

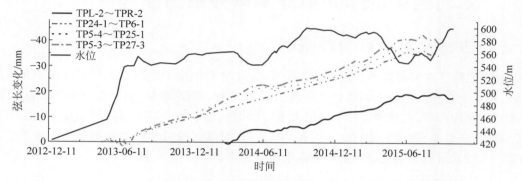

图 5-4 溪洛渡拱坝弦长变化[8,9]

还有一些工程,如 Vajont 拱坝、如美水电站[10]、拉西瓦拱坝等,其枢纽区地质体软弱结构或者节理裂隙发育,蓄水后岩体损伤破坏严重。拉西瓦上游果卜岸坡测点变形速率随水位变化如图 5-5 所示。从图 5-5 中可以看出水位抬升,边坡测点变形速率迅速增大,水位稳定后,变形速率则逐渐降低。

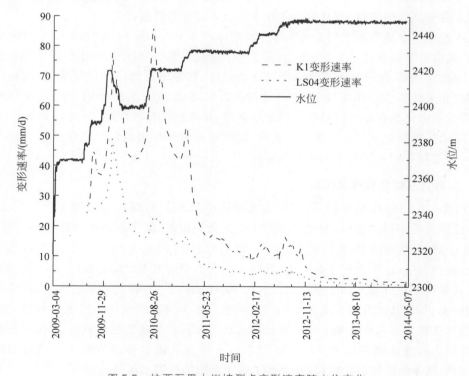

图 5-5 拉西瓦果卜岸坡测点变形速率随水位变化

本章首先分析了水对岩体的作用机理和水库诱发地震的作用机理,然后提出了考虑水影响的非线性蠕变损伤模型,并对其进行了试验验证,最后进行数值实现并将其应用于溪洛渡拱坝的谷幅变形研究和长期稳定性分析。

5.2　水对岩体的作用机理和有效应力原理

5.2.1　水对岩石的影响研究

地球上除了少部分岩体裸露在地表以外,大部分岩体位于地表以下。岩石属于非均质材料,微观上存在晶内缺陷和微裂纹,宏观上存在节理、裂隙、断层、软弱破碎带和断裂带等。由于地下水的存在,大量岩体位于地下水水位以下。地下水会进入岩体的断层、裂隙、节理等结构面,也会进入孔隙、微裂纹和岩石晶格之间,对岩石的力学性质和物理化学性质产生影响。水对岩石的作用主要包括力学作用和物理化学作用[11-12]。

1. 水对岩石强度的影响

工程上常用软化系数(湿岩石单轴强度与干岩石单轴强度之比)表示岩石遇水后弱化的程度[13]。已有的很多试验验证了水对岩石变形、强度的影响。Colback 和 Wiid[14] 对一种石英岩进行了强度试验,发现饱和岩石的抗压强度仅为烤箱烘干的岩石强度的 50%。Lashkaripour[15] 对 3 种煤系泥岩不同含水率情况进行了抗压强度试验,指出软化系数和岩石含水率成指数关系。Schroeder 等[16] 通过试验指出岩石若采用油浸泡至饱和,其抗压强度比用水浸泡至饱和要高,岩石的力学性质和液体的黏滞系数有关。

国内有不少学者开展了相关的工作。黄宏伟和车平[17] 通过扫描电镜和 X 射线衍射指出,泥岩的微观结构是其遇水弱化的主要原因。徐礼华等[18] 对丹江口水库库区各类岩石进行了单轴强度试验,指出含水率增高使岩石的强度、弹性模量和泊松比均降低,且软化系数与孔隙比相关性很大。邓华锋等[19-21] 研究砂岩在浸泡-风干循环作用下的强度和损伤特性,指出强度劣化具有明显的时效性和非均匀性,且损伤具有累积效应。Yang 等[22] 进行了不同孔隙水压力情况下砂岩三轴强度试验,指出砂岩的弹性模量随着孔隙水压力增大而线性减小,强度随孔隙水压力增大而指数衰减。

2. 水对岩石蠕变特性的影响

Phillips 于 1931 年就观测到,环境湿度增高会导致岩石蠕变速率增大[23]。Griggs 将雪花石膏浸泡于不同溶液中,发现试件的蠕变速率均提高,但不同的溶液影响各不相同,与溶液的孔隙压力和液体黏滞系数有关,而与浸泡时间长短无关,属于力学作用[23]。Wawersik 和 Brown[24] 研究了花岗岩、砂岩不同含水率情况下的蠕变特性,指出饱和试件稳态蠕变速率比干试件要大两个量级。Afrouz 和 Harvey[25] 的研究成果表明,水对岩石蠕变速率的影响,与岩石的性质有关。Yang 等[22] 进行了不同孔隙水压力情况下砂岩三轴蠕变试验,指出孔隙水压力增大使岩石在更低的荷载等级就会加速蠕变到破坏,且岩石的蠕变黏滞系数、稳态蠕变速率都增大。Liu 等[26] 进行了考虑孔隙水压力的砂岩三轴稳态蠕变试验,采用弹-黏弹性模型进行模拟,并考虑了蠕变参数随孔隙水压力和时间的弱化。

对于水作用下岩石的蠕变模型,目前主要是基于试验结果进行相关参数修正的经验模型,还没有普适性的本构模型提出。阎岩[27] 考虑了渗透水压力对偏应力张量的影响,并对西元模型中的材料参数进行修正。Liu 等[26] 在组合元件模型中,增加了 3 个参数来反映围压和孔隙水压力的影响。Yang 等[22]用考虑了孔隙水压力的指数函数拟合蠕变应变率和蠕变黏滞系数。

3. 水对裂隙岩体的物理化学作用

水对岩石的物理化学作用主要包括润滑、水解、冻融、潜蚀、联结和劈裂等。天然状态的地下水中含有各种离子和有机物,是一种复杂的化学溶液,水对岩石的损伤可能比力学损伤更严重[28]。很多学者对水对岩体的物理化学作用展开了研究。郭富利等[29]对黑色炭质页岩进行了不同饱水时间和围压的常规三轴试验,发现岩石抗压强度有随饱水时间的增加而降低的趋势,认为水对岩石的软化作用是由于进入岩石颗粒间的水分子降低了岩石颗粒间的黏结作用,同时溶解了岩石中的矿物成分。陈四利等[30-31]通过不同 pH 溶液的砂岩三轴加载即时扫描试验发现,酸性或碱性越强的溶液对砂岩的腐蚀越大,认为影响岩石强度的主要原因之一是化学腐蚀,而水对不同岩石有不同的化学腐蚀的原因主要是岩石中的矿物组成、岩石矿物中的化学成分和岩石自身物理结构等不同。汪亦显等[32]认为水的腐蚀作用的关键原因是水的弱化作用使亚临界裂纹扩展得更加剧烈,同时水压作用有时间依赖性。周翠英等[33]建立了软岩与水相互作用的时间效应模型。

目前来看,水对岩石的作用相当复杂,也是当前的研究热点,对重大地质灾害和工程长期安全运行也具有重要的作用[34]。

5.2.2　裂隙岩体非饱和有效应力原理

1. 饱和渗流分析及 Terzaghi 有效应力原理

特高拱坝蓄水之后,库区水位抬升,边坡中的渗流场发生变化;岩体材料的有效应力[35]、力学参数劣化幅度[36]等与边坡中的孔隙水压力密切相关,因此根据渗流场确定边坡中的孔隙水压力分布是蓄水期边坡稳定与变形分析的首要任务。

目前,工程实践中比较成熟的渗流分析方法是饱和孔隙介质渗流分析理论,不考虑岩体中的裂隙等非连续非均质的渗流特性,由 Darcy 定律及边界条件确定边坡中的总水头场 H,则有

$$H = z + \frac{p}{\gamma_w} \quad \rightarrow \quad p = \gamma_w(H - z) \tag{5-1}$$

其中,z 为位置水头;p 为渗透压力;γ_w 为水容重。Terzaghi 有效应力 $\boldsymbol{\sigma}'$ 定义为

$$\boldsymbol{\sigma}' = \boldsymbol{\sigma} + p\boldsymbol{I} \quad \rightarrow \quad \boldsymbol{\sigma} = \boldsymbol{\sigma}' - p\boldsymbol{I} \tag{5-2}$$

以总应力 $\boldsymbol{\sigma}$ 表示的平衡微分方程为

$$\nabla \cdot \boldsymbol{\sigma} + \boldsymbol{f} = \boldsymbol{0}, \quad \boldsymbol{f} = [0, 0, -\gamma] \tag{5-3}$$

其中,γ 为岩土材料湿容重。将式(5-1)和式(5-2)代入式(5-3),即得到以有效应力表述的平衡微分方程:

$$\nabla \cdot \boldsymbol{\sigma}' + \boldsymbol{f} + \boldsymbol{F} = \boldsymbol{0}, \quad \boldsymbol{F} = \left[-\gamma_w \frac{\partial H}{\partial x}, -\gamma_w \frac{\partial H}{\partial y}, -\gamma_w \left(\frac{\partial H}{\partial z} - 1 \right) \right] \tag{5-4}$$

式(5-4)说明渗透体积力 $\boldsymbol{F}$ 的形式与孔隙水压力 p 直接相关,在常规的饱和孔隙介质渗流计算结果中即已考虑了孔隙水压力的作用,考虑渗透荷载获得的应力场即为有效应力的应力场,将其直接代入屈服函数中分析即可。有些学者经常单独考虑的浮托力也已经包

含在渗透体积力 **F** 之中,无须再进行额外分析。

Terzaghi 有效应力原理定义了有效应力$\boldsymbol{\sigma}'$,指出有效应力$\boldsymbol{\sigma}'$决定了岩土材料骨架的变形和屈服破坏,即岩土材料的屈服准则变为

$$f(\boldsymbol{\sigma}') \leqslant 0 \tag{5-5}$$

Terzaghi 有效应力原理由土体颗粒孔隙介质导出,隐含有两个强假设:①在材料的任一微元体中,只存在一个渗透压力(颗粒内部不透水,只有孔隙渗透压力);②渗透压力张量 $p\boldsymbol{I}$ 为各向同性的球张量,微元体任意方向截面上的渗透压力相等。对于如图 5-6(a)所示的土体颗粒孔隙介质,该假设成立,这就是有效应力原理在饱和土体中应用取得广泛成功的根本原因。

2. 关于 Terzaghi 有效应力不适用蓄水初期的讨论

对于由裂隙、结构面等不连续面切割而成的裂隙岩体微元体,Terzaghi 有效应力蕴含的两个强假设并不一定成立。如图 5-6(b)所示,岩体渗流可简化为存在两个渗透压力:岩块渗透压力 p_1 和裂隙渗透压力 p_2。天然状态,边坡中水位稳定时,经过长期渗流演化,裂隙和岩块中的渗流场饱和且稳定静止,此时有 $p_1 = p_2$,这也就满足 Terzaghi 有效应力原理;但是,非饱和裂隙渗流则明显违反这两个强假定。

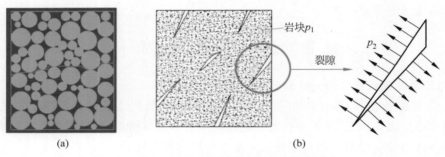

图 5-6　饱和土体微元体和非饱和裂隙岩体微元体
(a) 饱和土体微元体;(b) 非饱和裂隙岩体微元体

在库区边坡中,岩体裂隙的渗透系数要高于岩块几个数量级。因此,初期蓄水过程中,水首先沿着裂隙向边坡内部快速渗流,在断层等大裂隙中,水流可类似于明渠导流;大裂隙近似饱和后,再向更小的裂隙中渗流,最后再向岩块中的微孔隙渗透。蓄水初期,岩块的渗透压力 p_1 变化相对缓慢,而裂隙的渗透压力 p_2 增加迅速,可在数小时内与库区水位齐平,如 Vajont 水库边坡勘测钻井的水位与库区水位近似一致[37]。在蓄水初期,裂隙与岩块渗透压力差异较大,对于特高拱坝库区水位抬升幅度较大,这种渗透压力差尤为突出;也就使同一个材料微元体中可能存在多个渗透压力。另外,裂隙走向等非连续特征及饱和度的差异性也必然使材料的渗透特性呈现比较强的各向异性甚至不连续性,也就使渗透压力不能使用各向同性的球张量 $p\boldsymbol{I}$ 表示。

综上,不能直接将经典的 Terzaghi 有效应力原理应用到蓄水初期裂隙岩体的非饱和渗流分析中。Tuncay 和 Corapcioglu[38] 提出了一种适用于饱和裂隙岩体的有效应力原理,有效应力与孔隙和裂隙水压、颗粒、岩块及岩体抗压强度有关,公式复杂,使用比较困难;适用于裂隙岩体非饱和的有效应力原理目前仍在机理模型的探索阶段,距离工程实际应用仍有

较大距离[39]。

3. 裂隙岩体非饱和有效应力原理

特高拱坝的库区初期蓄水分析为典型的裂隙岩体非饱和渗透分析,因此可借鉴裂隙-孔隙双重介质模型[40,41]的思路展开。如图 5-6 所示,在双重介质模型中,岩体可视为由连续的岩块相和裂隙相共两相介质复合而成,两相介质互相包含,相互作用。对于非饱和渗流阶段,两相介质存在渗透压力差 $p_2 - p_1$,驱动水由裂隙相向岩块相渗透,即双重介质由非饱和态向饱和态演化;双重介质饱和时,非平衡渗透压力和两相之间渗透水交换皆消失,退化为经典的饱和渗流分析。虽然该思路相对简单,但是在实际应用中,无论从渗流分析还是应力分析都比较复杂,涉及的众多参数也难以在实际工程中获取。为方便工程应用,可在裂隙岩体非饱和渗流分析中尽可能地纳入比较成熟的饱和渗流分析理论中。

将裂隙渗透压力 p_2 分解为平衡渗透压力 p_1 和非平衡渗透压力 $p_2 - p_1$ 两部分,并分两步分析。

(1) 只考虑双重介质平衡时的渗透压力,此时裂隙渗透压力取为平衡渗透压力 p_1,与岩块渗透压力 p_1 共同构成饱和平衡的岩体;对于蓄水前未浸水的部分,取 $p_1 = 0$;它们完全遵守饱和渗流分析理论,由此可获得总水头场 H、渗透压力场 $p = p_1$、Terzaghi 有效应力场 σ' 等。

(2) 考虑裂隙渗透压力差 $p_2 - p_1$ 的力学作用效果,图 5-6(b)的裂隙渗透压力是自平衡的,无法产生渗透体积力(含浮托力),它只能通过改变材料屈服有效应力的方式改变裂隙的屈服状态[42]。因此非平衡渗透压力的作用效果为

$$f(\boldsymbol{\sigma}^*) \leqslant 0, \quad \boldsymbol{\sigma}^* = \boldsymbol{\sigma}' + \alpha(p_2 - p_1)\boldsymbol{I} \tag{5-6}$$

其中,α 称为裂隙水压力系数。非平衡渗透压力主要对裂隙周围岩体屈服状态产生影响,因此对于相对比较完整的岩块块芯的屈服影响较小,对于比较破碎的岩体影响较大;所以,式(5-6)是将含复杂裂隙系统的岩体连续化,引入了裂隙水压力系数 α 用于表征这种连续性。对于比较破碎的岩体,裂隙水压力系数 α 趋近于 1;对于完整且不透水的岩块,裂隙水压力系数 α 趋近于 0。

式(5-6)称为非饱和裂隙岩体的有效应力原理,其要点如下。

(1) 定义了考虑非平衡渗透压力修正的 Terzaghi 有效应力 σ^*。

(2) σ^* 只影响岩体材料的屈服准则,不影响材料的弹性变形,这与 Terzaghi 有效应力原理有着本质的不同;在 $p_2 = p_1$ 时,式(5-6)退化为饱和岩体的有效应力原理,即 Terzaghi 有效应力原理为非饱和岩体有效应力原理的特殊形式。

(3) 非饱和渗流并不一定是严格意义的岩土材料饱水率低于 100%,而是蓄水过程中岩体由干燥状态到完全饱和状态的一种概念扩展,特指蓄水过程中裂隙渗透压力增大而引起岩块渗透压力随之增大的过程,也包括蓄水前岩块饱水率达到 100% 的情况;如果 $p_2 = p_1$,则为饱和渗流分析。

(4) 不考虑裂隙毛细力及类似作用。

4. 裂隙水压力系数

裂隙水压力系数是 Biot 系数在裂隙岩体中的特殊形式,是岩体中离散裂隙连续化的必然结果。已有的 Biot 系数研究多基于颗粒孔隙介质,Geertsma[43]基于变形等效建议 Biot

系数取为

$$\alpha = 1 - \frac{K}{K_s} \tag{5-7}$$

其中，K 和 K_s 分别为材料和颗粒体的压缩模量，在土体等材料的压缩性远大于土体颗粒时（$K \ll K_s$），有 $\alpha \approx 1$。

Suklje 在式（5-7）的基础上，进一步进行修正[44]：

$$\alpha = 1 - (1-n)\frac{K}{K_s} \tag{5-8}$$

还有学者从微观结构分析，指出 Biot 系数存在各向异性。Lydzba 和 Shao[45]指出，当材料骨架是均质各向同性时，Biot 系数张量就与骨架的弹性模量无关，而与骨架的泊松比及孔隙或者微裂纹的形式、分布有关。

Skempton[46]推导了基于强度等效的饱和多孔介质 Biot 系数 α 的表达式，为

$$\alpha = 1 - \frac{a\tan\phi}{\tan\phi'} \tag{5-9}$$

其中，ϕ 和 ϕ' 分别为岩土材料的骨架内摩擦角和颗粒内摩擦角；a 为颗粒间接触面积与截面积之比，对于饱和的土体或碎散岩体 a 趋近于 0。

国内也有很多学者进行了 Biot 系数取值的研究。胡大伟等[47]通过不同围压下岩石试验指出，Biot 系数具有各向异性，且围压越高则 Biot 系数越小。张保平等[48]通过对不同深度的油井中细砂岩的 Biot 系数进行分析，指出 Biot 系数随围压的增高而减小，随孔隙度的增加而增加。程远方等[49]采用 3 种不同的测试方法测试不同岩芯的 Biot 系数，指出测试方法对检测出的 Biot 系数结果存在影响。马中高[50]通过对泥质砂岩的试验，指出岩性对 Biot 系数有很大的影响，岩石内部的胶结物越多，则 Biot 系数越低。卢应发等[51]通过两种不同方法获得岩石的 Biot 系数，并且验证了 Biot 系数具有各向异性损伤的特征。

围压、孔隙度与 Biot 系数的关系与式（5-7）是相符的，即围压越大，孔隙体积进一步压缩，孔隙度也越小，体积模量也随着增大，逐渐接近固相的体积模量，使得 Biot 减小。表 5-1 为一些岩石的试验结果[52-54]，表中 Biot 系数按照式（5-7）求得。

表 5-1 不同岩石 Biot 系数

种 类	G/GPa	μ	K/GPa	K_s/GPa	B
大理石	24	0.25	40	50	0.20
韦斯特利花岗岩	15	0.25	25	45.4	0.45
灰花岗岩	18.7	0.27	34.4	45.4	0.24
伯里亚砂岩	6	0.20	8	36	0.78
鲁尔砂岩	13.3	0.12	13	36	0.64
韦伯砂岩	12.2	0.15	13.3	36	0.63

由表 5-1 中可以看出，对于大理岩、花岗岩这样比较致密、强度较高的岩石，其 Biot 系数量值很小，在 0.2~0.5 范围内。而对于砂岩，则 Biot 系数较大，在 0.6~0.8 范围内。考虑到在工程应用中，虽然数值模型能够对大断层、软弱带、大裂隙进行精确模拟，但是天然岩体内部仍发育有诸多较小的裂隙，对其 Biot 系数有所影响。

5.3 水库诱发地震的机理分析及与库岸变形的相关性

5.3.1 水库诱发地震

1. 水库诱发地震概述

诱发地震是指由于人类活动而引起的地震活动,诱发因素包括核爆、深井注水、采矿、水库蓄水等。其中由水库蓄水诱发的地震称为水库诱发地震。

世界上最早的水库诱发地震的案例发生在希腊[55],修建在希腊阿里洛斯河上的马拉松水库于 1931 年发生了一次微型地震,被认为是世界上最早的水库诱发地震。水库诱发的地震的震级一般不大,据不完全统计,目前世界上发生的 5.0 级以上水库诱发地震共有16 例[56]。

近些年来,随着越来越多的高拱坝在我国建成,水库诱发地震的问题愈发引起人们的重视。虽然水库诱发地震的震级一般不大,但是水库诱发地震的震源深度浅,且高拱坝多位于深山峡谷中,导致营救困难,较大震级的库区地震仍可能会带来严重的后果,造成工程的破坏,人民生命财产受到损失。水库地震的频发也会造成当地建筑物抗震要求的提高,增加建设成本。所以必须重视水库诱发地震问题。

2. 水库诱发地震的分类

根据成因,陈厚群[57]将水库诱发地震分为两类:非构造型浅微地震和构造型水库地震。

(1)非构造型浅微地震。这类地震与矿洞、岩洞、地表岩体应力调整有关,主要发生在水库蓄水初期,与水位变化关系密切,震级较小,一般不会超过 4.0 级,震源也浅,一般不超过 5km。一般而言,这类地震对工程安全和人们的生命财产安全不会产生严重的影响。世界上大多数的水库诱发地震属于非构造型浅微地震。

(2)构造型水库地震。这类地震的震源多位于坝址区的处于临界状态的断层处,其震源分布与地质构造有明显的相关性。蓄水以后,首先会产生微震,然后震级逐渐扩大,这个阶段称为前震阶段,然后发生主震。主震发生之后,由于应力的重新调整,会持续一段时间的余震,整体呈现前震—主震—余震的形式。由于库水渗透到岩石深部需要时间,所以主震都要滞后于最高水位出现的时刻。构造型地震由于地震的能量不来源于库水本身,也可称为水库触发地震。

3. 水库诱发地震的特点

与自然地震相比,水库诱发地震主要有如下特点[56-58]:

(1)地震的发震时间与蓄水过程相关性很高,大量的地震发生在蓄水初期。地震活动与水位变化也有一定的相关性。一般而言,非构造型浅微地震多发生在高水位期,构造型浅微地震会在时间上有一定的滞后。

(2)水库诱发地震的发震概率与库容密切相关,随着库容的增大,水库诱发地震的可能性增加。

（3）空间分布上主要分布在水库附近，一般距离水库不超过 10km。非构造型浅微地震的震源分布相对集中，构造型浅微地震震源主要沿着地质构造层分布。

（4）震源深度一般较浅，大多数水库诱发地震的震源深度在 10km 以内。因此，地震的动频率和加速度也较高。

（5）强度较低，一般在 4.0 级以下。但是由于震源深度浅，与天然地震相比，同样强度的水库诱发地震震中烈度更大。

5.3.2 库区及周边区域地震统计分析

以溪洛渡库区及周边区域地震统计数据为例进行分析。溪洛渡拱坝所处的我国西南地区处于亚欧板块和印度洋板块交界处，受板块挤压作用，该地区地形起伏多变，断裂带、断层发育，应力状况复杂。以溪洛渡拱坝为中心，向东、西、南、北四个方向分别延伸 100km 构成的区域称为溪洛渡坝址区。溪洛渡坝址区东南面有北东走向的华莹山-莲峰断裂带，西面有南北走向的峨边-金阳断裂带，东南面有北西走向的马边-盐津断裂带。溪洛渡拱坝位于上述 3 个断裂带围成的三角地带南部[59]，如图 5-7 所示。该区域地质构造不稳定，地质活动较强，地质条件复杂，发育有范围较大、活动水平较高的更新世和晚更新世活动断层[60]，在水库蓄水以后存在水库诱发地震的风险。

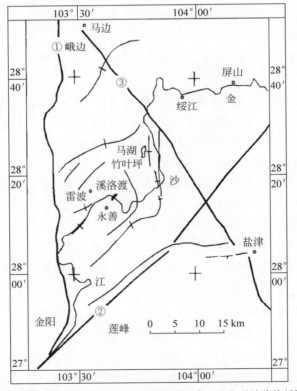

①—峨边-金阳断裂；②—华莹山-莲峰断裂；③—马边-盐津隐伏断裂

图 5-7 溪洛渡拱坝周边断裂带分布[59]

1. 溪洛渡历史地震介绍

国家地震科学数据共享中心提供的中国历史地震目录[61]收集了公元前 1831 年至公元 1969 年发生在中国的 4.0 级以上地震。溪洛渡库区 100km 范围内共发生 21 起 4.0 级以上地震,最大震级为 6.75 级,共发生 3 次。根据国家地震科学数据共享中心提供的中国地震台网统一地震目录[62],在溪洛渡拱坝下闸蓄水的前 4 年时间(2008 年 12 月 31 日至 2013 年 5 月 3 日),溪洛渡坝址区共发生 $M_L \geqslant 1.0$ 地震 704 起,日均 0.453 起地震。

2. 蓄水后地震活动

根据国家地震科学数据共享中心提供的中国地震台网统一地震目录[62],自溪洛渡水电站 2013 年 5 月 4 日下闸蓄水至 2019 年 3 月 4 日,溪洛渡坝址区共发生 $M_L \geqslant 1.0$ 地震 1138 起,日均 0.534 起,是蓄水前 4 年日均地震次数(排除 9·7 昭通市彝良县地震)的 2.23 倍,如图 5-8 所示。

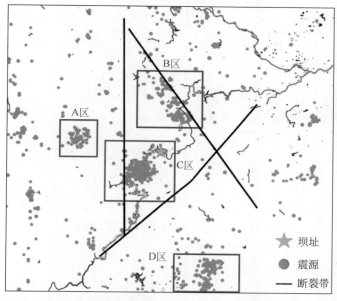

图 5-8　蓄水后溪洛渡坝址区 $M_L \geqslant 1.0$ 地震分布图

地震主要集中在 4 个区域,将其分为 A 区、B 区、C 区和 D 区。图 5-9 为 4 个区域 $M_L \geqslant 1.0$ 地震时间分布与水位关系图。

A 区位于溪洛渡拱坝西北方向,其几何中心距离溪洛渡拱坝直线距离约 66km,地形以高山为主,区域内及周边尚未发现大型水利工程。A 区地震主要集中在蓄水周期 Ⅱ 末期和蓄水周期 Ⅲ 初期。

B 区位于溪洛渡拱坝东北方向,其几何中心距离溪洛渡拱坝直线距离约 38km,区域内地形以高山为主,金沙江干流和马边-盐津隐伏断裂带从 B 区内穿过。在蓄水初期,地震发生频率较高,之后地震发生频率有所下降。

C 区为溪洛渡坝址区。在蓄水初期,地震发生较为频繁。在蓄水之后前两个蓄水周期地震发生频率较高,之后地震发生频率下降。在蓄水初期,除了地震次数较多之外,地震震

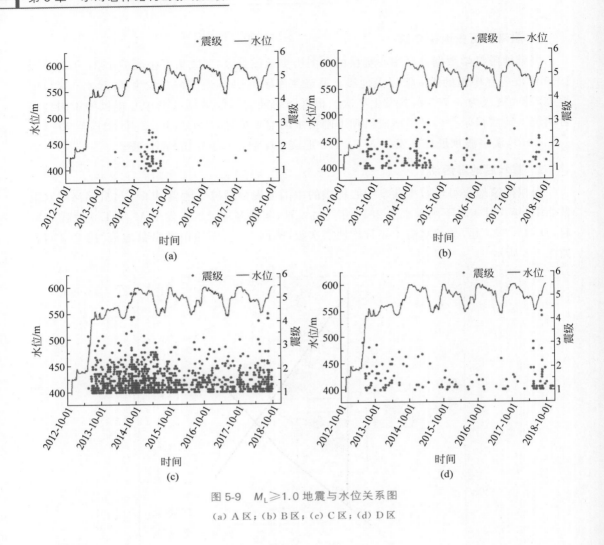

图 5-9 $M_L \geqslant 1.0$ 地震与水位关系图

(a) A区；(b) B区；(c) C区；(d) D区

级也较大。

D区位于溪洛渡拱坝东南方向，其几何中心距离溪洛渡拱坝直线距离约91km。D区域整体位于云贵高原内，东部地形以高山为主，西部是邵通盆地部分地区，地形较平坦。D区域内没有发现较大的河流，也尚未发现较大的水利工程。在蓄水初期，地震发生频率较高，之后，地震发生频率有所下降。地震频率和地震震级在蓄水周期Ⅴ末期和蓄水周期Ⅵ初期有所回升。D区域地震的时间分布规律与溪洛渡坝址区整体地震的时间分布规律相似。

3. 近库区地震

C区域为近库区，近库区的范围为东经 103°20′～东经 103°45′，北纬 27°56′～北纬 28°20′，东西长约46.5km，南北长约44.3km，面积约2060km²，地形以高山山地为主。根据国家地震科学数据共享中心提供的中国地震台网统一地震目录[62]，图5-10为溪洛渡拱坝下闸蓄水前4年和蓄水以后近库区 $M_L \geqslant 1.0$ 地震分布图。自溪洛渡水电站2013年5月4日下闸蓄水至2019年3月4日，溪洛渡库区附近范围内共发生 $M_L \geqslant 1.0$ 地震419起，日均0.197起地震，是蓄水前4年近库区 $M_L \geqslant 1.0$ 地震日均次数的44.5倍。

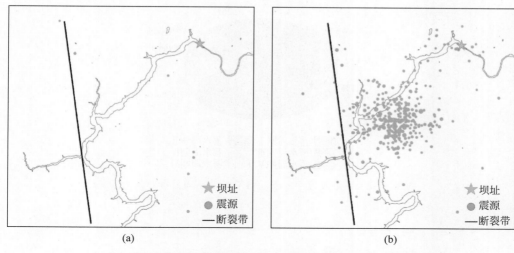

图 5-10　蓄水前 4 年溪洛渡近库区 $M_L \geqslant 1.0$ 地震分布图

(a) 蓄水前 4 年；(b) D 区蓄水以后

图 5-11 为自溪洛渡下闸蓄水以来近库区 $M_L \geqslant 1.0$ 地震与水位关系曲线图。图 5-12 为近库区 $M_L \geqslant 1.0$ 地震在不同蓄水期占比的饼状图，图 5-13 为不同蓄水周期日均地震次数的柱状图。由上述统计数据可知，在蓄水初期，地震发生较为频繁。之后，地震发生频率有所下降。在蓄水周期 Ⅴ 末期和蓄水周期 Ⅵ，地震发生频率有所回升。近库区地震发生频率随水位变化规律与溪洛渡坝址区整体地震发生频率与水位变化规律相似。

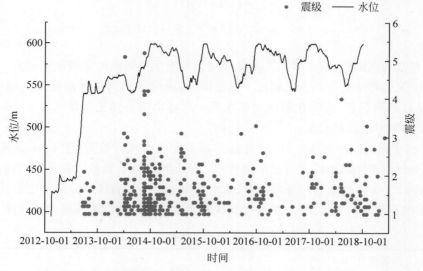

图 5-11　溪洛渡近库区 $M_L \geqslant 1.0$ 地震与水位关系曲线图

自溪洛渡拱坝下闸蓄水以来，近库区共发生了 7 次 $M_L \geqslant 4.0$，是 A、B、C、D 这 4 个区域中次数最多的。其中，1 次发生在蓄水周期 Ⅴ 的末期，1 次发生在蓄水周期 Ⅰ 的末期，其余 5 次均发生在蓄水周期 Ⅱ，且蓄水以来溪洛渡拱坝坝址区震级最大的地震也发生在蓄水周期

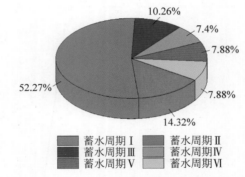

图 5-12　溪洛渡近库区 $M_L \geqslant 1.0$ 地震不同蓄水期占比

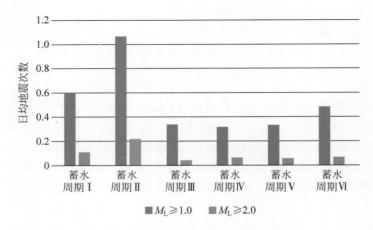

图 5-13　近库区不同蓄水周期日均地震次数

Ⅱ。此外,在蓄水周期Ⅲ、蓄水周期Ⅳ和蓄水周期Ⅴ发生的地震的震级相对较低。在蓄水周期Ⅵ,地震的发生频率有所回升。相比于其他区域,近库区地震在时间分布上集中度更高。集中发生在蓄水周期Ⅱ,说明在溪洛渡水库第一次将水位蓄到正常蓄水位 600m 高程的时期是地震发生频率最高的时期。

表 5-2 为溪洛渡近库区 $M_L \geqslant 1.0$ 地震震源深度分布统计数据,图 5-14 为溪洛渡近库区 $M_L \geqslant 1.0$ 地震不同震源深度占比的饼状图。从上述统计数据可以看出,地震的震源深度主要分布在 0~10km 范围内。分周期看,蓄水周期Ⅰ的地震的震源深度相比于其他蓄水周期发生的地震要浅。蓄水周期Ⅱ、蓄水周期Ⅳ和蓄水周期Ⅵ的震源深度相对较高。

表 5-2　溪洛渡近库区 $M_L \geqslant 1.0$ 地震震源深度分布

蓄水周期	震源深度/km	0~5	6~10	11~15	16~20	20~30
Ⅰ	次数	37	19	3	1	0
	占比/%	61.67	31.67	5.00	1.67	0.00
Ⅱ	次数	87	113	17	1	1
	占比/%	39.73	51.60	7.76	0.46	0.46

续表

蓄水周期	震源深度/km	0～5	6～10	11～15	16～20	20～30
Ⅲ	次数	17	21	5	0	0
	占比/%	39.53	48.84	11.63	0.00	0.00
Ⅳ	次数	16	12	3	0	0
	占比/%	51.61	38.71	9.68	0.00	0.00
Ⅴ	次数	10	22	0	1	0
	占比/%	30.30	66.67	0.00	3.03	0.00
Ⅵ	次数	15	14	3	1	0
	占比/%	45.45	42.42	9.09	3.03	0.00

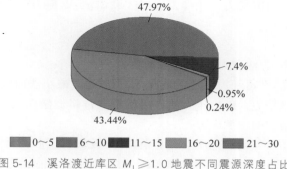

图 5-14 溪洛渡近库区 $M_L \geqslant 1.0$ 地震不同震源深度占比

4. 水库诱发地震的规律

地震在蓄水初期比较明显,之后放缓,然后又有所回升的原因可能是在蓄水初期,大量处于临界状态的断层由于水位的抬升,导致断层之间的水压力提高。由于有效应力原理,水压力垂直作用于断层表面,降低了断层之间的法向应力,进而降低断层之间的抗滑力,大量本来就处于临界状态的断层产生滑动,引发地震。之后地震频率减缓,是由于临界状态的断层已经在蓄水初期发生了地震,其他的断层处于地震孕育过程中。然后地震频率回升可能是水对断层面及断层岩体的软化作用,致使断层强度降低,断层产生蠕变变形、破裂、滑动,从而引发地震。

5.3.3 库岸变形与水库诱发地震机理分析

1. 水库诱发地震的原因

地震是指断层或断裂带上突然产生应力降,引起地壳快速释放能量所导致的振动现象[63]。对于地壳中的岩体,一般有两种情况可以产生突然的应力降:一种情况是地壳岩体自身产生的脆性破裂或断裂,另一种情况是地壳中断裂带、断层产生的黏滑现象[64]。但是很多研究者发现,完整岩石缺乏天然破裂面,所以能使完整岩石产生破裂的剪切力很高,远比已有断层、断裂带或者其他结构面产生黏滑的难度要大,故多数浅源地震是由已有断层的黏滑引起的[65]。地震发生的必要条件如下:一是地壳部分板块大规模的缓慢移动,造成地壳中岩体的应力逐渐增加;二是地壳中的岩体有相应的刚度和弹性可以储存积累的应变能；三是地壳岩体中存在相对薄弱地带，如断层、断裂带等，当能量积蓄到一定程度后，薄弱带的强度无法承受这么高的应力，产生应力降，造成能量的释放，引发地震[66]。

目前，主流观点认为水库诱发地震的机制主要有以下 3 个方面，分别是库水荷载作用、库水的浸润弱化等物理化学作用和库水压力作用[56,67-70]。

库水荷载作用的观点认为大坝拦河蓄水，形成几十亿甚至上百亿立方米库容巨型水库，水库的重力将作为巨大的荷载作用于库底岩体，如果水库下方有隔水层，水库的水无法与隔水层以下的地下水传递静水压力，此时巨大的库水荷载将会以面力而不是渗透力或静水压力的形式作用于库底岩体。处于库水位上升期的库水荷载急剧增加，可能会导致处于临界平衡状态的断层受力增加而产生错动，进而引发地震。

岩石具有两种摩擦方式，分别是稳滑和黏滑[71]，虽然地震是由黏滑引起的，但是也要满足部分库仑摩擦定律：当滑动力大于摩擦力时才会滑动，摩擦力等于法向作用力与摩擦系数的乘积，即

$$fN - F_s < 0 \tag{5-10}$$

其中，f 为摩擦系数；N 为法向力；F_s 为滑动力。

如果断层发生滑动，在滑动力不变的情况下，可以通过减小法向作用力和降低摩擦系数的方式使滑动力大于摩擦力。库水压力的作用就是通过降低法向压力的方式诱发地震的，是蓄水初期引发水库地震的主要原因之一。

高拱坝所在的高山峡谷地区地质条件复杂，受到板块挤压和高地应力影响，断层发育，岩体破碎，为水的渗透提供了良好的渗透通道。如果原断层此前就处于充水状态，水库蓄水以后会形成几百米的水头增量垂直作用于断层表面，降低断层表面的法向作用力，进而降低断层的摩擦力。如果此断层处于临界平衡状态，摩擦力的降低可能会使摩擦力不足以抵抗断层的滑动力，造成断层的错动，进而引发地震。如果断层处于不与外界地下水相贯通的状态，水库高水头产生的水力劈裂现象可能会打开新的渗流通道，使断层与外界地下水相贯通，进而增加几千米甚至上万米的水头静水压力，降低断层的抗剪强度，从而造成断层滑动，引发地震。

另一个使滑动力大于摩擦力的方法就是降低摩擦系数，需要通过水的浸润、软化等物理化学作用。天然状态的地下水中含有各种离子和有机物，是一种复杂的化学溶液。断层面的粗糙度决定了断层的摩擦系数，断层面的一些凸起会增加断层面的粗糙度，进而增加断层的摩擦系数，往往越是尖锐的凸起越能增加摩擦系数。但是越是尖锐的凸起越容易与水发生化学反应，水的化学作用会使断层表面趋于光滑，使摩擦系数降低。此外，水中的离子可能会与断层面的离子产生交换，腐蚀断层表面岩体，使其强度降低，丧失承载能力，而维持断层表面的摩擦系数需要断层表面岩体具有很高的强度。

2. 快速响应型与滞后响应型

水库诱发地震分为快速响应型和滞后响应型两种。快速响应型地震是指在水库蓄水后短时间内就发生的地震；滞后响应型地震是指地震的发生时间与蓄水有明显的时间间隔，有滞后现象。快速响应地震的震级一般较低，震源深度较小。

产生快速响应型地震的原因主要有如下几个方面。

（1）库水荷载的作用。库水荷载可能会改变处于临界状态的浅层断层、断裂带的受力方向和受力大小，进而产生断层的滑动，诱发地震。由于这种地震是由库水荷载引起的，岩

体就可以作为传力介质，不需要库水流到断层面，只要库水荷载达到临界值就可以发生，所以响应较快，延迟较小。

（2）库水压力作用。根据裂隙岩体非饱和有效应力原理[6,42]，岩体中的断层、裂隙、节理等结构面透水性好，其渗透系数要比岩体等孔隙介质高几个数量级。库水压力作用于断层表面，降低断层面的法向力，进而降低断层面的摩擦力，使临界状态的断层发生滑动，诱发地震。如果断层表面岩体属于比较软弱的岩体，遇水很快软化，快速响应型地震也有可能是断层面软化导致摩擦系数降低引起的。

一般来说，相比于快速响应型地震，滞后响应型地震的震级更高，震源深度更深。滞后响应型地震主要有以下两个原因。

（1）水虽然含有复杂的化学物质，但是自然界的水中化学物质的浓度都很低，水与岩石的化学反应是个很漫长的过程。由于岩体介质的渗透性要远小于裂隙介质，未饱和的断层表面岩体的屈服准则的改变也是个很漫长的过程。如果这些断层不是处于临界状态，库水压力造成的断层面法向力的减小尚不能造成断层滑动，则该断层不会产生快速响应型地震，在未来可能会发生滞后响应型地震。

（2）虽然快速响应型地震震级较小，震源较浅，但是这些小地震可能会贯通地壳浅层的节理面，从而形成新的渗水通道，将库水输送到更深部的岩体中，向更深的断层传递库水压力，软化和润滑深部岩体，从而引发震源更深处、震级更大的地震[56]。这种地震需要快速响应型地震为其打通渗流通道，所以也要滞后于蓄水期，形成滞后响应型地震。

3. 库岸变形和水库诱发地震相关性分析

高拱坝蓄水以后的库岸变形和水库诱发地震现象的原因均和水库蓄水后库水对岩体的作用有关，库岸变形的机理和水库诱发地震的机理存在相关性，水库诱发的地震也可能是产生库岸滑坡的前兆，Vajont 水库从下闸蓄水到发生事故前就曾观测到大量的地震。有学者认为正是水库诱发的地震扰乱了断层的平衡状态，进而引发 Vajont 水库库岸大体积的滑坡，造成了重大的人员伤亡事故。

水库蓄水后库岸变形和水库诱发地震现象都主要发生在蓄水初期。溪洛渡 VD03 谷幅测线从 2013 年 5 月 4 日下闸蓄水到 2017 年 12 月 31 日，累计谷幅收缩量为 79.66mm，其中最大谷幅收缩为 79.77mm，出现在 2017 年 12 月 7 日。选取 VD03 测线作为代表，统计溪洛渡拱坝自 2013 年 5 月 4 日下闸蓄水到 2017 年 12 月 31 日的谷幅累计变形量占总变形量的百分比与时间的关系。作为对比，统计溪洛渡拱坝自 2013 年 5 月 4 日下闸蓄水到 2017 年 12 月 31 日的近库区地震累计发生次数占在此期间发生的总地震次数的百分比与时间的关系。

表 5-3 为谷幅收缩量和近库区地震发生次数累计占比与时间关系的统计表，图 5-15 是谷幅收缩量和近库区地震发生次数累计占比与水位关系图。从中可以看出，在蓄水初期，地震的发生频率和谷幅收缩速度较快，近 60% 的谷幅收缩量是在前 40% 的时间内发生的；在前 40% 的时间内，地震发生的次数占地震总发生次数的比例更是高达 66.34%，近 80% 的地震是在前 50% 的时间内发生的。地震的累计曲线分为三个阶段，分别是两个匀速增长阶段和一个加速增长阶段，第二个匀速增长阶段的地震频率要小于第一个匀速增长阶段。谷幅收缩速度则随时间的增长而降低。

表 5-3　谷幅收缩量和近库区地震发生次数累计占比与时间关系　　　　%

时间累计占比	近库区地震次数累计占比	VD03 谷幅收缩累计占比
0.00	0.00	0.00
10.00	10.68	18.11
20.00	18.93	35.44
30.00	40.13	47.32
40.00	66.34	59.47
50.00	79.13	67.78
60.00	84.14	79.00
70.00	87.70	80.93
80.00	93.37	91.61
90.00	95.63	94.62
100.00	100.00	99.86

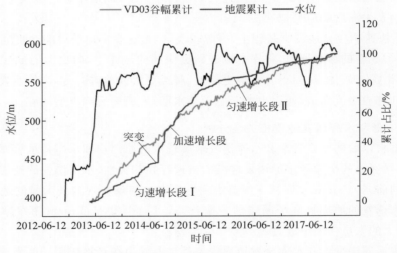

图 5-15　谷幅收缩量和近库区地震发生次数累计占比与水位关系图

5.4　考虑水影响的非线性蠕变损伤模型及数值实现

5.4.1　水对岩石变形和强度的影响

岩土工程材料,特别是岩石,具有时效变形的力学特性。其时效变形与荷载等级、非弹性变形有密切关系,同时也是时间的函数。岩石的蠕变过程一般可以分为 3 个阶段:初始蠕变阶段(或称为过渡蠕变)、稳态蠕变阶段(或称为第二阶段蠕变、定常蠕变)和加速蠕变阶段(或称为第三阶段蠕变)。

在工程实践中,岩体往往并不处于干燥的状态,如水库边坡受库水位影响,地下洞室受地下水影响等。这些岩体泡水后,水对其变形、强度等都有一定的影响。

水对岩石的弱化一般包括物理化学作用和力学作用。对于盐岩等一些岩石,遇水后物理化学作用非常显著,水的影响难以用力学模型来描述[72]。对于普通的岩石,特别是杂质少、强度较高的岩石,其中可溶于水的离子较少,水对这些岩石的影响就可以用力学模型来描述。

1. 水对变形的影响

对于岩石等多孔隙介质,考虑线弹性各向同性恒温的情况,Biot 给出的饱和情况应力应变关系为[73]

$$\varepsilon_{ij} = \frac{s_{ij}}{2G} + \frac{\delta_{ij}}{3}\left(\frac{\sigma_{kk}}{3K} - \frac{p_0}{H}\right) \tag{5-11}$$

其中,ε_{ij} 为应变分张量;s_{ij} 为偏应力分张量,$s_{ij} = \sigma_{ij} - \sigma_{kk}\delta_{ij}/3$;$\delta_{ij}$ 为 Kronecker 符号。成对出现的指标,除特殊说明外,均符合爱因斯坦求和约定。G 为剪切模量;K 为体积模量;p_0 为对应变有效的水压力;H 为 Biot 引入的一个有效模量。

根据式(5-11),对于体积应变 θ,有

$$\theta = \varepsilon_{kk} = \frac{\sigma_{kk}}{3K} - \frac{p_0}{H} = \frac{1}{K}\left(\frac{\sigma_{kk}}{3} - Bp_0\right) \tag{5-12}$$

其中,B 为 Biot 系数,$B = K/H$。

因此,体积应变可以表示为应力球张量和孔隙压力的线性函数。如果定义 $\langle p \rangle$ 为[74]

$$\langle p \rangle = \frac{\sigma_{kk}}{3} - Bp_0 \tag{5-13}$$

则对于考虑孔隙水压力的情况,体积应变也还是体积模量 K 和 $\langle P \rangle$ 的线性函数。Nur 和 Byerlee 采用上述的推导方法,实际上和 Terzaghi 有效应力原理[75]、Biot 三维固结理论[73,76]是一致的。如果引入 Biot 三维饱和孔隙介质本构关系,则有

$$\langle \sigma_{ij} \rangle = \sigma_{ij} - Bp_0\delta_{ij} \tag{5-14}$$

为方便表述,将考虑孔隙水压力的应力状态表示为 $\langle \sigma \rangle$。

式(5-11)可以改写为

$$\varepsilon_{ij} = \frac{s_{ij}}{2G} + \frac{\delta_{ij}}{3}\frac{\langle \sigma_{kk} \rangle}{3K} \tag{5-15}$$

对于有效模量 H,有[77]

$$\frac{1}{K} - \frac{1}{H} = \frac{1}{K_s} \tag{5-16}$$

其中,K_s 为固相的体积模量[78,79]。

从式(5-15)可以看出,考虑孔隙水压力后,岩石等多孔隙介质其线弹性本构关系,和不考虑孔隙水压力的情况,形式上是一致的,仅是在应力球张量考虑了孔隙水压力的影响。

2. 水对强度的影响

Hubbert 引入有效应力的概念到 Mohr-Coulomb 准则中,用于描述组织间隙的水压力对逆掩断层滑动的影响,指出随着水压力逐渐增大,断层剪切强度将逐渐降低[80]:

$$\tau_{crit} = \sigma\tan\varphi = (\sigma_N - p_0)\tan\varphi \tag{5-17}$$

其中,τ_{crit} 为抗剪强度;σ_N 为正应力;φ 为内摩擦角。

Fillunger 最早提出在本构方程中,应该采用有效应力计算,而不是采用总应力[81]。对

于目前岩土材料常用的 Drucker-Prager 准则,考虑有效应力的影响可得[82]

$$f(\sigma) = \alpha(p(\sigma) + 3Bp_0) + q(\sigma) - k \leqslant 0 \tag{5-18}$$

其中,$p(\sigma) = I_1 = \sigma_{kk}$;$q(\sigma) = \sqrt{J_2} = \sqrt{s_{ij}s_{ij}/2}$;$\alpha$ 和 k 是根据材料的内摩擦角 φ 和黏聚力 c,通过拟合 Mohr-Coulomb 准则得到的[83]。水压力的影响,使屈服面收缩,在 π 平面上的半径减小,材料更容易进入屈服状态。

5.4.2　考虑水影响的非线性蠕变损伤模型

1. 考虑水影响的弹-黏弹模型

弹-黏弹模型采用经典的组合元件模型,即弹性体和 Kelvin 模型串联而成,如图 5-16 所示。Kelvin 体可以根据需要串联多个,用于模拟复杂情况,或者需要更精确模拟时。

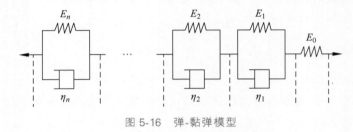

图 5-16　弹-黏弹模型

线弹性本构关系如式(5-15)所示。对于黏弹性模型,在一维情况下,其黏弹性应变率公式为[84]

$$\dot{\varepsilon}^{\text{ve}} = \sum_{i=1}^{n} \frac{1}{\eta_i}\sigma - \frac{E_i}{\eta_i}\varepsilon^{\text{ve}} \tag{5-19}$$

其中,$\dot{\varepsilon}^{\text{ve}}$ 为黏弹性应变率;η_i 为第 i 个元件的黏弹性黏滞系数;E_i 为第 i 个元件的黏弹性模量。

推广到三维情况,并考虑孔隙水压力对球张量的影响,将式(5-14)代入,则黏弹性应变率为[85]

$$\dot{\boldsymbol{\varepsilon}}^{\text{ve}} = \left(\sum_{i=1}^{n} \frac{1}{\eta_i}\boldsymbol{A}\right)\langle\boldsymbol{\sigma}\rangle - \sum_{i=1}^{n} \frac{E_i}{\eta_i}\boldsymbol{\varepsilon}^{\text{ve}} \tag{5-20}$$

其中,$\boldsymbol{A}$ 为常数矩阵,仅跟泊松比有关。一般,假定黏弹性泊松比等于弹性泊松比,并且不随时间变化,则三维情况常数矩阵 $\boldsymbol{A}$ 为

$$\boldsymbol{A} = \begin{bmatrix} 1 & -\mu & -\mu & 0 & 0 & 0 \\ & 1 & -\mu & 0 & 0 & 0 \\ & & 1 & 0 & 0 & 0 \\ & & & 2(1+\mu) & 0 & 0 \\ & \text{对称} & & & 2(1+\mu) & 0 \\ & & & & & 2(1+\mu) \end{bmatrix} \tag{5-21}$$

下面简要分析水对黏弹性蠕变的影响。考虑一维 Kelvin 模型,对于施加常应力的情况,其黏弹性应变的最大值为

$$\varepsilon^{\mathrm{ve}} = \sigma/E_1 \tag{5-22}$$

若将 σ 替换为 $\langle\sigma\rangle$,则可以得到黏弹性应变和应力、孔隙水压力的关系:

$$\varepsilon^{\mathrm{ve}} = \langle\sigma\rangle/E_1 = (\sigma - Bp_0)/E_1 \tag{5-23}$$

显然,随着孔隙水压力增大,黏弹性应变最大值也随之增大。对于黏弹性应变速率,也有类似的结果,即

$$\dot{\varepsilon}^{\mathrm{ve}}(0) = \langle\sigma\rangle/\eta_1 = (\sigma - Bp_0)/\eta_1 \tag{5-24}$$

其中,$\dot{\varepsilon}^{\mathrm{ve}}(0)$ 为初始时刻黏弹性应变率。显然,孔隙水压力越大,则黏弹性应变速率越大。

2. 考虑水影响的黏塑性模型

黏塑性模型采用基于过应力的经典黏塑性模型——Duvaut-Lions 模型,三维情况下,其黏塑性应变率为

$$\dot{\boldsymbol{\varepsilon}}^{\mathrm{vp}} = \gamma^{\mathrm{vp}}\boldsymbol{C} : (\boldsymbol{\sigma} - \bar{\boldsymbol{\sigma}}) = \gamma^{\mathrm{vp}}\Delta\lambda\,\frac{\partial g(\boldsymbol{\sigma})}{\partial \bar{\boldsymbol{\sigma}}} \tag{5-25}$$

其中,γ^{vp} 为黏塑性流动系数;$\boldsymbol{C}$ 为柔度张量;$f(\boldsymbol{\sigma})$ 为屈服函数;$g(\boldsymbol{\sigma})$ 为塑性势函数;$\Delta\lambda$ 为塑性乘子,是大于 0 的标量。$\Delta\bar{\boldsymbol{\sigma}} = \boldsymbol{\sigma} - \bar{\boldsymbol{\sigma}}$ 为过应力,如图 5-17 所示。

屈服准则采用 Drucker-Prager 准则,如式(5-18)所示。α、k 拟合方式如下[86]。

(1) 对于连接 Mohr-Coulomb 准则内部 3 个顶点的外接圆,则有

$$\alpha = \frac{2\sin\varphi}{\sqrt{3}\,(3 - \sin\varphi)}, \quad k = \frac{6c\cos\varphi}{\sqrt{3}\,(3 - \sin\varphi)} \tag{5-26a}$$

(2) 对于连接 Mohr-Coulomb 准则外部 3 个顶点的外接圆,则有

$$\alpha = \frac{2\sin\varphi}{\sqrt{3}\,(3 + \sin\varphi)}, \quad k = \frac{6c\cos\varphi}{\sqrt{3}\,(3 + \sin\varphi)} \tag{5-26b}$$

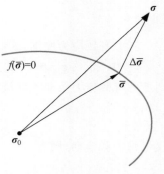

图 5-17 过应力示意图

其中,α、k 取为两个外接圆的平均值。

对于 Drucker-Prager 准则,其塑性势函数为

$$g(\boldsymbol{\sigma}) = \beta p(\boldsymbol{\sigma}) + q(\boldsymbol{\sigma}) \tag{5-27}$$

其中,β 为膨胀因子,当 $\beta \neq \alpha$ 时为非关联流动,$\beta = \alpha$ 时为关联流动。

塑性势梯度为

$$\boldsymbol{m} = \frac{\partial g(\boldsymbol{\sigma})}{\partial \boldsymbol{\sigma}} = \beta\boldsymbol{I} + \frac{\boldsymbol{s}}{2q} \tag{5-28}$$

其中,$\boldsymbol{I}$ 为二阶单位张量。

根据积分中值定理,弹塑性情况下增量形式流动法则为[87]

$$\Delta\boldsymbol{\varepsilon}^p = \Delta\lambda\boldsymbol{m}\,\big|_{\boldsymbol{\sigma}=\boldsymbol{\sigma}^m} \tag{5-29}$$

因此,过应力与屈服应力的关系为

$$\bar{\boldsymbol{\sigma}} = \boldsymbol{\sigma} - \boldsymbol{D} : \Delta\boldsymbol{\varepsilon}^p = \boldsymbol{\sigma} - \Delta\lambda\boldsymbol{D} : \boldsymbol{m}\,\big|_{\boldsymbol{\sigma}=\boldsymbol{\sigma}^m} = \boldsymbol{\sigma} - \Delta\lambda\boldsymbol{D} : \left(\beta\boldsymbol{I} + \frac{\boldsymbol{s}}{2q(\boldsymbol{\sigma})}\right)\big|_{\boldsymbol{\sigma}=\boldsymbol{\sigma}^m} \tag{5-30}$$

式(5-30)可分解为

$$\begin{cases} \bar{p} = p - 3\Delta\lambda K\beta \\ \bar{q} = q - \Delta\lambda G\, \dfrac{s}{2q}\big|_{\sigma=\sigma^m} \end{cases} \tag{5-31}$$

这说明,静水压力和应力偏量的调整是相互独立的,但调整的幅度一致,均为 $\Delta\lambda$。

对于式(5-29)的塑性势梯度,需要采用一定的积分策略来确定,这里采用的是最近点投影法[88],即令 $\sigma^m = \sigma$,则式(5-26)可分解为

$$\dot{\varepsilon}^{\mathrm{vp}} = \gamma^{\mathrm{vp}}\left(\frac{s}{2G} + \frac{p}{9K} - \frac{\bar{s}}{2G} - \frac{\bar{p}}{9K}\right) = \gamma^{\mathrm{vp}}\Delta\lambda\,\frac{\partial g}{\partial \sigma} \tag{5-32}$$

因此,由式(5-29)和式(5-32)可得

$$\begin{cases} \bar{p} = p - 9\beta K\Delta\lambda \\ \bar{s} = s\left(1 - \dfrac{\Delta\lambda G}{q}\right) \\ \bar{q} = \sqrt{\bar{s}:\bar{s}/2} = \left(1 - \dfrac{\Delta\lambda G}{q}\right)\sqrt{s:s/2} = q - \Delta\lambda G \end{cases} \tag{5-33}$$

代入 $f(\bar{\sigma}) = \alpha p(\bar{\sigma}) + q(\bar{\sigma}) - k = 0$ 中,可得

$$\Delta\lambda = \frac{f(\sigma)}{9\alpha\beta K + G} \tag{5-34}$$

考虑有效应力原理,式(5-25)可以改写为

$$\dot{\varepsilon}^{\mathrm{vp}} = \gamma^{\mathrm{vp}} C : [\sigma - (\bar{\sigma} + B p_0 I)] = \gamma^{\mathrm{vp}} C : [(\sigma - B p_0 I) - \bar{\sigma}] \tag{5-35}$$

则考虑有效应力及非关联流动的 Duvaut-Lions 模型的解析解为

$$\dot{\varepsilon}^{\mathrm{vp}} = \gamma^{\mathrm{vp}}\, \frac{f(\sigma - B p_0 I)}{9\alpha\beta K + G}\, \frac{\partial g}{\partial \langle \sigma \rangle} \tag{5-36}$$

仅考虑关联流动,则有

$$\dot{\varepsilon}^{\mathrm{vp}} = \gamma^{\mathrm{vp}}\, \frac{f(\sigma - B p_0 I)}{9\alpha^2 K + G}\, \frac{\partial f}{\partial \langle \sigma \rangle} \tag{5-37}$$

孔隙水压力对黏塑性变形的影响,主要体现在对屈服准则的影响。孔隙水压力导致屈服面收缩,过应力增大,从而使得黏塑性蠕变速率增大。

3. 基于过应力的非线性损伤模型

Abu Al-Rub 等[89-91]提出了一个考虑黏弹、黏塑性应变和损伤驱动力的损伤变量函数,即

$$\dot{\phi} = \Gamma^{\mathrm{d}}\left[\frac{Y}{Y_0}\right]^q \exp(h\bar{\varepsilon}) G(T) \tag{5-38}$$

其中,$\dot{\phi}$ 是损伤变量变化率;Γ^{d} 为损伤黏滞系数;h、q 均为材料参数;Y 为名义面积上的损伤驱动力;Y_0 为参考状态下的损伤驱动力;$\bar{\varepsilon}$ 为等效黏性应变,$\bar{\varepsilon} = \sqrt{\bar{\varepsilon}:\bar{\varepsilon}}$,其中 $\bar{\varepsilon} = \bar{\varepsilon}^{\mathrm{ve}} + \bar{\varepsilon}^{\mathrm{vp}}$,为有效面积上总黏弹性应变和黏塑性应变之和;$G(T)$ 为温度变化函数。

Abu Al-Rub 和 Voyiadjis[92]证明 $-Y$ 是损伤变量 ϕ 的热力学共轭力,是损伤成核和拓展过程中所必需的能量释放率。如果采用 Drucker-Prager 准则,则损伤驱动力可以表示为

$$Y = \alpha I_1 + \sqrt{J_2} \tag{5-39}$$

若用有效面积上的损伤驱动力 $\bar{Y}$ 代替名义面积上的损伤驱动力 Y,可得

$$\dot{\phi} = \Gamma^{\mathrm{d}} \left[\frac{Y(1-\phi)^2}{Y_0} \right]^q \exp(h\bar{\varepsilon}) G(T) \tag{5-40}$$

该损伤变量函数的特点是既能表征损伤与应变指数关系,又能反映应力峰值对损伤破坏的影响。然而,由于该函数是 Abu Al-Rub 等为了拟合沥青的蠕变特性提出的,而且也只进行了沥青蠕变试验验证。因此,该函数比较适用于沥青材料,而与岩石的蠕变特性不一致,不适宜直接应用。主要的问题有以下两点。

(1) 等效黏性应变耦合了黏弹性应变

对于沥青材料,黏弹性变形与损伤耦合显著,然而,对于岩石材料来说,损伤与应变耦合中应该主要考虑黏塑性变形的影响。因此,本节中提出使用等效黏塑性应变来表征损伤变量中的应变部分,则等效黏性应变分量改写为

$$\bar{\varepsilon} = \sqrt{2/3 \times \bar{\boldsymbol{\varepsilon}}^{\mathrm{vp}} : \bar{\boldsymbol{\varepsilon}}^{\mathrm{vp}}} \tag{5-41}$$

(2) 模型需要确定某级荷载作为参考状态

该模型中,Y_0 为参考状态下的损伤驱动力,需要先进行某一荷载等级下的加速蠕变试验,该荷载等级即为 Y_0 的取值。对于实验室内制备的沥青材料,材料的制备和试件的物理力学性质比较容易控制,离散性较小。而对于天然的岩石试件,离散性大,同时也难以保证每次试验严格一致,因此,任意选定的一个参考状态来确定损伤驱动力,存在较大的误差。

考虑到岩石主要考虑黏塑性变形,选取基于过应力的经典黏塑性模型来描述岩石的黏塑性变形,对于不同的应力状态,有不同的过应力量值。因此,采用过应力作为损伤驱动力。在不考虑温度变化的情况下,损伤变量率形式为

$$\dot{\phi} = \Gamma^{\mathrm{d}} \left[\frac{\bar{Y}(\boldsymbol{\sigma} - \bar{\boldsymbol{\sigma}})(1-\phi)^2}{Y(\bar{\boldsymbol{\sigma}})} \right]^q \exp(h\bar{\varepsilon}) \tag{5-42}$$

显然,在 Drucker-Prager 准则下,有 $Y(\bar{\boldsymbol{\sigma}}) = k$。再考虑孔隙水压力影响,则可得考虑孔隙水压力的非线性损伤变量函数为

$$\dot{\phi} = \Gamma^{\mathrm{d}} \left[\frac{\bar{Y}(\boldsymbol{\sigma} - Bp_0\boldsymbol{I} - \bar{\boldsymbol{\sigma}})(1-\phi)^2}{k} \right]^q \exp(h\bar{\varepsilon}) \tag{5-43}$$

求出损伤变量后,需要根据连续损伤力学中损伤有效应力的概念,将损伤和流变本构关系耦合起来。损伤有效应力计算公式为

$$\boldsymbol{\sigma}^{\mathrm{d}} = \frac{\boldsymbol{\sigma}}{(1-\phi)^2} \tag{5-44}$$

事实上,基于小变形假设和各向同性损伤假设,可以忽略在名义截面和有效截面上的应变差值,即认为名义截面上的弹性、黏弹性、黏塑性应变等于它们对应的有效截面的弹性、黏弹性、黏塑性应变,即

$$\boldsymbol{\varepsilon}^{\mathrm{e}} = \bar{\boldsymbol{\varepsilon}}^{\mathrm{e}}, \quad \boldsymbol{\varepsilon}^{\mathrm{ve}} = \bar{\boldsymbol{\varepsilon}}^{\mathrm{ve}}, \quad \boldsymbol{\varepsilon}^{\mathrm{vp}} = \bar{\boldsymbol{\varepsilon}}^{\mathrm{vp}} \tag{5-45}$$

其中,$\boldsymbol{\varepsilon}^{\mathrm{e}}$、$\boldsymbol{\varepsilon}^{\mathrm{ve}}$、$\boldsymbol{\varepsilon}^{\mathrm{vp}}$ 分别为名义截面上的弹性、黏弹性、黏塑性应变;$\bar{\boldsymbol{\varepsilon}}^{\mathrm{e}}$、$\bar{\boldsymbol{\varepsilon}}^{\mathrm{ve}}$、$\bar{\boldsymbol{\varepsilon}}^{\mathrm{vp}}$ 分别为有效截面的弹性、黏弹性、黏塑性应变。

这样,将式(5-44)的损伤有效应力和式(5-45)的损伤有效应变代入本构关系中,即可实现损伤和流变的耦合。

4. 蠕变损伤模型的特点

1）考虑水影响的蠕变模型

考虑水影响的蠕变模型有以下几个特点。

（1）反映了水对黏弹性变形上限和黏弹性变形速率的影响。

（2）采用经典黏塑性模型，具有理论基础完备；物理意义明确，且参数简单；有比较明确的变形驱动力等特点。

（3）采用 Drucker-Prager 准则作为屈服函数，能反映静水压力对岩体屈服特性、水对岩体屈服特性的影响。

2）考虑水影响的非线性损伤模型

损伤变量函数有以下几个特点。

（1）反映了损伤与黏塑性应变的指数关系，即

$$\dot{\phi} \propto \exp(h\bar{\varepsilon}) \tag{5-46}$$

（2）反映了荷载峰值对损伤破坏的影响，即

$$\dot{\phi} \propto \frac{\overline{Y}(\boldsymbol{\sigma} - \bar{\boldsymbol{\sigma}})}{k} \tag{5-47}$$

（3）损伤驱动力 Y 采用过应力来表征，说明了过应力是损伤演化的内在驱动力。

（4）$-Y$ 是损伤变量 ϕ 的热力学共轭力，是损伤成核和拓展过程中所必需的能量释放率。因此，损伤模型从材料层次反映了蠕变过程中材料的能量耗散。

（5）通过损伤有效应力和损伤有效应变，可以方便地实现损伤和流变的耦合。

（6）孔隙水压力的影响体现在屈服面的收缩，使过应力增大，导致损伤演化率增大。

5.4.3　数值实现

1. 基于 Duvaut-Lions 模型解析解的黏塑性本构积分

在 Δt 时段内，总应变增量为

$$\{\Delta\bar{\boldsymbol{\varepsilon}}_n\} = \{\Delta\bar{\boldsymbol{\varepsilon}}_n^{\mathrm{e}}\} + \{\Delta\bar{\boldsymbol{\varepsilon}}_n^{\mathrm{ve}}\} + \{\Delta\bar{\boldsymbol{\varepsilon}}_n^{\mathrm{vp}}\} \tag{5-48}$$

其中，$\{\Delta\bar{\boldsymbol{\varepsilon}}_n\}$ 为有效总应变增量；$\{\Delta\bar{\boldsymbol{\varepsilon}}_n^{\mathrm{e}}\}$、$\{\Delta\bar{\boldsymbol{\varepsilon}}_n^{\mathrm{ve}}\}$、$\{\Delta\bar{\boldsymbol{\varepsilon}}_n^{\mathrm{vp}}\}$ 分别为弹性、黏弹性、黏塑性有效应变增量。本节中，为表述方便，应变、应力均采用向量形式表示。其中，黏弹性有效应变增量为

$$\{\Delta\bar{\boldsymbol{\varepsilon}}^{\mathrm{ve}}\} = \left[\left(\sum_{i=1}^{n}\frac{1}{\eta_i}\boldsymbol{A}\right)\langle\langle\boldsymbol{\sigma}^{\mathrm{d}}\rangle\rangle - \sum_{i=1}^{n}\frac{E_i}{\eta_i}\{\bar{\boldsymbol{\varepsilon}}^{\mathrm{ve}}\}\right]\Delta t \tag{5-49}$$

在 Δt 时段内，$\{\Delta\bar{\boldsymbol{\varepsilon}}_n^{\mathrm{vp}}\}$ 的增量为[93,94]

$$\{\Delta\bar{\boldsymbol{\varepsilon}}_n^{\mathrm{vp}}\} = [(1-\xi)\{\dot{\bar{\boldsymbol{\varepsilon}}}_n^{\mathrm{vp}}\} + \xi\{\dot{\bar{\boldsymbol{\varepsilon}}}_{n+1}^{\mathrm{vp}}\}] \tag{5-50}$$

当 $\xi = 0$ 时，为显示的积分方法；当 $\xi = 1$ 时，为全隐式的积分方法；当 $\xi = 0.5$ 时，为隐式梯形法。后两种积分方法，式(5-50)是无条件稳定的。

$\{\dot{\bar{\boldsymbol{\varepsilon}}}_{n+1}^{\mathrm{vp}}\}$ 可由 Taylor 展开来确定，即

$$\{\dot{\bar{\boldsymbol{\varepsilon}}}_{n+1}^{\mathrm{vp}}\} = \{\dot{\bar{\boldsymbol{\varepsilon}}}^{\mathrm{vp}}\}\Delta t_n + \boldsymbol{H}_n\{\Delta\langle\boldsymbol{\sigma}^{\mathrm{d}}\rangle\} \tag{5-51}$$

其中，$\boldsymbol{H}_n = \partial\{\dot{\bar{\boldsymbol{\varepsilon}}}_n^{\mathrm{vp}}\}/\partial\{\langle\boldsymbol{\sigma}^{\mathrm{d}}\rangle\}$，$\{\langle\boldsymbol{\sigma}_n^{\mathrm{d}}\rangle\}$、$\{\langle\Delta\boldsymbol{\sigma}_n^{\mathrm{d}}\rangle\}$ 分别为损伤有效应力和损伤有效应力增量。

令 $\boldsymbol{C}_n = \xi\Delta t_n\boldsymbol{H}_n$，则黏塑性有效应变增量为

$$\{\bar{\boldsymbol{\varepsilon}}_n^{vp}\} = \{\dot{\bar{\boldsymbol{\varepsilon}}}_n^{vp}\}\Delta t_n + \boldsymbol{C}_n\{\Delta\langle\boldsymbol{\sigma}_n^d\rangle\} \tag{5-52}$$

Δt 时段内,应力的增量形式为

$$\{\Delta\langle\boldsymbol{\sigma}_n^d\rangle\} = \boldsymbol{D}(\{\Delta\bar{\boldsymbol{\varepsilon}}_n\} - \{\Delta\bar{\boldsymbol{\varepsilon}}_n^{ve}\} - \{\Delta\bar{\boldsymbol{\varepsilon}}_n^{vp}\}) \tag{5-53}$$

代入黏塑性有效应变增量可得

$$\{\Delta\langle\boldsymbol{\sigma}_n^d\rangle\} = \widehat{\boldsymbol{D}}_n(\{\Delta\bar{\boldsymbol{\varepsilon}}_n\} - \{\Delta\bar{\boldsymbol{\varepsilon}}_n^{ve}\} - \{\dot{\bar{\boldsymbol{\varepsilon}}}_n^{vp}\}\Delta t_n) \tag{5-54}$$

其中,$\widehat{\boldsymbol{D}}_n$ 为黏塑性矩阵,其表达式为

$$\widehat{\boldsymbol{D}}_n = (\widehat{\boldsymbol{D}}_n + \boldsymbol{C}_n)^{-1} \tag{5-55}$$

因此,总损伤有效应力为

$$\{\langle\boldsymbol{\sigma}_{n+1}^d\rangle\} = \{\langle\boldsymbol{\sigma}_n^d\rangle\} + \{\Delta\langle\boldsymbol{\sigma}_n^d\rangle\} \tag{5-56}$$

$\boldsymbol{H}_n$ 是根据 Duvaut-Lions 模型的解析解求得,考虑关联流动 Duvaut-Lions 模型的解析解,即

$$\boldsymbol{H}_n = \frac{\partial\{\dot{\bar{\boldsymbol{\varepsilon}}}_n^{vp}\}}{\partial\{\langle\boldsymbol{\sigma}_n^d\rangle\}} = \frac{\gamma^{vp}}{9\alpha^2 K + G}\left[\left\langle\frac{\partial f}{\partial\boldsymbol{\sigma}_n^d}\right\rangle\left\langle\left\langle\frac{\partial f}{\partial\boldsymbol{\sigma}_n^d}\right\rangle\right\rangle^T + f(\langle\boldsymbol{\sigma}\rangle)\left\langle\frac{\partial^2 f}{\partial(\boldsymbol{\sigma}_n^d)^2}\right\rangle\right] \tag{5-57}$$

令

$$\boldsymbol{M}_1 = \left\langle\frac{\partial f}{\partial\boldsymbol{\sigma}_n^d}\right\rangle\left\langle\left\langle\frac{\partial f}{\partial\boldsymbol{\sigma}_n^d}\right\rangle\right\rangle^T \tag{5-58}$$

当屈服准则选取为 D-P 准则时,有

$$\left\{\frac{\partial f}{\partial\langle\boldsymbol{\sigma}^d\rangle}\right\} = \frac{\partial f}{\partial I_1}\left\{\frac{\partial I_1}{\partial\{\langle\boldsymbol{\sigma}^d\rangle\}}\right\} + \frac{\partial f}{\partial\sqrt{J_2}}\left\{\frac{\partial\sqrt{J_2}}{\partial\{\langle\boldsymbol{\sigma}^d\rangle\}}\right\} \tag{5-59}$$

其中,

$$\left\{\frac{\partial I_1}{\partial\{\langle\boldsymbol{\sigma}^d\rangle\}}\right\} = \{1,1,1,0,0,0\}^T \tag{5-60}$$

$$\left\{\frac{\partial J_2}{\partial\{\langle\boldsymbol{\sigma}^d\rangle\}}\right\} = \{s_x^d, s_y^d, s_z^d, 2\tau_{xy}^d, 2\tau_{yz}^d, 2\tau_{zx}^d\}^T \tag{5-61}$$

对于式(5-57)后一项,令

$$\frac{\partial^2 f}{\partial(\boldsymbol{\sigma}_n^d)^2} = \frac{1}{2\sqrt{J_2}}\boldsymbol{M}_2 - \frac{1}{4\sqrt{J_2^3}}\boldsymbol{M}_3 \tag{5-62}$$

则式(5-57)可改写为

$$\boldsymbol{H}_n = \frac{\gamma^{vp}}{9\alpha^2 K + G}\left[\boldsymbol{M}_1 + f(\langle\boldsymbol{\sigma}\rangle)\left(\frac{1}{2\sqrt{J_2}}\boldsymbol{M}_2 - \frac{1}{4\sqrt{J_2^3}}\boldsymbol{M}_3\right)\right] \tag{5-63}$$

其中,

$$\boldsymbol{M}_1 = \left\{\begin{array}{c}\alpha + s_x^d/2\sqrt{J_2}\\\alpha + s_y^d/2\sqrt{J_2}\\\alpha + s_z^d/2\sqrt{J_2}\\\tau_{xy}^d/\sqrt{J_2}\\\tau_{yz}^d/\sqrt{J_2}\\\tau_{zx}^d/\sqrt{J_2}\end{array}\right\}\times\left\{\begin{array}{c}\alpha + s_x^d/2\sqrt{J_2}\\\alpha + s_y^d/2\sqrt{J_2}\\\alpha + s_z^d/2\sqrt{J_2}\\\tau_{xy}^d/\sqrt{J_2}\\\tau_{yz}^d/\sqrt{J_2}\\\tau_{zx}^d/\sqrt{J_2}\end{array}\right\}^T \tag{5-64}$$

$$M_2 = \begin{bmatrix} 2/3 & -1/3 & -1/3 & 0 & 0 & 0 \\ & 2/3 & -1/3 & 0 & 0 & 0 \\ & & 2/3 & 0 & 0 & 0 \\ \text{对称} & & & 2 & 0 & 0 \\ & & & & 2 & 0 \\ & & & & & 2 \end{bmatrix} \tag{5-65}$$

$$M_3 = \begin{bmatrix} s_x^{\mathrm{d}} \\ s_y^{\mathrm{d}} \\ s_z^{\mathrm{d}} \\ 2\tau_{xy}^{\mathrm{d}} \\ 2\tau_{yz}^{\mathrm{d}} \\ 2\tau_{zx}^{\mathrm{d}} \end{bmatrix} \times \{ s_x^{\mathrm{d}}, s_y^{\mathrm{d}}, s_z^{\mathrm{d}}, 2\tau_{xy}^{\mathrm{d}}, 2\tau_{yz}^{\mathrm{d}}, 2\tau_{zx}^{\mathrm{d}} \} \tag{5-66}$$

求解损伤变化率应力驱动部分,需要用到 D-P 准则的解析解[88]

$$\boldsymbol{\sigma} - \bar{\boldsymbol{\sigma}} = n\boldsymbol{\sigma} - p\boldsymbol{I} + Bp_0\boldsymbol{I} \tag{5-67}$$

其中,

$$n = \frac{w\mu}{\sqrt{J_2}}, \quad p = -mw + \frac{1}{3}nI_1$$

$$m = \alpha(3\lambda + 2G), \quad w = \frac{f}{3\alpha m + G} \tag{5-68}$$

其中,λ 为拉梅常数,$\lambda = \mu E / [(1+\mu)(1-2\mu)]$。

2. 程序实现

程序实现基于 ABAQUS 的用户材料子程序(UMAT)完成,采用 FORTRAN 语言编写。程序流程图如图 5-18 所示。

5.4.4 蠕变试验及模型验证

对于岩体材料的流变试验及理论研究,国内外学者积累了大量的经验。特别是对盐岩的流变特性和流变模型的研究比较深入,取得的成果也非常丰富。随着水库高边坡等工程问题日益突出,也有越来越多的学者开始探究砂岩、大理岩等岩石遇水后的强度、力学特性,以及饱和岩石的蠕变特性、渗透系数等。从已有的研究成果来看,岩石的蠕变模型参数、渗透系数等都与孔隙水压力有非常密切的联系。

1. 试件制备及试验设备

选取河北省保定市开采的细砂岩作为试验原材料,所有试件按照国际岩石力学学会(International Society for Rock Mechanics,ISRM)的标准[95-97],加工成直径 50mm、高100mm 的圆柱体试件,如图 5-19 所示。该细砂岩呈浅红色,质地均一,无明显的杂质;颗粒较细,粒度均一;无明显的节理裂隙发育;试样在饱水后性质稳定,没有显著的物理化学反应发生。试验中,挑选表面平整度良好、密度接近的试样进行试验。对于所有进行饱水状态试

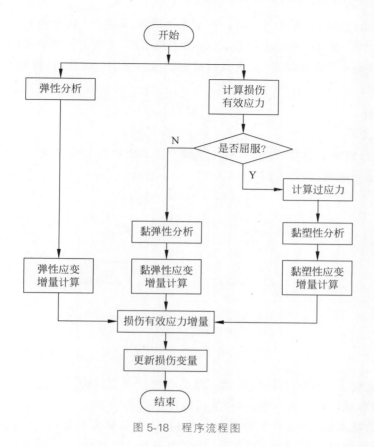

图 5-18 程序流程图

验的试样,均完全浸没于水中 15d 左右。由于试样微孔隙发育,可以认为试件达到饱和状态。

　　三轴试验示意图如图 5-20 所示。Schroeder 等[98]、Homand 和 Shao[99] 的研究成果表明,不同的液体,由于其黏滞系数不同,对岩体的强度等力学性质有很大的影响。本次试验中需要进行饱和试件的试验,并考虑孔隙水压力的影响。因此,为了避免液体本身性质的影

(a)　　　　　(b)

图 5-19　岩石试件

(a) 天然状态；(b) 饱和状态

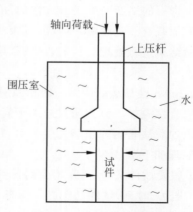

图 5-20　三轴试验示意图

响,所有三轴试验均采用水作为压力液。对于天然试件,根据《水利水电工程岩石试验规程》(SL/T 264—2020),试件采用防水措施,表面涂上防水胶,并套上一层防水的热缩套管[100]。对于饱和试件则不采取防水措施,试件直接浸泡在压力液中。因此,试件的孔隙水压力大小与围压大小一致。

2. 试验设计

1) 加载方式

目前,在进行蠕变试验时,普遍采用的加载方法大致可以分为两种:一种为单级加载,另一种为分级增量加载,如图 5-21 所示。

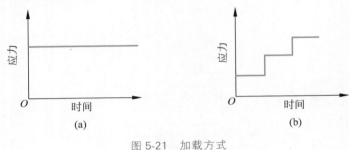

图 5-21　加载方式

(a) 单级加载；(b) 分级增量加载

(1) 单级加载:对单个试件,仅施加一级荷载进行蠕变试验。因此,为了保证试验结果的准确性,需要保证试验条件一致,试件的离散性小。

(2) 分级增量加载:对单个试件施加一级荷载,在其蠕变稳定后,再施加下一级荷载。采用这样的方法,能够用尽可能少的试件,得到更多的试验数据,并且能减小试件离散性、试验条件的影响。

对于天然岩石材料,由于其离散性是很难避免的,因此对于岩石蠕变试验,分级增量加载更为常用。砂岩蠕变试验就是采用分级增量加载。

2) 数据处理方式

由于岩石的蠕变一般是非线性的,前一级荷载对岩石产生的变形、损伤等会逐渐累加,对后续的加载有一定影响。因此,各级荷载试验的结果,不能直接叠加,需要采用特定的方法对试验结果进行处理。目前,比较常用的叠加方法主要有两种:Boltzman 叠加法和陈氏加载法。

Boltzman 叠加法认为每一级荷载对岩石蠕变的贡献是独立的,岩石的蠕变是线性的,蠕变变形直接叠加。该方法仅适用于岩石黏弹性稳定蠕变的情况。

陈氏加载法是由陈宗基先生提出,并由他的学生发展起来的岩土蠕变非线性叠加方法,其基本原理如下[101]。

(1) 假设试件从 $t=0$ 开始受到 σ_1 作用,到 t_1 时刻产生 ε_1 变形。

(2) 若 t_1 时刻,试件已经进入稳态蠕变,如果 σ_1 作用持续到 $2t_1$ 时刻,那么从 $t_1 \sim 2t_1$ 产生的变形增量记为 $\Delta\varepsilon$。

(3) 如果在 t_1 时刻施加应力增量 $\Delta\sigma$,那么到 $2t_1$ 时刻,试件的变形为 ε_2,则 $\varepsilon=\varepsilon_2-\Delta\varepsilon$,即为从 $t=0$ 开始,施加荷载 $\sigma_1+\Delta\sigma$ 到 t_1 时刻时试件的变形。

（4）其应变时间曲线，也可以根据 $t_1 \sim 2t_1$ 中每个时刻的 $\varepsilon(t)$ 求得。陈氏加载法示意图，如图 5-22 所示[102]。

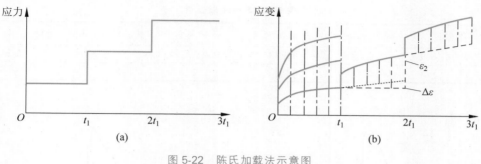

图 5-22　陈氏加载法示意图

（a）应力加载路径；（b）应变叠加

运用陈氏加载法需要满足两个条件：第一是下级加载前，试件需要进入稳态蠕变；第二是每一级加载的时间需要相等。

陈氏加载法对于非线性稳态蠕变是适用的。然而，如果试件进入加速蠕变阶段，陈氏加载法就不再适宜。这里主要采用"陈氏加载"法进行砂岩三轴蠕变试验结果处理。

3）试验流程

对于砂岩试件，通过强度试验测定试件相关力学参数，并确定试件的抗压强度及分级增量加载的荷载水平。为了验证考虑水影响的非线性蠕变损伤模型，首先进行天然试件三轴蠕变试验，然后根据数值拟合的参数插值出黏弹性参数与应力的关系。利用得到的参数，在考虑孔隙水压力的情况下进行数值计算，最后与饱和试件三轴蠕变结果进行对比验证，砂岩试验的流程如图 5-23 所示。

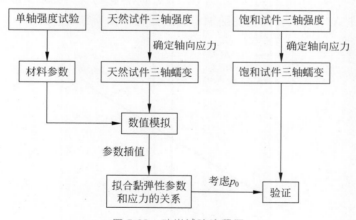

图 5-23　砂岩试验流程图

3. 天然砂岩单轴强度试验

单轴强度试验采用在天然状态下的试件，主要目的是得出试件峰值强度、应力应变曲线，计算试件弹性模量、泊松比。

采用位移加载，加载速率为 0.005mm/s，单轴试验试件尺寸等信息如表 5-4 所示。各试件应力与轴向应变曲线如图 5-24 所示。从图 5-24 中可以看出,单轴压缩情况下,试件呈现明显的纵向劈裂。各试件的单轴试验测试结果如下。

表 5-4 单轴试验试件

试件编号	直径 d/mm	高 h/mm	质量 m/g	截面积 A/mm²	密度 ρ/(kg/m³)
A1	52.82	102.20	504.38	2190.11	22.53
A2	53.40	102.40	519.15	2238.47	22.65

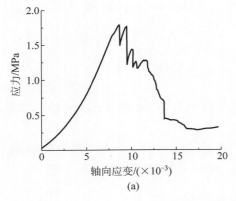 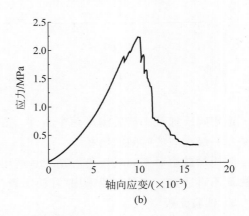

图 5-24 单轴应力-轴向应变曲线
(a) 试件 A1;(b) 试件 A2

(1) 试件 A1:峰值强度约为 1.78MPa,变形模量约为 165.7MPa,弹性模量约为 288.2MPa。

(2) 试件 A2:峰值强度约为 2.23MPa,变形模量约为 183.3MPa,弹性模量约为 334.8MPa。试件 A2 轴向、径向应变随加载过程变化如图 5-25 所示。

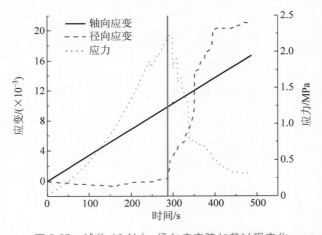

图 5-25 试件 A2 轴向、径向应变随加载过程变化

从图 5-25 中可以看出,由于是位移控制加载速率,所以轴向变形呈线性增长。径向变形在压力较低时,随着压力增大而逐渐减小,说明初始阶段,试件呈现压缩的现象;压力增

大到一定程度后,径向变形开始随着压力增大而逐渐增大;在应力即将抵达峰值强度前突然增大,出现明显的扩容现象[103,104]。其泊松比计算得 $\mu=0.26$。

4. 天然砂岩三轴强度、蠕变试验

试验采用分级增量加载,先以 0.3kN/s 的加载速率,加载轴向压力至预定荷载,保持轴压不变 5h,然后继续以 0.3kN/s 的加载速率加载至下一级荷载,保持轴压不变。不断提升荷载等级,直至试件破坏。试验试件尺寸等数据如表 5-5 所示。

表 5-5 天然含水率试件

试件编号	直径 d/mm	高 h/mm	质量 m/g	截面积 A/mm^2	密度 $\rho/(\mathrm{kg/m^3})$
M1	52.90	102.30	515.34	2196.75	22.93
M2	52.30	103.50	501.91	2147.20	22.58

试件 M1 在围压 1MPa 下三轴强度试验应力与轴向应变曲线如图 5-26 所示。其中,轴向应力为 $\sigma_1-\sigma_3$。显然,在围压作用下,试件强度较单轴情况显著提升,峰值强度达到 24.15MPa,变形模量约为 1908.4MPa,弹性模量约为 2518.1MPa。

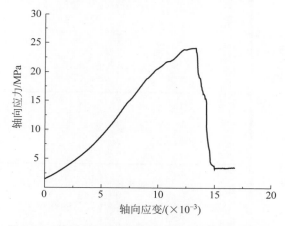

图 5-26 试件 M1 三轴强度试验轴向应力与应变曲线

根据三轴强度试验结果,采用峰值强度的 28%、56%、84% 进行三轴分级加载蠕变试验。试件 M2 在围压 1MPa 下轴向应力、应变与时间曲线如图 5-27 所示。从图 5-27 中可以看出,在低荷载等级时,砂岩迅速进入稳态蠕变,变形速率几乎为 0,说明低荷载等级时,以弹性、黏弹性变形为主。在最后一级荷载,试件进入稳态蠕变,稳态蠕变速率几乎保持不变,最后试件进入加速蠕变,发生破坏。从试验成果来看,砂岩蠕变现象比较显著,有明显的稳态蠕变和加速蠕变过程。

将试件分级加载蠕变曲线按照陈氏加载法处理后,可得各级荷载直接作用下的蠕变曲线,如图 5-28 所示。

数值拟合结果如图 5-29 所示,各荷载等级采用拟合参数如表 5-6 和表 5-7 所示。从图 5-29 中可以看出,数值成果与试验结果吻合良好,对加速蠕变阶段也能很好地拟合。

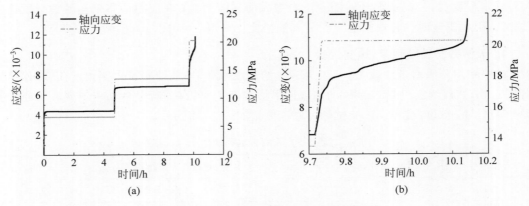

图 5-27 试件 M2 轴向应力、应变与时间曲线

(a) 全过程曲线；(b) 加速蠕变过程曲线

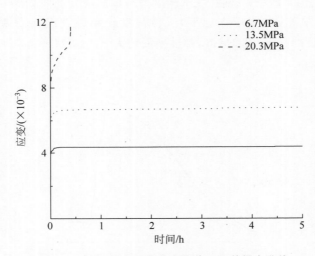

图 5-28 试件 M2 各级荷载直接作用下的蠕变曲线

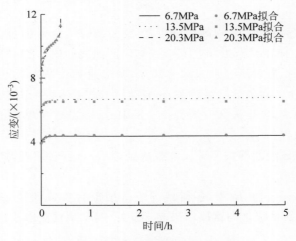

图 5-29 试件 M2 蠕变曲线拟合结果

表 5-6　试件 M2 蠕变曲线拟合参数

轴向应力 $\sigma_1 - \sigma_3$/MPa	变形模量 E_0/GPa	泊松比 μ	内摩擦系数 f	凝聚力 c/MPa	黏弹性模量 E_1/GPa	$1/\eta_1$ /(GPa·h)$^{-1}$
6.7	1.51	0.26	1.73	2.5	2.50	5.0
13.5	2.15	0.26	1.73	2.5	3.30	7.0
20.3	2.50	0.26	1.73	2.5	3.00	10.0

表 5-7　试件 M2 黏塑性和损伤参数

$\sigma_1 - \sigma_3$/MPa	γ^{vp}/h^{-1}	Γ^d/h^{-1}	q	h
20.3	9.5	4×10^{-7}	2	3000

5. 饱和岩石三轴强度、蠕变试验

饱和岩石均为完全浸没于水中 15d 的砂岩。其三轴强度试验步骤与天然含水率情况下基本相同，仅仅不做防水措施，三轴蠕变试验也是如此。由于没有采取防水措施，因此饱和岩石的孔隙水压力就等于围压的压力。试验试件尺寸等数据如表 5-8 所示。

表 5-8　饱和试验试件

试件编号	直径 d/mm	高 h/mm	质量 m/g	截面积 A /mm^2	密度 ρ /(kg·m^{-3})	围压 σ_3/MPa
U1	53.52	103.66	536.51	2248.55	23.02	1
U2	53.64	102.00	545.94	2258.64	23.70	1
U3	52.80	102.50	525.62	2188.45	23.43	3
U4	53.40	101.20	535.10	2238.47	23.62	3

试件 U1 在围压 1MPa、孔隙水压力 1MPa 下三轴强度试验的轴向应力与轴向应变曲线如图 5-30(a) 所示，试件 U3 在围压 3MPa、孔隙水压力 3MPa 下三轴强度试验的轴向应力与轴向应变曲线如图 5-30(b) 所示。

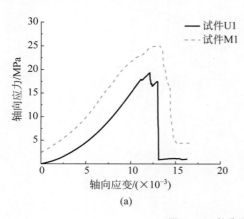
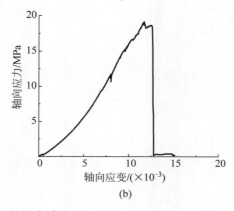

图 5-30　饱和岩石三轴强度试验

(a) 试件 U1 及试件 M1；(b) 试件 U3

试件 U1 峰值强度为 19.31MPa，峰值强度较不考虑孔隙水压力作用的试件 M1（峰值强度 24.15MPa）小 4.84MPa，减小约 20%，说明孔隙水压力对岩石的强度有很大的影响。

试件 U3 峰值强度为 19.13MPa，与试件 U1 的峰值强度大小基本一样。虽然试件 U3 较试件 U1 围压提升至 3MPa，当相应的孔隙水压力也增大到 3MPa，围压对强度的提高与孔隙水压力增大带来的负面影响基本抵消。

此外，试件 U1、U3 在经过峰值强度后，应力又有一段上升，随后强度直线下降，残余强度几乎为 0。与试件 M1 的应力应变曲线相比，试件 U1、U3 的脆性更为显著。从破坏情况来看，试件 U1、U3 低围压和孔隙水压力作用下均为纵向破裂。

根据三轴强度试验结果，采用峰值强度的 20%、40%、60%、80%、90% 进行三轴分级加载蠕变试验。试件 U2 在围压 1MPa、孔隙水压力 1MPa 下，轴向应力与时间、轴向应变与时间曲线如图 5-31(a)、(b) 所示。试件 U4 在围压 3MPa、孔隙水压力 3MPa 下，轴向应力与时间、轴向应变与时间曲线如图 5-31(c)、(d) 所示。

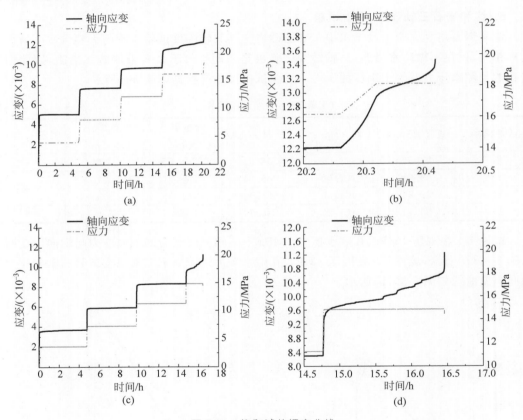

图 5-31　饱和试件蠕变曲线

(a) 试件 U2 应力、应变时间曲线；(b) 试件 U2 加速蠕变曲线；
(c) 试件 U4 应力、应变时间曲线；(d) 试件 U4 加速蠕变曲线

饱和试件蠕变规律基本和不泡水的试件一致。在低荷载等级时，以弹性、黏弹性变形为主。荷载等级在峰值强度的 80% 开始进入稳态蠕变和加速蠕变阶段。稳态蠕变阶段蠕变变形速率并不稳定，有局部突变，并且变形速率逐渐有所增大，可能是由于孔隙水压力的水力劈裂作用[105]。

将试件分级加载蠕变曲线按照陈氏加载法处理后，可得各级荷载直接作用下的蠕变曲

线,如图 5-32 所示。

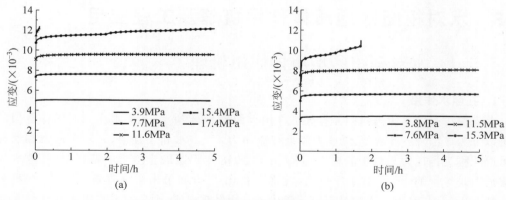

图 5-32 陈氏加载法处理饱和试件蠕变曲线

(a) 试件 U2；(b) 试件 U4

6. 数值模拟

对于饱和试件 U2,根据轴向应力 $\sigma_1 - \sigma_3$ 的大小,插值出相应的黏弹性模量和黏滞系数,如表 5-9 所示。采用插值出的参数,在考虑孔隙水压力后(Biot 系数取 0.8),得出的数值结果如图 5-33 所示。从图 5-33 中可以看出,数值拟合结果和试验结果接近,变形趋势也比较一致,这说明了提出的模型的适用性和准确性。

表 5-9 饱和试件 U2 数值计算参数

轴向应力 $\sigma_1 - \sigma_3$/MPa	变形模量 E_0/GPa	泊松比 μ	内摩擦系数 f	凝聚力 c/MPa	黏弹性模量 E_1/GPa	$1/\eta_1$ /(GPa·h)$^{-1}$
3.9	0.75	0.26	1.73	2.5	1.79	4.9
7.7	1.05	0.26	1.73	2.5	2.70	5.99
11.6	1.28	0.26	1.73	2.5	3.05	7.34
15.4	1.50	0.26	1.73	2.5	3.07	8.98

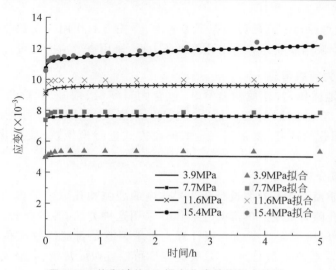

图 5-33 饱和试件 U2 蠕变曲线数值拟合结果

5.5 水对枢纽区地质体作用机理及工程应用

5.5.1 水对枢纽区地质体作用机理

1. 孔隙水作用

首先探讨孔隙水压力对固体骨架的作用。如图 5-34 所示,孔隙水压力对固体骨架的作用可以分为 3 部分:渗透力、浮托力和毛细作用力[106]。水利工程中,一般渗透力和浮托力又可以统称为扬压力。对于渗透力,Taylor 在 1948 年出版的土力学中就指出,孔隙水压力与渗透力是等价的[107]。对于浮托力,沈珠江指出[108],如果采用浮容重的算法,在没有渗流的情况下,是与有效应力的计算结果等价的;如果有渗流,则采用浮容重的计算结果是有效应力计算结果的近似。所以,对于有效应力的计算,应该尽可能地采用总应力减去孔隙水压力的计算方式。

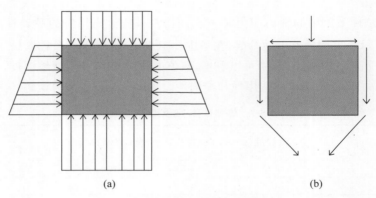

图 5-34 孔隙水压力对固体骨架作用

(a) 浮托力示意图;(b) 渗透力示意图

因此,有效应力原理实则已经涵盖了渗透力、浮托力的作用。在数值计算中,比较方便的计算方式如下:采用渗流计算得出孔隙水压力后,采用有效应力原理进行应力计算[109]。

2. 裂隙水压力等效考虑

对于枢纽区地质体,其地质构造复杂,包含大量断层、褶皱、软弱带、结构面等。具体到大体积的岩块,其空隙结构又包括节理裂隙、微裂纹、孔隙等。可见,裂隙岩体构造复杂,对于其渗流问题的研究,要采用一定的概化方式进行模拟,一般概化的方式可以分为 3 种[110]。

(1) 等效连续介质模型

等效连续介质模型的基本假设是认为岩体内的裂隙和孔隙处于热动力学平衡状态,因此可以把裂隙和孔隙看成统一的等效连续体。采用这种方法,参数比较简单,概念清晰,计算简单,因此适合应用于大规模的工程计算。对于裂缝是否能等效成孔隙介质,需要满足 4 个基本条件[111]:裂缝的数目足够多、裂缝宽度可以近似成常量、裂缝无明显方向性、岩体规模足够大。

（2）裂隙网络模型

裂隙网络模型的基本假设认为岩石本身不透水，水只在裂隙网络中流通。采用这种方法，一般需要统计典型岩体裂缝分布的几何参数，然后得出裂缝分布的统计规律，采用随机方法生成。

（3）裂隙孔隙介质模型

裂隙孔隙介质模型一般又称为双重介质模型、双渗透率模型。该模型的基本假设是裂隙与其周围的孔隙之间是非平衡的，存在动态的流体力学联系。

显然，离散的渗透模型更符合岩体渗流的实际情况，特别是裂隙孔隙介质模型。然而该模型也存在一些问题，如裂隙网络的孔隙介质参数如何确定，动力联系方式如何给定，大规模计算效率及如何推广到工程应用等[112]。从大规模工程计算角度来看，采用等效连续介质模型会更方便一点。但是，无论采用什么样的模型计算，都不能偏离工程实际情况。

一些工程实测资料表明，蓄水后由于高水头压力的作用，孔隙水压力在裂隙岩体中的渗透是非常迅速的。例如，拉西瓦现场实测资料就表明，库水位抬升后，边坡深部岩体在几小时内，孔隙水压力即可上升到静水压力[113]。考虑到枢纽区岩体变形具有明显的时效性，短时间的变形并不显著，而且诸多工程案例也表明，开始蓄水后 3～5 年，往往才是工程事故多发的时间段。因此，从以年为单位计的长期稳定性分析来看，几小时的入渗过程可以忽略。从模拟范围来看，库区工程规模巨大，对于明显的大断层、大裂隙可以进行精确模拟，对于其他微裂纹等，一般采用等效连续体模型，将微裂纹的裂隙水压力等效成孔隙水压力。

3. 蓄水对库盆竖向变形的影响

水库蓄水后对库盆竖向变形的作用过程，大致可以分为两个阶段。

第一个阶段是蓄水初期，随着库水位快速上升，库水作用在库壁，产生一定的库壁压力。同时，库水沿着节理、裂隙、软弱带等空隙较大的区域快速入渗。入渗的库水，一方面对岩体存在渗透拖曳作用；另一方面由于孔隙水的存在，对岩体的变形模量、强度均存在明显的弱化作用，进一步导致沉降变形加大。

第二个阶段是蓄水一定时间以后，水逐渐渗到裂隙中，原有非贯通的裂隙通道逐渐张拉，裂隙岩体逐渐趋于饱和，渗流场趋于稳定，孔隙水压力逐渐以扬压力的形式作用于岩体，使库盆出现上抬的情况。何时开始出现上抬趋势，与枢纽区岩体情况、水头大小直接相关。英古里拱坝在开始蓄水后 1 年半出现坝体上抬，云峰水电站在蓄水后 10 年出现坝体上抬现象。铜街子水电站蓄水后即出现坝体上抬现象，因为其基础中深层错动带渗透性很大，蓄水后库水就快速入渗达到饱和。

4. 蓄水对谷幅变形的影响

从当前工程监测资料来看，不少水库蓄水后均出现不同程度的谷幅减小。但是，不同的工程，其谷幅变形的时空演化规律不尽相同。

从谷幅变形实际的空间分布特征来看，如李家峡、锦屏一级拱坝等，其水面以上的谷幅收缩变形均为越往高高程处，收缩变形越大。从上、下游谷幅收缩规律看，一般由于上游水位高，锦屏一级拱坝等工程谷幅收缩以上游为主。然而，溪洛渡拱坝上下游均有明显的谷幅收缩，且量值相差不大。此外，由于谷幅测线仅能布置在水面以上区域，对于水面以下的变形，难以精确地测量。因此，水面以下的谷幅究竟是张开还是收缩，值得探讨。例如，锦屏一级拱坝的坝体切线变形指向山体,而溪洛渡拱坝弦长则出现明显收缩。如果在数值计算中,库盆压力均考虑成面力,则往往会放大往两岸的变形,使水面以下岩体均往岸内变形。

总体来看,目前对于谷幅收缩变形的研究成果较少,不同学者采用不同的计算方法,得出的变形规律也不一样。在数值计算中,如何构建科学的数学模型,如何能够合理、准确的模拟枢纽区地质体的变形,需要深入研究。单纯将库壁压力等效成面力,或者单纯考虑浮托力作用,或者单纯考虑屈服面收缩的弹塑性计算等,往往难以得到符合工程实际的结果。

此外,不同工程的枢纽区地质体地质构造不同,地应力及应力场分布规律也不同,导致其变形演化规律也不一致,使其表现出的谷幅变形空间分布、时间演化规律也不完全一样。

目前已监测到的这些谷幅变形现象,大体上也可以分为三类:第一类为边坡受开挖、蓄水扰动后,地质体应力调整,达到新的平衡态的自平衡演化过程,如李家峡、锦屏一级等;第二类是岩体在自平衡演化后,发生持续的变形,进入恒定演化阶段,如溪洛渡、意大利的Beauregard 拱坝等;第三类是边坡难以达到平衡态,时效变形逐渐累积,岩体损伤加剧,进入累进性破坏阶段,边坡出现失稳破坏,如 Vajont 等。

第一类情况,谷幅收缩变形量值有限,一般不会对拱坝造成太大的影响;第二类情况,由于谷幅持续收缩,可能导致坝体持续受山体挤压,往上游变形,以及局部出现破坏的情况,需要加强监测并采取有效的措施;第三类情况,则发生滑坡失稳的可能性很大,需要尽早采取处理措施。

总而言之,由于枢纽区地质体的复杂性和变形规律的不确定性,数值模拟中,必须要以现场监测成果为依据,精确模拟枢纽区地质体构造,并且考虑水对岩体的影响及岩体时效变形的过程,才能得出符合工程实际的数值计算成果。

5. 谷幅变形中岩体弹性模量的影响

岩质边坡当水位骤降时,边坡变形往往不会随之回弹,有学者认为这是由于边坡的变形均为塑性的缘故。对于岩性条件差、岩体损伤发育或者高地应力情况下,边坡变形固然以塑性变形占主导,然而其弹性变形在水位骤降时,也是难以快速恢复的。

对于多孔隙介质,考虑孔隙水作用下,其弹性应变率为

$$\dot{\varepsilon}_{ij}^{e} = \frac{\dot{s}_{ij}}{2G} + \frac{\delta_{ij}}{3K}\left(\frac{\dot{\sigma}_{kk}}{3} - B\dot{p}_{0}\right) \tag{5-69}$$

其中,$\dot{\varepsilon}_{ij}^{e}$ 为弹性应变率;$\dot{p}_{0}$ 为孔隙水压力变化率。

由此可见,弹性应变率实则为孔隙水压力变化率的函数。对于裂隙岩体而言,当水位快速下降时,除了较大的贯通裂隙,岩体的微裂纹和孔隙中的水是来不及排出的。所以,岩体实际的孔隙水压力变化率很小,弹性变形也无法回弹。另外,水位骤降也会使临空面的岩体失去水压力作用下的三向应力状态,从而发生一定程度的岸外变形或开裂。

因此,水位骤降时,岩体的弹性变形也是无法回弹,且其向岸外的变形可能进一步增大。所以,在边坡蓄水分析中,考虑水对变形模量的影响,并不与岩质边坡工程实际情况相悖。

5.5.2 溪洛渡拱坝谷幅变形及长期稳定性分析

对溪洛渡拱坝的长期稳定性进行分析,蠕变参数根据蓄水过程中的变形监测资料进行分阶段反演。各阶段蓄水期末谷幅变形反演结果如图 5-35 所示。各阶段蓄水期整体塑性

区分布如图 5-36 所示。

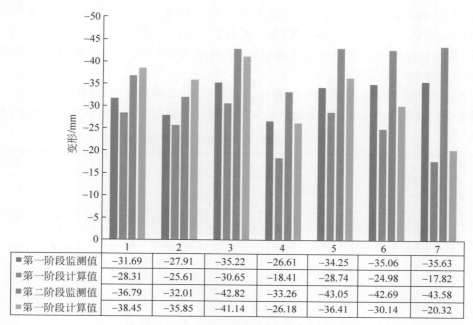

	1	2	3	4	5	6	7
■第一阶段监测值	−31.69	−27.91	−35.22	−26.61	−34.25	−35.06	−35.63
■第一阶段计算值	−28.31	−25.61	−30.65	−18.41	−28.74	−24.98	−17.82
■第二阶段监测值	−36.79	−32.01	−42.82	−33.26	−43.05	−42.69	−43.58
■第一阶段计算值	−38.45	−35.85	−41.14	−26.18	−36.41	−30.14	−20.32

图 5-35　各阶段蓄水期末谷幅变形反演结果

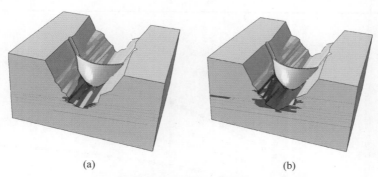

(a)   (b)

图 5-36　各阶段蓄水期塑性区分布(红色为塑性区)

(a) 第一阶段蓄水期塑性区；(b) 第二阶段蓄水期塑性区

从图 5-35 和图 5-36 中可以看出以下内容。

(1) 经过反演,谷幅测线计算值整体上与监测结果吻合良好,下游谷幅收缩变形规律也得到了较好的模拟,但量值还是略小于监测值,原因可能是仅考虑了上游渗透水对下游层间、层内错动带的影响,未进一步考虑对下游岩体的影响。

(2) 水面以上谷幅变形以边坡中上部变形最大,顶部变形量值由于受边界影响而有所减小。变形规律基本与监测资料一致。

(3) 水面以下谷幅变形为向内收缩为主,这与弦长收缩规律一致,而且坡脚处变形最大,这主要是坡脚处孔隙水压力较大,同时坡脚处应力集中,导致塑性区增大,岩体的蠕变变形也更显著。

（4）从等值线图中可以看出，下游侧右岸收缩变形要大于左岸，变形规律与下游坡面监测结果一致。两阶段蓄水期末，下游右岸最大变形分别为 30mm、39mm，左岸最大变形分别为 22mm、25mm，右岸最大变形分别为左岸的 1.36 倍、1.56 倍。

（5）边坡塑性区主要集中在坡脚及层间、层内错动带，水位抬升使塑性区范围明显增大，诱发了边坡的持续变形。

反演后的最终力学参数如表 5-10 所示。对蓄水后 10 年的长期稳定性进行分析。边坡谷幅测线变化过程如图 5-37 所示，边坡整体时效塑性余能范数与时间曲线如图 5-38 所示。

表 5-10　主要岩体、错动带蠕变参数反演结果

材料	E_1/GPa	$1/\eta_1/\mathrm{d}^{-1}$	γ/d^{-1}	Biot 系数
Ⅲ1	20.2	8.8×10^{-13}	5×10^{-4}	0.8
Ⅲ2	9.6	2.8×10^{-12}	1.5×10^{-3}	0.8
Ⅳ1	1.4	4.3×10^{-12}	6×10^{-3}	0.8
C9	0.1	8.1×10^{-11}	2×10^{-2}	1.0
C8	0.1	8.1×10^{-11}	2×10^{-2}	1.0
C7	0.3	2.1×10^{-11}	1×10^{-2}	1.0
Lc6	0.1	8.1×10^{-11}	2×10^{-2}	1.0
Lc5	0.1	8.1×10^{-11}	2×10^{-2}	1.0
C3	0.1	8.1×10^{-11}	2×10^{-2}	1.0
C2	0.1	8.1×10^{-11}	2×10^{-2}	1.0
P2βn	0.3	2.1×10^{-11}	1×10^{-2}	1.0

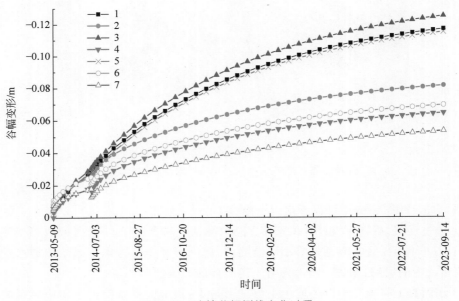

图 5-37　边坡谷幅测线变化过程

从图 5-37 和图 5-38 中可以看出以下内容。

（1）2017 年，边坡变形未见明显收敛，这与目前监测资料一致。此外，截至 2017 年 3

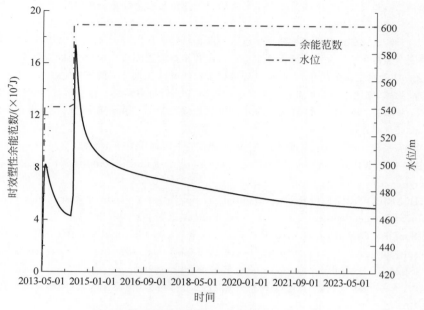

图 5-38　边坡整体时效塑性余能范数与时间的曲线

月,最大谷幅收缩变形已达到 81.6mm,与监测资料显示最大谷幅变形 78.3mm 相当。但是,需要考虑到溪洛渡拱坝蓄水到正常蓄水水位后,经历了两次汛期,期间水位下降,边坡实测的变形速率也明显减缓;而数值模拟中,未进一步考虑水位波动。所以,事实上数值反演得出的边坡在正常蓄水水位下谷幅收缩变形速率比边坡实际正常蓄水水位下变形速率要略小。因此,数值计算最终变形成果,可能会比未来的实测成果偏小。

（2）边坡谷幅测线在未来几年内,可能会逐渐收敛,边坡整体时效塑性余能范数也随时间逐渐减小,反映边坡趋向平衡态演化。然而,边坡谷幅收缩量值较大,最大变形将超过100mm,对工程的局部稳定影响较大。

参考文献

［1］　MÜLLER L. The rock slide in the Vajont Valley[J]. Rock mechanics and engineering geology,1964,2：148-212.

［2］　HENDRON A J,PATTON F D. The Vaiont slide—a geotechnical analysis based on new geologic observations of the failure surface[J]. Engineering geology,1987,24(1-4)：475-491.

［3］　VEVEAKIS E,VARDOULAKIS I,DI TORO G. Thermoporomechanics of creeping landslides：the 1963 Vaiont slide,northern Italy[J]. Journal of geophysical research：earth surface,2007,112(F3).

［4］　MÜLLER L. New considerations on the Vajont Slide[J]. Rock mechanics and engineering geology,1968,6(1-2)：1-91.

［5］　BARLA G,ANTOLINI F,BARLA M,et al. Monitoring of the Beauregard landslide (Aosta Valley,Italy) using advanced and conventional techniques[J]. Engineering geology,2010,116(3)：218-235.

［6］　杨强,潘元炜,程立,等. 高拱坝谷幅变形机制及非饱和裂隙岩体有效应力原理研究[J]. 岩石力学与工程学报,2015,34(11)：2258-2269.

[7] 杨杰,胡德秀,关文海. 李家峡拱坝左岸高边坡岩体变位与安全性态分析[J]. 岩石力学与工程学报,2005,24(19):153-162.

[8] 张冲,王仁坤,汤雪娟. 溪洛渡特高拱坝蓄水初期工作状态评价[J]. 水利学报,2016,47(1):85-93.

[9] 溪洛渡安全监测中心. 金沙江溪洛渡水电站大坝和水垫塘监测成果报告[R]. 2015.

[10] 陈本龙. 如美水电站强风化、强卸荷高边坡稳定性研究[D]. 北京:清华大学,2013.

[11] 常春,周德培,郭增军. 水对岩石屈服强度的影响[J]. 岩石力学与工程学报,1998(4):59-63.

[12] 汤连生,张鹏程,王思敬. 水-岩化学作用的岩石宏观力学效应的试验研究[J]. 岩石力学与工程学报,2002,21(4):526-531.

[13] 陶振宇,潘别桐. 岩石力学原理与方法[M]. 武汉:中国地质大学出版社,1991.

[14] COLBACK P,WIID B. The influence of moisture content on the compressive strength of rocks[J]. Geophysics,1900,36(2):65-83.

[15] LASHKARIPOUR G R. Predicting mechanical properties of mudrock from index parameters[J]. Bulletin of engineering geology and the environment,2002,61(1):73-77.

[16] SCHROEDER C,BOIS A P,MAURY V,et al. Water/chalk (or collapsible soil) interaction:Part II. results of tests performed in laboratory on Lixhe chalk to calibrate water/chalk models[C]// SPE/ISRM Rock Mechanics in Petroleum Engineering,1998.

[17] 黄宏伟,车平. 泥岩遇水软化微观机理研究[J]. 同济大学学报(自然科学版),2007,35(7):866-870.

[18] 徐礼华,刘素梅,李彦强. 丹江口水库区岩石软化性能试验研究[J]. 岩土力学,2008,29(5):1430-1434.

[19] 邓华锋,李建林,刘杰,等. 浸泡-风干循环作用对砂岩变形及破坏特征影响研究[J]. 岩土工程学报,2012,34(9):1620-1626.

[20] 邓华锋,李建林,王孔伟,等. "饱水-风干"循环作用下砂岩损伤劣化规律研究[J]. 地下空间与工程学报,2011,7(6):1091-1096.

[21] 邓华锋,肖志勇,李建林,等. 水岩作用下损伤砂岩强度劣化规律试验研究[J]. 岩石力学与工程学报,2015,34(S1):2690-2698.

[22] YANG S Q,JING H W,CHENG L. Influences of pore pressure on short-term and creep mechanical behavior of red sandstone[J]. Engineering geology,2014,179:10-23.

[23] 刘雄. 岩石流变学概论[M]. 北京:地质出版社,1994.

[24] WAWERSIK W R,BROWN W S. Creep fracture of rock[R]. Salt Lake City:Utah Univ,1973.

[25] AFROUZ A,HARVEY J M. Rheology of rocks within the soft to medium strength range[J]. International Journal of rock mechanics and mining sciences & geomechanics abstracts. 1974,11(7):281-290.

[26] LIU Y,LIU C,KANG Y,et al. Experimental research on creep properties of limestone under fluid-solid coupling[J]. Environmental earth sciences,2015,73(11):7011-7018.

[27] 阎岩. 渗流作用下岩石蠕变试验与变参数蠕变方程的研究[D]. 北京:清华大学,2009.

[28] 谢和平. 岩石混凝土损伤力学[M]. 徐州:中国矿业大学出版社,1991.

[29] 郭富利,张顶立,苏洁,等. 地下水和围压对软岩力学性质影响的试验研究[J]. 岩石力学与工程学报,2007,26(11):2324-2332.

[30] 陈四利,冯夏庭,李邵军. 岩石单轴抗压强度与破裂特征的化学腐蚀效应[J]. 岩石力学与工程学报,2003,22(4):546-551.

[31] 陈四利,冯夏庭,周辉. 化学腐蚀下砂岩三轴压缩力学效应的试验[J]. 东北大学学报,2003,24(3):292-295.

[32] 汪亦显,曹平,黄永恒,等. 水作用下软岩软化与损伤断裂效应的时间相依性[J]. 四川大学学报(工程科学版),2010,42(4):55-62.

[33] 周翠英,彭泽英,尚伟,等. 论岩土工程中水-岩相互作用研究的焦点问题：特殊软岩的力学变异性 [J]. 岩土力学,2002,23(1)：124-128.

[34] 黄伟,周文斌,陈鹏. 水-岩化学作用对岩石的力学效应的研究[J]. 西部探矿工程,2006,117(1)：122-125.

[35] TERZAGHI K V. Die Berechnung der durchassigkeitsziffer des tones aus dem verlauf des hydrodynamischen spannungserscheinungen[J]. Sitzungsberichte der akademie der wissenschaften in Wien,Mathematisch-Naturwissenschaftliche Klasse,Abteilung IIa,1923,132：125-138.

[36] 杨宝全,张林,陈媛,等. 锦屏一级高拱坝坝基结构面弱化效应研究及坝肩稳定性分析[J]. 水利学报,2016,47(7)：907-915.

[37] PARONUZZI P,RIGO E,BOLLA A. Influence of filling-drawdown cycles of the Vajont reservoir on Mt. Toc slope stability[J]. Geomorphology,2013,191：75-93.

[38] TUNCAY K,CORAPCIOGLU M Y. Effective stress principle for saturated fractured·porous media [J]. Water resources research,1995,31(12)：3103-3106.

[39] LI Y,CHEN Y F,ZHOU C B. Effective stress principle for partially saturated rock fractures[J]. Rock mechanics and rock engineering,2016,49(3)：1091-1096.

[40] BARENBLATT G I,ZHELTOV I P,KOCHINA I N. Basic concepts in the theory of seepage of homogeneous liquids in fissured rocks[J]. Journal of applied mathematics and mechanics,1960, 24(5)：1286-1303.

[41] BORJA R I,KOLIJI A. On the effective stress in unsaturated porous continua with double porosity [J]. Journal of the mechanics and physics of solids,2009,57(8)：1182-1193.

[42] CHENG L,LIU Y R,YANG Q, et al. Mechanism and numerical simulation of reservoir slope deformation during impounding of high arch dams based on nonlinear FEM[J]. Computers and geotechnics,2017,81(1)：143-154.

[43] GEERTSMA J. The effect of fluid pressure decline on volumetric changes of porous rocks[C]// Petroleum Branch Fall Meeting,Los Angeles,1956.

[44] SUKLJE L. Rheological aspects of soil mechanics[M]. New York：Wiley,1969.

[45] LYDZBA D,SHAO J F. Study of poroelasticity material coe$cients as response of microstructure [J]. Mechanics of cohesive-frictional materials,2000,5(2)：149-171.

[46] SKEMPTON A W. Effective stress in soils,concrete and rocks. In：Pore Pressure and Suction in Soils[M]. London：Butter-worths,1961.

[47] 胡大伟,周辉,谢守益,等. 大理岩破坏阶段 Biot 系数研究[J]. 岩土力学,2009,30(12)：3727-3732.

[48] 张保平,申卫兵,单文文. 岩石弹性模量与毕奥特(Biot)系数在压裂设计中的应用[J]. 石油钻采工艺,1996,18(3)：60-65.

[49] 程远方,程林林,黎慧,等. 不同渗透性储层 Biot 系数测试方法研究及其影响因素分析[J]. 岩石力学与工程学报,2015,34(S2)：3998-4004.

[50] 马中高. Biot 系数和岩石弹性模量的实验研究[J]. 石油与天然气地质,2008,29(1)：135-140.

[51] 卢应发,周盛沛,田斌,等. 岩石与水相互作用的能量原理和 Biot 系数[J]. 岩土力学,2005,26(S2)：69-72.

[52] RUMMEL F. Changes in the P-wave velocity with increasing inelastic deformation in rock specimens under compression[C]//Proceedings of the Third Congress of the International Society of Rock Mechanics,1974.

[53] ZOBAK M D,BYERLEE J D. The effect of microcrack dilatancy on the permeability of Westerly granite[J]. Journal of geophysical research,1975,80(10)：752-755.

[54] HAIMSON B,FAIRHURST C. In-situ stress determination at great depth by means of hydraulic fracturing[C]//The 11th US Symposium on Rock Mechanics (USRMS),1969.

[55] 肖承邺. 水库对地震的诱发和制止[J]. 山西地震,1982,29(2):14-18,48.

[56] 周建芬. 水库诱发地震机理研究[D]. 昆明:昆明理工大学,2003.

[57] 陈厚群. 关于高坝大库与水库地震的问题[A]. 现代水利水电工程抗震防灾研究与进展[C]//中国水力发电工程学会,中国长江三峡工程开发总公司,中国水电顾问集团成都勘测设计研究院:中国水力发电工程学会,2009:7.

[58] 陈德基,汪雍熙,曾新平. 三峡工程水库诱发地震问题研究[J]. 岩石力学与工程学报,2008,27(8):1513-1524.

[59] 张超然,陈先明,朱红兵. 金沙江下游梯级水电站抗震安全分析[J]. 四川大学学报(工程科学版),2009,41(3):1-6.

[60] 刁桂苓,王曰风,冯向东,等. 溪洛渡库首区蓄水后震源机制分析[J]. 地震地质,2014,36(3):644-657.

[61] 国家科技基础条件平台—国家地震科学数据共享中心(http://data.earthquake.cn/) http://data.earthquake.cn/sjfw/index.html?PAGEID=datasourcelist&dt=8a85efd754e7d6910154e7d691810000.

[62] 国家科技基础条件平台—国家地震科学数据共享中心(http://data.earthquake.cn/) http://data.earthquake.cn/sjfw/index.html?PAGEID=datasourcelist&dt=40280d0453e414e40153e44861dd0003.

[63] 环文林,张晓东,宋昭仪. 中国大陆内部走滑型发震构造黏滑运动的结构特征[J]. 地震学报,1997,19(3):2-11.

[64] BRACE W F,胡毓良. 地震机制和地震预报的新近实验研究[J]. 地震地质译丛,1980(3):27-34.

[65] 王绳祖,张流. 剪切破裂与黏滑:浅源强震发震机制的研究[J]. 地震地质,1984,6(2):63-73,85-87.

[66] 刘宝琛. 震源机制力学探讨[J]. 冶金安全,1978(1):33-38,32.

[67] 丁原章. 水库诱发地震[M]. 北京:地震出版社,1989.

[68] 陈厚群,徐泽平,李敏. 关于高坝大库与水库地震的问题[J]. 水力发电学报,2009,28(5):1-7.

[69] 周斌. 水库诱发地震时空演化特征及其动态响应机制研究:以紫坪铺水库为例[J]. 国际地震动态,2011,390(6):41-44.

[70] 周斌. 水库诱发地震时空演化特征及其动态响应机制研究[D]. 北京:中国地震局地质研究所,2010.

[71] SIMPSON D W,LEITH W S. Induced seismicity at Toktogul Reservoir,Soviet Central Asia[J]. US geological survey,1988(14-08):0001-G1168.

[72] SPIERS C J,URAI J L,LISTER G S,et al. The influence of fluid-rock interaction on the rheology of salt rock. Commission of the European Communities,Luxembourg,1986.

[73] BIOT M A. General theory of three-dimensional consolidation[J]. Journal of applied physics,1941,12(2):155-164.

[74] NUR A,BYERLEE J D. An exact effective stress law for elastic deformation of rock with fluids[J]. Journal of geophysical research,1971,76(26):6414-6419.

[75] BOER R,EHLERS W. The development of the concept of effective stresses[J]. Acta mechanica,1990,83(1):77-92.

[76] BIOT M A. Theory of elasticity and consolidation for a porous anisotropic solid[J]. Journal of applied physics,1955,26(2):182-185.

[77] RICE J R,CLEARY M P. Some basic stress diffusion solutions for fluid-saturated elastic porous media with compressible constituents[J]. Reviews of geophysics,1976,14(2):227-241.

[78] SKEMPTON A. Effective stress in soils,concrete and rocks. In:Selected papers on soil mechanics[M]. London:Thomas Telford Publishing,1984.

[79] GEERTSMA J. The effect of fluid pressure decline on volumetric changes of porous rocks[C]//Petroleum Branch Fall Meeting,Los Angeles,1956.

［80］ HUBBERT M K，RUBEY W W．Role of fluid pressure in mechanics of overthrust faulting I．Mechanics of fluid-filled porous solids and its application to overthrust faulting［J］．Geological society of America bulletin，1959，70(2)：115-166.

［81］ FILLUNGER P．Erdbaumechanik？［M］．Wien：Selbstverlag des Verfassers，1936.

［82］ VIESCA R C，TEMPLETON E L，RICE J R．Off-fault plasticity and earthquake rupture dynamics：2. effects of fluid saturation［J］．Journal of geophysical research，2008，113：B09307.

［83］ 周维垣，强杨．岩石力学数值计算方法［M］．北京：中国电力出版社，2005.

［84］ ZIENKIEWICZ O C，WATSON M，KING I P．A numerical method of visco-elastic stress analysis［J］．International journal of mechanical sciences，1968，10(10)：807-827.

［85］ 周维垣．高等岩石力学［M］．北京：水利电力出版社，1990.

［86］ 邓楚键，何国杰，郑颖人．基于 M-C 准则的 D-P 系列准则在岩土工程中的应用研究［J］．2006，28(6)：735-739.

［87］ 杨强，冷旷代，张小寒，等．Drucker-Prager 弹塑性本构关系积分：考虑非关联流动与各向同性硬化［J］．工程力学，2012，29(8)：166-171.

［88］ 杨强，陈新，周维垣．基于 D-P 准则的三维弹塑性有限元增量计算的有效算法［J］．岩土工程学报，2002，24(1)：16-20.

［89］ DARABI M K，ABU AL-RUB R K，MASAD E A，et al．A thermo-viscoelastic-viscoplastic-viscodamage constitutive model for asphaltic materials［J］．International journal of solids and structures，2011，48(1)：191-207.

［90］ ABU AL-RUB R K，TEHRANI A H，DARABI M K．Application of a large deformation nonlinear-viscoelastic viscoplastic viscodamage constitutive model to polymers and their composites［J］．International journal of damage mechanics，2015，24(2)：198-244.

［91］ ABU AL-RUB R K，DARABI M K，LITTLE D N，et al．A micro-damage healing model that improves prediction of fatigue life in asphalt mixes［J］．International journal of engineering science，2010，48(11)：966-990.

［92］ ABU AL-RUB R K，VOYIADJIS G Z．On the coupling of anisotropic damage and plasticity models for ductile materials［J］．International journal of solids and structures，2003，40(11)：2611-2643.

［93］ 朱伯芳．有限单元法原理与应用［M］．北京：中国水利水电出版社，2009.

［94］ 王芝银，李云鹏．岩体流变理论及其数值模拟［M］．北京：科学出版社，2008.

［95］ AYDAN Ö，ITO T，ÖZBAY U，et al．ISRM suggested methods for determining the creep characteristics of rock［R］．Springer International Publishing，2013.

［96］ FAIRHURST C E，HUDSON J A．Draft ISRM suggested method for the complete stress-strain curve for the intact rock in uniaxial compression［J］．International journal of rock mechanics and mining sciences，1999，36(3)：279-289.

［97］ 郑虹，冯夏庭，陈祖煜．岩石力学室内试验 ISRM 建议方法的标准化和数字化［J］．岩石力学与工程学报，2010，29(12)：2456-2468.

［98］ SCHROEDER C，BOIS A P，MAURY V，et al．Water/chalk（or collapsible soil）interaction：Part II. Results of tests performed in laboratory on Lixhe chalk to calibrate water/chalk models［C］SPE/ISRM rock mechanics in petroleum engineering，1998.

［99］ HOMAND S，SHAO J F．Mechanical behaviour of a porous chalk and effect of saturating fluid［J］．Mechanics of cohesive-frictional materials，2000，5(7)：583-606.

［100］ 中华人民共和国国水利部．水利水电工程岩石试验规程：SL/T 264—2020［S］．北京：中国水利水电出版社，2001.

［101］ 陈宗基，康文法．岩石的封闭应力、蠕变和扩容及本构方程［J］．岩石力学与工程学报，1991，10(4)：299-312.

[102] 杨文东,张强勇,陈芳,等. 辉绿岩非线性流变模型及蠕变加载历史的处理方法研究[J]. 岩石力学与工程学报,2011,30(7):1405-1413.

[103] JAEGER J C,COOK N G W. Fundamentals of Rock Mechanics[M]. London:Chapman and Hall,1976.

[104] 王学滨,潘一山. 基于梯度塑性理论的岩样单轴压缩扩容分析[J]. 岩石力学与工程学报,2004,23(5):721-724.

[105] WANG L,LIU J,PEI J,et al. Mechanical and permeability characteristics of rock under hydro-mechanical coupling conditions[J]. Environmental earth sciences,2015,73(10):5987-5996.

[106] 毛爬熙. 渗流计算分析与控制[M]. 北京:水利电力出版社,2003.

[107] TAYLOR D W. Fundamentals of soil mechanics[M]. New York:John Wiley & Sons,1948.

[108] 沈珠江. 焦点论坛莫把虚构当真实:岩土工程界概念混乱现象剖析[J]. 岩土工程学报,2003,(6):767-768.

[109] 赵代深. 重力坝的水荷载分析[J]. 水利学报,1984(7):53-61.

[110] 张有天. 岩石水力学与工程[M]. 北京:中国水利水电出版社,2005.

[111] LONG J C S,REMER J S,WILSON C R,et al. Porous media equivalents for networks of discontinuous fractures[J]. Water resources research,1982,18(3):645-658.

[112] 项彦勇. 模拟裂隙多孔介质中变饱和渗流的广义等效连续体方法[J]. 岩土力学,2005,26(5):750-754.

[113] 张建民,刘耀儒,何柱,等. 黄河拉西瓦水电工程果卜岸坡数值分析报告[R]. 北京:清华大学,2015.

第 6 章

岩体结构仿真分析平台
及大规模数值计算

6.1 概述

6.1.1 数值仿真分析平台

近年来,有限元等数值模拟方法在岩体工程中越来越成为必不可少的分析方法。针对非均质、不连续和大变形岩体工程问题的需求,边界元、离散元等数值方法的工程应用也逐渐增多。数值方法可分为连续分析和非连续分析两大类,常用的数值计算方法包括有限元法、边界元法、有限差分方法、离散元法、无单元法、界面元法、不连续变形和数值流形方法[1]等。而常见的数值仿真分析平台包括通用数值仿真分析平台和自主开发(或者开源)的数值仿真分析平台,各自都有不同的特点和用途。

1. 通用数值分析软件

岩体结构连续介质分析常用的大型软件一般包括 ABAQUS、ANSYS 和 FLAC^{3D}(fast lagrangian analysis of continua)等。其中 ABAQUS 和 ANSYS 软件是大型通用有限元计算软件,其计算分析原理是有限单元法,FLAC^{3D} 是快速拉格朗日有限差分计算程序,它们都适用于大型岩体结构连续介质的数值仿真计算。岩体结构非连续介质分析常用的大型软件一般包括 UDEC(universal distinct element code)、3DEC(3 dimension distinct element code)及 PFC(particle flow code)。这几个软件的计算原理都是基于离散元,可以进行不连续数值仿真分析。UDEC 和 3DEC 分别为二维和三维离散单元法程序,PFC 是用于模拟任意性状、大小的二维圆盘或三维球体集合体的运行及其相互作用的颗粒分析程序。

2. 自主开发的数值仿真分析程序

相比于通用数值分析软件,自主开发或者开源的数值仿真程序具有专用性、计算效率高和二次开发容易等特点,容易实现一些新的理论和方法。典型的包括 OpenSees、Real-ESSI 和 TFINE 等。

OpenSees(open system for earthquake engineering simulation,地震工程模拟的开放体系)是由加利福尼亚大学伯克利分校为主研发而成的用于结构和岩土方面地震反应模拟的一个较为全面且不断发展的开放的程序软件体系[2]。作为国外具有一定影响力的分析程序和开发平台,OpenSees 还具有便于改进、易于协同开发、可以并行计算等突出特点。OpenSees 提供非线性静态和动态方法、方程求解器及处理约束的各种方法,主要用于结构和岩土方面的地震反应模拟。

Real-ESSI(realistic modeling and simulation of earthquakes,and/or soils,and/or structures and their interaction,地震-土-结构相互作用模拟器)是由加利福尼亚大学戴维斯分校的 Boris 教授开发的一款用于设计和评估基础设施对象的静态和动态行为的模拟器系统[3]。

清华大学水利水电工程系开发的三维有限元程序 TFINE(three-dimensional finite element analysis program)最初采用 FORTRAN 语言编写,主要基于三维有限元非线性分析进行拱坝-地基系统的整体稳定性分析。后基于 C/C++语言和 TCL 语言重新编写,形成了基于命令流的、可扩展的数值仿真分析程序[4]。同时,功能上进行了拓展,可以进行岩体结构静动非线性分析、基于时效过程模拟的长期稳定性分析。工程应用方面则从拱坝、高边坡拓展到了隧洞施工和运行期的数值仿真分析。

3. 前后处理软件和平台

对于有限元数值仿真平台,计算机数值仿真可以分为 3 个过程:前处理、求解和后处理。有限元前处理指的是从三维模型建立有限元模型,通俗地说就是划分网格,添加边界约束及力学约束等。有限元后处理是指对所求出的解根据有关准则进行分析和评价。常见的前处理软件包括 Hypermesh、MSC. Patran 等,常用的后处理软件包括 ParaView、Tecplot 等。

6.1.2 大规模数值计算

有限元作为一套成熟的数值计算方法,被广泛应用于工程各领域。由于岩体结构地质情况复杂、工程规模较大,进行有限元数值分析时计算耗时较长,需要采用并行计算提高计算效率。

1. 有限元并行计算

并行计算的概念于 20 世纪 80 年代初被提出。基本思想是用多个处理器来协同求解同一问题,即将被求解的问题分解成若干个部分,各部分均由一个独立的处理机来并行计算。通常结构分析有限元的并行思路主要分为粗粒度的区域分解并行和细粒度的局部并行两类。局部并行着眼于程序中各类计算量大的函数,如线性方程组求解等。在集群环境下,有限元并行计算需要在计算节点间频繁传递数据,数据通信是并行性能的瓶颈。尤其是对于复杂三维岩体结构的并行计算,除了计算节点间频繁传递数据外,各计算节点间的计算负载平衡是提高计算效率的关键。

有限元并行计算的常用编程模型包括消息传递和共享存储。消息传递界面(message

passing interface,MPI)是一种可移植性和可扩展性很好的消息传递编程模型。MPI 于 1994 年提出,包括两个部分:一部分是构成该编程环境的消息传递函数的标准接口说明(规范)[5,6],另一部分是针对这些函数的具体实现,常见的实现包括 MPICH[7] 和 Open MPI[8] 等。随着计算机性能的不断发展,多核 CPU 的性能得到了实质性提升,使共享存储编程模型的应用也越来越多。OpenMP(open multi-processing)[9] 是一套支持跨平台共享内存方式的多线程并发的编程 API,使用 C、C++和 FORTRAN 语言,可以在大多数的处理器体系和操作系统中运行。

CPU 性能的提升也带动了有限元程序的性能提升。根据摩尔定律,CPU 性能的提升遇到了瓶颈,大概每 18 个月翻一倍,而显卡的性能却能 6~9 个月翻一倍。而 GPU 因其构造特点,计算性能远优于 CPU,人们开始将视线转移到 GPU 上。与此同时,NVIDIA 公司推出 CUDA 编程规范[10],大大降低了 GPGPU 编程的难度,越来越多的人开始研究在 GPU 上的并行算法。

2. 有限元并行计算策略

针对有限元的计算步骤,常用的有限元并行计算方法包括求解方程组并行、区域分解方法和 EBE(element by element)方法。

有限元计算过程中,方程组的求解占据了大部分计算时间,因此,一个常用的有限元并行求解策略如下:只对方程组的求解采用并行方法,而对其他步骤均采用传统的串行方法。因此,有限元的求解就转化为方程组的并行求解问题。目前该并行策略经常采用 GPU 进行求解加速。

区域分解[11,12]基本遵循子结构的计算思想,就是对要求解的结构采用某种剖分策略,使各个机器所承担的部分刚度/质量矩阵可以进行孤立自由度(内部自由度)和公共自由度(界面自由度)分块。孤立自由度将直接在本地进行消去,凝聚矩阵提交给中心机进行装配并完成求解。然后由各个节点机完成消去未知量的换算。所采用的剖分策略一般以孤立自由度数目的总和最大为优化目标,兼顾“同时完成任务”。采用这种策略,并行化计算是建立在子结构一级水平上的。如果剖分的子结构比较好,则采用这种策略可以获得一个很高的并行计算效率。但是,该方法的一个最大难点是结构的区域分解问题。对于二维有限元计算来说,其算法相对比较成熟,而对于三维有限元问题而言,目前只用于比较规则结构的三维有限元计算中,而对于水利工程中的拱坝-地基系统、地下洞室等极其不规则的结构而言,区域分解将是一个非常复杂的课题,目前还没有得到有效解决。

EBE 策略的基本思想[13]是将一个总体矩阵的向量积转化到一组单个矩阵的向量积的计算。在有限元计算中,总体矩阵就是由多个单元矩阵叠加而成,因此非常适合使用 EBE 策略来进行求解。EBE 方法属于算法级并行。

3. 大规模线性方程组的求解

大规模线性方程组的求解方法包括直接解法、迭代解法和代数多重网格法(algebraic multigrid,AMG)。直接解法对于在 GPU 上求解密集矩阵非常适用,但求解稀疏矩阵时,直接解法需要填充、重新排序等,导致这类方法的 GPU 并行实现效率并不高。因此在求解有限元产生的稀疏对称正定矩阵时,广泛采用的还是迭代解法,包括最小余量法、预处理共轭梯度法等。AMG[14]直接根据离散后的矩阵生成粗矩阵,和网格不发生直接关系,计算量随着计算维度呈线性关系。

6.2 岩体结构静动仿真分析平台

已有商业软件平台功能都很丰富,但是对于专业方面,则存在着占用内存偏高、计算效率低,最关键的是不能满足新理论、新方法的实现要求。本节介绍基于 C++ 和 Active Tcl 命令流的岩体结构静动仿真分析平台 TFINE 程序[4]。

6.2.1 程序框架设计和程序界面

有限元数值模拟通常包含 3 个主要步骤:建模、求解控制方程及对结构响应的解释。很多利用面向对象方法编程的有限元程序框架紧紧围绕以上 3 个主要步骤搭建,使整个程序结构清晰明了、各司其职。清华大学开发的三维有限元静动仿真分析平台 TFINE 程序采用 C/C++ 语言编写,通过 ActiveTCL 定义命令流,具有可解释的语言作为用户命令和程序之间的接口。图 6-1 为 TFINE 程序的整体框架。图 6-2 为 TFINE 程序的界面。

图 6-1 TFINE 程序的整体框架

图 6-2 TFINE 程序的界面

TFINE 轻便简洁,主要面向岩体工程应用,也可作为通用有限元程序。各个类的功能相互独立,从而使在添加新功能时引入新的类或方法而不影响其他类的功能,使用不同的类组成不同的算法,避免了因新算法而对程序进行重新编排。因此,TIFNE 程序中通过不同类的相互作用来实现非线性静动力有限元分析的功能。图 6-3 为 TFINE 程序用于典型岩土工程有限元分析所涉及的主要的类。

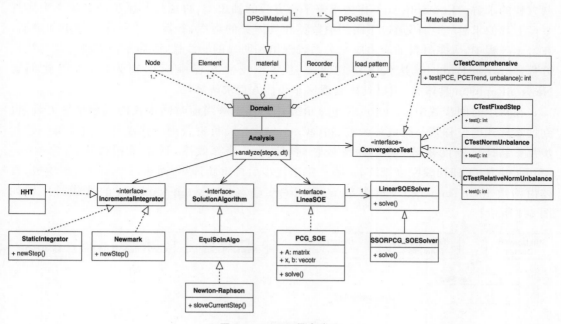

图 6-3　TFINE 程序类图

各个类主要通过 Domain 和 Analysis 进行关联,分别用来封装有限元模型和求解有限元的控制方程。这些类的对象还与其他辅助类的对象作用,从而为完成各自负责的功能和任务提供必要的信息。而有限元分析求解的各个步骤则由相应的类控制,不同的算法可以选择不同的类进行具体实现,这样通过不同算法的不同组合可以解决不同类型的问题。

Domain 主要集合了 Node、Element、Material、Load Pattern、Constraint 和 Recorder 等类的信息,用来表示有限元模型的基本信息,如节点、单元、材料、荷载、约束和输出等。同时,单独创建了 Analysis 类,将有限元分析过程与有限元建模的功能分开,通过这种设计,可以根据不同类型问题的需要组合有限元分析的不同功能组件,并可以利用同一套有限元模型进行不同类型的有限元分析,而不用对有限元模型进行重复表达。

动力非线性有限元分析的基本组成包括时间积分、非线性迭代算法、线性方程组的表示和求解及收敛准则等。Analysis 类作为有限元分析的主要接口,连接并控制其他各个有限元分析功能类。时程分析中最为主要的时步递进循环由用户调用 Analysis 类的成员函数 analyze(step,dt)进行计算。

创建名为 IncrementalIntegrator 的抽象类,作为时步积分方法的接口。例如,常用 Newmark 直接积分法表示每个时间步的动力平衡方程,则在该类下派生一个 Newmark 类该时步积分方法的实现,其中 newStep()负责收集时步积分所需信息,从而形成当前时刻下的控制方程。在静力分析情况下,不考虑惯性或阻尼效应,则可以由 IncrementalIntegrator 类派生出 StaticIntegrator,用来进行静力问题的分析。

根据问题类型的不同,有限元会生成不同类型的控制方程,需要不同的算法求解,因此采用 SolutionAlgorithm 抽象类作为求解有限元控制方程的接口,通过其派生类实现不同控制方程的求解。EquiSoluAlgo 作为求解平衡方程的抽象类,再通过其派生的具体类来实现平衡方程的求解。这样,通过不同的抽象类和具体类的组织,新算法的程序实现更加灵活。在岩土工程中,大多材料的应力应变关系表现出了明显的非线性,因而平衡方程也是非线性方程,Newton-Raphson 迭代算法在求解这类非线性方程中应用较为广泛,因此创建 NewtonRaphson 具体类,用以具体实现该非线性方程求解算法。

在每个时间步骤中,Newton-Raphson 方法迭代求解当前时间步长的残余平衡方程,得到增量形式的位移解。类成员函数 solveCurrentStep()负责管理迭代循环。由于每一迭代步都重新计算刚度矩阵,需要耗费较长时间,为了计算效率,通常采用改进的 Newton-Raphson 方法,即切线刚度矩阵,每隔一定迭代步后再重新计算,而非每个步都重新生成,具体由函数 formTanget()中的参数 myStrategy 确定。Newton-Raphson 的迭代时序图如图 6-4 所示。

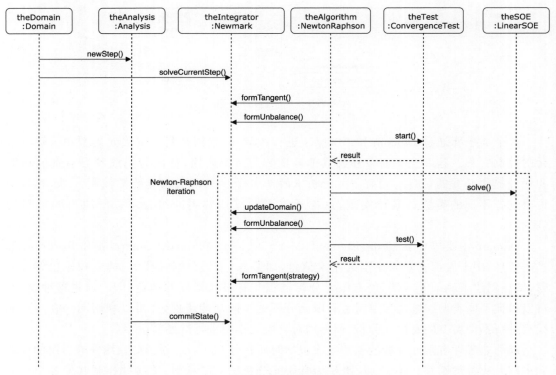

图 6-4　Newton-Raphson 的迭代时序图

在进行线性方程组的求解时,特定的算法需要特定的数据读取方式才能获得更好的性能,为此方程组的数据会以不同的格式存储,但同一存储格式也可能会适用于多个求解算法。因此,与 EquiSolnAlgo 的设计思想类似,将求解算法与方程数据存储分开,用不同的类实现,然后根据指定的求解算法调用对应的类,根据指定的数据存储格式调用对应的类。

6.2.2 方程组求解

TFINE 程序中的方程组求解包括直接解法和对称超松弛预处理共轭梯度法(symmetric successive over relaxation-preconditioned conjugated gradient,SSORPCG)迭代求解。本节主要介绍 SSORPCG 方法的实现。

1. 预处理共轭梯度法

共轭梯度法(conjugate gradient method)是在求解稀疏对称正定线性方程组的迭代算法中较为著名的一种方法。该方法灵活、易于实现,能在有限迭代步数之内收敛。大部分计算只需要进行矩阵向量相乘和向量之间的运算。

共轭梯度法的基本算法表示如下。

算法 6-1 共轭梯度法

---

(0) $k=0$:初始化: $\boldsymbol{x}_0$, $\boldsymbol{p}_0 = \boldsymbol{r}_0 = \boldsymbol{b} - \boldsymbol{A}\boldsymbol{x}_0$

(1) $k>0$:当 $\dfrac{\|\boldsymbol{r}_k\|}{\|\boldsymbol{r}_0\|} > \varepsilon$

$$\boldsymbol{q}_k = \boldsymbol{A}\boldsymbol{p}_k$$

$$\alpha_k = \frac{\|\boldsymbol{r}_k\|^2}{\boldsymbol{p}_k^{\mathrm{T}}\boldsymbol{q}_k}$$

$$\boldsymbol{x}_{k+1} = \boldsymbol{x}_k + \alpha_k \boldsymbol{p}_k$$

$$\boldsymbol{r}_{k+1} = \boldsymbol{r}_k - \alpha_k \boldsymbol{q}_k$$

$$\beta_k = \frac{\|\boldsymbol{r}_{k+1}\|^2}{\|\boldsymbol{r}_k\|^2}$$

$$\boldsymbol{p}_{k+1} = \boldsymbol{r}_{k+1} + \beta_k \boldsymbol{p}_k$$

共轭梯度法能快速收敛的前提条件是矩阵 $\boldsymbol{A}$ 的条件数 $\kappa_2(\boldsymbol{A}) \approx 1$。但是在实际应用中,矩阵 $\boldsymbol{A}$ 的条件数通常较大,即 $\kappa_2(\boldsymbol{A}) \gg 1$,导致共轭梯度法的收敛速度大大降低。为了保证算法能有较快的收敛速度,需要对矩阵 $\boldsymbol{A}$ 进行预处理,即预处理共轭梯度法(preconditioned conjugate gradient method,PCG)。

预处理的基本思想是将式 $\boldsymbol{A}\boldsymbol{x}=\boldsymbol{b}$ 替换为

$$\boldsymbol{M}^{-1}\boldsymbol{A}\boldsymbol{x} = \boldsymbol{M}^{-1}\boldsymbol{b} \tag{6-1}$$

或

$$\boldsymbol{A}\boldsymbol{M}^{-1}\boldsymbol{y} = \boldsymbol{b}, \quad \boldsymbol{x} = \boldsymbol{M}^{-1}\boldsymbol{y} \tag{6-2}$$

其中,$\boldsymbol{M}$ 同样为对称正定阵,矩阵 $\boldsymbol{M}$ 需要满足 $\kappa_2(\boldsymbol{M}^{-1}\boldsymbol{A}) \leqslant \kappa_2(\boldsymbol{A}) \leqslant \kappa_2(\boldsymbol{A}\boldsymbol{M}^{-1})$。式(6-1)为左预处理,式(6-2)为右预处理。

预处理共轭梯度法基本算法如下：

算法 6-2 预处理共轭梯度法

（0）$k=0$：初始化：$\boldsymbol{x}_0,\boldsymbol{r}_0=\boldsymbol{b}-\boldsymbol{A}\boldsymbol{x}_0,\boldsymbol{M}\boldsymbol{z}_0=\boldsymbol{r}_0,\boldsymbol{p}_0=\boldsymbol{z}_0$

（1）$k>0$：当 $\dfrac{\parallel\boldsymbol{r}_k\parallel}{\parallel\boldsymbol{r}_0\parallel}>\varepsilon$

$$\boldsymbol{q}_k=\boldsymbol{A}\boldsymbol{p}_k$$

$$\alpha_k=\frac{\boldsymbol{z}_k^{\mathrm{T}}\boldsymbol{r}_k}{\boldsymbol{p}_k^{\mathrm{T}}\boldsymbol{q}_k}$$

$$\boldsymbol{x}_{k+1}=\boldsymbol{x}_k+\alpha_k\boldsymbol{p}_k$$

$$\boldsymbol{r}_{k+1}=\boldsymbol{r}_k-\alpha_k\boldsymbol{q}_k$$

$$\boldsymbol{M}\boldsymbol{z}_{k+1}=\boldsymbol{r}_{k+1}$$

$$\beta_k=\frac{\boldsymbol{z}_{k+1}^{\mathrm{T}}\boldsymbol{r}_{k+1}}{\boldsymbol{z}_k^{\mathrm{T}}\boldsymbol{r}_k}$$

$$\boldsymbol{p}_{k+1}=\boldsymbol{r}_{k+1}+\beta_k\boldsymbol{p}_k$$

与无预处理的共轭梯度法相比，算法 6-2 在每迭代步中多了一步线性方程组 $\boldsymbol{M}\boldsymbol{z}_{k+1}=\boldsymbol{r}_{k+1}$ 求解的额外开销，其余步骤均相同。

尽管多了一步线性方程组求解的步骤，预处理共轭梯度法因为对 $\boldsymbol{A}\boldsymbol{x}=\boldsymbol{b}$ 中系数矩阵 $\boldsymbol{A}$ 进行了预处理，合适的预处理子 $\boldsymbol{M}$ 将使 $\boldsymbol{A}$ 的条件数 $\kappa_2(\boldsymbol{A})$ 大大降低，从而使总的迭代步数减少，收敛速度变快。这也使 $\boldsymbol{M}\boldsymbol{z}=\boldsymbol{r}$ 的求解时间和总的迭代步数成了互相制约的因素：如果合适的预处理子 $\boldsymbol{M}$ 使总的迭代步数大大减少，但求解线性方程组的时间过长，那么整体上得到 $\boldsymbol{A}\boldsymbol{x}=\boldsymbol{b}$ 解的时间也不一定会减少。因此，不能一味追求总的迭代步数减少，而忽视求解 $\boldsymbol{z}$ 所用的时间。

2. SSOR-PCG[15]

对于对称正定矩阵 $\boldsymbol{A}$，则有如下分裂：

$$\boldsymbol{A}=\boldsymbol{D}+\boldsymbol{L}+\boldsymbol{L}^{\mathrm{T}} \tag{6-3}$$

其中，$\boldsymbol{D}$ 为 $\boldsymbol{A}$ 的严格对角阵；$\boldsymbol{L}$ 为严格下三角阵。对于雅可比（Jacobi）预处理，$\boldsymbol{S}=\boldsymbol{S}^{\mathrm{T}}=\sqrt{\boldsymbol{D}}$；对于 SSOR 预处理，式 $\boldsymbol{M}=\boldsymbol{S}\boldsymbol{S}^{\mathrm{T}}$ 中有

$$\boldsymbol{S}=[\omega(2-\omega)]^{-1/2}(\boldsymbol{D}+\omega\boldsymbol{L})\boldsymbol{D}^{-1/2}$$

$$\boldsymbol{S}^{\mathrm{T}}=[\omega(2-\omega)]^{-1/2}\boldsymbol{D}^{-1/2}(\boldsymbol{D}+\omega\boldsymbol{L}^{\mathrm{T}}) \tag{6-4}$$

其中，ω 为预处理因子，用于控制收敛性，一般取 $0<\omega<2$。经过这样的预处理，$\boldsymbol{F}=\boldsymbol{S}^{-1}\boldsymbol{A}\boldsymbol{S}^{-\mathrm{T}}$ 的条件数大约是 $\boldsymbol{A}$ 条件数的平方根。

根据式 $\boldsymbol{M}=\boldsymbol{S}\boldsymbol{S}^{\mathrm{T}}$ 和式（6-4），则算法 6-2 中 $\boldsymbol{z}=\boldsymbol{M}^{-1}\boldsymbol{r}$ 的具体形式为

$$[\omega(2-\omega)]^{-1}(\boldsymbol{D}+\omega\boldsymbol{L})\boldsymbol{D}^{-1}(\boldsymbol{D}+\omega\boldsymbol{L}^{\mathrm{T}})\boldsymbol{z}=\boldsymbol{r} \tag{6-5}$$

式（6-5）的求解可以分为如下几步进行：

$$\begin{cases} [\omega(2-\omega)]^{-1}(\boldsymbol{D}+\omega\boldsymbol{L})\boldsymbol{V}=\boldsymbol{r} \\ \boldsymbol{D}^{-1}\boldsymbol{W}=\boldsymbol{V} \\ (\boldsymbol{D}+\omega\boldsymbol{L}^{\mathrm{T}})\boldsymbol{z}=\boldsymbol{W} \end{cases} \tag{6-6}$$

式(6-6)避免了求解 M^{-1}。

从上面的预处理方案中不难看出,基于矩阵分裂的预处理方法具有一个明显的优势:由于预处理矩阵 M 中的元素可以直接用系数矩阵 A 中的元素生成,不需要开辟额外的存储空间。

3. 线性方程组求解的实现

TFINE 程序中通过 LinearSOE 抽象类和 LinearSOESolver 类进行最终得到的线性方程组的存储和求解,其中 LinearSOE 的派生类负责存储线性方程组的系数矩阵和右端项等数据,LinearSOESolver,负责求解线性方程组。之所以将方程组数据的存储和求解分成两个类,主要是考虑方程求解可以有多种不同的方法,而对应某种方法可以有最优的矩阵、向量存储格式,将存储和求解分成两类,便于对方程组的存储方式和求解方法进行组合,重复利用同一种存储方式的代码,避免在开发不同求解算法时,相同存储方式的代码的重写。

例如,在雅可比预处理中,需要系数矩阵的对角元素,如果每次计算都从系数矩阵里搜索相应行内列序号等于行序号的元素,将使得计算效率很低,因此在雅可比预处理共轭梯度法求解器相对应的线性方程组存储类中,应具备仅存储对角元素的数组,利用下标索引能直接读取该对角元素。但是,在对称超松弛迭代预处理共轭梯度法的求解器中,则需要将系数矩阵拆分成上、下三角矩阵,方便进行预处理子的计算,因此在 SSORPCG 所对应的 LinearSOE 派生类中除了需要直接存储对角元素的数组,还需要增加存储下三角矩阵的成员变量。

创建 LinearSOE 抽象类作为存储线性方程组的接口,而系数矩阵 $\bar{K}$、方程右端项 $\bar{R}$ 及方程解向量 δ^i 存储的具体形式,则通过其派生类进行实现。创建 LinearSOESolver 类单独负责线性方程组的求解,通过指针操作读取存储在 LinearSOE 类中的方程组数据。求解线性方程组分为直接求解法和迭代求解法等,通过 LinearSOESolver 的派生类具体实现。例如,采用 SSORPCG 迭代求解,则创建了 SSORPCG_Solver 来具体实现该求解算法,对于大型稀疏矩阵向量乘,通常采用稀疏格式存储矩阵,从而避免大量的零元素的存储和计算。由此在 LinearSOE 下创建 CSR_SOE 类,将线性方程组的系数矩阵 $\bar{K}$ 以行压缩的格式存储在内存中,为 SSORPCG_Solver 的求解提供数据。

不同的共轭梯度法的实现由 LinearSOESolver 抽象类派生而来,不同的算法通过改写或重载 solve() 成员函数具体实现。

负责线性方程组存储的 LinearSOE 类和负责求解的 LinearSOESolver 类如图 6-5 所示。

LinearSOE 为抽象类,作为一个接口,定义了线性方程组存储类基本成员变量和成员函数,不同存储方式由其派生类中的 addA() 函数具体实现,该函数将生成的单元刚度矩阵(或节点对应的刚度矩阵元素)按不同存储方式存入数组中。LinearSOESolver 同样为抽象类,不同的求解算法通过改写 solve() 函数具体实现,其与方程组求解类的操作通过 theSOE 指针进行作用。

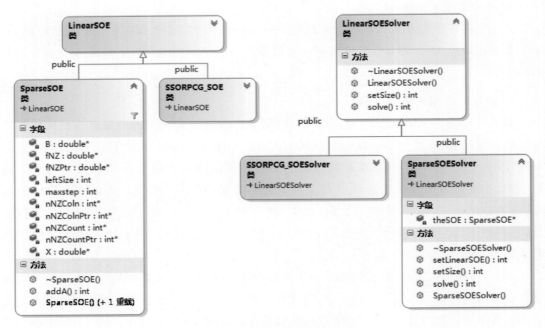

图 6-5   方程组和求解器类图

6.2.3   刚度矩阵的生成和存储

传统有限单元法中刚度矩阵形成、组集时以单元为中心，对所有单元循环，先形成单元的刚度矩阵，然后根据单元上各个节点在总体刚度矩阵中的位置进行组集。对于直接求解器而言，这种形成和组集方法无可厚非，而对于预处理共轭梯度法而言，这种存储方法已经不能满足要求。因此本节提出以"节点"为中心的新的刚度矩阵形成、组集和存储方法[16]。

以图 6-6 中二维实体单元为例，具体说明其过程。

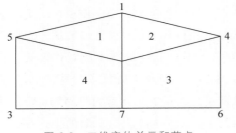

图 6-6   二维实体单元和节点

（1）对所有单元遍历，寻找与每个节点相关联的所有单元，并将其存放在一个临时的存储数组中。以二维实体单元为例，节点 2 相关的单元包括单元 1、2、3、4 等，与节点 6 相关的只有单元 3。节点 3 中存储数组各元素的值如表 6-1 所示。

表 6-1   节点 3 中存储数组各元素的值

列号	行　　号													
	1	2	3	4	5	6	7	8	7	8	9	10	11	12	13	14
1	0	0	*	*	*	—	—	—	—	—	—	—	—	—
2	0	0	*	*	*	*	—	—	—	—	—	—	—	—

注：表中，* 表示非零元素；—表示该列对应的元素不需要存储和组集。

（2）对所有节点进行遍历。对某一确定的节点,计算与该节点相关的所有单元在该节点自由度方向的刚度矩阵,并将刚度矩阵中的元素按与其在总体刚度矩阵中列号一致的原则存入一个临时性的二维数组中。总体刚度矩阵具有对称性,因此只需要存储总体刚度矩阵中的下三角元素即可。

在求得与某一节点相关联的所有非零矩阵元素并形成临时性的二维数组后,接下来的任务是把数组中的非零元素组集、存储到整体刚度矩阵中。

6.2.4　本构关系积分

计算得到该迭代步的位移增量后,需要计算更新各节点的相应位移、速度和加速度的中间值,由节点的位移信息可以计算得到各个单元的应变增量,从而进行本构积分得到新的应力状态。节点的信息仍存储于 Node 对象中,单元高斯点的信息则存储于 MaterialState 类所对应的对象中,通过 Element 作为纽带,应变增量传递给 MaterialState 对象,每一个单元对应一个单元的材料状态。不同类型的单元计算单元应变增量的方法不同,因此 Element 仅为表征一个单元的抽象类,不同类型的单元通过其派生的类具体实现,例如八节点实体单元 EightNodeBrick 类。MaterialState 类主要负责存取和更新高斯点处的应力和应变状态。要使该类实现自动由应变计算得到应力的功能,便将该积分计算封装于该类中,即 Integration() 成员函数,在 setTrialStrainIncr() 中被调用。首先,通过将弹性应力增量与原始应力相加来计算弹性试应力;然后基于屈服准则和弹塑性本构积分方法计算并返回转移应力;最后计算塑性余能范数。不同类型的材料其本构关系不同,需要采用不同的本构积分算法,因此将 MaterialState 作为材料状态的接口,不同材料通过其派生类具体实现本构积分算法。在岩土工程中,主要使用基于 Drucker-Prager 屈服准则的弹塑性材料,因此创建一个名为 DPSoilState 的派生类具体实现基于 Drucker-Prager 屈服准则的弹塑性本构积分计算,其功能和与其他类的关系如图 6-7 所示。

应力状态更新的顺序如图 6-8 所示。在求解线性方程组获得节点位移增量后,通过 Domain 的 updateDomain() 函数开始进行状态更新。各个节点对象由该时步的位移增量分别计算位移、速度和加速度,在获得应变增量后,调用单元对象中的 incrUpdate() 函数进行单元状态的更新,单元对象调用 setTrialStrainIncr() 函数利用应变值进行单元应力状态的计算。通过积分计算之后,单元的应力状态将用于计算下一个迭代步骤的不平衡力和切线刚度矩阵。当满足给定的收敛准则时,迭代收敛。

6.2.5　综合收敛准则的程序实现

通常在时间步长内施加小的负载增量以确保迭代的收敛。然而,只有当外力与结构的内部抵抗力平衡时,才能达到收敛,在这种情况下,结构是稳定的,不平衡力为零。相反,当结构在给定负载下完全或局部失效时,迭代不能达到收敛。

在变形稳定和控制理论中,塑性余能范数用于定量地表示结构的失稳程度。如果塑性

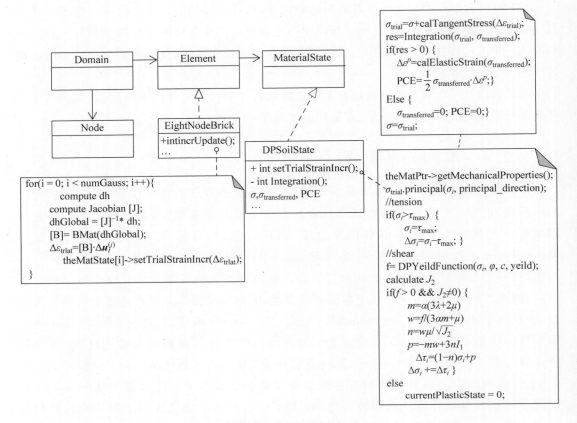

图 6-7 应力应变状态更新相关的类

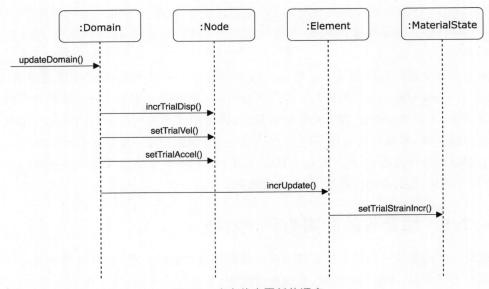

图 6-8 应力状态更新的顺序

余能范数为零,则结构稳定;如果塑性余能范数大于零,则结构失稳。塑性余能范数越大,结构失稳的程度越大。

如图 6-4 所示,每次 Newton-Raphson 迭代中,当求解完线性方程组得到该迭代步的位移增量后,调用 updateDomain() 函数来更新节点位移和单元的应变和应力状态,然后根据状态更新后重新计算方程右端项,开始执行收敛判断。

ConvergenceTest 类主要负责迭代的收敛判断,如图 6-3 所示,将根据特定收敛准则判断的结果返回给 SolutionAlgorithm 对应的算法对象(如 NewtonRaphson),从而由算法确定是否继续进行迭代。通常根据计算的要求选择不同的收敛准则,因此 ConvergenceTest 仅为抽象类,具体的收敛准则通过其派生类实现。

通常在进行非线性方程组的迭代计算时,若迭代步的方程右端项即残余力大小已为零,或达到给定的误差范围,则认为方程达到平衡,迭代结束。在传统的有限元分析中,通常用残余力的范数小于某一给定的误差范围来确定迭代是否收敛,包括用残余力范数大小的绝对值或相对值。这两种收敛准则即通过重写 CTestNormUnbalance 和 CTestRelativeNormUnbalance 中的 test() 成员函数实现。

以上通过残余力大小判断方程平衡的方法,对于能使结构平衡稳定的小荷载来说通常是可行的,大部分软件也采用这种方法。但是,由于在较大载荷下,结构无法同时满足平衡和稳定条件,在结构的自承力和外载荷之间存在一定的差距,这种失稳结构的残余力不会被迭代归零,通常意义上称该情况为迭代不收敛,结构发生失稳或破坏。传统有限元分析会规定一最大迭代步数,当迭代次数达到该限制后即停止迭代,从而避免这种失稳情况的无限迭代,CTestFixedStep 类即实现这种限制。

塑性余能范数是结构不稳定状态与稳定状态之间差距的定量指标。变形稳定和控制理论认为,Newton-Raphson 迭代的过程等价于塑性余能范数最小化的过程[17]。对于失稳结构,塑性余能范数将随着迭代而趋向于某个值,该值即为理论上的塑性余能范数,此时结构的应力状态已趋近自承力的最大值,应力状态变化甚微。由此,可以通过计算和跟踪迭代过程中的塑性余能范数来判断迭代是否收敛。例如,如果两个步骤之间的塑性余能范数的相对差异仅为第一步中的总塑性余能范数的 10^{-3},则认为结构应力状态变化趋于稳定,迭代收敛。

但是塑性余能范数代表的是结构的整体状态,从而使其无法表征结构局部的不平衡力大小,而局部较大的不平衡力可能导致结构关键部位失效。因此,在考虑结构是否趋向稳定的同时,也要考虑局部的稳定性,限定局部最大不平衡力的阈值。

由此确定了基于非平衡态的综合收敛判据,综合考虑残余力、塑性余能范数、局部不平衡力等因素,在每次迭代步中进行判断。基于此,创建 CTestComprehensive 类作为综合收敛判据的具体实现。综合收敛判据的时序图如图 6-9 所示。在每一迭代步中,由算法类选用相应的收敛测试类 CTestComprehensive 的 test() 函数,该类分别读取所有单元的材料状态中的塑性余能范数及节点的不平衡力(考虑动力因素,因此通过积分算法间接获得),将结果返回后在 checkConvergence() 函数中进行判断。

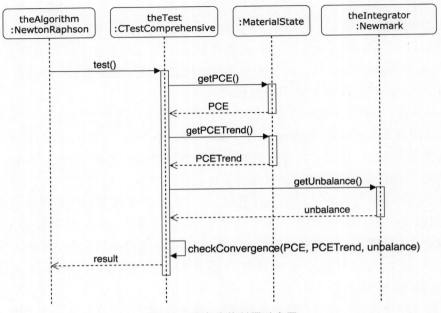

图 6-9　综合收敛判据时序图

6.2.6　程序验证

下面通过两个算例,对 TFINE 程序的正确性进行验证。

1. 悬臂梁静力计算

悬臂梁模型示意图如图 6-10 所示。该悬臂梁长 2.0m,梁厚 $b=0.3$m,梁高 $h=0.4$m,左端固定,右端自由。悬臂梁由钢材制成,材料弹性模量 $E=210$GPa,泊松比 $\nu=0.3$,密度为 7.83×10^3 kg/m^3。

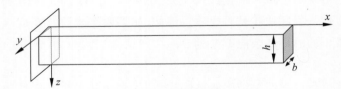

图 6-10　悬臂梁模型示意图

悬臂梁顶面作用 3kN/m 的均布力,在此荷载下的位移与应力分量结果如图 6-11 所示。

由材料力学知,当悬臂梁作用均布力 q 时,固定端最大正应力 σ_x 和自由端竖直向位移 Δ_z 分别为

$$\sigma_x = \frac{My_{\max}}{I_z} = \frac{3ql^2}{bh^2} \tag{6-7}$$

$$\Delta_z = \frac{ql^4}{8EI_z} \tag{6-8}$$

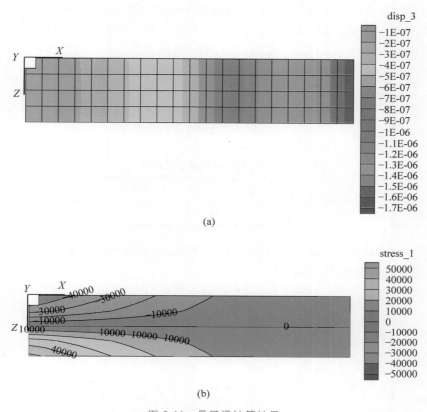

图 6-11 悬臂梁计算结果

(a) 竖直位移等值线(单位:mm);(b) 应力值分布(单位:Pa)

悬臂梁作用有均布力时的 TFINE 数值解与材料力学解、ABAQUS 数值解的对比如表 6-2 所示。

表 6-2 悬臂梁作用均布力的数值解与解析解对比

项　目	材料力学解	TFINE		ABAQUS	
		数值解	误差/%	数值解	误差/%
固定端最大正应力 σ_x/MPa	0.75	0.53	29.3	0.64	14.7
自由端竖向位移 Δ_z/($\times10^{-6}$ m)	17.857	17.642	1.2	18.22	2.0

由表 6-2 可知,TFINE 计算所得自由端竖向位移的数值解与材料力学解析解较为接近,误差较 ABAQUS 所得结果更小。但固定端最大正应力值与材料力学解析解误差达 29.3%,主要是因为所用网格较粗,且后处理所显示的应力值为单元中心的值,不能精确反映固定端最下端的局部应力值。

2. 波动计算

计算一正弦脉冲波在岩柱中的传播情况,计算模型示意图如图 6-12 所示。岩柱长 2500m,截面为 20m×20m 的正方形,单元边长 1m,共划分 1000000 个单元、1102941 个节点。岩柱材料参数及波速如表 6-3 所示。为使波不考虑阻尼影响,从而保证波在岩柱内持续传播而不衰减。模型边界均采用自由边界,不考虑初始应力和自重等外力影响。正弦脉冲以速度形式施加于左边界,$v_z = A\sin(2\pi t/T)$,振幅 $A = 2\text{m/s}$,周期 $T = 1\text{s}$,$t \in [0,1]$。采用弹性计算,计算时长 20s。

图 6-12 计算模型示意图

表 6-3 岩柱材料参数及波速

弹性模量/GPa	泊松比	密度/(kg/m³)	弹性波速/(m/s)	剪切波速/(m/s)
1.6875	0.25	2700	790	500

由该激振速度得到的脉冲波位移如图 6-13 所示,分别在岩柱左端、中间和右端中点设置监测点,监测波传播到该点的位移。

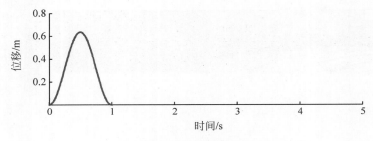

图 6-13 激振波位移

因程序动力时程计算采用隐式算法,能够保证在较大步长下保持计算稳定,故不需要像显式算法那样时步取得足够小,计算中取时步为 0.01s,计算时长 20s,共计 2000 时步,相较于显式算法计算时步大大缩减。使用 12 核 CPU+NVIDIA K20GPU 进行并行求解,总用时 14h。

当波形沿岩柱纵向输入时,监测点位移如图 6-14 所示。

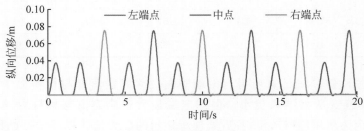

图 6-14 监测点位移

由图 6-14 可以看出,波在岩柱中来回传播,传播波形与输入波形一致。波在两端自由面处发生反射,波形振幅为中间波形的 2 倍。波形传播从右端传播至左端再至右端用时约 6.33s,符合弹性波速 790m/s,计算结果合理。

6.3 基于 EBE 策略的有限元并行计算

有限元的 EBE 思想最初是由 T. J. R. Hughes 在 1983 年提出的[13]，该方法的最初目的是减少有限元计算对内存的需求，后来发现它非常适合于并行计算，尤其是共享内存的并行机。本节主要介绍基于 EBE 策略的有限元方法在分布式内存上的实现及应用[18]。

6.3.1 有限元 EBE 方法的基本思想

对于线性边值问题，在有限元离散化之后，其弱解等价于求解

$$Au = b \tag{6-9}$$

其中，A 为整体刚度矩阵，b 为整体荷载向量，可分别通过单元刚度矩阵 $A^{(e)}$ 和单元荷载向量 $b^{(e)}$ 集成得到。

假设 $\hat{A}^{(e)}$ 和 $\hat{b}^{(e)}$ 为单元 e 对整体系统的贡献，与 $A^{(e)}$ 和 $b^{(e)}$ 不同的是，它们具有和整体矩阵相同的维数。式(6-9)可以改写为

$$\left(\sum_{e=1}^{E} \hat{A}^{(e)} \right) u = \sum_{e=1}^{E} \hat{b}^{(e)} \tag{6-10}$$

其中，$\hat{A}^{(e)}$ 为非常稀疏的矩阵，仅在与单元 e 相关的位置，其元素才非零。因此，在实际计算中，只需存储单元矩阵 $\hat{A}^{(e)}$ 的压缩形式 $A^{(e)}$ 即可。而对于 $\hat{b}^{(e)}$，在实际计算中，为了方便起见，可以直接保存整体向量 b。对于边界条件，也可以通过一定的方法很容易地施加到单元一级上。

这样，每一个单元可以相互独立地同时进行计算，这就是 EBE 方法的基本思想，而且这种方法不用考虑区域分解、网格的拓扑结构及单元的排序等技巧。

6.3.2 EBE-PCG 算法

由 6.2.2 节中的预处理共轭梯度算法可以看出，对于 EBE 方法，算法的关键是矩阵与向量乘积和预处理方法的实现。本节基于文献[19]的思想，推导 EBE-PCG 方法。

1. 节点联系矩阵

设结构的有限元网格的单元总数为 E，节点总数为 N，节点自由度数目为 d，每个单元的节点数目为 m，总体系统矩阵为 A，单元矩阵为 $A^{(e)}$，单元矩阵对总体系统矩阵的贡献为 $\hat{A}^{(e)}$，则 $\hat{A}^{(e)}$ 与 $A^{(e)}$ 的关系可以表示为

$$\hat{A}^{(e)} = Q^{(e)\mathrm{T}} A^{(e)} Q^{(e)} \tag{6-11}$$

其中，$Q^{(e)}$ 称为第 e 号单元的单元矩阵与总体系统矩阵的联系矩阵。而 A 与 $A^{(e)}$ 的关系为

$$A = \sum_{e=1}^{E} \hat{A}^{(e)} \tag{6-12}$$

由式(6-11)和式(6-12)可以得到

$$A = \sum_{e=1}^{E} \hat{A}^{(e)} = \sum_{e=1}^{E} Q^{(e)\mathrm{T}} A^{(e)} Q^{(e)} = Q^{\mathrm{T}} A^{e} Q \tag{6-13}$$

其中，Q 和 A^e 的含义如下：

$$Q = (Q^{(1)\mathrm{T}}, Q^{(2)\mathrm{T}}, \cdots, Q^{(E)\mathrm{T}})^{\mathrm{T}} \tag{6-14}$$

$$A^e = \mathrm{diag}(A^{(i)}) = \begin{bmatrix} A^{(1)} & & & \\ & A^{(2)} & & \\ & & \ddots & \\ & & & A^{(E)} \end{bmatrix} \tag{6-15}$$

其中，Q 称为节点联系矩阵，它使总体节点排序和单元的局部节点排序联系在一起。该矩阵具有如下特点

(1) Q 的元素为 0 或者 1。

(2) Q 的每一行有且仅有一个非零元素，其余元素均为零。

(3) Q 的每一列与一个节点变量相对应，每一列上非零元素的个数等于与其所对应的节点分属的单元数。

例如，假设 b 和 x 分别为整体载荷矢量和整体位移矢量，并且 $b^{(e)}$ 和 $x^{(e)}$ 分别为单元荷载向量和单元变形向量，则存在以下关系：

$$x^e = Qx \tag{6-16}$$

$$b = Q^{\mathrm{T}} b^e \tag{6-17}$$

其中，$x^e = (x^{(1)}, x^{(2)}, \cdots, x^{(E)})^{\mathrm{T}}$，$b^e = (b^{(1)}, b^{(2)}, \cdots, b^{(E)})^{\mathrm{T}}$。

2. 基于 EBE 策略的预处理技术

EBE 方法的预处理技术包括雅可比预处理、多项式预处理和基于矩阵分裂的预处理。其中，在 EBE 策略的基础上引入了基于矩阵分解的预处理，与分布式内存并行计算机相比，它可以更容易地在共享内存并行计算机上使用。多项式预处理对于通过有限差分法获得的方程组比通过有限元方法获得的方程组更有效。因此，这里主要介绍雅可比预处理方法。

在共轭梯度法中，雅可比预处理是指对角线预处理。预处理矩阵可以存储在向量 m 中。在 EBE 方法中，向量 m 可以映射到每个元素 $m^{(e)}$，并且它们二者具有以下关系：

$$m^e = Qm \tag{6-18}$$

其中，$m^e = (m^{(1)}, m^{(2)}, \cdots, m^{(E)})^{\mathrm{T}}$。

对于共轭梯度法，假定残差向量 $r^{(e)}$ 和方向向量 $p^{(e)}$ 与相应的全局向量 r 和 p 具有以下关系：

$$Q^{\mathrm{T}} r^e = r \tag{6-19}$$

$$p^e = Qp \tag{6-20}$$

其中，$r^e = (r^{(1)}, r^{(2)}, \cdots, r^{(E)})^{\mathrm{T}}$；$p^e = (p^{(1)}, p^{(2)}, \cdots, p^{(E)})^{\mathrm{T}}$。

所以，方程组 $Mz_k = r_k$ 可以用 $m^{(e)}$、$z^{(e)}$ 和 $r^{(e)}$ 表示为

$$(m^{(e)}, z_k^{(e)}) = r_k^{(e)}, \quad e = 1, 2, \cdots, E \tag{6-21}$$

然后可以通过将 $m^{(e)}$ 和 $r^{(e)}$ 中的相应项相除来获得 $z^{(e)}$。在 EBE 方法的计算过程中，$m^{(e)}$ 仅在计算开始时才需要生成。

3. (r, z) 和 (p, Ap) 的计算

在基于雅可比预处理的共轭梯度方法中，主要的计算任务集中于每次迭代中 (r, z) 和

$(\boldsymbol{p}, \boldsymbol{Ap})$ 的计算。

（1）计算 $(\boldsymbol{r}, \boldsymbol{z})$

$$(\boldsymbol{r}, \boldsymbol{z}) = \boldsymbol{r}^{\mathrm{T}} \boldsymbol{z} = (\boldsymbol{r}^e)^{\mathrm{T}} \boldsymbol{Q} \boldsymbol{Q}^{\mathrm{T}} \boldsymbol{z}^e = (\boldsymbol{r}^e)^{\mathrm{T}} \boldsymbol{s}^e = \sum_{e=1}^{E} (\boldsymbol{r}^{(e)})^{\mathrm{T}} \boldsymbol{s}^{(e)} = \sum_{e=1}^{E} \rho^{(e)} \quad (6\text{-}22)$$

其中，$\boldsymbol{s}^e = (\boldsymbol{s}^{(1)}, \boldsymbol{s}^{(2)}, \cdots, \boldsymbol{s}^{(E)})^{\mathrm{T}}$，$\boldsymbol{s}^{(e)} = \boldsymbol{z}^{(e)} \oplus \sum\limits_{j \in \mathrm{adj}(e)} \boldsymbol{z}^{(j)}$；$\rho^{(e)} = (\boldsymbol{r}^{(e)})^{\mathrm{T}} \boldsymbol{s}^{(e)}$。

在分布式内存的计算中，需要在计算节点之间交换数据。这也是 EBE-PCG 方法中主要的数据交换，它的通信类型将影响分布式内存 EBE 方法的并行计算效率。

（2）计算 $(\boldsymbol{p}, \boldsymbol{Ap})$

令 $\boldsymbol{u} = \boldsymbol{Ap}$，由式（6-20）可得

$$\boldsymbol{Q}^{\mathrm{T}} \boldsymbol{u}^e = \boldsymbol{u} \quad (6\text{-}23)$$

其中，$\boldsymbol{u}^e = (\boldsymbol{u}^{(1)}, \boldsymbol{u}^{(2)}, \cdots, \boldsymbol{u}^{(E)})^{\mathrm{T}}$。

由式（6-11）可得

$$\beta = (\boldsymbol{p}, \boldsymbol{Ap}) = \boldsymbol{p}^{\mathrm{T}} \boldsymbol{Ap} = \boldsymbol{p}^{\mathrm{T}} \boldsymbol{Q} \boldsymbol{A}^e \boldsymbol{Q} \boldsymbol{p} = (\boldsymbol{p}^e)^{\mathrm{T}} \boldsymbol{u}^e = \sum_{e=1}^{E} \beta^{(e)} \quad (6\text{-}24)$$

其中，$\beta^{(e)} = (\boldsymbol{p}^{(e)})^{\mathrm{T}} \boldsymbol{u}^{(e)}$。

很明显，$(\boldsymbol{p}, \boldsymbol{Ap})$ 的计算是可以并行的。唯一的数据通信就是对每个节点 $\beta^{(e)}$ 的值求和，这对并行效率几乎没有影响。

4. 基于雅可比预处理的 EBE-PCG 算法

得到 $(\boldsymbol{r}, \boldsymbol{z})$ 和 $(\boldsymbol{p}, \boldsymbol{Ap})$ 之后，令 $\alpha = (\boldsymbol{r}, \boldsymbol{z}) / (\boldsymbol{p}, \boldsymbol{Ap})$，则有

$$\frac{1}{\alpha} = \frac{(\boldsymbol{p}, \boldsymbol{Ap})}{(\boldsymbol{r}, \boldsymbol{z})} = \frac{\sum\limits_{e=1}^{E} \beta^{(e)}}{\gamma} = \sum_{e=1}^{E} \sigma^{(e)} \quad (6\text{-}25)$$

其中，$\gamma = (\boldsymbol{r}, \boldsymbol{z}) = \sum\limits_{e=1}^{E} \rho^{(e)}$；$\sigma^{(e)} = \beta^{(e)} / \gamma$。

将式（6-21）式（6-22）、式（6-24）和式（6-25）代入预处理共轭梯度法，就可以得到基于雅可比预处理的 EBE-PCG 算法。

算法 6-3 基于雅可比预处理的 EBE-PCG 算法

（0）初始化：

（a）给定初始值 $\boldsymbol{x}^{(e)} = 0$，$\boldsymbol{r}^{(e)} = \boldsymbol{b}^{(e)}$

（b）生成 $\boldsymbol{m}^{(e)}$

（b-1）发送 $\boldsymbol{m}^{(e)}$ 到包含相邻单元的其他计算节点

（b-2）从包含相邻单元的其他节点接收 $\boldsymbol{m}^{(j)}$，$j \in \mathrm{adj}(e)$

（b-3）计算 $\boldsymbol{m}^{(e)} = \boldsymbol{d}^{(e)} \oplus \sum\limits_{j \in \mathrm{adj}(e)} \boldsymbol{d}^{(j)}$

（c）求解方程组 $(\boldsymbol{m}^{(e)}, \boldsymbol{z}_0^{(e)}) = \boldsymbol{r}_0^{(e)}$

（d）求 $\gamma = (\boldsymbol{r}, \boldsymbol{z})$：

（d-1）发送 $\boldsymbol{z}^{(e)}$ 到包含相邻单元的其他计算节点

(d-2) 从包含相邻单元的其他节点接收 $z^{(j)}$，$j \in \mathrm{adj}(e)$

(d-3) 计算 $s^{(e)} = z^{(e)} \oplus \displaystyle\sum_{j \in \mathrm{adj}(e)} z^{(j)}$

(d-4) 计算 $\rho^{(e)} = (r^{(e)})^{\mathrm{T}} s^{(e)}$

(d-5) 计算 $\gamma_0 = \displaystyle\sum_{e=1}^{E} \rho^{(e)}$，$\gamma = \gamma_0$

(e) $p^{(e)} = s^{(e)}$

(1) 计算 $\alpha_k = (r_{k-1}, z_{k-1})/(p_k, Ap_k)$

(a) $u^{(e)} = A^{(e)} p^{(e)}$

(b) $\beta^{(e)} = (p^{(e)}, u^{(e)})$

(c) $\sigma^{(e)} = \beta^{(e)}/\gamma$

(d) $\dfrac{1}{\alpha} = \displaystyle\sum_{e=1}^{E} \sigma^{(e)}$

(2) 更新 x 和 r：$x_k = x_{k-1} + \alpha_k p_k$ 和 $r_k = r_{k-1} - \alpha_k Ap_k$

(a) $x^{(e)} = x^{(e)} + \alpha p^{(e)}$

(b) $r^{(e)} = r^{(e)} - \alpha u^{(e)}$

(3) 求解方程组 $(m^{(e)}, z_k^{(e)}) = r_k^{(e)}$

(4) 求 $\gamma = (r, z)$

(a) 发送到包含相邻单元的其他计算节点

(b) 从包含相邻单元的其他计算节点接收 $z^{(j)}$，$j \in \mathrm{adj}(e)$

(c) 计算 $s^{(e)} = z^{(e)} \oplus \displaystyle\sum_{j \in \mathrm{adj}(e)} z^{(j)}$

(d) 计算 $\rho^{(e)} = (r^{(e)})^{\mathrm{T}} s^{(e)}$

(e) 计算 $\gamma_{\mathrm{new}} = \displaystyle\sum_{e=1}^{E} \rho^{(e)}$

(5) 判断是否收敛：如果 $\gamma_{\mathrm{new}} < \varepsilon \gamma_0$，则停止迭代

(6) 更新 p：$\beta_k = (r_{k-1}, z_{k-1})/(r_{k-2}, z_{k-2})$ 和 $p_k = z_{k-1} + \beta_k p_{k-1}$

(a) $\beta = \gamma_{\mathrm{new}}/\gamma$

(b) $p^{(e)} = s^{(e)} + \beta p^{(e)}$

(c) $\gamma = \gamma_{\mathrm{new}}$

跳转步骤 (1)。

在上面的算法中，运算符 $\oplus$ 与普通加号的含义不同。它是包括了所有节点（包括单元 e 本身）对第 e 个单元的贡献。$\mathrm{adj}(e)$ 表示所有连接到第 e 个单元的单元编号。

这里，使用残差矢量的 2 范数作为收敛准则：

$$\| r^{k+1} \|_2 \leqslant \varepsilon \| r^0 \|_2 \tag{6-26}$$

其中，ε 为对应于具体问题的容许误差，在本算法中取值为 1.0×10^{-5}。

6.3.3 有限元 EBE-PCG 方法的并行实现

采用 EBE 方法进行有限元分析的过程如下：①对每一个单元,计算单元刚度矩阵和相应的右端荷载向量,并施加边界条件；②采用 EBE-PCG 算法求解方程组,得到单元节点位移；③利用单元节点位移计算单元应变和应力；④单元节点位移集成总体节点位移并输出。

在具体并行实现时,每个处理器只保存一部分单元信息,并只计算该部分单元的单元刚度矩阵和与该单元有关的其他计算。这样,第 1 步和第 3 步基本上可以完全并行进行(只是计算集中力荷载时需要节点间的数据交换)。第 2 步和第 4 步需要处理器间的数据交换。其中第 2 步占据了主要的计算量和处理器的数据通信量。在实际计算中,由于单元刚度矩阵的对称性,所以只存储单元刚度矩阵的下三角矩阵,并且采用一维存储。对于荷载向量,也只保存单元荷载向量,而不集成整体荷载向量。计算流程图如图 6-15 所示。

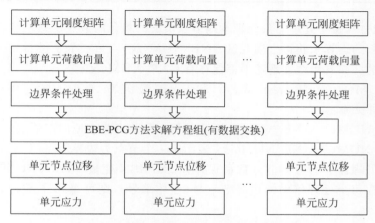

图 6-15　有限元并行 EBE 方法的计算流程图

1. 本地内部节点和边界节点

为了更好地处理并行计算过程中的数据交换,每个处理器存储的单元中涉及的节点分为两种类型。

(1) 本地内部节点：仅与本地单元有关。

(2) 边界节点：不仅与本地处理器中的单元有关,而且与其他处理器中的至少一个单元有关。

在 EBE-PCG 方法中,仅需要交换边界节点的数据。为了区分本地内部节点和边界节点,在本地处理器中引入并定义了多个辅助数组：

(1) NODE_E(N,NEMAX)称为节点的相关单元数组。其定义为：NODE_E(i,j)为与第 i 个节点相关的第 j 个单元的单元编号。其中 NEMAX 为所有节点的相关单元数目的最大值。

(2) NE_NUM(N)保存每个节点的相关单元数目。如果 NE_NUM(i)的值为 0,表示该节点为空节点,即该节点为多余节点,既没有被约束,也没有包含在任何一个单元信息中。

（3）NINE(N，NEMAX)保存节点在相关单元中的位置。例如，NINE(i，j)表示第 i 个节点在其相关的第 j 个单元中的位置。

假设二维数组 IEN(E，m)存储单元的节点信息，则上述辅助数组的算法如下。

算法 6-4　本地处理器中辅助数组的计算算法

（0）初始化 $NODE\_E(N,NEMAX)$、$NE\_NUM(N)$ 和 $NINE(N,NEMAX)$。
（1）对 $i=1,\cdots,E$ 循环
　　　　//注释：对第 i 个单元的 m 个节点进行循环
　　　　　　对 $j=1,\cdots,m$ 循环
　　　　　　　　$NE\_NUM(IEN(i,j))=NE\_NUM(IEN(i,j))+1$
　　　　　　　　$NODE\_E(IEN(i,j),NE\_NUM(IEN(i,j)))=i$
　　　　　　　　$NINE(IEN(i,j),NE\_NUM(IEN(i,j)))=j$
　　　　End
　　End

在上述算法中，每个处理器只处理本地节点负责的单元的节点信息。然后，可以在处理器之间进行全归约运算来获得全局变量 GNE_NUM(N)。第一个字母 G 表示它是用于整个有限元网格的。而且每个处理器中都保存有 GNE_NUM(N)。

当 NE_NUM(i)＞0 时，表示第 i 个节点为本地节点。此时 GNE_NUM(i)和 NE_NUM(i)有两种关系：

（1）GNE_NUM(i)=NE_NUM(i)：表示第 i 个节点为本地内部节点。
（2）GNE_NUM(i)＞NE_NUM(i)：表示第 i 个节点为边界节点。

假设每个处理器上的边界节点数目保存在 NUMBN 变量中，BN(NUMBN)按照从小到大的顺序保存每个处理器中的边界节点号（整体编号），则可得到计算 BN(NUMBN)的算法。

算法 6-5　本地处理器上边界节点的判断算法

（0）初始化 $NUMBN=0$
（1）对 $i=1,\cdots,N$ 循环
　　　　If $GNE\_NUM(i)＞NE\_NUM(i)$ Then
　　　　　　　　$NUMBN=NUMBN+1$
　　　　　　　　$BN(NUMBN)=i$
　　　　End If
　　End

在每个处理器上计算得到 BN(NUMBN)后，即可将其发送到根处理器中，并保存到根处理器的数组 GBN 中：

$$\text{GBN}=(BN^{(1)\,\mathrm{T}},BN^{(2)\,\mathrm{T}},\cdots,BN^{(E)\,\mathrm{T}})^{\mathrm{T}} \tag{6-27}$$

其中，$BN^{(e)}$ 表示第 e 个处理器中的边界节点数组。上面的过程只需进行一次，在后面的每次迭代中，都需要使用 GBN，它只需保存在根处理器中即可。

2. 边界条件的并行处理

使用 EBE 方法时，在形成单元刚度矩阵后，要想进行下一步的计算，必须消除刚体位移

的影响，即引入边界条件，才能进行求解，边界条件一般指位移边界条件。在共轭梯度法的程序中采用直接处理法进行边界条件的处理。

$$
\begin{bmatrix}
k_{1,1} & k_{1,2} & k_{1,3} & 0 & k_{1,5} & \cdots \\
k_{2,1} & k_{2,2} & k_{2,3} & 0 & k_{2,5} & \cdots \\
k_{3,1} & k_{3,2} & k_{3,3} & 0 & k_{3,5} & \cdots \\
0 & 0 & 0 & k_{4,4} & 0 & \cdots \\
k_{5,1} & k_{5,2} & k_{5,3} & 0 & k_{5,5} & \vdots \\
\vdots & \vdots & \vdots & \vdots & \vdots & \vdots
\end{bmatrix}
\begin{Bmatrix}
x_1 \\ x_2 \\ x_3 \\ x_4 \\ x_5 \\ \vdots
\end{Bmatrix}
=
\begin{Bmatrix}
b_1 - k_{1,4}c \\
b_2 - k_{2,4}c \\
b_3 - k_{3,4}c \\
k_{4,4}c \\
b_5 - k_{5,4}c \\
\vdots
\end{Bmatrix}
\tag{6-28}
$$

考虑到 $x^e = Qx$、$b = Q^{\mathrm{T}}b^e$ 及 $A = Q^{\mathrm{T}}A^eQ$ 的关系，边界条件可以直接施加到单元刚度矩阵中。具体的实现仍然是借助上一节的辅助数组 NODE_E(N, NEMAX)、NE_NUM(N) 和 NINE(N, NEMAX)。

假设数组 RESN(RNUM) 保存边界有约束的节点编号，RESN_DIS(RNUM, 3) 保存相应的约束位移，其中 RNUM 为约束节点数。下面给出边界条件处理的 EBE 算法。

算法 6-6 边界条件处理的 EBE 算法

对 $i = 1, \cdots, RNUM$ 循环

    $curr\_resn = RESN(i)$ //注释：$curr\_resn$ 为当前处理的约束节点编号

    If $NE\_NUM(i) > 0$ Then

        对 $j = 1, \cdots, NE\_NUM(i)$ 循环 //注释：$curr\_ele$ 为当前处理的单元编号

            $curr\_ele = NODE\_E(curr\_resn, j)$

//注释：loc_of_ele 为节点在单元中的位置

            $locofele = NINE(curr\_resn, j)$

//注释：利用 $curr\_ele$ 和 $locofele$ 处理单元荷载向量

//注释：利用 $curr\_ele$ 和 $locofele$ 处理单元刚度矩阵

        End

    End

End

由于辅助数组都是在本地处理器中形成的，每个处理器中都保存有边界条件信息（约束节点和约束位移），因此，上面的算法可以完全并行进行。

3. 荷载的并行处理

荷载的处理也是有限元计算中的一个主要环节，下面将讨论有限元 EBE 方法中的不同类荷载的并行处理。

（1）集中力荷载

一般情况下，集中力是作用在节点上的，这里也只讨论集中力加在节点上的情况。对于传统有限元方法而言，集成整体刚度矩阵后，集中力荷载的处理是最简单的，只需将集中力累加入整体荷载向量在对应节点位置上的元素中即可。但是对于 EBE 方法而言，因为不形成整体荷载向量，而节点可能是和多个单元相关的，所以集中力在几个单元之间的分配是算法中的一个关键因素。

为了方便并行处理，集中力平均分配给与节点有关的所有单元。借助前面介绍的辅助

数组,并假设 PN(PNUM) 保存施加集中力的节点编号(整体编号),PP(PNUM,3) 保存每个集中力的大小(X、Y 和 Z 共 3 个方向),其中 PNUM 为集中力的个数,则可以得到如下的并行 EBE 集中力荷载计算算法。

算法 6-7　集中力荷载计算的 EBE 算法

对 $i=1,\cdots,RNUM$ 循环
  $curr\_pn = PN(i)$　//注释:$curr\_pn$ 为当前处理的约束节点编号
  $px = PP(curr\_pn,1)/GNE\_NUM(curr\_pn)$　　//注释:获取集中力荷载的大小
  $py = PP(curr\_pn,2)/GNE\_NUM(curr\_pn)$
  $pz = PP(curr\_pn,3)/GNE\_NUM(curr\_pn)$
   If $NE\_NUM(i) > 0$ Then
     对 $j=1,\cdots,NE\_NUM(i)$ 循环　//注释:$curr\_ele$ 为当前处理的单元编号
      $curr\_ele = NODE\_E(curr\_pn,j)$
//注释:loc_of_ele 为节点在单元中的位置
      $locofele = NINE(curr\_resn,j)$
//利用 $curr\_ele$ 和 $locofele$,将 px、py 和 pz 累加到单元荷载向量的相应位置
     End
   End
End

需要注意的是,每个处理器都保存 PN(PNUM) 和 PP(PNUM,3),而且除了 GNE_NUM(N) 需要处理器间交换数据集成外,其他均为本地处理器中形成的局部变量,因为可以达到完全的并行计算。

(2) 体积力

假设体积力 $\boldsymbol{q} = (q_x, q_y, q_z)^{\mathrm{T}}$,则其产生的节点荷载为[20]

$$\boldsymbol{P}_{\boldsymbol{q}}^{(e)} = \iiint \boldsymbol{N}^{\mathrm{T}} \boldsymbol{q}\, \mathrm{d}x\,\mathrm{d}y\,\mathrm{d}z = \int_{-1}^{1}\int_{-1}^{1}\int_{-1}^{1} \boldsymbol{N}^{\mathrm{T}}\boldsymbol{q}\mid\boldsymbol{J}\mid \mathrm{d}\xi\mathrm{d}\eta\mathrm{d}\zeta \tag{6-29}$$

其中,$\boldsymbol{N}$ 为形函数;$\boldsymbol{J}$ 为雅可比矩阵。

由于 $\boldsymbol{N}$ 和 $\boldsymbol{J}$ 均是局部坐标 ξ, η 和 ζ 的函数,因此式(6-29)可以通过高斯积分来计算。在并行计算时,由于式(6-29)就是针对单元进行的,不会涉及其他单元,因此可以完全并行进行。

(3) 面荷载

假设面荷载为 $\boldsymbol{p}$,则其产生的节点荷载为

$$\boldsymbol{P}_{\boldsymbol{p}}^{(e)} = \iint_{\Omega} \boldsymbol{N}^{\mathrm{T}} \boldsymbol{p}\, \mathrm{d}\Omega \tag{6-30}$$

其中,$\boldsymbol{N}$ 为表面 Ω 的形函数矩阵,为 $3 \times 3s$ 阶矩阵;s 为单元表面 Ω 的节点个数。

设 $\boldsymbol{p}$ 作用的表面是 $\zeta=1$ 的表面,则 Ω 的方程为

$$x = \sum N_i(\zeta=1)x_i, \quad y = \sum N_i(\zeta=1)y_i, \quad z = \sum N_i(\zeta=1)z_i \tag{6-31}$$

这样,可以得到

$$\mathrm{d}\Omega = A\,\mathrm{d}\xi\mathrm{d}\eta \tag{6-32}$$

其中，$A = \sqrt{\left(\dfrac{\partial x}{\partial \xi}\dfrac{\partial y}{\partial \eta} - \dfrac{\partial x}{\partial \eta}\dfrac{\partial y}{\partial \xi}\right)^2 + \left(\dfrac{\partial y}{\partial \xi}\dfrac{\partial z}{\partial \eta} - \dfrac{\partial y}{\partial \eta}\dfrac{\partial z}{\partial \xi}\right)^2 + \left(\dfrac{\partial z}{\partial \xi}\dfrac{\partial x}{\partial \eta} - \dfrac{\partial z}{\partial \eta}\dfrac{\partial x}{\partial \xi}\right)^2}$

表面 Ω 上任一点压强为

$$p = \overline{N}p^{(e)} \tag{6-33}$$

其中，$\overline{N} = (N_1, N_2, \cdots, N_s)$；$p^{(e)} = (p_1, p_2, \cdots, p_s)^{\mathrm{T}}$，$p_1, p_2, \cdots, p_s$ 分别为 s 表面节点上的压强。

设表面 Ω 上任一点的方向余弦为 $L = (l, m, n)^{\mathrm{T}}$，则表面所受压力在 x、y 和 z 向的分量为

$$p = (p_x, p_y, p_z)^{\mathrm{T}} = L\overline{N}p^{(e)} \tag{6-34}$$

将式(6-31)和式(6-33)代入式(6-29)，可以得到面荷载产生的节点荷载为

$$P_p^{(e)} = p^{(e)} \int_{-1}^{1}\int_{-1}^{1} N^{\mathrm{T}}L\overline{N}A\,\mathrm{d}\xi\mathrm{d}\eta \tag{6-35}$$

一般情况下，由于表面 Ω 不是规则的几何形状，所以也需要通过高斯积分来求解。

在上面的推导过程中，可看到，某一单元面荷载的计算不会涉及其他单元，所以在有限元 EBE 算法中，面荷载的计算可以完全并行。

(4) 温度荷载

温度荷载是按初应变进行计算的，假设节点上由温度产生的初应变为 $\boldsymbol{\varepsilon}^{(e)} = [\varepsilon_1, \varepsilon_2, \cdots, \varepsilon_m]^{\mathrm{T}}$，则温度产生的节点荷载为

$$P_T^{(e)} = \int_V B^{\mathrm{T}}D\overline{N}\boldsymbol{\varepsilon}^{(e)}\,\mathrm{d}V = \int_V B^{\mathrm{T}}D\overline{N}\boldsymbol{\varepsilon}^{(e)}\,|\,J\,|\,\mathrm{d}\xi\mathrm{d}\eta\mathrm{d}\zeta \tag{6-36}$$

其中，$\overline{N} = [N_1, N_2, \cdots, N_m]$，$B$ 为应变矩阵；D 为弹性矩阵。

式(6-36)需要通过高斯积分来求解。由式(6-35)可看到，对某一单元来说，温度荷载的计算与其他单元无关，在 EBE 算法中，可以完全并行进行。

4. EBE-PCG 方法的并行实现

在算法 6-3 中，分布式内存并行计算需要处理器间进行数据交换的部分包括如下两大类。

(1) 初始化阶段步骤中的(b-3)、(d-3)以及步骤(4)中的(c)($m^{(e)}$ 和 $s^{(e)}$ 的计算)。它们的计算和数据通信方式基本一样。这两项计算完成后，(r, z) 的计算则可以完全并行进行。

(2) 初始化阶段步骤中的(d-5)和步骤(1)中的(d)(γ_0 和 $1/\alpha$ 的计算)。这些步骤需要把各个处理器上累积的值进行求和，这需要一个全归约操作(AllReduced)即可完成。

其余部分均可以完全并行进行。而在上面两大类中，第二类每次的归约操作只涉及一个数据，因此，通信对程序造成的影响很小。而第一类的数据通信量相对比较大，也是决定整个程序性能的主要部分，因此下面主要介绍第一类的数据通信的方式。

1) 通过传递相邻的 $z^{(e)}$ 得到 $s^{(e)}$

对于这种方式，需要知道本地处理器需要的其他处理器上的单元编号，而且也应该知道本地处理器需要发送给其他处理器的单元编号。

这种方案在实现时比较烦琐，它会涉及单元局部编号和整体编号的转变，而且传送和接

收的每个单元对应的 $z^{(e)}$ 中的数据并不完全都是必需的，因此，在数据交换时传输了很多无用的数据。这也会降低程序的执行性能。

2）通过集成整体向量 z 得到 $s^{(e)}$

整体向量 z 与每个单元对应的单元向量 $z^{(e)}$ 具有如下的关系：

$$z = Q^T z^e \tag{6-37}$$

其中，$z^e = (z^{(1)}, z^{(2)}, \cdots, z^{(E)})^T$。

令 $s^e = (s^{(1)}, s^{(2)}, \cdots, s^{(E)})^T$，则有

$$s^e = Qz \tag{6-38}$$

根据式(6-37)和式(6-38)，可以得到以下过程通过 $z^{(e)}$ 来计算 $s^{(e)}$：

（1）在本地集成向量 z^l，它和 z 具有相同的长度。

（2）由根处理器(ROOT)收集所有处理器上的 z^l 与边界节点有关的数据，并在根处理器上进行求和，然后将求和后的结果按照原来的顺序依次散发到每个处理器中。此时每个处理器中保存的向量为 z^g，它的非零元素的位置和 z^l 相同，但是它的非零元素的大小和 z 对应位置的数据相等。而且 z^g 的非零元素的位置只和本地节点有关，而与其他节点对应位置上的元素均为零。

（3）通过 z^g 得到 $s^{(e)}$，它可以通过下式完成：

$$s^e = Qz^g \tag{6-39}$$

具体算法如下所示。

算法 6-8 通过 $z^{(e)}$ 得到 $s^{(e)}$ 的并行计算算法

（1）在本地处理器上，由 $z^{(e)}$ 集成为 z^l。

（2）通过 $BN(NUMBN)$ 的映射，由 z^l 生成 $BN\_VALUE(NUMBN * d)$，它保存的是 z^l 中与边界节点对应的数据。

（3）将 $BN\_VALUE(NUMBN * d)$ 收集到根处理器中，并保存在数组 $GBN_{VALUE} = (BN\_VALUE^{(1)\,T}, BN\_VALUE^{(2)\,T}, \cdots, BN\_VALUE^{(e)\,T})$ 中。

（4）通过数组 GBN 将 GBN_VALUE 累加到临时整体向量 z^{temp} 中。

（5）通过 GBN 的映射，由 z^{temp} 更新 GBN_VALUE 数组中的值。

（6）通过 GBN 的映射，将 GBN_VALUE 数组中的值散发到各个处理器中的 $BN\_VALUE(NUMBN * d)$ 中(更新)。

（7）通过 $BN(NUMBN)$，将 $BN\_VALUE(NUMBN * d)$ 值映射到 z^g 中。

（8）通过单元信息数组 $IEN(E, m)$，将 z^g 中的值映射到 $s^{(e)}$。

上面的算法中，只在第(3)步和第(6)步中包含数据的传递。其余几个步骤基本可以完全并行。需要注意的是，这种算法对根处理器要求比较高，因为处理器间传输的数据量小了，但是额外的计算却是由根处理器来承担的。

求解完成后，得到的是 $x^e = (x^{(1)}, x^{(2)}, \cdots, x^{(E)})^T$，它与总体节点位移的关系为 $x^e = Qx$。利用 x^e，可以直接求应变和应力。但是，为了后处理的需要，一般需要将单元节点位移转换为总体节点位移。$x^e = Qx$ 表明，由 x^e 转换为 x 不是一个简单累加的过程。对于将单元节点位移转换为总体节点位移，采用了这样一种算法。

算法 6-9 单元节点位移转换为总体节点位移的算法

(1) 在每个处理器上,由 $x^{(e)}$ 进行简单累加得到 x^l

(2) 处理器间进行归约操作,由 x^l 累加得到 x^g,保存在根处理器中

(3) 在根处理器中:对所有节点循环:$i = 1, 2, \cdots, N$

$$x_i = x_i^g / GNE\_NUM(i)$$

        End

进行上面的计算后,总体节点向量 $x = (x_1, x_2, \cdots, x_N)^T$ 保存在根处理器中,可以在根处理器中直接输出。

6.3.4 程序验证及效率分析

基于上述并行有限元 EBE 方法,根据 MPI 通信标准用 C/C++ 在 TFINE 中进行了实现。程序适用于大型并行处理器 MPP 和工作站集群,并在清华大学高性能研究院的可扩展高性能集群计算机系统上实现。

1. EBE 方法的预处理效果和计算效率

采用矩形截面悬臂梁来验证程序的可行性。悬臂梁自由端受集中载荷 P 作用,顶部表面受均布载荷 q 作用。程序运算结果如表 6-4 所示。与常规有限元方法的效率对比如表 6-5 所示。其中,N_{iter} 是迭代数,T 是计算时间。

表 6-4 程序运算结果

荷载	物理指标	理论结果	数值结果	误差/%
点荷载 $P = 1N$	最大应力/Pa	59.613	59.910	0.5
	最大位移/mm	1.905	1.898	0.4
均布荷载 $q = 1N/m$	最大应力/Pa	277.85	285.174	2.6
	最大位移/mm	7.143	7.096	0.65

表 6-5 与常规有限元方法的效率对比

编号	CG 方法		JCG 方法 *		EBE-CG 方法		EBE-JCG 方法	
	N_{iter}	T/s	N_{iter}	T/s	N_{iter}	T/s	N_{iter}	T/s
1	165	34.22	123	25.37	147	7.9	112	6.13
2	231	252.45	185	197.22	208	38.02	170	31.72
3	294	3205.25	247	2707.05	266	88.99	228	77.2

* CG 是共轭梯度法,JCG 是雅可比预处理共轭梯度法。CG 和 JCG 方法都采用带宽存储,且带宽压缩通过 Cuthill-Mckee 算法完成。

如表 6-5 所示,EBE 方法即使没有预处理,迭代次数也比常规有限元计算要少。这是因为 EBE 方法不需要集成整体刚度矩阵,并且仅存储非零系数,因此相较于在常规有限元中还需要存储零系数,此法可以消除舍入误差。另外,EBE 方法的存储数据少于常规有限元的存储数据,因此也可以大大减少计算时间。

2. 拱坝-地基系统的并行计算

针对高拱坝工程应用,采用二滩拱坝-地基系统的有限元网格测试了该程序。计算网格包含 20879 个节点和 17980 个单元。采用六面体单元和五面体单元。二滩拱坝计算网格如图 6-16 所示。

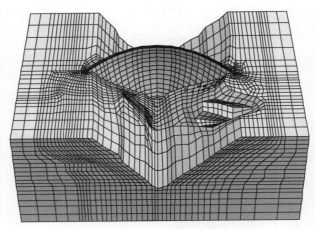

图 6-16　二滩拱坝计算网格

大坝主体和地基总共使用了 31 种材料,并且在计算中还考虑了施工过程。并行效率如表 6-6 所示。

表 6-6　EBE 方法的效率

CPU 数量	EBE 方法	
	CPU 运行时间/s	效率/%
1	1399	100
2	760	92.0
3	555	84.0
4	479	73.0
8	296	59.0
12	238	49.0
16	203	43.0

结果表明,即使使用拱坝-地基系统的不规则网格,在使用 16 个 CPU 时,并行计算效率也可以达到 43%,这表明 EBE 方法对于 3D 有限元并行计算非常有效。

此外,并行计算程序按单元编号顺序将单元分配到每个处理器中。单元的顺序将影响计算效率。例如,当 4 个 CPU 参与计算时,将二滩拱坝-地基系统的有限元网格分配到每个 CPU 中,如图 6-17 所示。显然,因为处理器之间有很多连接节点,EBE 方法的任务分配可能不是最乐观的。实际上,EBE 中的任务分配本质上与区域分解的任务分配相同。它们具有相同类型的子结构方法。EBE 方法的子结构存在于单元级别。区别在于 EBE 方法随机分配单元,而区域分解的目的是使分解后处理器之间的连接节点数最少。

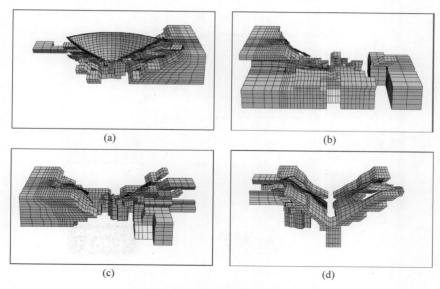

图 6-17 并行计算的单元分布

（a）过程 0；（b）过程 1；（c）过程 2；（d）过程 3

6.4 基于 CPU/GPU 异构并行的大规模数值计算

本节针对基于多核 CPU 和 GPU 的异构并行方案[21]进行介绍，重点对有限元求解中的刚度矩阵组装的多 CPU 算法和方程组求解的 GPU 加速，以及在 TFINE 仿真分析平台上的实现进行介绍。

6.4.1 有限元 CPU/GPU 异构并行策略

有限元计算主要有如下几个环节。

（1）数据准备阶段，即前处理，包括结构建模，节点坐标、单元连接信息，以及边界条件、初始条件的确定。

（2）生成有限元计算的控制方程，包括单元刚度矩阵、单元荷载向量的计算，动力分析时单元质量矩阵和阻尼矩阵的计算，以及整体刚度矩阵和总荷载向量的组装。

（3）控制方程组求解。

（4）位移、应变和应力等状态的更新。

（5）后处理，包括结果数据可视化等。

其中，步骤（2）、（3）和（4）分别为有限元中涉及较多计算的步骤。步骤（2）和（4）主要在单元上面进行，涉及的判断较多，计算一般包括单元上的高斯积分。步骤（3）涉及大型线性方程组的求解，计算量一般占到总体计算量的 70% 以上，属于计算密集型。

基于以上分析，提出了一种有限元计算的 CPU/GPU 异构并行策略，如图 6-18 所示。其中涉及较多判断的刚度矩阵和右端项组装、非线性计算中的单元状态更新等采用多 CPU 并行，涉及较多计算的大型线性方程组求解则采用 GPU 进行并行加速。

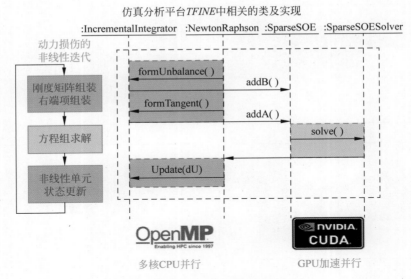

图 6-18 有限元非线性计算相关类及实现

6.4.2 基于 OpenMP 的控制方程并行组装

1. 刚度矩阵和右端项的组装和存储

整体刚度矩阵生成、单元状态更新、右端不平衡向量的计算涉及控制流程较多,很难利用 GPU 进行加速,因此采用基于 OpenMP 的多核心进行并行计算实现。一个线程负责生成总体刚度矩阵中一整行的元素,而非某一个元素。因为总体刚度矩阵中的一行代表了一个节点所对应的一个自由度,因此该方法也可称为逐节点(自由度)组装。逐节点组装整体刚度矩阵及任务分配示意图如图 6-19 所示。其基本思想是按照节点进行任务分配,每个计算核心负责与节点相关的单元刚度矩阵的计算任务。

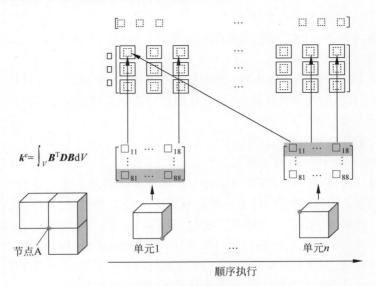

图 6-19 整体刚度矩阵组装任务分解示意图

由于只取该节点自由度所对应的单元刚度阵中的相应行(即图 6-19 中刚度阵中的阴影部分),因此在计算单元刚度阵时,只需计算部分刚度阵

$$k_{\text{partial}}^e = \int_{V_e} \boldsymbol{B}_{\text{partial}}^{\text{T}} \boldsymbol{D}\boldsymbol{B} \,\mathrm{d}V_e \tag{6-40}$$

其中,$\boldsymbol{D}$ 为弹性矩阵;$\boldsymbol{B}$ 为应变矩阵;$\boldsymbol{B}_{\text{partial}}^{\text{T}}$ 取节点自由度在 $\boldsymbol{B}^{\text{T}}$ 中对应行的子矩阵。

计算 k_{partial}^e 后,将单元阵中的元素按其整体自由度编号写入该编号在所对应的列。由于同一节点的计算仅有一个线程完成,因此在针对同一节点的元素读取为串行执行,而不同线程将处理不同的节点,其所在整体刚度阵中的位置显然不一样,因而从根本上解决了数据竞争的问题。

在单元状态更新中,通过节点位移值计算单元应变和应力状态,应力积分仅与本单元的应变、材料等信息有关,各个单元之间互不影响,因而可以直接分配给线程进行并行计算。采用与刚度矩阵同样的粗粒度并行方法,逐个单元进行。

有限元生成的刚度矩阵为大型稀疏矩阵,常用的压缩存储格式有 COO 坐标格式(coordinate format)、CSR 行压缩格式(compressed sparse row format)、CSC 列压缩格式(compressed sparse column format)、ELL 格式(ellpack-ltpack format)及 HYB 混合格式(hybrid format)等。TFINE 程序采用 CSR 格式,CSR 格式仅存储稀疏矩阵中的非零元素,其代价是需要配套一个同长度的整数数组和一个长度加 1 的整数数组作为索引。这样,存储格式能有效减少所需的内存大小,同时避免大量的零元素的计算,计算效率明显提高。

2. 高斯点数平均的负载平衡

整体刚度矩阵集成的主要计算量与某一节点相连的高斯点数有关。而在复杂岩体工程的有限元计算中,由于地形复杂、开挖等因素,每个线程分配到的节点不等,导致计算负载的不均衡,从而降低计算效率。因此,有必要进行计算负载的均衡。例如,地下工程或者隧洞在进行施工过程仿真时,开挖部分所在单元都连续集中分布在某一组,那么在计算时,线程分配到的节点所连接单元就可能较其他线程少,从而该线程计算量较小,计算较其他线程结束早,出现 CPU 等待闲置的状态,影响计算效率。

因此,可以在计算过程中根据高斯点数目相同的标准重新分配各线程工作量,尽量使计算负载比较均衡。

6.4.3 线性方程组求解的 GPU 并行实现

方程组求解采用 GPU 进行加速,通过 NVIDIA 公司的 CUDA 实现。每一个 GPU 硬件包含多个计算单元,方程组求解采用预处理共轭梯度法时,主要涉及的是矩阵和向量之间的运算。因此,可以将计算分解成不同的部分,放到 GPU 的不同计算单元上进行,从而达到并行处理、加速计算的目的。基于 GPU 加速的计算任务分解如图 6-20 所示。

6.4.4 并行计算效率分析

1. 测试模型
采用如图 6-21 所示的隧洞有限元模型进行并行计算效率测试。考虑岩体和衬砌两种

材料,衬砌厚度为 0.5m。围岩及混凝土衬砌的物理力学参数如表 6-7 所示。为了测试不同规模对并行计算效率的影响,剖分了不同规模的有限元网格,如表 6-8 所示。

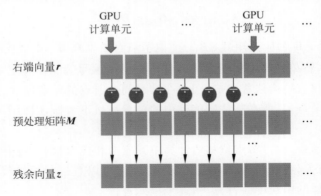

图 6-20　GPU 并行加速计算示意图

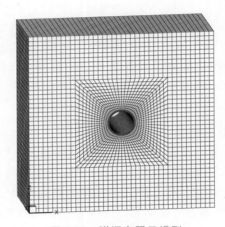

图 6-21　隧洞有限元模型

表 6-7　围岩及混凝土衬砌材料物理力学参数

类型	密度/(kg/m³)	杨氏模量/GPa	泊松比	内摩擦角/(°)	黏聚力/MPa
围岩	2600	8	0.25	40	0.8
衬砌	2500	28	0.167	53	4.8

表 6-8　不同规模有限元模型单元与节点数目

规模	单元数	节点数	自由度数
5 万	46400	51240	146257
20 万	189600	201720	587817
40 万	397200	420045	1227222
60 万	595800	624954	1835862
120 万	1191600	1239645	3661782
460 万	4608000	4704561	13938958

2. 刚度阵并行组装和单元状态更新并行效率分析

不同计算规模下,整体刚度矩阵生成和单元状态更新加速比如图 6-22 所示。由图可以看到,最高加速比为 12.20。对于不同规模的有限元模型,其加速比随线程数增加的规律基本相同,表明该算法具有良好的线性扩展性,不因有限元模型规模的改变而加速比降低。图 6-23 为 1400 万计算自由度(460 万单元数)下整体刚度矩阵的并行计算加速比,可以看到,在 32 核 64 线程服务器上加速比达到 26.23。

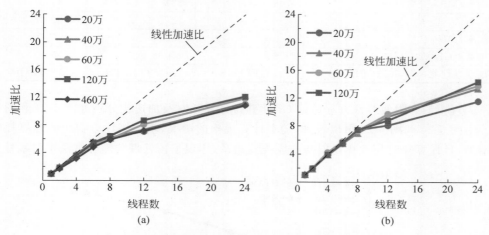

图 6-22　整体刚度矩阵生成和单元状态更新加速比

(a)整体刚度矩阵生成;(b)单元状态更新

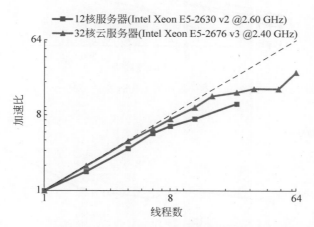

图 6-23　1400 万自由度(460 万单元数)的整体刚度矩阵生成加速比

3. 方程组求解的 GPU 并行计算效率分析

GPU 并行计算效率测试时,方程组求解采用雅可比预处理共轭梯度法,分别在 NVIDIA GTX 960、Tesla K20、Tesla K80、Tesla V100 等不同型号的 GPU 加速卡上进行计算。相对照的单机测试则采用计算效率较好的 SSOR 预处理共轭梯度法,采用 Intel Xeon E5 CPU 上利用单核计算。几款 GPU 的基本配置及性能参数如表 6-9 所示。表中从左至右 GPU 显存大小逐渐递增,因而所能计算的规模也逐渐增大。

表 6-9　GPU 的基本配置及性能参数

参　　数	NVIDIA GTX960	NVIDIA Tesla K20	NVIDIA Tesla K80	NVIDIA Tesla V100
架构	Maxwell	Kepler	Kepler	Pascal
计算能力	5.2	3.5	3.7	7.0
CUDA 核心数	1024	2496	2496	5120
核心频率/MHz	1127	706	824	1455
显存/GB	2	5	12	32/16
显存频率/MHz	7010	5×10^3	2505	5012
显存带宽/(GB/s)	112	208	240	900
双精度浮点性能	72.1GFLOPS	1.17TFLOPS	1.455TFLOPS	7 TFLOPS

不同规模的有限元线性方程组的 GPU 并行计算耗时及加速比分别如图 6-24 和图 6-25 所示。由图 6-24 和图 6-25 可以看到,随着计算规模的增大,求解线性方程组的计算耗时也随着增加,且计算耗时与计算规模基本成线性关系,体现了预处理共轭梯度法求解线性方程

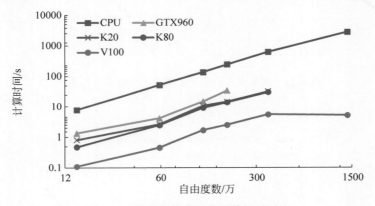

图 6-24　不同规模有限元计算耗时对比

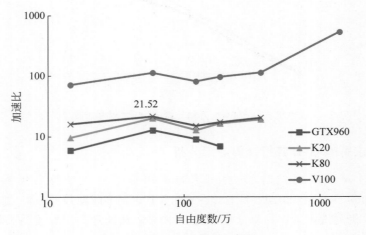

图 6-25　线性方程组并行计算加速比

组相较于直接法求解的良好扩展性。在 4 款不同的 GPU 平台上,求解时间均小于 CPU 平台上 1～2 个数量级,体现出 GPU 并行计算快速高效的特点。当采用 Tesla V100 GPU (5120 CUDA 核心)时,对于 1400 万自由度的计算,最高加速比可达 527.75。

需要说明的是,求解 366 万自由度左右的有限元模型生成的线性稀疏方程组需要 4GB 左右显存,因而 NVIDIA GTX 960 显卡无法胜任该规模的计算,因此无相关计算耗时的数据。求解 1400 万阶稀疏矩阵构成的线性方程组(对应 460 万单元的模型)需要 13GB 以上显存,因而该规模计算只在 NVIDIA Tesla V100 显卡上进行,并与 CPU 上的计算进行对比。

4. 整体效率分析

整体刚度阵组装、单元应力状态更新和右端项计算均在 CPU 上采用 OpenMP 指令多核 CPU 并行,而线性方程组则通过 GPU 并行求解。分别采用本地服务器及亚马逊云服务器对隧洞的动力稳定计算效率与单线程串行计算方案进行了对比。

采用如图 6-26 所示的地震加速度时程,计算模型包含 46400 单元,约 15 万计算自由度,最大幅值为 $0.2g$。对输入地震波采用傅里叶变换进行 $0\sim25\,\text{Hz}$ 低通滤波,除去对结构稳定影响较小的高频成分,并进行基线校正。单元网格尺寸符合《工程场地地震安全性评价》(GB 17741—2005)地震波荷载最短波长 $1/12\sim1/8$ 的要求,从而保证地震波场的计算精度。为简单起见,只考虑地震沿隧洞横向水平激振,在 4 个侧边界及底边界垂直于洞轴线方向(即 x 方向)施加水平方向地震加速度。动力计算总时长为 30s,计算步长为 0.1s。

图 6-26 x 方向加速度时程

计算采用的两台服务器的基本配置及加速比如表 6-10 所示。采用并行计算后,本地服务器将原先串行的近 50h 的计算缩减为 7h,AWS 云服务器将时间缩减为 4.5h,加速比最大达到 11.02。

表 6-10 不同计算方案计算效率对比

项目	本地服务器		AWS 云服务器
CPU	Intel Xeon E5 v2 @ 2.6GHz	Intel Xeon E5 v2 @ 2.6GHz	Intel Xeon E5-2686 v4 @ 2.3 GHz
线程数	1	24	32
GPU	—	NVIDIA Tesla K20	NVIDIA Tesla V100
计算耗时	179347s (49h49min)	25069s(6h57min)	16278s (4h 31min)
加速比	**1**	**7.15**	**11.02**

图 6-27 所示为有限元计算的不同部分的加速比,由图可以看到,整体计算的加速比低于各个部分的并行加速比,原因在于动力计算时,处理边界条件等读取操作仍然为串行执行,尤其当其余部分并行计算时间已经缩小到小于 1s 的量级时,大量的串行读写操作反而成为计算耗时的主要部分,因而成为整体计算的性能瓶颈。

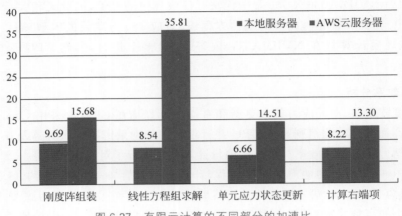

图 6-27 有限元计算的不同部分的加速比

参考文献

[1] 刘耀儒. 三维有限元并行计算及其在水利工程中的应用[D]. 北京:清华大学,2003.

[2] OpenSees. https://opensees. berkeley. edu.

[3] Real-ESSI Simulator. http://real-essi. info.

[4] LIU Y R,WU Z S,YANG Q,et al. Dynamic stability evaluation of underground tunnels based on deformation reinforcement theory[J]. Advances in engineering software,2018,124:97-108.

[5] MPI Forum. https://www. mpi-forum. org.

[6] The Message Passing Interface (MPI) standard. https://www. mcs. anl. gov/research/projects/mpi/index. htm.

[7] MPICH. http://www. mpich. org.

[8] Open MPI:Open Source High Performance Computing. https://www. open-mpi. org/.

[9] OpenMP:Enabling HPC since 1997. http://www. openmp. org.

[10] Nvidia CUDA. https://developer. nvidia. com/cuda-zone.

[11] MANDEL J. Balancing domain decomposition[J]. Communications in numerical methods in engineering,2010,9(3):233-241.

[12] PARKK C,MANOEL R,JUITINO J R,et al. FELIPPA. An Algebraically Partitioned FETI Method For Parallel Structural Analysis:Algorithm Description[J]. International Journal for numerical methods In engineering,1997,40:2717-2737.

[13] HUGHES T J R,LEVIT J,WINGET J. Implicit, unconditionality stable, element-by-element algorithms for heat conduction analysis[J]. ASCE Journal of the engineering mechanics,1983,109(2):576-585.

[14] WILLIAM L B,HENSON V E,STEVE F M. A multigrid turorial[M]. 2nd ed. Beijing:Tsinghua University Press,2011.

[15] 包劲青,杨强,陈英儒,等. 对称超松弛预处理共轭梯度法在高拱坝整体大规模弹塑性有限元分析中

的应用[J]. 水利系学报,2009,40(5):589-595.

[16] 包劲青,杨强,刘耀儒. 适宜 PCG 方法的水工结构有限元刚度矩阵形成、组集和存储的新方法[J]. 华北水利水电学院学报,2009,30(4):1-4.

[17] YANG Q,LIU Y R,CHEN Y R,et al. 2008. Deformation reinforcement theory and its application to high arch dams[J]. Science in China,51(S2):32-47.

[18] LIU Y R,ZHOU W Y,YANG Q. A distributed memory parallel element-by-element scheme based on Jacobi-conditioned conjugate gradient for 3-D finite element analysis[J]. Finite elements in analysis & design,2007,43(6-7):494-503.

[19] LAW K H. A parallel finite element solution method[J]. Computers & structures. 1986,23(6): 845-858.

[20] STEWARD I J,BROWN E T. A Static Relaxation Method for the Analysis of Excavation in Discontinuous Rock [C]//Design and Performance of Underground Excavation,Cambridge,1984.

[21] 武哲书. 岩体结构静动稳定分析及并行计算[D]. 北京:清华大学,2020.

第 **7** 章

高拱坝稳定分析和加固评价

过去二三十年,我国高坝建设方兴未艾,目前投入运行的 300m 级特高拱坝有溪洛渡拱坝(坝高 285.5m)、锦屏一级拱坝(坝高 305m)、大岗山(坝高 210m)、二滩拱坝(坝高 240m)、小湾拱坝(坝高 294.5m)、拉西瓦拱坝(坝高 250m)和构皮滩(坝高 232.5m)等,在建的包括白鹤滩拱坝(坝高 289m)、乌东德拱坝(坝高 270m)和松塔拱坝(坝高 318m,拟选)等。拱坝坝基稳定是拱坝安全的关键,主要包括坝肩关键滑块的稳定性及考虑变形的整体稳定性。另外,随着工程的蓄水运行,坝基所处的地质环境的变化对拱坝也会产生一定的影响,其长期稳定性也逐渐成为工程安全的重要方面。

7.1 基于三维非线性分析的坝肩抗滑稳定校核

7.1.1 拱坝坝肩抗滑稳定分析

坝基中存在各种各样的软弱带(断层、节理裂隙等),拱坝的坝肩抗滑稳定分析主要针对由这些软弱带切割出的可能滑动的块体进行。规范采用的方法是刚体极限平衡法,稳定分析步骤如下。

(1)考虑基础中由若干个软弱面和建基面切割成的可能滑动的块体,假定该块体为刚体。常见的组合形式有一陡一缓、两陡一缓和阶梯状滑块[1]。

(2)块体各个表面承受指定的荷载作用,通常包括如下几个部分:①和坝体相连的部分建基面承受拱端推力,一般由基于拱冠梁法的拱坝应力分析确定;②块体本身的山体自重;③各表面上的渗透压力。

(3)通过各种荷载作用下块体的平衡确定各可能滑动面上的滑动力和法向力。

(4)确定各结构面上的抗剪强度指标,计算各可能滑动面上的抗滑力。

(5)由抗滑力除以滑动力,得到该块体的抗滑安全系数为 K。

刚体极限平衡法有很强的假定:①计算块体为刚体,不考虑变形;②各可能滑面的受力通过计算块体的平衡来确定;③各可能的滑动面都同时达到极限破坏状态。尤其是③假定,是一个很强的假定,和实际情况差别较大。

有限元方法是一个理论比较完备、应用比较成熟的方法,可以得到比刚体极限平衡法更为精确的滑面受力。如何以有限元法来分析评价坝基和边坡的稳定安全度是岩土界长期关注的课题。这方面的研究工作大体可分为两类[2]。

(1) 按超载或降强的方式计算至结构破坏为止,以超载系数或强度储备系数来定义结构稳定安全系数[3-4];

(2) 将有限元应力成果整理到滑面上,再按刚体极限平衡法的方式确定滑移体安全系数[5-7]。详细计算可以参考第 2 章。

7.1.2　溪洛渡右岸块体的抗滑稳定校核

采用 2.4 节所示的多重网格法,利用非线性有限元的计算结果,对溪洛渡右岸块体的抗滑稳定性进行了分析[2]。溪洛渡右岸 C_3 块体及其与坝体的相对位置示意图如图 7-1 所示。

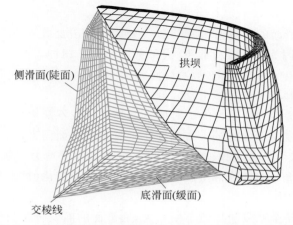

侧滑面(陡面)
拱坝
底滑面(缓面)
交棱线

图 7-1　溪洛渡右岸 C_3 块体及其与坝体的相对位置示意图

溪洛渡右岸 C_3 块体的抗滑稳定计算成果如表 7-1 所示。下面分别针对正常荷载组合和超载组合进行分析。

表 7-1　C3 右岸块体数据对比

	项　　目	正常荷载	2 倍水载	3 倍水载	4 倍水载	5 倍水载
侧滑面	法向力/10^4 N	−11657810	−14536790	−17704860	−21098890	−24672860
	切向力/10^4 N	4189615	4184659	4290064	4526437	4901637
	面安全系数 K_1	5.29	6.10	6.80	7.31	7.60
	切向力夹角 α_1/(°)	80	73	66	58	51
底滑面	法向力/10^4 N	−23338320	−23763290	−24007980	−24227500	−24509990
	切向力/10^4 N	6432005	6643040	7206228	8003603	8976263
	面安全系数 K_2	1.96	1.93	1.80	1.63	1.47
	切向力夹角 α_2/(°)	19	5	−7	−17	−24
滑块	块体安全系数 K	5.11	4.89	4.73	4.59	4.47

1. 正常荷载组合

(1) 侧滑面的面安全系数为 5.29,底滑面的面安全系数为 1.96。说明二者受力和材料性质上差异比较大,导致发挥的抗力悬殊。

(2) 侧滑面上的切向滑动力与交棱线的夹角比较大,达到 $80°$,而刚体极限平衡法和拱梁法算出的夹角小于 $50°$,有较大差异。这是由于非线性有限元计算的滑面应力考虑了拱坝-地基系统的应力调整,而刚体极限平衡法只是依靠平衡计算的应力分布。

(3) 底滑面的切向力(滑动力)与交棱线的夹角较小,反映了该滑块基本滑动趋势是沿交棱线方向。

(4) 滑块总体安全系数为 5.11,刚体极限平衡法计算结果为 3.4,相差相对较大。除了上述差别外,还有自重应力场的影响。非线性有限元计算是首先要计算一个初始的自重应力场,在该工况下,侧滑面上已经存在有较大的预压应力。

2. 超载组合

(1) 侧滑面及底滑面的法向力均为压力,且绝对值随着加载不断增加,侧滑面的变化幅度较底滑面大。这是因为在正常荷载下,大部分的竖向荷载即坝体自重已经加载完毕;超载时的加载主要体现在水平方向上,故对缓倾角的底滑面上的法向力影响不大。这也从另外一个角度说明滑动模式为交棱线滑动。

(2) 侧滑面及底滑面的切向力的绝对值也都随着加载不断增加,并且切向力的方向与块体交线的夹角随着加载不断向同一方向变化。对于侧滑面而言,加载初期剪力以自重荷载为主,与交线夹角较大。在超载过程中,拱推力造成的水平剪力不断增加,夹角不断减小。底滑面剪力与交线夹角的变化实际上反映了拱坝推力角的变化(推力角在超载过程中不断增加)。

(3) 侧滑面的面安全系数随加载不断增大,底滑面的面安全系数随加载不断减小。侧滑面法向与拱端切向垂直,故而法向力增加较快,而切向力增加幅度较小;底滑面的法线方向是竖直的,切线方向在水平面上,故而随着水载的增加,切向力增加幅度较大,法向力增加幅度较小,导致面安全系数减小。

(4) 整个右岸块体的块体安全系数,经计算发现是随着超载不断减小的,它取决于侧滑面和底滑面的应力及其相关强度参数,其值介于侧滑面和底滑面面安全系数之间,在 5 倍水载时块体安全系数 $K > 4.0$。

基于非线性有限元的计算成果,采用多重网格法对溪洛渡右坝肩关键 C_3 滑块进行了分析,与刚体极限平衡法对比可知以下内容。

(1) 刚体极限平衡法无法考虑地应力场的作用,而有限元计算表明,C_3 滑块的侧滑面和上游拉裂面,仅在自重场作用存在一个很大的预压力。超载 4 倍时,拉裂面由压力转为拉力,而刚体极限平衡法假定拱坝荷载加上滑块,滑块产生刚体滑动趋势,上游面立即脱开。按照有限元的计算,这个拱推力作用,需要很大的作用(4 倍超载),才把拉裂面拉开。

(2) 有限元法通过考虑变形协调,而考虑了结构面上比较合理的应力分布,从计算成果来看,这种应力重分布对溪洛渡侧裂面影响较大,对底滑面的影响相对较小,表现为这两个面上的切向力与交棱线的夹角差距很大。

（3）对 C_3 滑块分析表明,在正常工况下其抗滑安全系数为 5.1,如果按重力坝概念,在 2 倍水载时,其安全系数约降低一半,但计算表明,在 2 倍水载时,该滑块安全系数为 4.9,在 5 倍水载时,该滑块安全系数仍高达 4.5。所以采用常规安全系数来评价拱坝这类高次超静定结构时应结合整个破坏过程来分析,孤立地研究某一状态的安全系数,并和重力坝稳定安全指标联系起来,无法反映拱坝很强的自我调整能力。

7.1.3　基于非线性分析的高拱坝坝肩抗滑安全控制标准

拱坝设计规范要求在正常工况下高拱坝坝肩滑块安全系数应在 3.5 以上[8]。这一要求经常难以满足,在特高拱坝中该问题尤为突出,往往会导致巨大的加固量。清华大学在基于非线性有限元的抗滑稳定基础上,采用超载法对国内典型高拱坝的关键滑块的稳定状态及变化进行了系统分析,包括超载过程中滑块和滑面的安全系数,滑面法向力、切向力及其与滑动方向夹角的变化规律。表 7-2 为国内高拱坝工程关键滑块的抗滑稳定安全系数汇总表(该表被收录进入 2011 年第 2 版的《水工设计手册》[9])。结果表明,个别拱坝在正常荷载作用下,坝肩特征滑块安全系数难以满足规范要求,但在超载 3.0 倍水荷载以上,仍能确保特定滑块抗滑安全系数大于 1.0。

表 7-2　国内各拱坝工程关键滑块的抗滑稳定安全系数汇总表

工程	滑块	地应力	正常工况	$1.5P_0$	$2P_0$	$2.5P_0$	$3P_0$	$3.5P_0$	$4P_0$	$5P_0$
溪洛渡	C_3 右岸	—	5.27	—	4.92	—	4.67	—	4.46	4.36
	C_3 左岸	—	5.18	—	3.60	—	2.89	—	2.49	2.24
白鹤滩	F_{17}-LS_{331}	4.15	3.47	3.26	3.05	2.89	2.75	2.64	—	—
	F_{17}-LS_{3318}	2.16	2.74	2.73	2.65	2.58	2.62	2.68	—	—
锦屏一级	右岸 R_3	5.31	4.83	4.72	4.62	4.53	4.46	4.39	—	—
	右岸 R_{16}	3.09	3.00	2.99	2.99	2.98	2.98	2.98	—	—
	右岸 R_{24}	1.73	1.81	1.86	1.90	1.95	2.01	2.06	—	—
	右岸 R_{31}	3.55	3.51	3.59	3.68	3.79	3.90	4.02	—	—
	右岸 R_{32}	1.60	1.66	1.70	1.74	1.78	1.82	1.87	—	—
马吉	左岸 F_{53}	—	4.29	3.06	2.56	2.21	1.99	1.84	—	—
	右岸 f_{32}	—	4.54	2.61	1.97	1.77	1.70	1.67	—	—
松塔	左岸 f_{41}	—	9.28	8.98	6.90	6.06	6.55	7.08	—	—
	右岸 M_5	—	4.88	4.02	3.43	3.00	2.69	2.45	—	—
大岗山	左岸 β_{21}	2.12	2.41	2.51	2.60	2.70	2.79	2.89	—	—
	左岸裂隙 3	2.42	2.86	3.03	3.22	3.41	3.62	3.84	—	—
	左岸裂隙 4	1.67	1.97	2.08	2.19	2.29	2.40	2.52	—	—
	左岸 β_{28}	2.47	2.82	2.95	3.08	3.22	3.38	3.55	—	—
	右岸 β_4	4.68	8.72	7.79	6.43	4.89	4.15	3.62	—	—
	右岸 f_{65}	2.37	2.46	2.52	2.59	2.70	2.79	2.87	—	—

注：P_0 为 1 倍水载。

7.2 基于变形稳定和控制理论的高拱坝整体稳定性和加固分析

　　高拱坝和坝基是一个复杂的高次超静定结构,在整体溃坝前,坝踵开裂、坝趾压剪屈服、断层错动等局部破坏现象早已发生。坝踵开裂、坝趾压剪屈服、断层错动等局部破坏的破坏机制差异很大,一般分类研究,这使整体的拱坝加固分析和破坏评价难度很大,但这几类破坏现象确实有关联。坝工界一般认为,在外荷载作用下,大坝和坝基内力会自行调整以适应外荷载。拱坝系统的自我调整能力是有限的,一旦外荷载水平高到超出了拱坝系统的自我调整能力的极限,拱坝就会破坏。如果拱坝系统自我调整能力的不足是局部的,破坏也是局部的,如坝踵开裂。如果拱坝系统自我调整能力的不足是全局性的,那么就会导致整体溃坝。加固措施的本质就是提供加固力,以弥补拱坝系统自我调整能力的不足。

7.2.1 拱坝整体稳定性分析

　　拱坝是高次超静定结构,拱坝的整体稳定是一个变形稳定问题,反映的是一个破坏过程。拱坝破坏存在着多种破坏模式,在主导破坏模式(如溃坝)尚未发生之前,次要(局部)破坏模式(如坝踵开裂或坝趾压碎)已有所发生。这些因素都为高拱坝整体稳定性评价带来困扰,因此难以用单一的安全指标来评价高拱坝整体安全系数。在拱坝地质力学模型试验超载破坏试验中(水容重超载),荷载用超载安全系数 K 表示,基准荷载为水荷载 P_0。试验成果[10-11]表明,拱坝从弹性工作状态到破坏状态的全过程可用 3 个整体超载安全系数来刻划:起裂荷载 K_1、非线性变形起始荷载 K_2 和破坏荷载 K_3,且 $K_1 < K_2 < K_3$。由于 K_3 较高,坝工界更为关注 K_1 和 K_2。对一定的超载路径的给定结构,常规的极限分析只能给出一个极限承载力,如以 K_1 为表征极限承载力的安全系数,则在极限分析的理论框架下无法解释 K_2 和 K_3 的意义,这也是需要发展变形稳定和控制理论的内在原因。

　　若以超载来评价拱坝稳定性,因为每一个荷载状态 K 都对应于一个最小塑性余能 $\Delta E_{\min} \geqslant 0$,本节建议以 K-$\Delta E_{\min}$ 曲线来评价拱坝整体稳定性,图 7-2 为整体稳定 K-$\Delta E_{\min}$ 曲线。当 $K < K_0$ 时,结构处于稳定状态;当 $K = K_0$ 时,结构处于极限状态,其所对应的荷

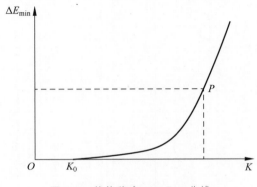

图 7-2　整体稳定 K-$\Delta E_{\min}$ 曲线

载就是结构极限承载力；当 $K > K_0$ 时，结构失稳，结构需要加固力维持稳定，此区间曲线上任意一点 P 的坐标$(K, \Delta E_{min})$就是广义结构极限承载力。

对于拱坝超载破坏而言，常规的弹塑性分析、稳定性分析、极限分析只适用于稳定状态区间 $0 \leqslant K \leqslant K_0$。本节关注的特征安全系数均在此区间之外，即 $K_0 \leqslant K < K_2 < K_3$，尤其是 K_2 和 K_3。ΔE_{min} 也是结构自我调整能力不足的测度，一旦不予加固，ΔE_{min} 也就成为荷载状态 K 下的结构破坏程度的测度。因此，当 $K > K_0$ 时，K 越大，ΔE_{min} 越大，破坏程度也越严重，这和模型试验是完全吻合的。当然，ΔE_{min} 只是结构破坏程度的一个总体指标，具体的破坏位置和范围及严重程度由 ΔE_{min} 对应的不平衡力确定。

把各拱坝的 K-ΔE_{min} 绘制在一起，就可以判断各拱坝整体稳定性的相对高低，如图 7-3 和图 7-4 所示。其中，图 7-3 为国内各高拱坝工程基础余能范数的变化曲线，图 7-4 为国内各高拱坝工程坝体塑性余能范数的变化曲线。

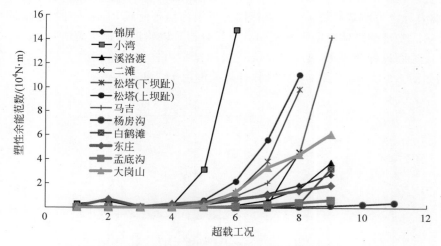

图 7-3　国内各高拱坝工程基础余能范数的变化曲线

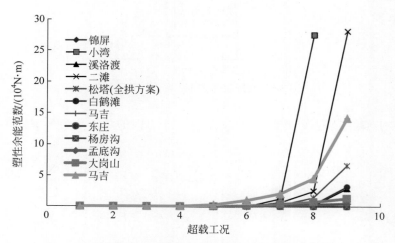

图 7-4　国内各高拱坝工程坝体塑性余能范数的变化曲线

当然超载过程只是可能的破坏路径之一,其他的破坏路径(如降强)可以用类似的 K_s-$\Delta E_{\min}$ 曲线来评价高拱坝的整体结构稳定性,K_s 为强度储备系数。不同的破坏路径从不同侧面反映了高拱坝的整体稳定性。

7.2.2 坝趾锚固分析

高拱坝坝趾是一个压剪应力集中区,也是拱坝破坏的先导区。由于嵌深较浅,坝趾岩体相对于坝踵岩体来说更为薄弱,其稳定性和加固直接关系到高拱坝的稳定和安全,且不确定因素居多,应当成为加固设计的重点关注区域。拱坝坝趾锚固是一个值得研究的有效加固措施。意大利瓦依昂拱坝在遭受巨大的滑坡涌浪的冲击下,大坝和坝基基本完整,事后总结原因认为:除拱坝具有很强的超载特性外,拱坝坝趾锚固也起到了重要作用。李家峡拱坝是典型的复杂地基上的高拱坝,采用了坝趾锚固方案,1996 年蓄水至今运行良好。对拱坝而言,拱端力可视为地基荷载 p_u,坝趾锚固力可视为均布荷载 q,这是对坝趾锚固机制的一个很好说明。常规的刚体极限平衡法和有限元分析难以确定坝趾所需锚固力。

为适应锚固设计的要求,要计算诸高程段坝趾抗力体的不平衡力。某一高程的坝趾抗力体范围如图 7-5 所示,坝趾抗力体具体计算范围由 D_x 和 D_y 确定。

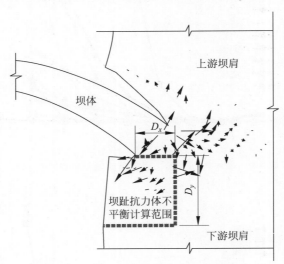

图 7-5 坝趾抗力体不平衡力计算示意图

对于某一岸某一高程段,坝趾沿 x、y、z 这 3 个方向的总不平衡力 F_x、F_y、F_z 由下式确定:

$$\begin{cases} F_x^0 = \dfrac{1}{2}\sum_{i=1}^{n} |\Delta Q_{ix}|, \quad F_y^0 = \dfrac{1}{2}\sum_{i=1}^{n} |\Delta Q_{iy}|, \quad F_z^0 = \dfrac{1}{2}\sum_{i=1}^{n} |\Delta Q_{iz}| \\[2mm] \Delta F_x = \dfrac{1}{2}\sum_{i=1}^{n} \Delta Q_{ix}, \quad \Delta F_y = \dfrac{1}{2}\sum_{i=1}^{n} \Delta Q_{iy}, \quad \Delta F_z = \dfrac{1}{2}\sum_{i=1}^{n} \Delta Q_{iz} \\[2mm] F_x = F_x^0 + \Delta F_x, \quad F_y = F_y^0 + \Delta F_y, \quad F_z = F_z^0 + \Delta F_y \end{cases} \tag{7-1}$$

其中,n 为某一高程段某一岸坝趾抗力体节点数;i 为其中某一节点号;ΔQ_{ix} 为第 i 节点 x

向不平衡力；对左岸 F_x^0 取负值。

若由计算所得的 ΔF_x 为负值，则 $F_x = F_x^0 + \Delta F$，否则 $F_x = F_x^0$，右岸的情况同左岸相反；若由计算所得的 ΔF_y 为正值，则 $F_y = F_y^0 + \Delta F_y$，否则 $F_y = F_y^0$；若由计算所得的 ΔF_z 为正值，则 $F_z = F_z^0 + \Delta F_z$，否则 $F_z = F_z^0$。由式(7-1)可知：①不平衡力或加固力是自平衡力系，不能简单采用代数和；②加固力总是使加固区域受压。

表 7-3 给出了国内高拱坝不同工况下坝趾不平衡力的合力。由表 7-3 可以看到，在正常工况及 1.5 倍水载下，各拱坝坝趾不平衡力均较小。但是，随着超载的进行，小湾和二滩均增长较快，和基础余能范数的增长过程一致（图 7-3 和图 7-4），表明河谷性状对拱坝超载能力影响很大。

表 7-3　国内各高拱坝不同工况下坝趾不平衡力的合力　　　　　10^4 N

工况	二滩	小湾	溪洛渡	锦屏一级	松塔上坝址	松塔下坝址
正常工况	0	19	27	30	15	163
1.5 倍水载	2	493	921	916	6843	569
2.0 倍水载	92	5491	3596	5228	16348	889
2.5 倍水载	806	30844	9832	17028	31081	1507
3.0 倍水载	3742	96410	23546	28267	50387	2852
3.5 倍水载	13810	220573	44692	38830	72315	5262
4.0 倍水载	40507	415063	72382	52363	97111	10340

上述不平衡力都是最小不平衡力。在荷载工况给定后，真实结构总是趋于不平衡力最小的变形状态。在这个变形过程中，变形和不平衡力存在一一对应的关系。表 7-4 所示为某一高拱坝左、右拱端特征点非线性变形和坝趾不平衡力的对应关系。可以看到，不同的非线性变形需要不同的加固力。这和挡土墙、新奥法施工的机制是一致的。

表 7-4　非线性变形和坝趾不平衡力的对应关系

左拱端特征点 非线性位移/mm	右拱端特征点 非线性位移/mm	左岸坝趾 不平衡力/10^4 N	右岸坝趾 不平衡力/10^4 N
13.1	5.6	217979	347949
14.4	6.1	73459	267136
15.4	6.5	28925	194068
16.0	6.7	14989	153075
16.3	6.9	8841	121428
16.6	7.1	3690	76403
16.7	7.2	1885	51002
16.7	7.3	1133	34534

不平衡力和破坏模式的相关性得到了地质力学模型试验的很好验证。溪洛渡坝趾锚固研究表明，左岸坝趾不平衡力远大于右岸。溪洛渡拱坝地质力学模型试验表明，左岸破坏程度明显高于右岸，如图 7-6 所示。

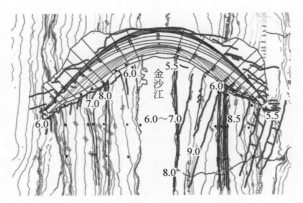

图 7-6　溪洛渡拱坝模型试验破坏模式

7.2.3　坝踵开裂分析

拱坝坝踵开裂是拱坝设计中极为关注的课题。拱坝三维断裂力学开裂分析尚不成熟,实用还是以弹性应力控制为主。高拱坝是高次超静定结构,具有较强的自我调整能力,对开裂具有抑制能力。弹性应力只和结构的变形参数有关,和结构的强度参数无关,无法反映拱坝的非线性自我调整能力。如前所述,结构自我调整能力不足就是不平衡力。通过对坝踵不平衡力的分析,有助于加深对坝踵破坏模式的认识。

图 7-7 为某高拱坝坝体上游面和建基面不平衡力矢量图,其中不平衡力较大的地方就是容易出现开裂的地方。表 7-5 为国内各高拱坝不同工况下坝踵不平衡力的汇总表。通过表 7-5 可以评价坝体开裂的可能性大小。

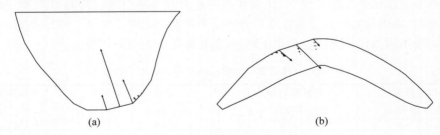

(a)　　　　　　　　　　　　　　　　　　(b)

图 7-7　某拱坝坝体不平衡力矢量图

(a) 上游坝面;(b) 建基面

表 7-5　国内各高拱坝不同工况下坝踵不平衡力的汇总表　　　　　　　10^4 N

加载倍数	二滩	小湾	溪洛渡	锦屏一级	松塔(上坝址)	松塔(下坝址)
正常工况	0	1	142	1	0	0
1.5 倍水载	303	29835	23975	6238	6031	252
2.0 倍水载	5039	163490	94087	20534	37562	7040
2.5 倍水载	18772	369463	172827	37368	77494	43300

坝踵不平衡力和坝踵破坏的相关性也得到了地质力学模型试验的很好验证。溪洛渡坝踵上出现成对的不平衡力矢量,主要位于层间错动带和大坝接触部位,上游坝踵不平衡力最

大值就出现在错动带 C_3 和大坝左岸坝踵接触部位,如图 7-8(a)所示;溪洛渡地质力学模型试验证实该处坝踵确实是一个较大的破损区,如图 7-8(b)所示。

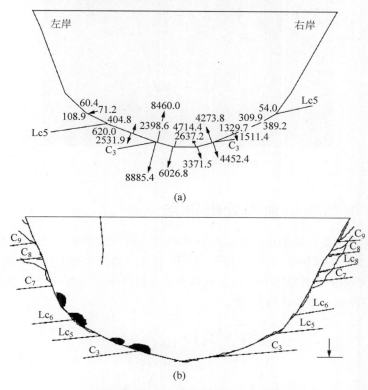

(a)

图 7-8 溪洛渡拱坝上游坝面不平衡力和模型试验破坏图

(a) 不平衡力矢量图;(b) 模型试验破坏图

白鹤滩拱坝坝踵河床部位,不平衡力主要来源于坝踵上游岩体,该区域为围绕坝踵的一个条带如图 7-9(a)所示;地质力学模型试验也表明了这一点,如图 7-9(b)和图 7-10所示。

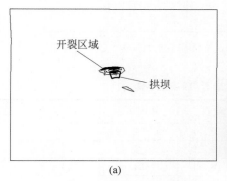
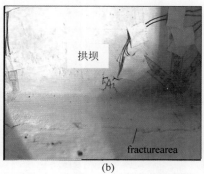

图 7-9 坝踵上游河床的不平衡力分布和模型试验开裂图

(a) 数值分析不平衡力等值线图;(b) 模型试验开裂位置

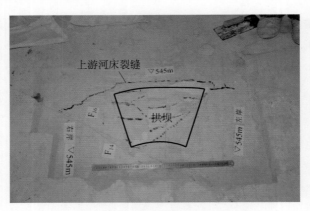

图 7-10 最后破坏时的坝踵河床处的裂纹分布

7.2.4 坝基断层加固处理研究

坝肩断层和结构面对拱坝稳定性起控制性作用。统计分析断层中的不平衡力分布、方向和大小,可用于指导断层加固设计。图 7-11 所示为一高拱坝地基中 f_{25} 断层的不平衡力分布,表 7-6 为超载过程中的不平衡力大小和方向。通过不平衡力的分布和方向,可以对该断层加固措施的设计和分析进行指导。

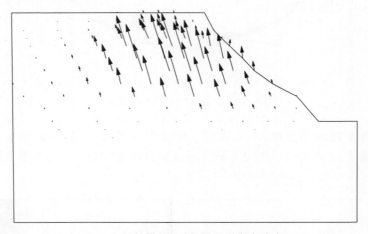

图 7-11 某拱坝 f_{25} 断层不平衡力分布

表 7-6 某拱坝左岸 f_{25} 断层不平衡力 10^4 N

工况	法向力	切向 F_x	切向 F_y	切向 F_z	切向合力	总不平衡力
正常工况	0.00	0.00	0.00	0.00	0.00	0.00
1.5 倍水载	34.00	12.22	19.71	5.40	24.00	42.00
2.0 倍水载	587.00	216.00	346.00	34.00	410.00	716.00
2.5 倍水载	4126.00	1494.00	2377.00	−10.00	2808.00	4991.00
3.0 倍水载	13154.00	4571.00	7272.00	−16.00	8590.00	15710.00
3.5 倍水载	29535.00	9981.00	15870.00	−248.00	18749.00	34984.00
4.0 倍水载	53132.00	17647.00	28035.00	−950.00	33141.00	62620.00

拱坝坝肩一般有许多条断层,它们的产状、力学参数、与拱坝的相对关系差异很大,如何确定加固重点一直是一个难题。在弹塑性分析中,断层一般屈服区很大、安全系数很低,难以判断加固重点。通过统计和比较各断层中的不平衡力,即可确定重点加固断层。

7.3 基于非线性分析的拱坝坝肩动力稳定和加固分析

我国高拱坝多修建或拟建于西南、西北地区的高峡谷之中,这些区域地质构造复杂,且位于高烈度地震带。因此,高拱坝-坝肩结构在地震作用下的动力整体稳定及相应的抗震加固设计是保证高拱坝安全可靠的重要研究课题。

目前,关于高拱坝抗震的研究,按照研究对象可以大致分为两类。

第一类是侧重于坝体本身动力响应和抗震性能的研究,其核心目标是进行坝体强度校核与变形控制。张楚汉[12]和陈厚群[13]指出了高拱坝抗震的重要前沿课题,包括拱坝与地基的动力非线性相互作用、地震荷载输入机制、考虑库水压缩性的坝体与库水相互作用、拱坝横缝接触非线性、坝体混凝土材料动力特性等。例如,金峰等[14]提出并发展了 FE-BE-IBE 耦合模型,同时分析地基辐射阻尼与地震自由场空间分布对拱坝动力响应的影响;刘晶波等[15,16]提出一致黏弹性人工边界单元,具有与集中黏弹性人工边界相同的精度,最大的优点是不改变通用有限元的基本格式;杜修力和王进廷[17]提出了拱坝-可压缩库水-地基系统地震波动反应的时域显式分析方法;龙渝川等[18]采用接触边界和接触单元两种方法模拟横缝对拱坝动力响应的影响;侯艳丽等[19]采用刚体弹簧元研究拱坝的地震破损过程;潘坚文等[20]建立混凝土塑性损伤模型,进行强震作用下拱坝的损伤开裂分析。

第二类研究则是围绕坝肩抗震稳定展开。由于坝肩地质构造复杂,包含大量不规则断层、裂隙带、岩脉等结构面,相比均质坝体尚面临许多亟待解决的关键问题。张冲等[21]采用三维离散元进行拱坝-坝肩整体动力稳定分析,但是由于离散元自身的局限性,很难在大型实际工程中得到较好应用。三维非线性有限元时程分析是获得高拱坝-坝肩结构地震响应最有效、综合性最强的数值方法,可以全面考虑岩土结构稳定分析中的各种复杂因素,如材料非线性、多尺度结构面、渗流等。但是有限元方法属于过程分析而非极限分析,对于形态和受力都很复杂的结构,很难定义明确的极限状态,因此难以获得明确的抗震稳定评价指标。为了解决这个问题,许多研究采用刚体极限平衡法处理非线性有限元时程分析的计算成果,获得各种物理意义明确的动力稳定安全系数时程,进而对坝肩抗震稳定性进行评价。例如,张伯艳和陈厚群[22]、张伯艳等[23]运用有限元时程分析求得小湾拱坝坝肩抗震稳定安全系数时程;宋战平[24]等提出了坝肩岩体动抗滑变形安全系数,以考虑坝体本身的安全。相比传统的刚体极限平衡法,有限元法考虑了结构变形协调条件及非线性应力调整,提高了分析的严密性和精确性。但是这种方法仍然存在两个不足:①滑面或滑块是人为定义的,该定义中既包括对力的假定,也包括对运动的假定,这些假定可能不符合结构真实的受力与运动状态;同时,最危险的滑块或受力组合可能被忽略。②进行抗震稳定分析的最终目的是为抗震加固设计提出可靠建议,但是仅凭借单一的稳定安全系数几乎无法进行。

针对这些不足,采用非线性有限元进行高拱坝-坝肩结构地震作用下时程分析,基于变形稳定和控制理论建立了结构抗震稳定评价与加固设计体系。该体系采用塑性余能时程作为结构整体抗震稳定评价指标,确定结构动力破坏程度较大的危险时刻;对危险时刻不平衡力分析,获得结构主导性的动力破坏形态及破坏程度,使加固设计更具有针对性和有效性。

7.3.1 基于变形稳定和控制理论的结构抗震稳定与加固分析

图 7-12 所示为一个均质重力坝坝体的有限元模型,坝体材料为混凝土,材料物理力学参数为:重度 $\gamma = 24\text{kN/m}^3$;动弹性模量 $E = 27.3\text{GPa}$,泊松比 $\nu = 0.167$;动抗剪强度参数 $f = 0.8, c = 5\text{MPa}$;结构阻尼比 $\xi = 5\%$ 。坝体底部沿 x 方向输入地震波,其加速度时程如图 7-13 所示,加速度最大值约为 $1.0g$ 。

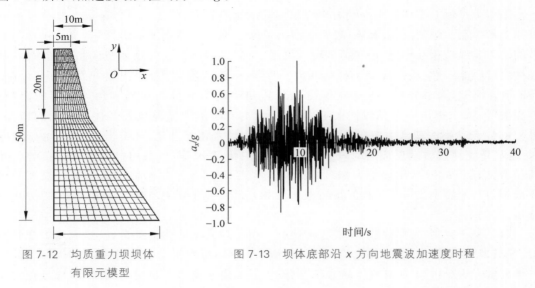

图 7-12 均质重力坝坝体
有限元模型

图 7-13 坝体底部沿 x 方向地震波加速度时程

对结构进行非线性有限元时程分析,获得其塑性余能时程,如图 7-14 所示。每个时刻塑性余能的大小就反映了该时刻结构的整体抗震稳定性,即如果塑性余能为 0,则表示结构

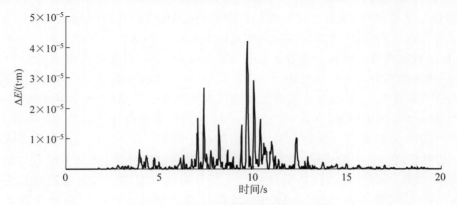

图 7-14 均质重力坝坝体塑性余能时程

稳定；塑性余能越大，结构动力破坏程度越大。正常情况下，塑性余能时程呈现出尖峰性。也就是说，结构仅在某些危险时刻动力破坏程度较大，随着地震中的卸载过程，结构可以暂时恢复稳定状态。在本例中，塑性余能时程的尖峰位于 7.04s、7.34s、8.16s、9.36s、9.66s（最大值）、10.02s、10.36s、12.30s 处。

进一步考察危险时刻结构的不平衡力分布，可以获得其抗震稳定性最差的部位与主导性的动力破坏形态，如图 7-15 所示，图中 $\parallel \Delta Q \parallel$ 为不平衡力的二范数。

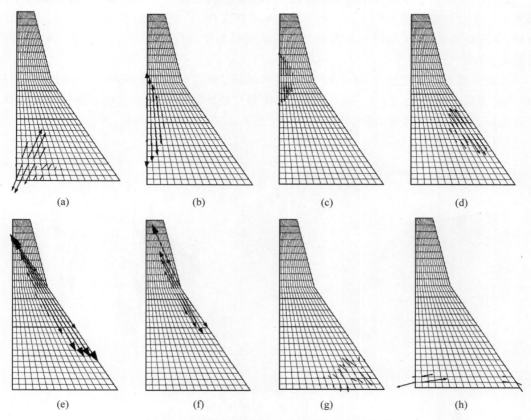

图 7-15 均质重力坝坝体危险时刻不平衡力分布

(a) $t=7.04\text{s}, \Delta E=1.68 \times 10^{-5}(\text{t} \cdot \text{m}), \parallel \Delta Q \parallel=6.06\text{t}$; (b) $t=7.34\text{s}, \Delta E=2.66 \times 10^{-5}(\text{t} \cdot \text{m}), \parallel \Delta Q \parallel=11.13\text{t}$;

(c) $t=8.16\text{s}, \Delta E=1.45 \times 10^{-5}(\text{t} \cdot \text{m}), \parallel \Delta Q \parallel=3.96\text{t}$; (d) $t=9.36\text{s}, \Delta E=1.45 \times 10^{-5}(\text{t} \cdot \text{m}), \parallel \Delta Q \parallel=5.21\text{t}$;

(e) $t=9.66\text{s}, \Delta E=4.20 \times 10^{-5}(\text{t} \cdot \text{m}), \parallel \Delta Q \parallel=23.94\text{t}$; (f) $t=10.02\text{s}, \Delta E=2.91 \times 10^{-5}(\text{t} \cdot \text{m}), \parallel Q \parallel=18.22\text{t}$;

(g) $t=10.36\text{s}, \Delta E=1.64 \times 10^{-5}(\text{t} \cdot \text{m}), \parallel Q \parallel=5.60\text{t}$; (h) $t=12.26\text{s}, \Delta E=1.00 \times 10^{-5}(\text{t} \cdot \text{m}), \parallel \Delta Q \parallel=2.33\text{t}$

由图 7-15 可知，在地震作用下，坝踵、坝趾、上游坝面中部及下游坝面转角处都发生了局部动力破坏，其中抗震稳定性最差的部位是下游坝面转角处。由不平衡力的分布方向可知，主导性的破坏形态使下游坝面转角处发生拉裂破坏。根据不平衡力的位置和方向布设钢筋，根据其大小确定钢筋的数目，就是较优的抗震加固设计方案之一。虽然此算例比较简单，但上述过程完全适用于高拱坝-坝肩结构。

7.3.2 基于变形稳定和控制理论的坝肩整体稳定性分析

上述方法在马吉高拱坝-坝肩结构抗震稳定与加固分析中得到应用。分析结果表明,在地震作用下马吉高拱坝-坝肩结构动力破坏高度集中在上部坝肩结构面。同时分析结果定量给出了维持结构抗震稳定所需的最优加固力。

马吉水电站位于福贡县马吉乡上游约 7.1km,瓦-贡公路 0+295.1km 附近的怒江干流河段上。大坝初拟采用混凝土双曲拱坝,最大坝高为 300m,坝顶长度约为 800m。坝址区岩脉、挤压破碎带、断层和节理裂隙发育。基于变形加固理论对马吉拱坝-坝肩结构进行抗震稳定与加固分析。

有限元模型整体范围为 1600m×1300m×700m,节点总数为 19586,单元总数为 17113(坝体单元数目为 528),如图 7-16(a)所示。模型对坝址区主要软弱结构面进行精细模拟,包括断层、岩脉、破碎带等,其与坝体的空间位置关系如图 7-16(b)所示。

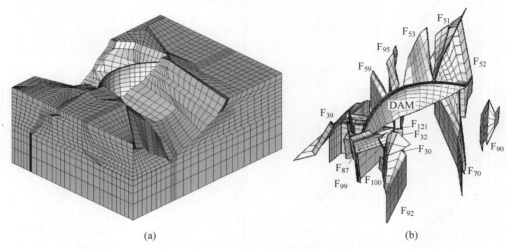

图 7-16 马吉拱坝-坝肩结构有限元模型

(a) 整体模型;(b) 软弱结构面

计算考虑的荷载包括地应力、坝体自重、静水荷载及地震荷载,按顺序逐步进行计算。库水动力效应的模拟采用 Westergard 附加质量模型。岩体材料本构采用基于 Drucker-Prager 准则的理想弹塑性本构模型。模型各部分的阻尼比为坝体 5%、基岩 3%、结构面 1%,结合地震动主频范围计算相应的 Rayleigh 阻尼系数。模型边界采用文献[15-16]中建议的一致黏弹性人工边界单元。地震动沿 x、y、z 3 个方向均匀输入人工边界上,峰值约为 1.0g。加速度时程如图 7-17 所示。

图 7-18 所示为马吉拱坝坝体塑性余能时程,图 7-19 所示为马吉拱坝坝肩塑性余能时程。

由塑性余能时程可知以下方面。

(1) 与坝肩相比,坝体的塑性余能可以忽略不计,说明在地震作用下,坝体本身直接发生动力破坏的可能性较小;进一步分析可知,基岩的塑性余能仅占整个坝肩总塑性余能的 3%,因此破坏几乎全部集中在结构面上。

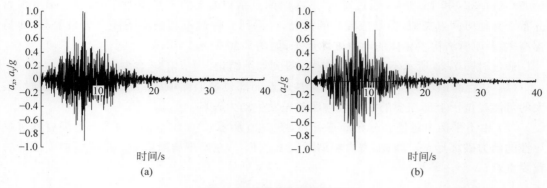

图 7-17 地震动加速度时程

(a) 水平向；(b) 竖直向

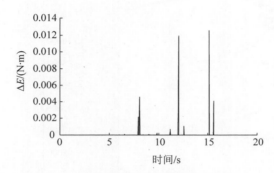

图 7-18 马吉拱坝坝体塑性余能时程

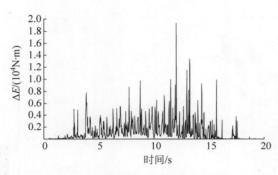

图 7-19 马吉拱坝坝肩塑性余能时程

（2）参考正常蓄水位静力超载计算结果，对比分析地震作用下塑性余能的量值：坝肩塑性余能的最大值为 19300N·m（时刻 12.04s），略小于超载 2 倍水载计算所得的塑性余能 22180N·m；前 20s 塑性余能平均值为 1190N·m，小于超载 1.5 倍水载所得的塑性余能 3030N·m。

结构动力破坏主要发生在前 20s，时程具有尖峰性的危险时间点总共 26 个，分别是 2.74s、3.84s、3.88s、6.28s、6.62s、6.94s、7.74s、8.74s、8.86s、9.56s、9.84s、10.08s、10.22s、10.94s、11.4s、11.52s、11.72s、11.94s、12.04s、12.68s、12.98s、13.16s、13.24s、

13.98s、14.32s 和 15.68s。通过对这 26 个时间点结构面上的不平衡力分析,舍去不平衡力分布与其他时间点类似,但量值较小的情况,可得到 6 种最不利的不平衡力分布形态,即马吉高拱坝-坝肩结构主导性的动力破坏形态,如图 7-20 所示。

通过对图 7-20 所示不平衡力的分析,得到如下结论。

(1)马吉高拱坝-坝肩结构抗震稳定性最差的部位是上部坝肩。当结构遭遇强震时,很大的可能是位于上部坝肩的主要结构面首先发生动力破坏。

(2)由不平衡力量值和分布形态可知,图 7-20 所示(a)、(b)、(d)3 种形态是坝肩具有主导性的动力破坏形态。因此,右岸坝肩断层 F_{99}、F_{121},左岸坝肩断层 F_{51} 是抗震加固设计的首要重点。

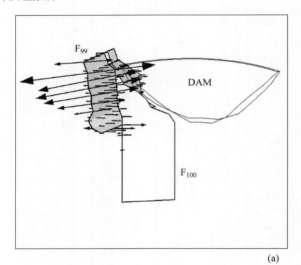
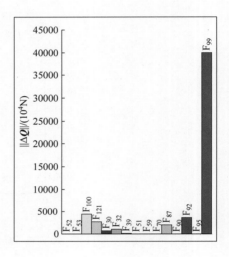

(a)

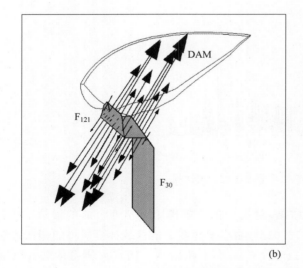
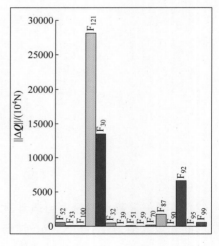

(b)

图 7-20 马吉高拱坝-坝肩结构主导性动力破坏形态

(a) 右岸断层 F_{99} 主导破坏形态;(b) 右岸断层 F_{121} 主导破坏形态;(c) 右岸断层 F_{99}、F_{92},左岸断层 F_{51} 主导破坏形态;
(d) 左岸断层 F_{51}、F_{52} 主导破坏形态;(e) 左岸断层 F_{70}、F_{52} 主导破坏形态;(f) 左岸断层 F_{52} 主导破坏形态

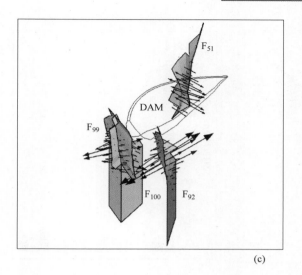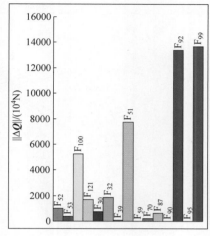

(c)

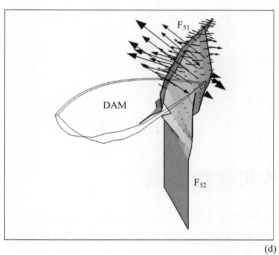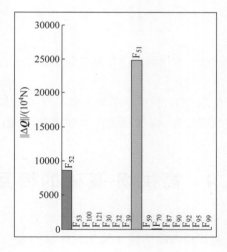

(d)

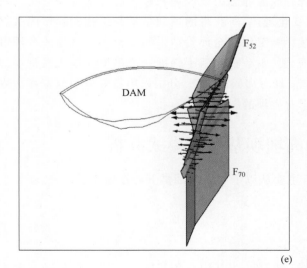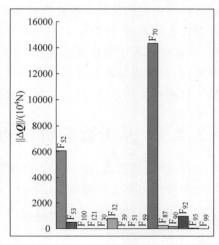

(e)

图 7-20 （续）

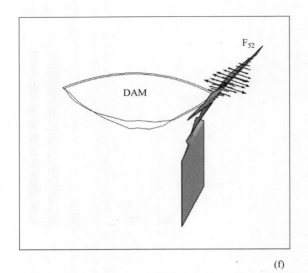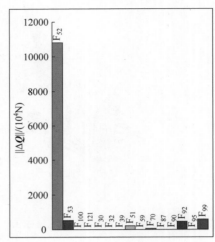

(f)

图 7-20 （续）

（3）右岸断层 F_{92} 和左岸断层 F_{70}、F_{52} 的抗震稳定性相对较差,在加固设计中也应充分考虑。

图 7-20 所示不平衡力就是维持结构抗震稳定所需的最优加固力。可据此进行相应抗震加固设计,以达到最优的加固效率,如沿不平衡力方向布设锚索或抗剪洞等。

7.4　高拱坝-基础的相互作用机理研究

国内外工程界对高坝工程的关注点多集中在与工程建设相关的技术问题上,对运行期相关安全问题则关注较少。以往的高坝工程设计很少考虑变化地质环境与枢纽区工程构筑物之间的互馈耦联作用机制,这种基于静态或准静态的设计理念和分析方法难以真实反映变化环境下枢纽构筑物工作性态的动态变化规律,所获得的预期结果与工程实际情况必然会存在较大的偏差,这种偏差不仅会直接影响工程安全评价结果和安全调控措施的合理可靠性,在某些情况下甚至还会危及工程安全。本节首先基于锦屏一级拱坝和溪洛渡拱坝的监测资料,归纳总结坝基变形的变形模式;针对白鹤滩拱坝,分别采用有效应力改变和边界施加位移两种分析方法,研究了坝基变形对拱坝的影响。

7.4.1　基于监测资料的高坝坝基变形模式分析

对坝基(近坝边坡)变形特征的分析主要从以下 3 个方面展开:谷幅变形特征、弦长变形特征和坡体内部变形特征。

1. 锦屏一级拱坝变形模式分析

1)谷幅变形特征

锦屏一级拱坝共布设 10 条谷幅测线,图 7-21 为其中 9 条谷幅测线的变形值随水库水位变化的时程曲线。从图 7-21 中可以总结两点结论。

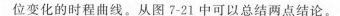

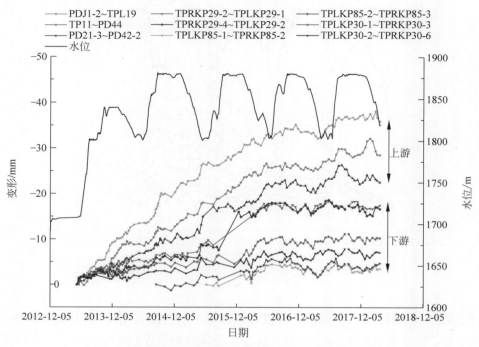

图 7-21 锦屏一级谷幅变形随水库水位变化的时程曲线

（1）谷幅变形是不可逆的塑性变形，不随库水位回落而消减，但谷幅变形的速率逐渐减缓；2013—2015 年是谷幅变形增长较快的阶段，2015 年以后，谷幅变形增长的速度显著降低。

（2）整个蓄水过程中，都有上游谷幅测线的变形值大于下游谷幅测线的变形值。

2013 年 7 月至 2014 年 8 月，水库从死水水位逐渐蓄至正常蓄水水位，直到 2015 年 7 月，都是库区水力条件变化急剧的阶段，诱发地震也多集中在这阶段。之后，库区的水力条件基本稳定下来，诱发地震的数量显著减少。这一变化规律与谷幅变形速率变化的规律一致：2013—2015 年是谷幅变形增长较快的阶段，2015 年以后，谷幅变形增长的速度显著降低。这进一步证明了，诱发地震和谷幅变形的动力来源都是蓄水产生的作用，水力条件急剧变化时，地震信号增强，同时谷幅变形速率也相应较高，都可以归结为裂隙面或结构面的错动变形。

2）弦长变形特征

锦屏一级坝后共布置 5 条弦长测线，它和谷幅变形的对比如图 7-22 所示。与谷幅变形一样，弦长变形也随水库水位升落不断增加，是不可逆的塑性变形。但弦长变形量值介于上下游谷幅变形值之间。

3）坡体内部变形特征

锦屏一级左岸边坡的深部变形主要采用石墨杆收敛计来监测，用来反映坡体内部岩体的压缩或拉伸变形。图 7-23（a）给出了一组跨江段谷幅 TP11～PD44 的变形与平硐段 PD44 石墨杆变形对比，图 7-23（b）为不同蓄水时段内，PD44 平硐内石墨杆收敛计变形沿各

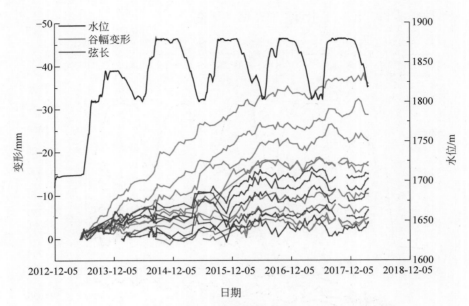

图 7-22 锦屏一级谷幅变形与弦长变形对比

测段分布情况。由图 7-23 可知,在跨江段谷幅测线不断收缩的情况下,左岸平硐内伸长变形不断增加。在蓄水的各个阶段,左岸一定深度范围内的岩体均呈现出相对伸长的变形,表明岩体内部处于一种拉伸状态,这种拉伸变形是产生谷幅收缩的重要原因。

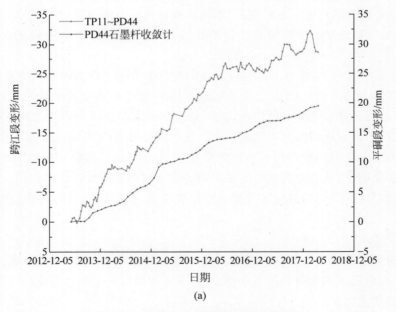

(a)

图 7-23 锦屏一级左岸边坡的深部变形

(a) PD44 平硐内变形与跨江段谷幅变形对比;(b) PD44 变形沿各测段分布

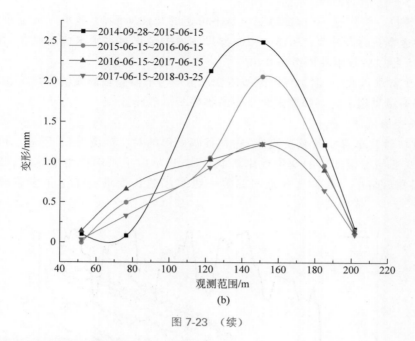

(b)

图 7-23 （续）

2. 溪洛渡拱坝变形模式分析

1）谷幅变形特征

溪洛渡共布设 10 条谷幅测线,图 7-24 为 10 条谷幅测线的变形值随水库水位变化的时程曲线,不考虑监测时间较短的 8 号测线,有两点结论。

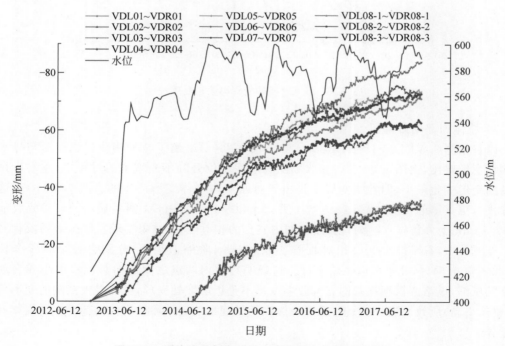

图 7-24 溪洛渡谷幅变形随水库水位变化的时程曲线

（1）和锦屏一级拱坝一样，谷幅变形是不可逆的塑性变形，不随水库水位回落而消减，谷幅收缩的速率在逐渐减缓；2013—2014 年即水库蓄至正常蓄水水位的时段，谷幅变形增量很大，2015 年以后谷幅变形逐渐减小。

（2）整个蓄水过程中，上游谷幅测线的变形值均与下游谷幅测线的变形值相差不多，这一点与锦屏一级拱坝上游谷幅变形大于下游谷幅变形不同。

2）弦长变形特征

溪洛渡坝后共布置 5 条弦长测线，它和谷幅变形的对比如图 7-25 所示。可以清楚地看到，弦长变形与谷幅变形的变化规律基本一致，只是由于拱端推力的作用，弦长变形的量值比谷幅变形略小一些。这一点与锦屏一级拱坝弦长变形介于上下游谷幅变形值之间不同。

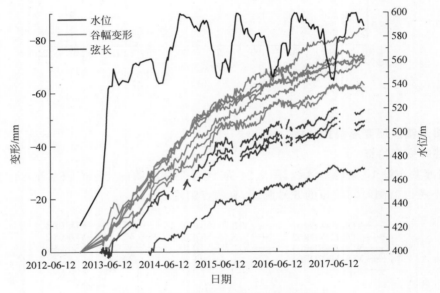

图 7-25　溪洛渡谷幅变形与弦长变形对比

3）坡体内部变形特征

以谷幅测线 VDL08-1～VDR08-1 为例，图 7-26（a）给出了 8 号测线谷幅变形与排水洞内测线变形对比，由图可知，在谷幅收缩随着水库水位升降不断增加的过程中，左右岸排水洞内的变形变化很小，即谷幅变形不是由于排水洞内岩体变形产生的。图 7-26（b）对这一情况进行更具体的说明，截至 2018 年 6 月，VDL08-1～VDR08-1 测线显示洞口谷幅收缩达到 37.73mm。分析排水洞洞口测点和洞内测点的相对位移，结果发现左岸排水洞段相对收缩了 0.05mm，右岸排水洞段相对收缩了 0.89mm，收缩值很小，分别占整个洞段全长的 0.036% 和 0.64%，几乎可以忽略不计。这说明边坡内两点之间的相对位移很小或表现为轻度的压缩，溪洛渡拱坝坝基的谷幅收缩变形不是近岸坡处变形，可能是大范围的变形传播（如整体平动）所致。这一特点与锦屏一级拱坝呈现出的近岸坡处岩体内部受拉的规律有很大差异。

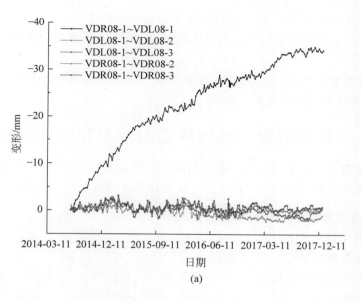

(a)

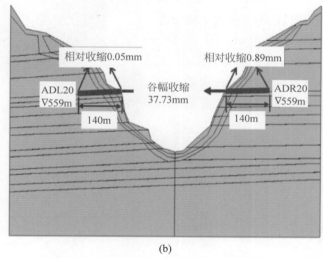

(b)

图 7-26 溪洛渡拱坝坡体内部变形特征

（a）左右岸排水洞内变形与谷幅变形对比；（b）排水洞内变形

3. 变形模式总结

由上面的分析可知,锦屏一级拱坝与溪洛渡拱坝坝基呈现出的谷幅变形都是不可逆的塑性变形,但其规律存在较大差异。

对于锦屏一级拱坝,其谷幅变形具有以下 3 个基本特点。

（1）上游谷幅测线的变形值显著大于下游谷幅测线的变形值。

（2）坝体弦长的变形值不大,且介于上游谷幅变形值和下游谷幅变形值之间。

（3）谷幅变形是岸坡变形,坡体内部岩体变形表现为拉伸。

而对于溪洛渡拱坝,其谷幅变形具有以下 3 个基本特点。

（1）上、下游谷幅测线的变形值相差不多,且最大量值接近 90mm。

（2）坝体弦长变形量值很大，但整体小于上下游的谷幅变形值。

（3）谷幅变形不是岸坡变形而是大范围的整体平动变形，坡体内部岩体相对变形很小或表现为压缩。

上述这些变形特点均说明，溪洛渡拱坝和锦屏一级拱坝坝基的谷幅变形分属于不同的变形模式，其变形机制应该存在很大差异。

7.4.2 坝基变形模式对坝体受力性态和破坏的影响研究

基于前述对锦屏一级拱坝和溪洛渡拱坝的变形模式分析，以白鹤滩拱坝为例，采用两种变形模式来分析对拱坝的影响：①有效应力改变和岩体材料弱化；②边界加位移法。

1. 有效应力改变和岩体材料弱化

白鹤滩拱坝计算模型及有效应力改变和岩体材料弱化计算范围如图 7-27 所示。

上游坝面的点安全度和屈服区、不平衡力矢量分布分别如图 7-28 和图 7-29 所示，下游坝面的点安全度和屈服区、不平衡力矢量分布分别如图 7-30 和图 7-31 所示。图 7-28～图 7-31 中的(a)～(d)分别表示正常工况、正常工况＋有效应力改变、正常工况＋有效应力改变＋材料弱化 10%、正常工况＋有效应力改变＋材料弱化 20%。

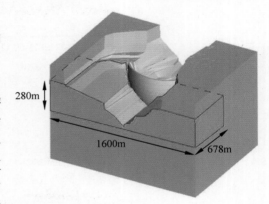

图 7-27　白鹤滩拱坝计算模型及有效应力改变和岩体材料弱化计算范围

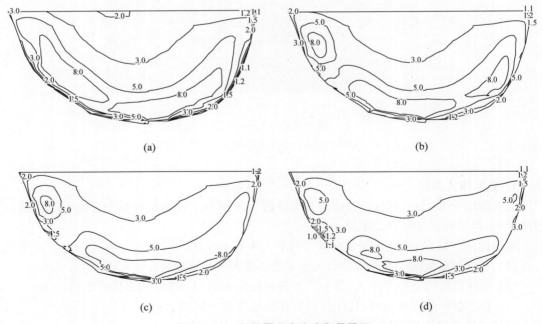

(a)

(b)

(c)

(d)

图 7-28　上游坝面点安全度和屈服区

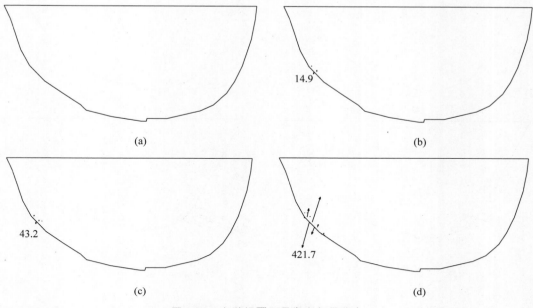

图 7-29 上游坝面不平衡力矢量分布

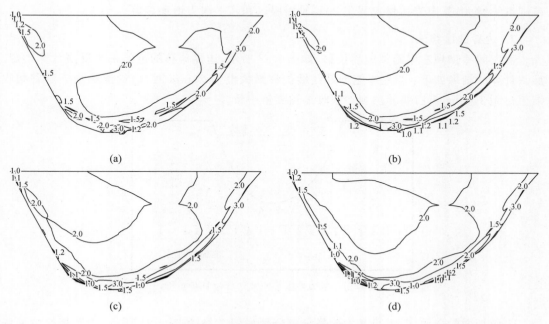

图 7-30 下游坝面点安全度和屈服区

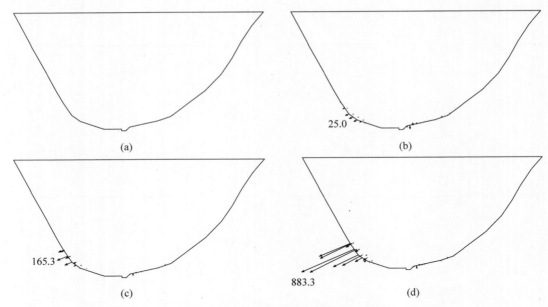

图 7-31 下游坝面不平衡力矢量分布

由图 7-28～图 7-31 可知,正常工况时,上、下游坝面没有出现不平衡力;当考虑有效应力改变时,上游坝面左拱端∇640m～∇680m 高程,下游坝面右拱端∇545m～∇610m 高程范围内开始出现少量屈服区和不平衡力;当继续考虑岩体材料弱化时,屈服区和不平衡力的范围继续增大,其中岩体材料弱化 20%时屈服区和不平衡力增加显著。

2. 边界加位移法

对白鹤滩拱坝左岸施加边界位移,如图 7-32 所示,边界位移的量值采用反演计算确定。反演计算的结果如下:当左岸施加的线性位移最大值为 20mm 时,白鹤滩拱坝上游谷幅收缩值达到 10mm,与白鹤滩拱坝谷幅收缩预测值一致。

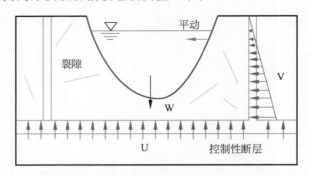

图 7-32 白鹤滩拱坝施加边界位移示意图

上游坝面的屈服区、不平衡力矢量分布分别如图 7-33 和图 7-34 所示,下游坝面的屈服区、不平衡力矢量分布分别如图 7-35 和图 7-36 所示。图 7-33～图 7-36 中的(a)～(d)分别表示边界位移超载 1 倍、超载 4 倍、超载 10 倍、超载 20 倍的工况。由图可知,超载 10 倍之前,上、下游坝面均未出现屈服区和不平衡力。超载 10 倍之后,上、下游坝面左岸∇680m～

∇720m 高程及坝体陡坎处开始出现少量屈服区和不平衡力,但屈服区和不平衡力的范围和量值均不大;当超载 20 倍时,上、下游坝面不平衡力的大小也仅约为岩体材料降低 20%工况时的十分之一(如上游坝面 47 对 421.7;下游坝面 80.3 对 883.3)。

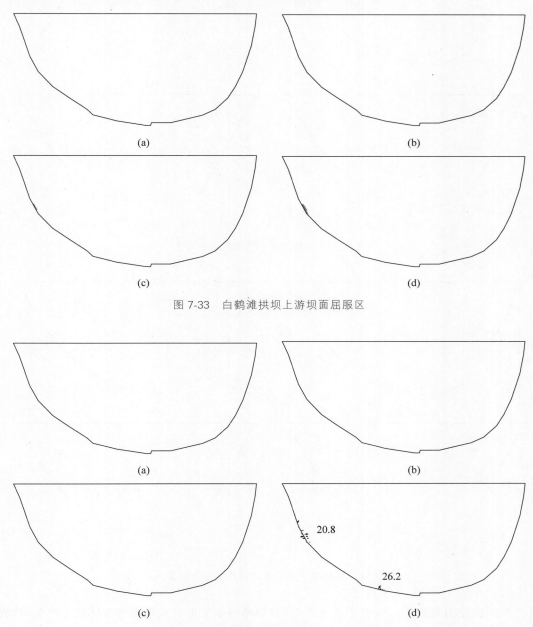

图 7-33　白鹤滩拱坝上游坝面屈服区

图 7-34　白鹤滩拱坝上游坝面不平衡力矢量分布

3. 小结

在分析谷幅变形对大坝的影响时,从有效应力改变和岩体材料弱化出发与从边界加位移的角度出发,结果差异很大。对于类似锦屏一级拱坝的由岸坡变形产生的谷幅变形,坝体

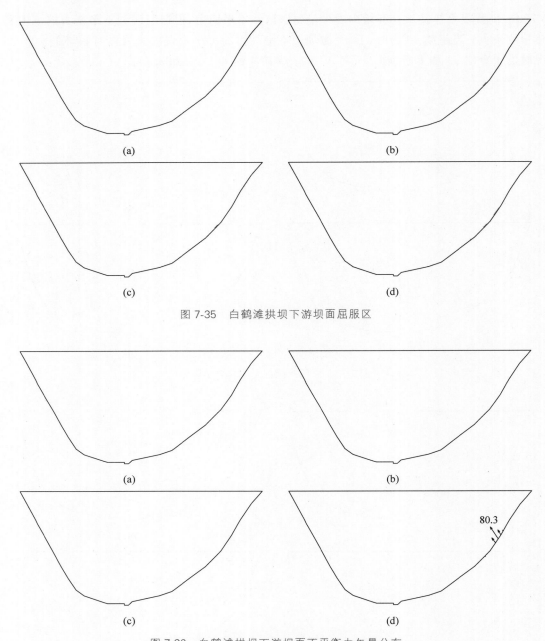

图 7-35　白鹤滩拱坝下游坝面屈服区

图 7-36　白鹤滩拱坝下游坝面不平衡力矢量分布

会产生新的应力集中区。而对于溪洛渡拱坝,坝基谷幅变形由大规模的整体变形产生,边界加位移可以用来模拟这种大范围的变形,但同时也说明,这种谷幅变形方式对大坝的影响并不显著,大坝不会产生新的应力集中和较大的屈服区。这就意味着,类似锦屏一级拱坝的由岸坡变形产生的谷幅变形模式,虽然谷幅变形的量值不大,但可以使坝体产生新的应力集中;而类似溪洛渡拱坝的由整体变形产生的谷幅变形模式,虽然谷幅变形的量值很大,但对坝体应力的影响很小。

7.5　高拱坝-基础的破坏演化规律研究

高拱坝处于复杂的地质环境和荷载条件下,其可能的破坏模式并不唯一,较为典型的包括坝肩失稳、拱座上滑失稳、薄拱坝的屈曲失稳、沿浅层结构面的破坏、坝体开裂等[25]。高拱坝受力过程中,坝体和基础之间存在较强的非线性相互作用,地质力学模型试验和非线性有限元计算将坝体和基础视为一个完整的系统,可有效针对破坏模式和破坏机制进行研究。不同的应力路径,如超载或降强,可能导致结构不同的破坏模式。超载法对应的工程意义明确,物理试验和数值计算中均易于实现,可反映结构承受正常水荷载的裕度,且有较多可类比的工程案例。本节对孟底沟拱坝进行了三维非线性有限元数值模拟和地质力学模型试验研究,并将数值计算与模型试验的结果进行对比,分析拱坝超载破坏模式和非线性变形机理;最后将 K_2 与抗压安全系数进行对比,指出了 K_2 作为控制指标的重要性。

7.5.1　基于地质力学模型试验的拱坝破坏过程分析

本节以孟底沟拱坝为例说明拱坝在超载过程中的破坏过程[26]。图 7-37 所示为孟底沟拱坝的三维有限元模型。模型中对坝体、基础及基础中分布的断层、裂隙等结构面进行了精细模拟,充分考虑坝体和基础之间的相互作用。图 7-38(a)显示了孟底沟拱坝在 1.5 倍水载下上游坝面不平衡力分布。与地质力学模型试验的结果对比,如图 7-38(b)所示,孟底沟拱坝上游左岸坝踵在超载 1.3～1.5 倍时开裂,这与数值计算中不平衡力的集中范围十分吻合。

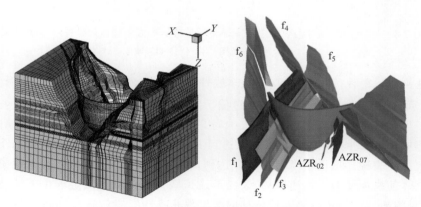

图 7-37　孟底沟拱坝三维有限元模型

图 7-39(a)为孟底沟拱坝下游坝面外部位移计布置图,图 7-39(b)为模型试验获取的孟底沟下游坝面拱冠梁位移-超载曲线。从图 7-39 中可以看出,在超载 4.5 倍之前,孟底沟拱坝拱冠梁上各个位移计测点的位移大体上都是随着超载倍数呈线性增长,变形量值相对较小;超载 4.5 倍后,位移曲线出现明显拐点,位移随超载倍数增加的增长速率加快,拱冠梁变形出现了显著的非线性。据此推断,孟底沟拱坝的非线性变形起始安全系数 K_2 为 4.5～5.0。

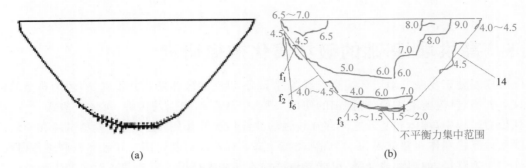

图 7-38 孟底沟拱坝上游坝面不平衡力分布和与地质力学模型试验的结果对比

(a) 上游坝面不平衡力分布；(b) 与地质力学模型试验的结果对比

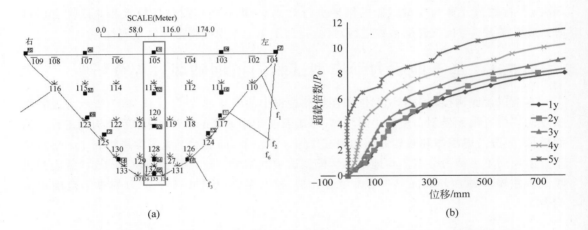

图 7-39 孟底沟拱坝模型试验下游坝面外部位移计布置图与拱冠梁位移-超载曲线

(a) 位移计布置图；(b) 位移-超载曲线

超载达到 K_2 之后，拱坝和坝基进入非线性变形阶段，为了分析非线性变形的来源，以 K_2 为分界点，分析拱坝模型试验的破坏过程。图 7-40 是孟底沟拱坝模型试验的上、下游破坏示意图。当超载倍数达到 K_2（4.5～5.0）时，上游的裂缝主要都围绕在建基面附近，而下游只有河床坝趾处发生破坏；当超载倍数达到 K_3，即发生极限破坏时，拱坝上、下游坝面上都出现了大量的裂缝。这说明当超载倍数达到 K_2 之后，此时的结构已经出现了非线性变形，继续加载，使拱坝开始了加速破坏，裂缝迅速扩展。坝趾是超载过程中下游最先破坏的区域，破坏时的超载倍数也与拱冠梁位移曲线出现非线性的超载倍数几乎一致。

采用声发射对地质力学模型试验过程中的内部破坏进行监测，建立了基于声发射的高拱坝模型破坏监测系统，提出了相应的定位算法。根据声发射探头的布置及相应的定位算法，可以确定超载到特定倍数下的破坏开裂点的位置，由此可以得到拱坝的破坏演化过程。

图 7-41(a) 和 (b) 分别为超载过程中声发射过程的撞击次数和能量曲线；图 7-42 为声发射定位的拱坝破坏过程。由图 7-41 和图 7-42 可知，在加载至 2.0 倍水载前，没有声发射信号出现，说明坝体内部没有微破裂产生。当加载至 2.0 倍水载时，第一次出现声发射信号，并且声发射信号平面定位图出现定位点，位于拱坝上游右岸坝踵附近，说明这个部位开始出现微破裂。此时，可以定义为起裂安全系数 $K_1 = 2.0$。

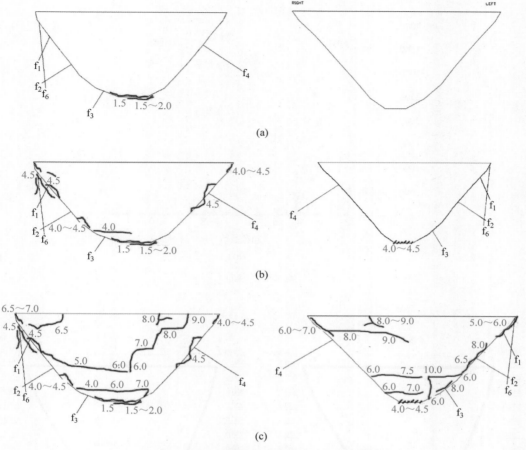

图 7-40 孟底沟拱坝模型试验上、下游破坏示意图

（a）超载倍数达到 K_1；（b）超载倍数达到 K_2；（c）超载倍数达到 K_3

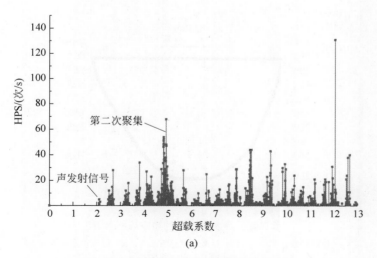

(a)

图 7-41 整个超载过程中声发射数据统计

（a）撞击次数；（b）能量曲线

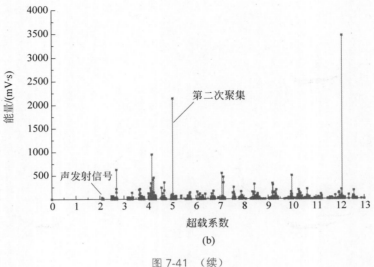

图 7-41 （续）

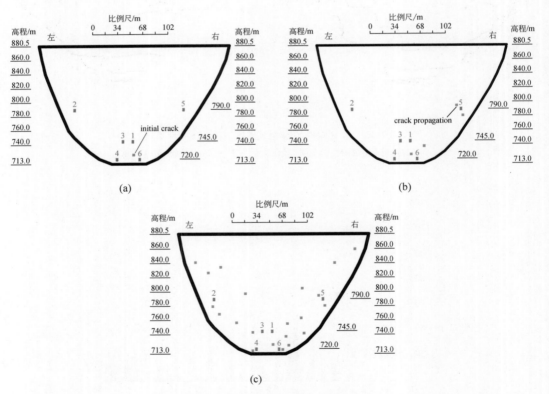

图 7-42 声发射定位的拱坝破坏过程

（a）超载倍数达到 2.0；（b）超载倍数达到 4.5；（c）超载倍数达到 12.0

当超载到 2.5～4.5 倍水载时,各加载步均出现不同程度的声发射信号聚集,坝体破裂的声发射定位点也从右岸坝踵向高高程延伸,但总体来看,此区间的声发射活动剧烈程度依旧较低。加载到 5.0 倍水载时,声发射活动出现第二次跃升,HPS 首次达到 70 次/s,而能量计数绝对大小首次超过 2000mV·s,声发射活动出现第二次集聚。加载到 5.0 倍水载后,声发射活动保持着大量产生,拱坝已进入非线性阶段,$K_2=5.0$。

加载到 5.5～12.0 倍水载范围时,声发射活动稳定存在,说明此时模型整体进入非线性变形期,通过非线性变形的调整提高了承载能力。超载到 12 倍时,声发射活动又有一次剧烈产生,此时拱坝已经达到超载能力极限。超载到 12 倍时,声发射破坏定位点已经延伸到坝体左右坝肩的高高程部位,拱坝已经由底部开裂到顶部,可认为此时为坝体的极限承载力状态,即 $K_3=12.0$。当液压千斤顶的荷载增加至 13.0 时,荷载无法继续增加,甚至出现下滑,试验结束。

7.5.2 非线性起始安全系数 K_2 对坝体破坏演化的控制作用

在地质力学模型试验的 3 个安全系数中,K_1 对应坝踵的开裂破坏,其数值可以通过布置在坝踵处的应变片及声发射数据获取;K_3 对应拱坝整体最终的失稳破坏,在试验中可以直接获得;而 K_2 所对应的破坏模式一直较为模糊,尚未形成一套完整的高拱坝非线性控制标准。大坝进入非线性工作状态是以坝趾的破坏为标志,安全系数 K_2 的实质是坝趾破损的安全度[27-28]。

1. 与抗压安全度的对比

工程实践和研究表明,坝踵容易出现拉应力集中而开裂。但坝踵一定程度的开裂,对拱坝整体安全影响不大。拱坝整体是以偏心受压为主的推力结构,而坝趾抗力体是主要承压区,局部拉应力超标导致坝体开裂。大坝进行应力调整后只要压应力不过大,结构仍是安全的。

拱坝设计规范中一级建筑物压应力安全度控制指标为 4.0,由工程经验总结得来。拱坝设计时需要通过应力分析对拱坝安全性进行评价。非线性变形安全系数在 4.0 左右,由于拱坝的超静定结构特性,大部分略高于 4.0。由此可以推断,模型试验得到的非线性变形安全系数的实际工程意义对应拱坝设计规范中压应力安全度控制指标,其对应的破坏模式为,下游坝趾受压破坏后,裂缝开始逐渐增多,坝基体系整体进入非线性变形状态。

2. K_2 作为控制指标的重要性

高拱坝实践中,下游坝趾区设置贴角、锚固坝趾等措施可以有效提高 K_2。例如,坝底垫座和下游贴角可以控制大岗山拱坝下游坝趾底部开裂,使其非线性变形起始安全系数 K_2 由 4.5 增大到 5.5,贴脚对于上游坝踵的开裂也起到一定的抑制作用,起裂安全系数 K_1 从 2.0 增加到 2.5;溪洛渡拱坝下游坝趾区设置贴角,其 K_2 值也比其他高拱坝要高;锦屏一级、大岗山、白鹤滩特高拱坝的最终设计方案中,也在下游坝面设置贴角或扩大基础,提高坝趾区的抗压能力,进而提高高拱坝的非线性变形起始安全系数。高拱坝设计时允许压应力指标与 K_2 的关系,也在一定程度上间接证明坝趾控制着非线性变形起始安全系数 K_2。坝趾的破坏是拱坝超载变形过程中的一个拐点,坝趾破坏后,拱坝进入加速破坏阶段。综上所述,坝趾破坏是导致拱坝整体非线性变形的控制因素。

7.6 高拱坝加固优化研究

拱坝由于其独特的力学特性,可以充分利用坝体材料的抗压强度,将水推力传递到两岸的山脉上。近些年,在我国西南地区,已陆续建造了一系列高拱坝,如向家坝、溪洛渡、锦屏一级等高拱坝。虽然拱坝通常设计具有较高的安全系数,但由于实际施工过程中的技术或管理错误等各种问题,难免出现大坝的质量无法满足设计要求的情况。此外,我国已建和在建的拱坝大多位于地质条件复杂、地震灾害频发的西南山区。在长期运行过程中,它们也可能遭受各种对坝体稳定及安全不利的地质灾害,造成大坝局部损坏或破坏。将这些无法满足设计要求的大坝称为有缺陷大坝。为了使这类有缺陷大坝能按设计要求安全稳定地运行,需要对坝体采取合适而经济的加固措施。

在设计阶段,在现有荷载和地质条件下达不到足够性能的大坝,为了提高其稳定性,可以考虑变更大坝体型[29]、置换山体软弱结构[30]、采用增强纤维等材料加固[31]等解决方案。但当坝体施工已完成或已投入运行时,以上方法成本过高,施工不便,因而在坝体之外进行合适而有效的加固处理措施成为较优选择。拱坝的下游坝趾为压剪屈服区,对该处加固可以显著提高大坝的稳定性。坝趾锚固已被工程实践证明是一种加固拱坝的有效方法,因为它可以降低剪切应力,改善基岩的应力状态[32-34]。

本节首先讲述了有缺陷拱坝的稳定性分析和加固效果评价的方法,然后将其应用于大丫口拱坝工程,提出了初步加固方案,并对初步加固方案进行了优化[35],探讨了 K_2 与应力安全指标的关系,对拱坝破坏由坝址破坏控制进行了分析。

7.6.1 加固优化分析方法和工程概况

1. 研究方法

在拱坝稳定性的评价分析中,设计要求确定不同方案稳定性的基准。单凭位移的大小有时不能明确判断拱坝性能的好坏,最大压应力和屈服区的变化也不能完全表现稳定性改善的程度。稳定性评价对于拱坝安全运行非常重要,可以采用第 2 章介绍的变形稳定和控制理论中的塑性余能范数来评价结构的整体稳定性。因此,塑性余能范数与最大位移、最大压应力、屈服区和其他指标等一起构成设计要求的基本指标,这些指标主要受安全性、功能性等基本要求所控制。将待评价方案的所有指标与设计要求中的指标进行比较,从而确定该方案是否符合设计的要求。

有缺陷拱坝的稳定性分析和加固效果评价的基本工作流程如图 7-43 所示。首先,将拱坝的实际方案与设计要求中规定的所有指标进行比较。如果实际方案的质量不满足设计要求,则提出加固方案。然后,通过检查除位移和应力之外的屈服区和整体稳定性等指标来评价加固方案的性能。如果通过对比后判断加固方案的性能满足设计要求,则可以将该方案视为加固有缺陷拱坝的一种可能选择。同时,进一步对该加固方案进行优化,以使该方案更加经济、便于施工,并继续验证该优化后的加固方案同样满足设计要求。

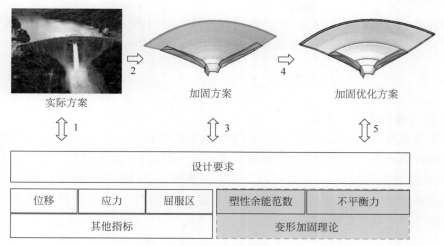

图 7-43　基本工作流程

2. 工程背景

大丫口水电站位于我国云南省镇康县的南捧河上。坝顶高程 653m，最大坝高 95m，拱冠梁底部厚度为 22.0m，坝顶宽度为 5.0m，坝顶中心线弧长为 299.54m。坝趾岩性以石灰岩为主，坝基中的洞室发育良好，对坝体变形、应力和坝肩稳定性有较大影响。总共设置 4 个大约 70m 间隔的结构横缝。河床垫层混凝土于 2012 年年初浇筑完成，碾压混凝土坝体于 2013 年 2 月开始浇筑。

大坝施工完成后，根据相关材料试验和监测数据发现，拱坝坝体存在施工质量问题，部分混凝土未达到设计强度，且坝体混凝土温控基本失效，封拱灌浆管路大多数已失效。拱坝的整体稳定性受到一定影响。

3. 有限元计算模型

对大丫口拱坝的稳定性进行分析，采用有限元法对拱坝及地基进行数值模拟。整个数值模拟范围为 540m×370m×280m。实际方案的有限元模型与设计方案的模型完全相同，但坝体材料参数有所区别。整体计算网格及模拟范围如图 7-44 所示。断层和坝的相对位置如图 7-45 所示。

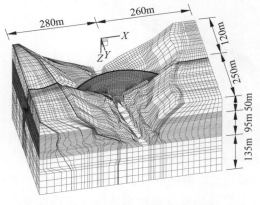

图 7-44　有限元模型网格示意图

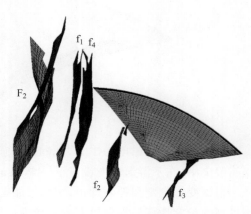

图 7-45　主要断层位置示意图

使用三维非线性有限元程序 TFINE 进行计算。材料采用理想弹塑性本构模型,屈服准则采用岩土工程中常用于混凝土和岩石材料的 Drucker-Prager 屈服准则。

7.6.2 拱坝工程加固优化分析

1. 实际方案的稳定性分析

塑性余能范数是直观代表结构系统的整体稳定性的指标。图 7-46 显示了在超载过程中拱坝的塑性余能范数变化。当超载倍数低于 2.0 倍时,设计方案的塑性余能范数几乎为零,随着超载倍数的增加而上升,当超载 3.0 倍水载时上升得更快。当比较图 7-46 中的塑性余能范数曲线时,可以发现实际方案的塑性余能范数比设计方案上升得更快,即实际方案的坝的稳定性弱于设计方案。

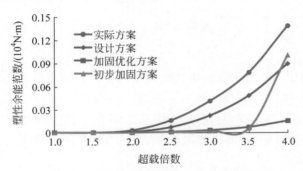

图 7-46 超载过程中拱坝坝体塑性余能范数变化对比

上述比较表明实际方案的性能不如设计方案。有必要采取有效措施来改善有缺陷的大坝的性能,目标是使其达到设计方案的性能水平。

2. 初步加固设计及加固效果评价

根据实际方案的屈服区集中及对坝趾超载的敏感性,在连接下游开挖面和坝面的坝肩槽处设置加固体,初步加固方案示意图如图 7-47 所示。

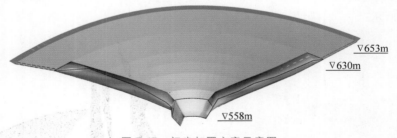

图 7-47 初步加固方案示意图

加固体的平均厚度为 12m,加固体的顶部高度设定为 630m。此外,考虑到该区域的受压屈服集中,在下游河床上设置了一个 21m 高的挡土墙。钢筋混凝土的等级选为 C20。

根据变形稳定和控制理论,塑性余能范数可以定量反映拱坝和基础的整体稳定性,从而为拱坝的稳定性评估提供更有效的指标。因此,本节对超载过程中坝体塑性余能范数的变化进行了计算,并与实际方案和未加固的设计方案进行了对比,如图 7-48(a)所示。未加固的坝体塑性余能范数在超载 2.5 倍水载下开始增加,实际方案的塑性余能范数大于设计方案。但 2.5 倍水载下加固后坝体的塑性余能范数仍然低于 2.0 倍水载下设计方案的值。即使在超载 3.0 倍水载之后,与其他两条曲线相比,坝体的塑性余能范数曲线仍只是平缓上升,这意味着加固方案在超载过程中保持着良好的稳定性,尽管大部分塑性余能范数是由一些应力集中区域的局部破坏产生。塑性余能范数的变化曲线表明,设置加固体对提高拱坝的整体稳定性具有积极作用。

图 7-48(b)是超载过程不同方案的基础塑性余能范数的变化曲线。这些值小于坝体的值,这意味着在超载过程中基础比坝体相对稳定。但基础塑性余能范数的变化规律与坝体的变化规律是一致的。在超载 1.5 倍水载后,实际方案的基础出现塑性余能范数,并随着超载的增加而急剧增加,而加固方案的塑性余能范数即使在超载 2.0 倍水载之后也只缓慢增加。以上表明,加固体对基础的稳定性也有改善。

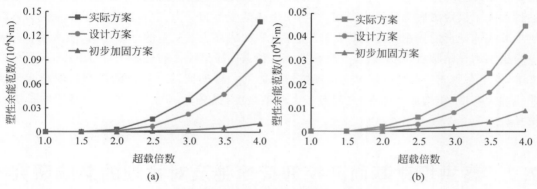

图 7-48　不同方案超载过程中塑性余能范数变化对比

(a) 坝体;(b) 坝基

3. 加固方案优化及分析

为使加固体的混凝土体积更小,该处选择 610m 作为顶部高程,如图 7-49 所示,称其为优化加固方案。计算优化加固方案的应力和稳定性,并与初步加固方案进行对比,分析进一步优化配筋体的可行性。

图 7-49　优化加固方案示意图

图 7-46 显示了超载过程中优化加固方案和初步加固方案的坝体和基础总塑性余能范数变化曲线。从变化曲线可以看出,优化加固方案的塑性余能范数略高于初步加固方案,这意味着优化加固方案坝基系统的整体稳定性略差于初步方案。但其在 2.0 倍水载下塑性余

能范数几乎为零,与初步加固方案相同,在 3.5 倍水载下仅为 0.015t·m,远小于相同倍数水载下实际方案的 0.14t·m。所有这些表明,优化加固方案对提高原始有缺陷拱坝的整体稳定性仍有显著影响。

7.6.3　高拱坝破坏与加固分析

基于 7.5 节模型试验对高拱坝破坏模式的认识,高拱坝在逐级超载过程中,上游坝踵是结构最先起裂的位置,而坝趾抗力体是下游最先破坏的区域,直至最终破坏,各高拱坝模型试验中也没有出现坝肩滑块失稳的破坏模式。

本节对坝趾加固后,各拱坝不同水载倍数下,总塑性余能范数有所减小,增长速度也受到一定抑制。由此推断,坝趾锚固在一定程度上提高了 K_2。实际上,坝趾加固的效果不仅提高了坝基的变形模量,而且坝趾基础刚度过高,对拱坝整体变形和受力也是不利的。坝趾贴脚加大了拱冠梁底部的受力面积,改善了坝体的变形和受力,这再次印证了坝趾抗力体对拱坝非线性变形的控制作用,这与拱坝模型试验的成果也是一致的。大岗山、溪洛渡和锦屏一级拱坝增设贴脚后,模型试验安全系数 K_1 和 K_2 都相较之前提高了 0.5～1.0。某种意义上,安全系数 K_2 也可以理解为拱坝抗裂能力的一种表征,K_2 较高的拱坝从坝踵起裂到非线性大变形(结构加速破坏)之间有较大调整裕度,提高 K_2,可以抑制坝踵裂缝的扩展及贯穿。

7.7　高拱坝建基面开挖卸荷松弛及对拱坝的影响研究

近 20 年来,二滩、小湾、锦屏一级、溪洛渡等 300m 级特高拱坝在我国水电资源丰富的西南地区修建,特高拱坝枢纽区一般为典型的 V 形河谷,河谷狭窄边坡陡峭,长期的地质构造作用使坝基尤其是河床附近产生高量值、高侧压力系数的地应力。另外,特高拱坝修建过程中拱间槽开挖量巨大,坝基岩体发生强烈的应力释放,可能产生卸荷松弛现象,形成开挖扰动区(excavation damage zone,EDZ)。例如,小湾拱坝坝基开挖过程中发生结构面剪切错动,原应平整的建基面出现“葱皮”现象甚至拱裂岩爆,白鹤滩拱坝的柱状节理玄武岩更易出现损伤松弛情况[36]。特高拱坝建基面卸荷损伤松弛:一方面,影响开挖过程中拱肩槽人工边坡的稳定性;另一方面,卸荷松弛后的坝基如果直接筑坝,也可能影响特高拱坝运行期的整体稳定性。因此,拱坝坝基的开挖卸荷松弛及相应的基础处理措施评价已经成为特高拱坝岩石力学的热点问题之一。而不平衡力与岩体结构损伤破坏的良好对应关系也恰好为建基面卸荷松弛的分析提供了一种新的思路。

本节以白鹤滩拱坝左岸建基面开挖卸荷为例,基于变形稳定和控制理论,提出了使用不平衡力作为评价坝基岩体卸荷损伤松弛程度的定量判据,阐释了不平衡力分析坝基岩体结构卸荷松弛损伤的理论基础,通过模型试验和数值模拟的对比说明了不平衡力应用于卸荷松弛分析的可靠性。使用非线性有限元,精细模拟白鹤滩拱坝天然边坡和开挖过程,反演天然边坡高地应力,分析了开挖过程中坝基边坡(重点是结构面)的卸荷松弛演化过程。分别对无基础处理、预留保护层和施加锚索 3 种情况时的开挖卸荷松弛进行研究对比,评价建基面处理措施的效果[37,38]。

7.7.1　卸荷计算方法与模型

1. 开挖卸荷松弛模拟方法

经过长期的地质构造作用,特高拱坝枢纽区的天然边坡一般处于临界平衡状态。人工的开挖扰动破坏了这种天然平衡,使岩体结构产生不平衡力,不平衡力驱动结构进行非平衡演化,产生损伤、流变和开裂等。现场监测也表明工程开挖卸荷的过程不只是产生瞬时的弹塑性变形,开挖区尤其是松弛严重的位置有着明显的时效变形特征。

因此,在开挖卸荷的弹塑性计算中,迭代步可近似认为是黏塑性计算的时间步,通过弹塑性迭代计算使结构的塑性余能范数趋于稳定值时的不平衡力可近似认为是开挖卸荷后松弛稳定时的不平衡力,不平衡力的分布与量值可反映损伤松弛的位置与程度。

采用应力释放法模拟边坡开挖过程,假设第 m 步开挖了 n 个单元,则释放荷载的节点力向量为

$$\boldsymbol{F}^m = \sum_{i=1}^{n} \int_{v_{ex}} \boldsymbol{B}_i^{\mathrm{T}} \boldsymbol{\sigma}_i^m \, \mathrm{d}V \tag{7-2}$$

其中,$\boldsymbol{\sigma}_i^m$ 为第 m 步开挖前的第 i 个开挖体单元的应力,从 $\boldsymbol{F}^m$ 中选取开挖面上所有节点的全部节点力分量,模型中其他节点的节点力分量置为 0,形成的 $\boldsymbol{F}_{Ex}^m$(下标 Ex 表示在开挖面上的节点)即为第 m 步开挖释放荷载的等效节点力向量。将 $\boldsymbol{F}_{Ex}^m$ 作为荷载向量,并将开挖体单元的变形模量置为小数进行有限元求解,即可进行开挖卸荷的计算分析。本章的不平衡力是将地应力场和开挖荷载一起进行弹塑性迭代计算,因此不平衡力也包含高地应力场作用产生的不平衡力。

2. 有限元模型

为精细模拟白鹤滩左岸建基面开挖卸荷过程及松弛现象,特采用大范围、小单元的精细化网格进行模拟。模型的建立以中国电建集团华东勘测设计研究院有限公司提供的 2014 年白鹤滩招标阶段设计方案为依据。计算的有限元模型范围为 $700\mathrm{m} \times 860\mathrm{m} \times 700\mathrm{m}$,如图 7-50 所示。

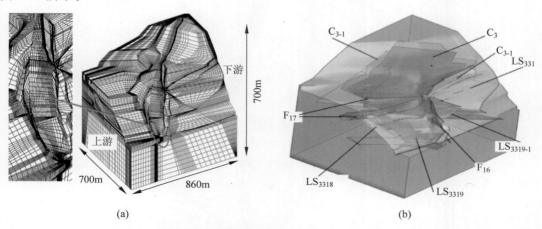

图 7-50　白鹤滩左岸开挖完成时建基面边坡有限元网格和断层分布

(a) 有限元网格;(b) 断层和错动带的位置分布图

3. 地应力反演分析

在自重地应力场的基础上,对不同高程单元的应力张量乘以不同的系数,以拟合主应力测量值,通过大量的试算及二乘法拟合,确定最终的地应力场。

7.7.2 白鹤滩拱坝建基面开挖卸荷松弛分析

1. 白鹤滩左岸开挖卸荷松弛情况介绍

2013 年 9 月白鹤滩左岸建基面由坝顶 834m 高程开始向下开挖;2014 年 8 月开挖至 680m 高程,断层 F_{17} 开始出露;2014 年 11 月开挖至 660m 高程,LS_{3319} 在建基面开始出露;2014 年 12 月底开挖至 628m 高程后由于发现卸荷松弛现象开挖停工,此时 LS_{3319} 已经基本全部出露。

2014 年 12 月底在现场巡视中发现:建基面 PSL_2 排水洞上方 680m 高程的断层 F_{17} 产生裂缝;拱间槽下游侧坡 690m 高程的 F_{17} 也发现裂缝,宽度为 1~3cm 并基本延伸到建基面;WML_2 帷幕洞和 PSL_2 排水洞的喷混凝土出现宽度 3~15mm 雁行式裂缝,即沿着 LS_{3319} 错动开裂;建基面 665~660m 高程之间偏向上游侧的混凝土开裂并鼓出,裂缝有扩展趋势。松弛卸荷引起白鹤滩左岸建基面开挖紧急停工,工期延缓[39]。需要对白鹤滩左岸建基面开挖卸荷松弛特征及稳定性加强监测,进行分析,并评价预设保护层、锚固布置等基础处理措施的效果。

2. 无基础处理措施的卸荷松弛分析

2014 年 12 月现场巡视发现开挖至 628m 高程时,左岸建基面及坝肩槽松弛卸荷严重,部分断层出现错动、开裂现象。以左岸开挖至 630m 高程近似模拟实际开挖至 628m 高程,对比计算结果和观测结果。建基面开挖至 630m 高程,左岸坝基边坡屈服区如图 7-51 所

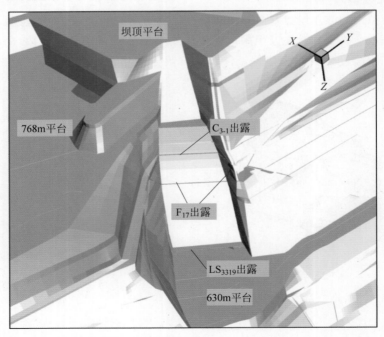

图 7-51 开挖至 630m 高程坝基屈服区分布(红色为屈服区)

示。断层 F_{17} 与错动带 C_{3-1} 在相交区相互作用,引起拱间槽下游侧 720m 附近临空面部分岩体屈服。这与现场观测中拱间槽下游侧坡沿 F_{17} 产生裂缝相符;F_{17} 在建基面出露段的屈服区并没有与拱间槽下游面屈服区贯穿,这也与监测情况一致,F_{17} 最大累积剪切变形 17.66mm,位于 680m 高程的建基面出露段。

LS_{3319} 在拱间槽 630m 高程面开挖出露段有部分屈服,其屈服区向下延伸至 590m 高程;LS_{3319} 在下游侧 545～570m 有比较大的塑性区,如图 7-52(a)所示,不平衡力也主要集中于此处,这与其临近低高程的边坡出露段有关。C_{3-1} 的不平衡力等值线图如图 7-52(b)所示,F_{16}、C_3、LS_{3318} 也有类似规律,屈服区和不平衡力的分布主要集中在靠近边坡临空面和开挖出露区附近。已开挖高程的基岩尤其是结构面的卸荷松弛的现场监测成果与计算结果比较吻合。

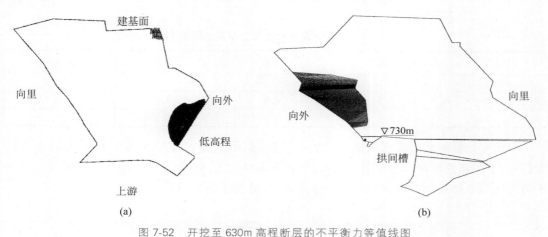

图 7-52　开挖至 630m 高程断层的不平衡力等值线图
(a) LS_{3319};(b) C_{3-1}

7.7.3　建基面卸荷松弛对拱坝稳定性的影响

白鹤滩左岸建基面开挖施工现场监测情况表明建基面岩体爆破损伤厚度 0.7m,岩体松弛层深度平均 2.15m,结构面发育部位的松弛层深度 3～4m。保守起见,只对建基面上易产生卸荷松弛的柱状节理玄武岩考虑损伤松弛,松弛层厚度分别取 3m 和 5m 两种情况,松弛层与坝体的位置示意图如图 7-53 所示,红色区域为 3m 厚松弛层,黄色区域为 5m 厚松弛层。

试验证明柱状节理玄武岩变形模量及强度参数具有随围压增大而增大的特性,为真实反映卸荷损伤对拱坝变形破坏的影响,根据不同的计算步骤,松弛层采用不同的力学参数值[42]。变形破坏分析计算的力学参数如表 7-7 所示,计算步骤及对应的材料参数如下:①开挖前(松弛层为设计变形模量);②开挖后(松弛层为低变形模量);③大坝浇筑(松弛层为中低变形模量);④蓄水阶段(松弛层为中等变形模量);⑤超载阶段(松弛层为设计变形模量)。

对比计算方案:①方案 A 使用设计参数,进行正常工况及超载计算;②方案 A1 建基面表层存在 3m 厚松弛层,进行正常工况及超载计算;③方案 A2 建基面表层存在 5m 厚松弛层,进行正常工况及超载计算。

图 7-53 建基面 3m、5m 松弛层与坝体相对位置示意图

（a）3m 松弛层相对位置（红色）；（b）5m 松弛层相对位置（黄色）

表 7-7 数值计算中松弛层力学参数取值[42]

材料参数	低值	中低值	中等值	设计值
变形模量 E/GPa	3.3	5	7	9
摩擦系数 f	0.9	0.9	0.9	0.95
黏聚力 c/MPa	0.8	0.8	0.85	0.90

白鹤滩拱坝的起裂安全系数 K_1 为 1.5 倍[40]，不平衡力首先出现在上游坝踵；3.5 倍超载时，下游坝趾出现不平衡力。因此，对比方案 A、A1、A2 中 1.5 倍超载时上游坝面的不平衡力和 3.5 倍超载时下游坝面的不平衡力，矢量图如图 7-54 所示。

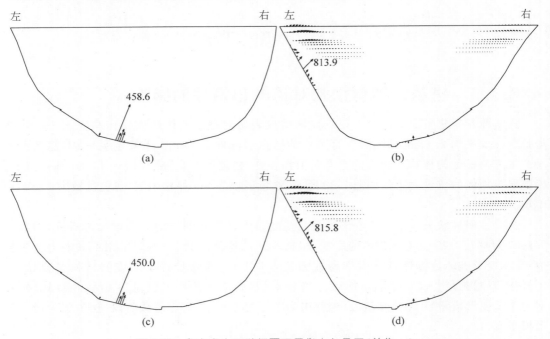

图 7-54 各方案上下游坝面不平衡力矢量图（单位：t）

（a）1.5 倍超载方案 A 上游坝面的不平衡力；（b）3.5 倍超载方案 A 下游坝面的不平衡力；

（c）1.5 倍超载方案 A1 上游坝面的不平衡力；（d）3.5 倍超载方案 A1 下游坝面的不平衡力；

（e）1.5 倍超载方案 A2 上游坝面的不平衡力；（f）3.5 倍超载方案 A2 下游坝面的不平衡力

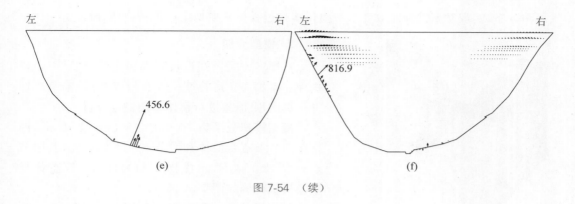

图 7-54 （续）

1.5 倍超载时,考虑 3m 松弛层时,坝踵的最大不平衡力值由方案 A 的 458.6t 略减小到方案 A1 的 450.0t,方案 A2 坝踵的最大不平衡力提高到 456.6t;而 3.5 倍超载时,下游坝趾最大不平衡力由方案 A 的 813.9t 逐步增加到方案 A2 的 816.9t。

综上所述,不超过 3m 厚的建基面卸荷松弛对拱坝变形、应力及变形破坏的影响较小,主要集中在低高程拱端附近;如果建基面松弛层达到 5m 厚,就可能对局部的变形和不平衡力产生一些恶化。但是,根据工程监测,工程实践中爆破松弛层一般不会超过 5m 深,一般卸荷松弛层的力学参数折减幅度较小[41]。该结论具有一定的普适性,特高拱坝的建基面松弛一般对拱坝变形与破坏影响较小。

7.8 高拱坝长期安全性评价

7.8.1 高拱坝长期稳定性分析

高拱坝长期稳定性分析对高拱坝长期安全至关重要,除了要考虑坝址区岩体的时效变形及损伤外,还应采取合理的整体稳定和局部破坏的判别指标。

1. 长期稳定性分析方法

高拱坝长期稳定分析的主要步骤如图 7-55 所示,具体步骤如下:

（1）对拱坝坝肩岩体、边坡及主要断层进行精细模拟,保证模型的准确性。采用反演参数进行数值计算。

（2）在数值模拟方面,采用基于过应力 (overstress) 的 Duvaut-Lions 黏塑性力学模型,并且基于三维 Kelvin 模型及连续损伤力学的有

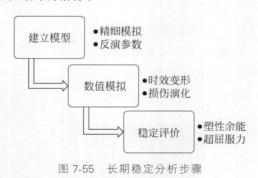

图 7-55 长期稳定分析步骤

效应力和应变等效假设,考虑损伤演化,基于大规模三维有限元计算软件 TFINE,进行蠕变损伤的数值模拟[42]。详细可参考 3.3.1 节。

（3）根据数值模拟结果,对高拱坝进行长期稳定评价。稳定评价从局部是否破坏和整体是否稳定两方面进行。基于塑性余能 ΔE 与时间 T 的关系曲线,以及超屈服力随时间的

发展和分布,实现对高拱坝时效变形和损伤演化过程中长期稳定评价和破坏分析。

2. 模型介绍

对锦屏一级拱坝进行长期稳定性分析[43]。该拱坝左岸坝肩在运行期一直在持续变形,本节对锦屏一级拱坝-地基进行整体长期稳定分析。

模型模拟范围为 $1600\text{m} \times 1500\text{m} \times 1020\text{m}$。网格采用八节点六面体和六节点五面体单元,其中节点总数 123914,单元总数为 114411。计算整体模型及模拟范围如图 7-56 所示。

对坝肩基础内部的断层、软弱结构面,考虑流变损伤效应,采用变参数蠕变损伤模型反映其力学变形特性。对于坝肩及边坡强度较弱的岩体,也考

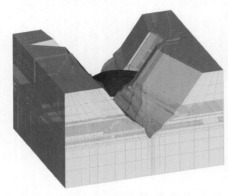

图 7-56　计算整体模型

虑了蠕变损伤特性。坝体和坝区深层强度高的岩体,考虑弹塑性变形,采用理想弹塑性模型。主要岩体蠕变参数如表 7-8 所示。计算中,主要岩体损伤参数根据类似工程中的参数选取,如表 7-9 所示。

表 7-8　主要岩体蠕变参数

种类	弹性模量/GPa	黏弹性模量/GPa	黏性系数/(MPa·h)
Ⅲ2	7.33	41.30	125475
Ⅳ2	1.62	16.77	395112

表 7-9　主要岩体损伤参数

种类	$\Gamma^{\text{vp}}/\text{d}^{-1}$	$\Gamma^{\text{vd}}/\text{d}^{-1}$	Y_0/MPa^{-1}	q	k
Ⅲ	0.1	4×10^{-6}	0.7	1	30
Ⅳ	0.1	4×10^{-5}	0.7	1	30
Ⅴ	0.1	4×10^{-4}	0.7	1	30

3. 长期稳定性分析

图 7-57 为蓄水到 200d 和 600d 时的不平衡力矢量图,图 7-58 为蓄水到 200d 和 600d 时的时效变形等值线图,图 7-59 为蓄水到 200d 和 600d 时的损伤分布。

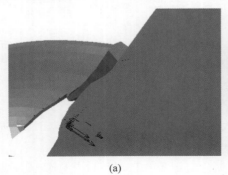
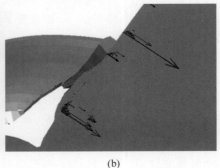

(a) (b)

图 7-57　不平衡力矢量图

(a) 蓄水到 200d；(b) 蓄水到 600d

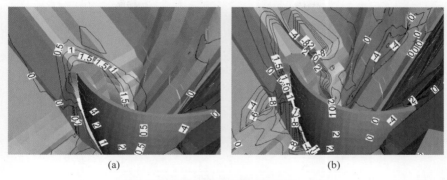

图 7-58 时效变形等值线图（单位：mm）

（a）蓄水到 200d；（b）蓄水到 600d

图 7-59 损伤分布（单位：%）

（a）蓄水到 200d；（b）蓄水到 600d

从超屈服力随时间的发展和分布情况可以发现，初期蓄水时，由于上游水位较低，左岸坝肩岩体不平衡力主要集中在坝体中下游[图 7-57(a)]，量值也较小。左岸坝肩整体变形较小[图 7-58(a)]。左岸岩体损伤发育量值也较小，主要集中在低高程的岩体[图 7-59(a)]。到蓄水后期，坝肩岩体损伤加剧，除了低高程岩体，坝体高程以上也有一部分岩体损伤发育[图 7-59(b)]，这些岩体也呈现出较大的指向河岸的横河向位移，与实际工程实际情况一致[图 7-58(b)]。同时，这些部位的不平衡力量值也很大[图 7-57(b)]。说明不平衡力是不可恢复时效变形和损伤的有效驱动力。

从模型总体塑性余能范数 ΔE 与时间 T 的关系曲线（图 7-60）可以看出，拱坝蓄水初期，由于上游水荷载较小，以及结构自身承载力的作用，ΔE 略减小，结构先向平衡态演化。随着水位的上升，ΔE 明显增大，反映出荷载增大，结构稳定性下降。而水位下降时，ΔE 又略减小，表明结构稳定性有所提升。随着计算时间增加，岩体材料损伤持续发展，导致时效变形增加，ΔE 缓慢增大，反映了结构稳定性逐渐下降。ΔE 与 T 的关系曲线反映了结构演化方向，即结构向平衡态演化或偏离平衡态。

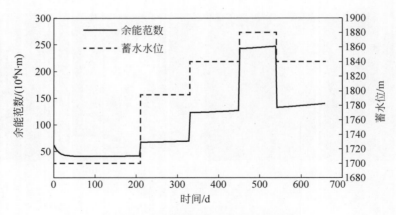

图 7-60　余能范数、蓄水位与时间曲线

7.8.2　坝基长期变形及对拱坝的影响分析

我国已建成的特高拱坝逐渐由设计施工期过渡到蓄水运行期。试验及监测成果表明，开挖、蓄水等扰动将加快拱坝枢纽区山体边坡的流变变形，这些长期变形对拱坝安全构成了严重威胁[44]。本节采用流变模型对锦屏一级拱坝左岸边坡长期变形对拱坝的影响进行了分析。

1. 分析模型

首先，采用黏弹-塑性流变本构模型（Cvisc 模型）对锦屏一级高拱坝运行期边坡变形进行了数值模拟，得到边坡流变稳定时的长期变形值，同时评价了长期变形对拱坝坝体受力变形的影响。然后，分别使用边界位移法和变刚度的强度折减法拟合边坡（特别是建基面）的流变位移场，引入极限分析思想，进行边坡变形超载综合评价坝体承受边坡长期变形的能力。整体分析框架如图 7-61 所示。

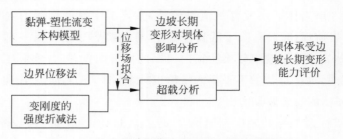

图 7-61　坝肩边坡长期变形对拱坝影响分析框架

2. 数值模型

为充分模拟锦屏一级拱坝两岸边坡长期作用对拱坝稳定性的影响，特采用大范围、高精度的网格进行模拟。如图 7-62 所示，有限元数值模型范围为 $2340\text{m} \times 2330\text{m} \times 1400\text{m}$。该模型涵盖了超大范围的工程边坡和天然边坡，能够较好地反映边坡流变与坝体的相互作用。

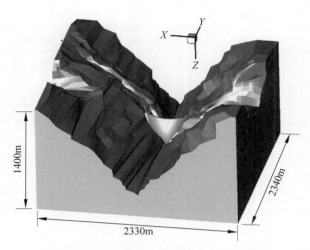

图 7-62 锦屏一级枢纽数值模拟计算模型

3. 基于流变计算的长期变形分析

流变计算步骤如下：

（1）计算开挖完成（未筑坝）时枢纽区基础自重场。

（2）施加垫座、坝体、贴角的自重。

（3）上游坝面施加水荷载（水位 1880m）和泥沙荷载（1644.1m，浮容重 5kN/m^3），下游坝面施加水荷载（水位 1640m）。

（4）坝体施加温度荷载。

（5）将坝体位移场置为零。采用黏弹-塑性模型，以 2014 年 8 月 26 日为流变起算日期，计算从蓄水完成后 22 年内库盆及坝体的变形和应力，认为 2036 年 8 月 26 日流变变形稳定。

在 2014 年 8 月正常蓄水后监测数值可靠度高的谷幅，共有 3 条：PDJ1-2～TPL19（1917m 高程）、TP11～TPL5（1930m 高程）、PD21-3～PD42-2（1930m 高程）。2014 年 8 月到 2036 年 8 月流变稳定时，3 条谷幅测线全部收缩，收缩值分别为 37.1mm、36.4mm、32.9mm，3 条谷幅收缩量值处于同一水平。

2036 年流变稳定时，左岸抗力体附近边坡表面测点的位移增量计算值如表 7-10 所示（位移的正向分别为横河向指向左岸，顺河向指向下游，垂直向竖直向下）。边坡整体变形规律为向河谷收缩及下沉为主；边坡最大横河向变形值为 -42.43mm。这与锦屏一级拱坝左岸边坡陡峭，高地应力有关。

表 7-10 流变稳定时左岸边坡测点位移增量 　　　　　　　　mm

测点编号	横河向位移	顺河向位移	垂直向位移	合位移
TPL10	-39.33	-3.42	11.51	41.12
TPL6	-37.13	-4.28	16.22	40.74
TPL5	-35.33	-5.05	14.33	38.46
TPL12	-38.10	-4.45	12.40	40.32
TPL16	-38.37	-0.26	4.29	38.61

续表

测点编号	横河向位移	顺河向位移	垂直向位移	合位移
TPL17	−35.95	0.72	3.81	36.16
TPL13	−37.25	−4.41	14.74	40.31
TPL14	−40.50	−0.12	4.12	40.71
TPL15	−36.02	2.35	4.06	36.32
TPL19	−42.25	−2.68	9.38	43.36
TPL18	−38.38	−2.23	3.66	38.62
TPL23	−33.07	3.80	0.06	33.29
TPL22	−40.81	4.28	2.48	41.11
TPL34	−40.20	0.58	3.50	40.36
TPL26	−34.03	−5.88	5.18	34.92
TPL27	−42.43	−2.19	9.48	43.53
TPL44	−29.61	5.34	0.10	30.09
TPL9	−36.46	−4.48	17.45	40.67
TP11-2	−38.60	−3.33	13.46	41.02
TP11-1	−36.93	−4.13	16.41	40.62

4. 边坡流变对拱坝影响分析

由边坡的流变计算值可知,边坡的流变变形向河谷收缩,挤压拱坝,增强拱坝的拱作用。拱坝拱冠梁下游面横河向与顺河向位移增量的历时曲线如图 7-63 所示。

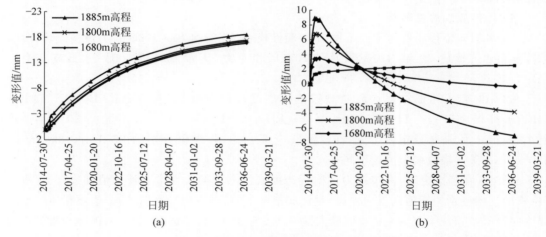

图 7-63　拱冠梁下游面位移增量历时曲线
(a) 横河向位移;(b) 顺河向位移

由于只考虑了左岸的岩体及断层的流变(左岸基础弱),左岸横河向位移增量大于右岸,在高程方向由高到低递减;横河向方向,坝体整体向右岸移动,最大横河向位移值出现在左拱端,为−32.09mm。2020 年之前,边坡流变产生的拱冠梁顺河向位移朝向下游;2020 年之后,边坡流变产生的拱冠梁顺河向位移方向发生逆转,向上游移动。边坡流变稳定时,顺河向位移表现为左右拱端指向下游,拱冠梁指向上游。边坡的流变作用挤压坝体,这也相当于提高了基础的刚度,抵消了一部分上游坝面水载作用。因此,边坡流变在一定程度上对坝体的应力分布、屈服状态有改善作用。

正常蓄水位(不考虑流变),坝体上游坝面最大拉应力为 2.41MPa,下游坝面最大压应力为 −14.32MPa。流变计算结果表明,左岸边坡长期变形作用挤压坝体。流变稳定时,上游坝面主拉应力等值线如图 7-64 所示,最大量值减小为 1.34MPa,拉应力区面积也有减小;下游坝面最大压应力量值减小为 13.24MPa。边坡的流变作用对锦屏一级拱坝坝体应力有明显的改善作用。

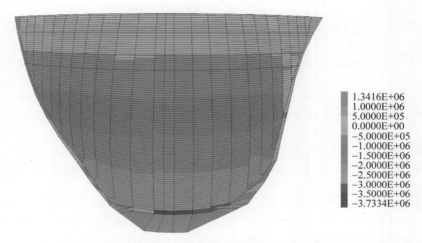

图 7-64   流变稳定时上游坝面主拉应力分布图(单位:Pa)

参考文献

[1] 饶宏玲. 溪洛渡水电站拱坝坝肩稳定分析[J]. 四川水力发电,2002,21(1):24-32.

[2] 薛利军. 高拱坝变形稳定与控制[D]. 北京:清华大学,2009.

[3] 郑颖人,赵尚毅,张鲁渝. 用有限元强度折减法进行边坡稳定分析[J]. 中国工程科学,2002,4(10):57-61.

[4] 杨强,程勇刚,赵亚楠,等. 混凝土拱坝的极限分析[J]. 水利学报,2003(10):38-43.

[5] 杨强,朱玲,薛利军. 基于三维多重网格法的极限平衡法在锦屏高边坡稳定性分析中的应用[J]. 岩石力学与工程学报,2005,24(S2):313-318.

[6] 刘耀儒,杨强,朱玲. 基于三维非线性有限元的拱坝坝肩稳定分析[J]. 岩石力学与工程学报,2008,27(S1):3222-3228.

[7] 李波. 基于有限元方法的拱坝坝肩岩体稳定分析[D]. 北京:清华大学,2012.

[8] 中华人民共和国国家发展和改革委员会.混凝土拱坝设计规范:DL/T 5346—2006)[S].北京:中国电力出版社,2006.

[9] 周建平,党林才. 水工设计手册:混凝土坝(第 5 卷)[M]. 2 版.北京:中国水利水电出版社,2011.

[10] 周维垣,杨若琼,剡公瑞. 高拱坝稳定性评价的方法和准则[J]. 水电站设计,1997,13(2):1-7.

[11] LIU Y R,GUAN F H,YANG Q,et al. Geomechanical model test for stability analysis of high arch dam based on small blocks masonry technique[J]. International Journal of rock mechanics and mining sciences,2013,61:231-243.

[12] 张楚汉. 高拱坝抗震研究中若干关键问题[J]. 西北水电,1992(2):58-63.

[13] 陈厚群. 高拱坝抗震设计研究进展[J]. 中国水利,2000,447(9):62-68.

[14] 金峰,张楚汉,王光纶. 拱坝-地基动力相互作用的时域模型[J]. 土木工程学报,1997,30(1):43-51.

[15] 刘晶波,谷音,杜义欣. 一致黏弹性人工边界及黏弹性边界单元[J]. 岩土工程学报,2006,28(9):1070-1075.

[16] 谷音,刘晶波,杜义欣. 三维一致黏弹性人工边界及等效黏弹性边界单元[J]. 工程力学,2007,24(12):31-37.

[17] 杜修力,王进廷. 拱坝-可压缩库水-地基地震波动反应分析方法[J]. 水利学报,2002(6):83-90.

[18] 龙渝川,周元德,张楚汉. 基于两类横缝接触模型的拱坝非线性动力响应研究[J]. 水利学报,2005,36(9):1094-1099.

[19] 侯艳丽,张楚汉,崔玉柱. 用刚体弹簧元研究拱坝的地震破损过程[J]. 水力发电学报,2004,23(4):20-25.

[20] 潘坚文,王进廷,张楚汉. 超强地震作用下拱坝的损伤开裂分析[J]. 水利学报,2007,38(2):143-149.

[21] 张冲,金峰,徐艳杰. 拱坝-坝肩整体动力稳定分析方法研究[J]. 水力发电学报,2007,26(2):27-36.

[22] 张伯艳,陈厚群. 用有限元和刚体极限平衡方法分析坝肩抗滑稳定[J]. 岩石力学与工程学报,2001,20(5):665-670.

[23] 张伯艳,陈厚群,杜修力,等. 拱坝坝肩抗震稳定分析[J]. 水利学报,2000(11):55-59.

[24] 宋战平,李宁,陈飞熊. 高拱坝坝肩裂隙岩体的三维非线性抗震稳定性分析[J]. 岩土工程学报,2004,26(3):361-366.

[25] 任青文. 灾变条件下高拱坝整体失效分析的理论与方法[J]. 工程力学,2011,28(S2):85-96.

[26] TAO Z F,LIU Y R,YANG Q,et al. Study on nonlinear deformation and failure mechanism of high arch dam and foundation based on geomechanics model test[J]. Engineering structures,2020,207(3):110287.

[27] WANG X W,LIU Y R,TAO Z F,et al. Study on the failure process and nonlinear safety of high arch dam and foundation based on geomechanical model test[J]. Engineering failure,2020,116:104704.

[28] 杨强,刘耀儒,程立. 特高拱坝变形破坏机制与控制研究[M]//张楚汉,王光谦. 水利科学与工程前沿(下). 北京:科学出版社,2017:778-798.

[29] 朱伯芳,饶斌,贾金生. 在静力与动力荷载作用下拱坝的体形优化[J]. 水利学报,1992,9(5):20-26.

[30] 胡著秀,张建海,周钟,等. 锦屏一级高拱坝坝基加固效果分析[J]. 岩土力学,2010,31(9):2861-2868.

[31] 陈文茹. FRP材料加固混凝土重力坝数值模拟研究[D]. 大连:大连理工大学,2014.

[32] YANG Q,CHEN Y R,LIU Y R. Deformation reinforcement theory and its application in the dam toe anchorage design [C]//11th ISRM Congress. International Society for Rock Mechanics and Rock Engineering. Lisbon,Portugal,2007.

[33] 官福海,刘耀儒,杨强,等. 白鹤滩高拱坝坝趾锚固研究[J]. 岩石力学与工程学报,2010,29(7):1323-1332.

[34] ZHANG L,LIU Y R,YANG Q. Evaluation of reinforcement and analysis of stability of a high-arch dam based on geomechanical model testing[J]. Rock mechanics and rock engineering,2015,48(2):803-818.

[35] WU Z S,LIU Y R,YANG Q,et al. Evaluation analysis of the reinforcement measure and its effect on a defetive arch dam[J]. Journal of performance of constructed facilities,2019,33(6):04019073.

[36] 江权,冯夏庭,樊义林,等. 柱状节理玄武岩各向异性特性的调查与试验研究[J]. 岩石力学与工程学报,2013,32(12):2527-2535.

［37］ 程立,刘耀儒,陶灼夫,等.拱坝建基面开挖过程中不平衡力变化及处理效果研究[J].岩土工程学报,2017,39(9):1670-1679.

［38］ ZHONG D N, LIU Y R, CHENG L, et al. Study on unloading relaxation for excavation based on unbalanced force and its application in baihetan arch dam[J]. Rock mechanics and rock engineering,2019,52(6):1819-1833.

［39］ 徐建荣,何明杰,张伟狄,等.左岸坝基及坝肩边坡720～628m高程变形处理专题报告[R].中国电建集团华东勘测设计研究院有限公司,2015.

［40］ SONG Z,LIU Y,YANG Q. Experimental and numerical investigation on the stability of a high arch dam with typical problems of nonsymmetry:Baihetan Dam,China[J]. Bulletin of engineering geology and the environment,2016,75(4):1555-1570.

［41］ 冯学敏.高坝建基面开挖卸荷松弛分析及启示[J].水电站设计,2010,26(1):1-7.

［42］ LIU Y R, HE Z, YANG Q, et al. Long-term stability analysis for high arch dam based on time-dependent deformation reinforcement theory[J]. International Journal of geomechanics,2017,4(17):04016092.1-04016092.12.

［43］ 何柱,刘耀儒,邓俭强,等.基于黏塑性损伤模型的高拱坝长期稳定性评价[J].中国科学:技术科学,2015,45(10):1105-1110.

［44］ 程立,刘耀儒,潘元炜,等.锦屏一级拱坝左岸边坡长期变形对坝体影响研究[J].岩石力学与工程学报,2016,35(S2):4040-4052.

第 **8** 章

水电岩质高边坡的
非平衡演化和稳定性控制

8.1　基于非线性数值模拟的岩质边坡抗滑稳定分析

本节基于三维非线性有限元方法,采用 2.4 节介绍的多重网格法来计算滑块的稳定安全系数,将非线性有限元和极限平衡分析方法有机结合在一起,充分考虑了变形和岩体弹塑性应力调整对边坡稳定的影响。

8.1.1　锦屏一级左岸高边坡的稳定分析[1-3]

锦屏一级水电站的开挖边坡为 200～300m。坝址区断层、层间挤压错动带、节理裂隙等构造结构面发育,特别是左岸坡体内存在的深部裂缝,走向与岸坡近于平行,陡倾坡外,对边坡稳定不利。

锦屏一级左岸边坡的有限元计算模型如图 8-1 所示,其中包含 139536 个单元、149585 个

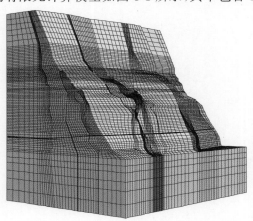

图 8-1　锦屏一级左岸边坡的有限元计算模型

节点,计算采用 Drucker-Prager 屈服准则,模拟了整个开挖过程,从缆机平台开挖一直模拟到拱肩槽完全开挖完成,共包含 17 个开挖步。采用拟静力法考虑横河向地震荷载,峰值加速度为 $0.1g$。计算中,考虑的荷载包括边坡岩体自重、渗压和动力荷载。

左岸边坡稳定有两个关键滑块体,如图 8-2 所示。滑块说明如下。

(1) 滑块 1:左岸的 NNW 向裂密带+煌斑岩脉+f_{42-9} 断层。

(2) 滑块 2:左岸的 NNW 向裂密带+卸荷裂隙+f_{42-9} 断层。

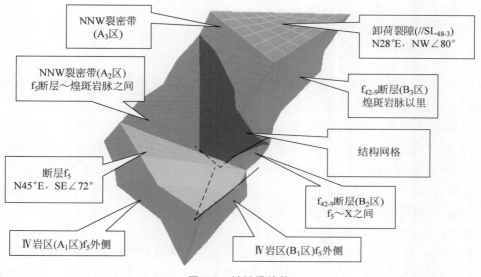

图 8-2   关键滑块体

对于各种构造,左岸边坡稳定分析参数如表 8-1 所示。

表 8-1   左岸边坡稳定分析参数

块体边界	分区	c/MPa	f
NNW 向裂隙密集带(NW18 SE65)	A_3	0.55	0.68
	A_2	0.17	0.36
断层 f_{42-9}(NE800 SE48)	B_3	0.31	0.5
	B_2	0.02	0.3
Ⅳ岩体(NE10 SE15)	A_1 和 B_1	0.6	0.7
煌斑岩脉	—	0.4	0.6
f_5 断层	—	0.02	0.3

通过三维有限元计算,根据多重网格法,可以得到各滑面中各材料分区的应力分布和受力情况,从而可以得到各滑面的受力情况及滑块的安全系数,如表 8-2 所示。

由上述结果可得如下结论。

(1) 滑块 1 的体安全度在未开挖、开挖至坝顶、完全开挖时分别为 1.35、1.39、1.36,表明开挖至坝顶,减载作用明显,而完全开挖后,挖坡脚的作用有所体现,减载仍较明显。

表 8-2 滑块的受力情况和安全度 $10^4 \mathrm{N}$

开挖过程		未开挖	未开挖+地震	开挖至坝顶	完全开挖	完全开挖+地震
滑块 1	滑动力	15778410	17373251	14003791	12476646	13691487
	滑阻力	21341244	20845583	19453029	17016638	16681903
	安全系数	1.35256	1.199867	1.389126	1.363879	1.218414
滑块 2	滑动力	5635327	6083809	4027523	2489246	2658163
	滑阻力	8082853	7878520	6742168	4328428	4207735
	安全系数	1.434318	1.294998	1.674024	1.738851	1.582949

（2）滑块 2 的体安全度未开挖、开挖至坝顶、完全开挖分别为 1.434、1.67、1.74,表明由于该滑块靠近外侧,开挖影响更显著,开挖过程中,减载作用更为明显。

（3）在考虑水平向的地震荷载后,各滑面上的法向力减小,滑阻力减小,切向力增加,滑动力增加的影响后,块体的安全度有所减小。例如,滑块 1,未开挖时由 1.35 降到 1.199;完全开挖后由 1.36 降到 1.22。而对于滑块 2,未开挖时由 1.43 降到 1.29;完全开挖后由 1.74 降到 1.58。

采用刚体极限平衡法,滑块 1 的安全系数分别为 0.975（未开挖）和 0.938（天然+地震）;滑块 2 的安全系数分别为 0.911（未开挖）和 0.876（天然+地震）,可知其均比上述方法得到的值小,是因为刚体极限平衡方法没有考虑岩石非线性对计算结果的影响,而本节算法考虑了计算过程中的非线性应力调整,较好的岩石承担的荷载比重较大。从这个意义上来讲,基于三维非线性有限元的抗滑稳定分析方法更符合实际情况。

8.1.2 大岗山右岸高边坡的稳定分析

大岗山水电站位于四川省大渡河中游石棉县境内,电站正常蓄水水位为 1130m,最大坝高 210m,总库容 7.42 亿 m^3,电站装机容量 2600MW。针对右岸高边坡的稳定性和加固设计,进行了分析研究。

本节计算采用了 TFINE 程序,在开挖至现状的基础上,针对如下 4 个方案进行计算:

（1）无加固措施。

（2）加固方案一:六层抗剪洞方案。

（3）加固方案二:五层抗剪洞（斜井）方案。

（4）加固方案三:五层抗剪洞+1315m 高程削坡方案。

本节针对 $XL_{09\text{-}15}$ 控制的 3 个浅层滑块和 $XL_{316\text{-}1}$ 控制的深层滑块进行了计算分析,得到了滑面上的安全系数、力的分布、滑动力和交线的夹角及滑块的安全系数。其中,深层抗滑稳定分析的滑块 1 的边界条件为: f_1 为后缘拉裂面, f_{202} 为上游侧裂面, XL316-1、 f_{208} 、 f_{231} 为底滑面;滑块示意图如图 8-3 所示。深层滑块 1 各滑面受力和安全系数如表 8-3 所示。

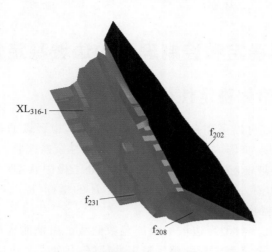

图 8-3　滑块 2-1 示意图

表 8-3　深层滑块 1 各滑面受力和安全系数

项　　目		开挖至现状	开挖＋锚索	加固方案 1	加固方案 2	加固方案 3
侧滑面	侧滑面法向受力	2457115	2457115	2573359	2573359	2301682
	剪摩系数 f_1	0.5	0.5	0.5	0.5	0.5
	侧滑面面积/m^2	25508	25508	25508	25508	25508
	黏聚力 c_1/(t/m^2)	10	10	10	10	10
	抗滑力/10^4N	1483637	1483637	1541759	1541759.5	1405921
	滑动力/10^4N	206303	206303	206793	206793	186105
	滑动力与交线的夹角/(°)	41.636	41.636	57.059	57.059	30.413
	侧滑面面安全系数	7.19	7.19	7.46	7.46	7.55
底滑面	底滑面法向受力	9876972	9936701	11721629	11721639	10568749
	剪摩系数 f_2	0.51	0.51	0.51	0.51	0.51
	底滑面面积/m^2	95583	95583	95583	95583	95583
	黏聚力 c_2/(t/m^2)	16.4	16.4	16.4	16.4	16.4
	抗滑力/10^4N	6604817	6685443	9300870	8982225	8376540
	滑动力/10^4N	7995979	7995979	8656155	8656145	7108565
	滑动力与交线的夹角/(°)	8.688	8.688	8.317	8.317	8.283
	底滑面面安全系数	0.83	0.84	1.07	1.04	1.18
滑块安全系数		**1.00**	**1.01**	**1.25**	**1.21**	**1.36**

　　由表 8-3 可以看到,侧滑面滑动力方向和两个滑面的交线方向并不平行,而是有一定的角度,这和刚体极限平衡法的假定不同。这也表明侧滑面对滑块的滑动有一定的约束作用。

8.2　基于变形稳定和控制理论的边坡稳定性和加固分析

8.2.1　边坡整体稳定性分析

岩体边坡的整体稳定可以采用余能范数进行评价[4],也可以通过对边坡岩体的降强,获得余能范数的变化曲线,如图 8-4 所示,其中 ΔE 为塑性余能范数,数值越大,表示稳定性越差。当 $K < K_0$ 时,边坡稳定;当 $K = K_0$ 时,边坡处于极限状态;当 $K > K_0$ 时,边坡失稳,需要加固措施提供加固力。此时,曲线上任一点 P 的坐标 $(K, \Delta E)$ 就是广义极限状态,即需要额外的加固力维持稳定的状态。

图 8-5 为西南地区几个典型高边坡的余能范数曲线。由该曲线可以看到,大岗山右岸边坡的整体稳定性最差,溪洛渡左岸的整体稳定性最好,其他几个边坡的稳定性介于这两者之间。

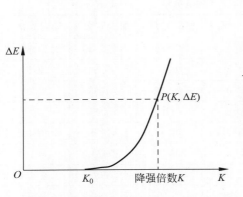

图 8-4　边坡稳定分析的 K-ΔE 曲线

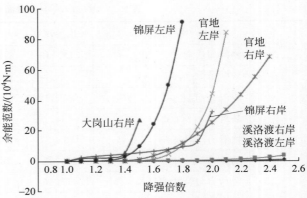

图 8-5　西南地区几个典型高边坡的余能范数曲线

8.2.2　边坡的局部失稳和加固分析

边坡的局部稳定分析和加固需要通过余能范数和不平衡力来确定。

(1) 失稳的判断:在自重及降强情况下,根据余能范数和不平衡力大小可以判断局部失稳的可能性。随着降强倍数的提高,不平衡力的发展可以说明边坡失稳的全过程。

(2) 边坡的加固:出现不平衡力的部位就是需要进行加固的部位,其需要的加固力大小和不平衡力大小相等,方向相反。这样,以不平衡力指导加固设计,可使加固更具有针对性,加固效果最佳。

表 8-4 是某岩石高边坡自重应力及降强 1.3 倍时的各种材料的余能范数和不平衡力。由表 8-4 可以看到,F9 断层和 V 类岩石的余能范数和不平衡力较大,是稳定性较差的部分,也是需要加固的部位。

表 8-4 某岩石高边坡自重应力及降强 1.3 倍时的各种材料的余能范数和不平衡力

材料	自重应力		降强 1.3 倍	
	余能范数 /(10^4N·m)	不平衡力 /10^4N	余能范数 /(10^4N·m)	不平衡力 /10^4N
F9 断层	0.002	420.0	0.001	560.0
F10 断层	0.000	0.0	0.000	0.0
Ⅱ 类岩	0.000	13.5	0.000	5.9
Ⅲ1 类岩	0.000	0.0	0.000	6.5
Ⅲ2 类岩	0.000	0.1	0.000	2.5
Ⅲ3 类岩	0.000	0.1	0.000	3.0
Ⅳ 类岩	0.000	3.4	0.000	66.40
Ⅴ 类岩	0.001	867.6	0.001	1680

边坡中的断层和结构面对边坡稳定性起控制作用,统计分析断层中的不平衡力分布、方向和大小,可用于指导断层的加固设计。图 8-6 是某边坡 f_{11} 断层的不平衡力分布,表 8-5 是相应的不平衡力。边坡岩体中一般包含多条断层。它们的产状、力学参数等差异较大,如何确定加固重点一直是一个难题。在弹塑性分析中,断层一般屈服区较大、安全系数较低,难以判断加固重点。通过统计和比较各断层中的不平衡力,即可确定重点加固断层。

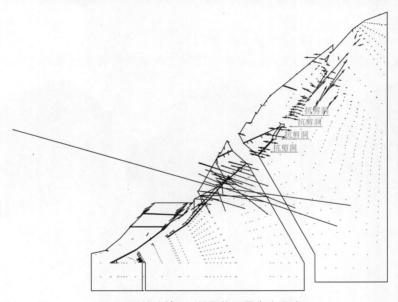

图 8-6 某边坡 f_{11} 断层的不平衡力分布

表 8-5 某边坡 f_{11} 断层的不平衡力 10^4N

工况	法向力	切向 F_X	切向 F_Y	切向 F_Z	切向合力	总不平衡力
自重工况	0.0	0.0	0.0	0.0	0.0	0.0
降强 1.1 倍	28.3	10.2	16.4	4.5	20.0	35.0
降强 1.2 倍	489.2	180.0	288.3	28.3	341.7	596.7
降强 1.3 倍	3438.3	1245.0	1980.8	−8.3	2340.0	4159.2
降强 1.4 倍	10961.7	3809.2	6060.0	−13.3	7158.3	13091.7
降强 1.5 倍	24612.5	8317.5	13225.0	−206.7	15624.2	29153.3
降强 1.6 倍	44276.7	14705.8	23362.5	−791.7	27617.5	52183.3

8.2.3 边坡稳定和加固分析中的关键问题分析

本节通过均质边坡和包含不同软弱部位的算例的稳定性分析,分析坡度、坡脚加固、坡顶减载等若干因素对稳定性的影响,揭示边坡在理想条件下稳定性的基本规律。

基本计算过程如下:①求解初始未开挖状态自重应力场,如图 8-7 所示;②求解分步开挖释放荷载及二次应力场;③进行整体材料降强,求解强度折减安全系数。

1. 坡度对稳定性的影响

本节分别计算了不同坡度(45°、60°和 90°)的情况,其均质边坡有限元模型如图 8-8 所示。开挖分 8 次进行,强度折减从 1.2 倍到 4.0 倍,每次降低 0.2 倍,以塑性余能范数明显发散的特征点作为塑性失稳破坏点。

图 8-9 所示为不同坡度塑性余能随强度折减系数变化的发展曲线(塑性余能范数的单位是 N·m),由图可以看出,45°、60°和 90°边坡的安全系数分别为 3.00、2.00 和 1.60。

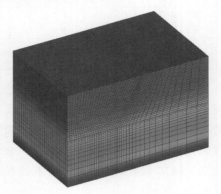

图 8-7 初始未开挖状态

不平衡力随强度折减倍数的发展如图 8-10 所示;不平衡力的大小分布如图 8-11 所示;塑性区随强度折减倍数的发展如图 8-12 所示。

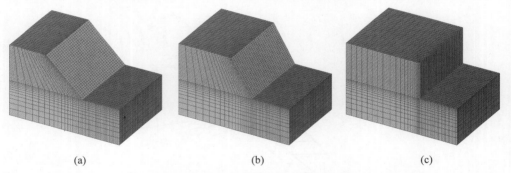

(a)　　　　　　　　(b)　　　　　　　　(c)

图 8-8 不同坡度的均质边坡有限元模型

(a) 45°;(b) 60°;(c) 90°

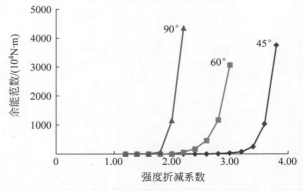

图 8-9 不同坡度塑性余能随强度折减系数变化的发展曲线

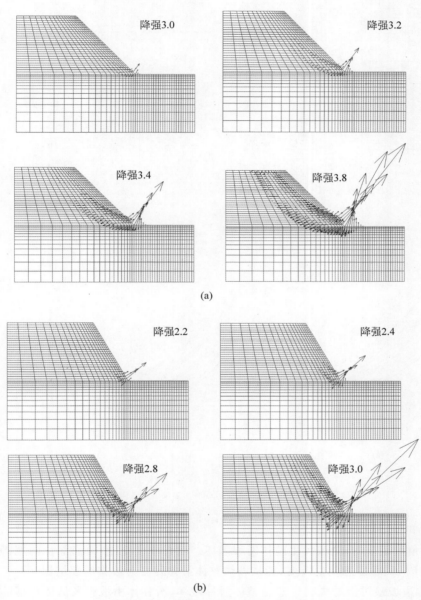

图 8-10 不平衡力随强度折减倍数的发展

(a) 45°边坡;(b) 60°边坡;(c) 90°边坡

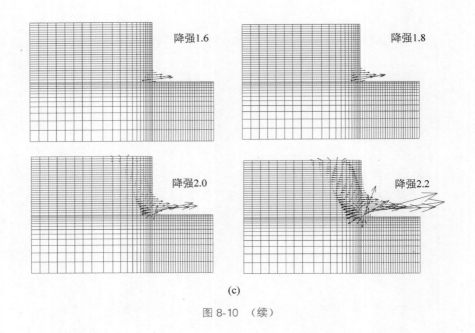

(c)

图 8-10   （续）

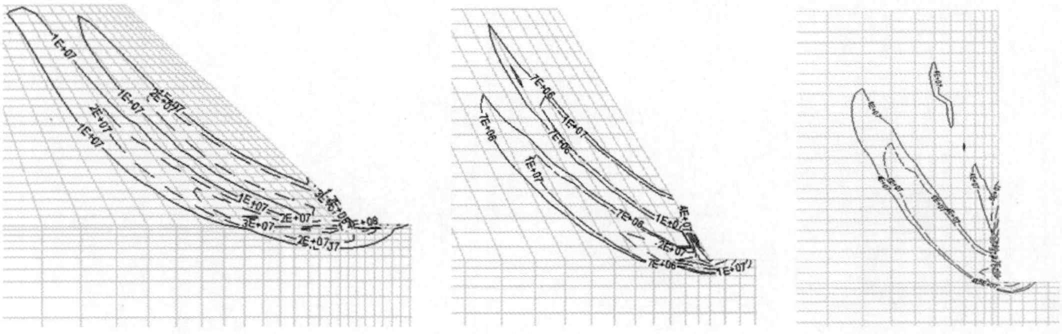

(a)   (b)   (c)

图 8-11   不平衡力的大小分布

（a）降强 3.2 倍（45°边坡）；（b）降强 2.8 倍（60°边坡）；（c）降强 2.0 倍（90°边坡）

由图 8-11 可以看到以下情况。

（1）当角度较缓时，边坡发生整体滑移破坏。随着坡度变陡，失稳部位向坡脚集中。当坡角非常陡时，失稳形态发生转变，即从坡体整体滑移转变为坡脚局部坍塌。

（2）45°边坡最可能的失稳性态是整体滑移破坏，滑移体由坡脚及坡体内部的滑移带组成，而加固的重点是坡脚的抗滑加固。

（3）60°边坡失稳形态和部位与 45°相似，坡脚的抗滑是加固的重点。不同的是，60°边坡不平衡力分布更集中在坡脚，导致该部位过早失稳，而来不及进行塑性变形调整应力分布，因此其结构的自承载力发挥更少。

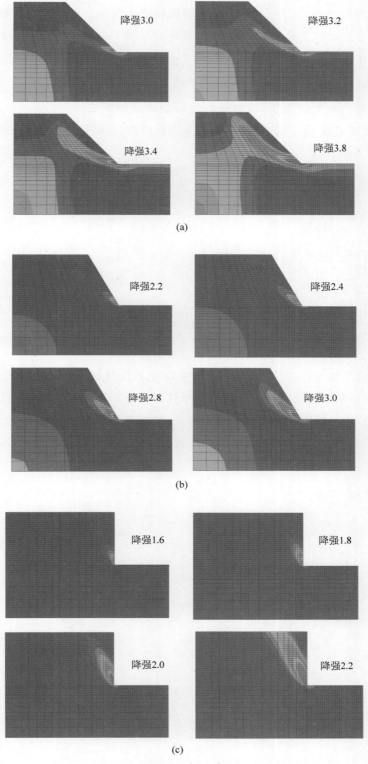

图 8-12 塑性区随强度折减倍数的发展
(a) 45°边坡；(b) 60°边坡；(c) 90°边坡

（4）与 45°、60°边坡不同，90°边坡开挖过程结构进入塑性。不平衡力主要分布在边坡的坡脚，失稳形态为坡脚边墙处局部坍塌破坏，破坏形态和 45°、60°边坡相比，发生了较明显的转变，这一点可从不平衡力及位移图得出。

2. 坡脚局部加固分析

在 60°边坡坡脚处加一处 30°缓坡作为坡脚的局部加固措施，如图 8-13 所示。图 8-14 为余能范数随降强倍数 SRF 的发展曲线，可知进行加固后，结构的强度安全系数从 2.20 提高到 2.60，加固效果显著。

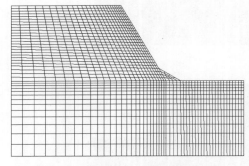

图 8-13　坡脚局部加固有限元模型

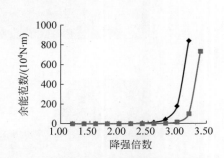

图 8-14　余能范数随降强倍数的发展曲线

图 8-15 为局部加固后的不平衡力随强度折减倍数的发展；图 8-16 为局部加固后的塑性区随强度折减倍数的发展。从不平衡力和塑性区分布可以知道，坡脚加固不仅减小了坡脚处的不平衡力，而且缓和了不平衡力集中程度，使塑性应力调整的程度更大，结构自承载力更充分。也就是说，关键局部的加固可以改善边坡整体受力性能的作业，从而提高结构的稳定性。

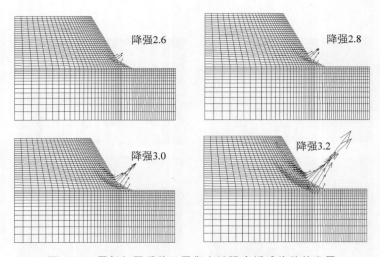

图 8-15　局部加固后的不平衡力随强度折减倍数的发展

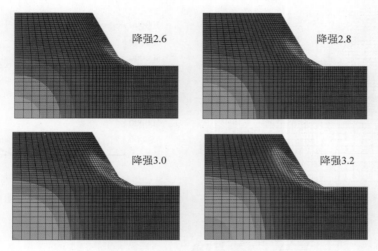

图 8-16 局部加固后的塑性区随强度折减倍数的发展

3. 坡顶减载分析

图 8-17 为坡顶减载所得余能范数随强度折减系数的发展曲线(坡脚为 60°)。由图 8-17 可以看出,坡顶减载可以提高边坡的稳定性,但开挖工程量很大,提高稳定性的效果不及坡底加固。

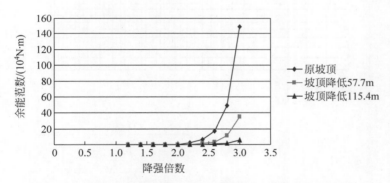

图 8-17 坡顶减载所得余能范数随强度折减系数的发展曲线

4. 软弱夹层对稳定性的影响

在 60° 边坡中加一条软弱夹层,其倾角为 45°,即含有软弱夹层的有限元模型如图 8-18 所示。图 8-19 为开挖过程的塑性余能范数曲线。导致该形状产生的原因是,当第 6 次开挖后,软弱面露出,其和临空面所围成的楔形滑块完全失去抗力,成为自由滑移体,开始下滑,这一点可由不平衡力分布图看出,如图 8-20 所示。因此,应当在开挖过程中尽量避免这种情况出现。

5. 与其他计算方法的对比

均质边坡的有限元计算网格如图 8-21 所示。底部固定,四周法向约束。对倾角为 30°、35°、40°、45°、50° 的边坡分别进行计算分析。材料参数如下:变形模量 $E = 10^4 \text{kN/m}^2$,泊松比 $\nu = 0.3$,摩擦角 $\phi = 17°$,黏聚力 $c = 42 \text{kPa}$,容重 $\gamma = 20 \text{kN/m}^3$。

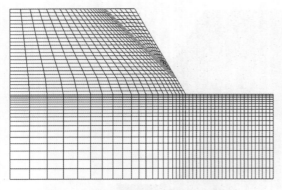

图 8-18　含有软弱夹层的有限元模型

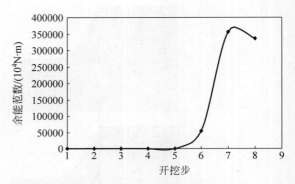

图 8-19　开挖过程的塑性余能范数曲线

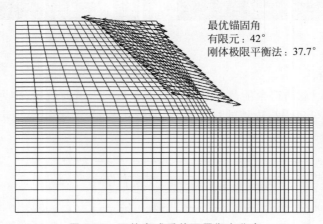

最优锚固角
有限元：42°
刚体极限平衡法：37.7°

图 8-20　开挖完成后的不平衡力分布

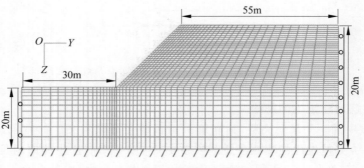

图 8-21　均质边坡的有限元计算网格

　　对不同倾角的边坡分别进行降强分析，余能范数随降强倍数的变化如图 8-22 所示。由图 8-22 可以很容易得到余能范数突变的点，该点即为边坡开始失稳的转折点，由此也可以得到边坡的稳定安全系数。不同方法计算得到的安全系数如表 8-6 所示。可以看到，本节所提方法和其他方法所得到的安全系数基本吻合（其中 ANSYS 计算结果来自文献[5]，Bishop 和 Spencer 为刚体极限平衡法计算结果，来自文献[6]）。

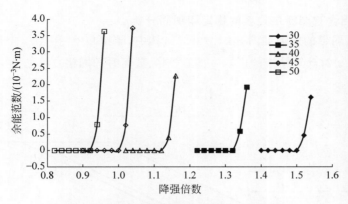

图 8-22 余能范数随降强倍数的变化曲线

表 8-6 不同方法计算得到的安全系数

计算方法	倾　　　角				
	30°	35°	40°	45°	50°
ANSYS	1.56	1.42	1.31	1.21	1.12
Bishop	1.56	1.42	1.30	1.20	1.12
Spencer	1.55	1.41	1.30	1.20	1.12
TFINE(DRT)	1.52	1.34	1.14	1.02	0.94

图 8-23 为 50°边坡在不同降强倍数下的不平衡力分布。由图 8-23 可以看到,不平衡力首先出现在坡脚,该部位是应力集中的部位,也是加固的关键部位。随着降强倍数的增加,不平衡力分布逐渐上移,最终贯穿边坡顶部,形成完整的滑动面(不平衡力是自平衡力系,方向相反的不平衡力的分界部位即为可能的滑动面部位)。对于加固而言,当降强倍数较小时,只需加固坡脚部位即可;当降强倍数增大时,不平衡力大小和分布范围都增大,这时需要加固的范围和加固力都要相应增大。加固力的大小和不平衡力大小相同,方向相反。

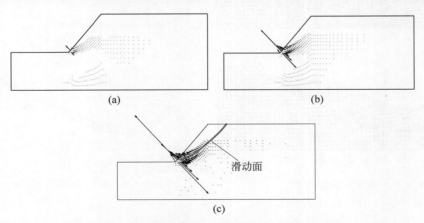

图 8-23 50°边坡在不同降强倍数下的不平衡力分布

(a) SRF=0.86; (b) SRF=0.94; (c) SRF=1.0

6. 边坡基础含软弱断层边坡的稳定和加固分析[7]

含有一条软弱带的边坡如图 8-24 所示[8]，其中，摩擦角 $\phi = 0°$、$c_{u2}/\gamma H = 0.25$，分析不同软弱带参数 c_{u2} 对计算结果的影响。图 8-25 为破坏时的网格变形图[8]，图 8-26 为不平衡力分布图。

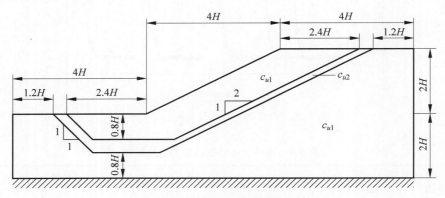

图 8-24　含有一条软弱带的边坡

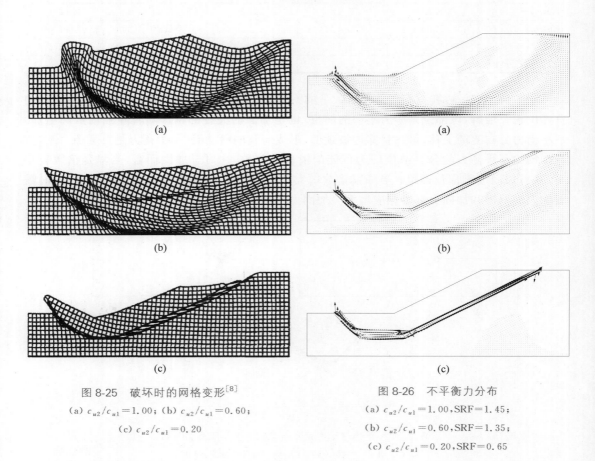

图 8-25　破坏时的网格变形[8]

(a) $c_{u2}/c_{u1} = 1.00$；(b) $c_{u2}/c_{u1} = 0.60$；

(c) $c_{u2}/c_{u1} = 0.20$

图 8-26　不平衡力分布

(a) $c_{u2}/c_{u1} = 1.00$，SRF $= 1.45$；

(b) $c_{u2}/c_{u1} = 0.60$，SRF $= 1.35$；

(c) $c_{u2}/c_{u1} = 0.20$，SRF $= 0.65$

由图 8-24 可以看到,不平衡力集中的部位和变形较大的部位基本是一致的。当 $c_{u2}/c_{u1}=1.00$ 时,边坡失稳时的滑动面为一个圆弧形的滑面;当 $c_{u2}/c_{u1}=0.20$ 时,滑动面主要集中在软弱带上;当 $c_{u2}/c_{u1}=0.60$ 时,滑动面基本介于上面两者之间。

7. 软弱地基上的边坡稳定和加固分析[7]

软弱地基上的边坡如图 8-27 所示[8],其中摩擦角 $\phi=0°$、$c_{u2}/\gamma H=0.25$,分别计算 c_{u2}/c_{u1} 为 0.6、1.5 和 2.0 共 3 种情况时。

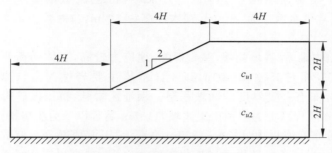

图 8-27 软弱地基上的边坡

图 8-28 为边坡失稳破坏时的变形图,图 8-29 为不平衡力分布图。由图可以看到,当 $c_{u2}/c_{u1}=0.6$ 时,滑动为深层滑动;当 $c_{u2}/c_{u1}=2.0$ 时,滑动为浅层滑动;当 $c_{u2}/c_{u1}=1.5$ 时,滑动模式处于深层滑动和浅层滑动的过渡状态。

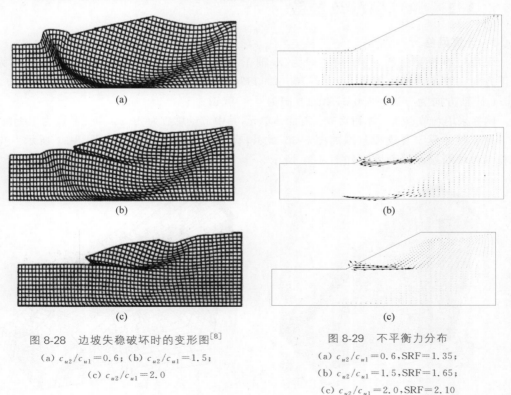

图 8-28 边坡失稳破坏时的变形图[8]
(a) $c_{u2}/c_{u1}=0.6$; (b) $c_{u2}/c_{u1}=1.5$;
(c) $c_{u2}/c_{u1}=2.0$

图 8-29 不平衡力分布
(a) $c_{u2}/c_{u1}=0.6$,SRF=1.35;
(b) $c_{u2}/c_{u1}=1.5$,SRF=1.65;
(c) $c_{u2}/c_{u1}=2.0$,SRF=2.10

8.3 大岗山右岸边坡稳定和加固分析[9]

8.3.1 工程概况

大岗山水电站位于四川省大渡河中游石棉县境内,是大渡河干流近期开发的大型水电工程之一,坝址处控制流域面积达 6.27 万 km^2,占全流域的 81%,多年平均流量为 $1010m^3/s$,电站正常蓄水水位为 1130m,最大坝高为 210m,总库容为 7.42 亿 m^3,电站装机容量为 2600MW。

坝址区两岸山体雄厚,谷坡陡峻,基岩裸露,地应力较高,岩体卸荷及风化强烈,自然坡度一般为 40°~65°,相对高差在 600m 以上。基岩主要岩性为澄江期花岗岩类。两岸1250m 高程以上分布有一定厚度的崩坡积层。坝址区岩脉、挤压破碎带、断层和节理裂隙发育。右岸 1135m 高程以上为坝顶以上边坡,1135m 高程以下为拱肩槽边坡。右岸边坡在1300m 高程以上分布崩坡积物,1220~1300m 高程上、下游局部分布有数米厚的崩坡积层,坡面主要为灰白色、微红色中粒黑云二长花岗岩($\gamma24$-1),局部出露辉绿岩脉、花岗细晶岩脉等。右岸边坡发育有 $\beta_5(f_1)$、γL_5、β_4、β_{85}、β_{62}、β_{83}、β_{68}、$\beta_{117}(f_{78})$、β_{43}、$\beta_8(f_7)$、XL_{9-15}、XL_{316-1}、β_{146}、f_{65}、f_{85}、f_{119}、$\beta_{82}(f_{74})$、$\beta_{40}(f_{71})$、$\beta_{73}(f_{118})$、β_{142} 等主要岩脉、断层、卸荷裂隙密集带,岩脉及断层的走向以 NNW 向及 NE 向为主。

8.3.2 计算模型及参数

1. 计算网格

采用三维模型进行计算,向左岸为 X 轴正方向,向下游为 Y 轴正方向,竖直向下为 Z 轴正方向。整个模拟范围为 700m×700m×305m。各方向模拟范围如下: X 轴方向为 0~700m, Y 轴方向为 -55~250m, Z 轴方向为 0~700m。

网格采用八节点六面体和六节点五面体单元,其中节点总数为 21756,单元总数为 19419。

计算整体模型及模拟范围如图 8-30 所示,有限元整体计算网格如图 8-31 所示。模拟的右岸边坡断层和滑面网格如图 8-32 所示。

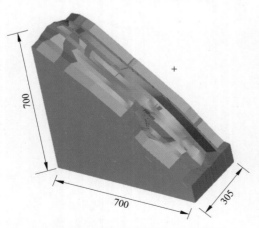

图 8-30 计算整体模型及模拟范围

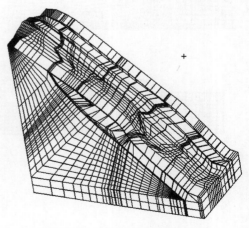

图 8-31 有限元整体计算网格

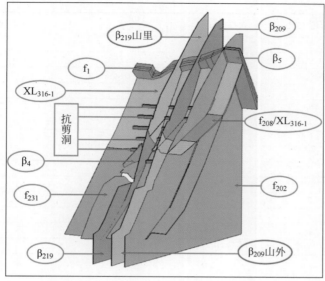

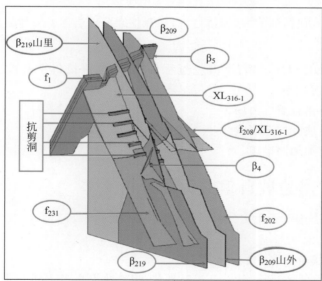

图 8-32　模拟的右岸边坡断层和滑面网格

2. 计算参数

岩体的材料力学参数如表 8-7 所示。

表 8-7　岩体的材料力学参数

材料	E/GPa	ν	f	c/MPa	容重$/(\text{t}/\text{m}^3)$
II 类岩	20	0.25	1.3	2	2.65
III$_1$ 类岩	8.5	0.27	1.2	1.5	2.62
III$_2$ 类岩	7	0.3	1	1	2.62
IV 类岩	2.2	0.35	0.8	0.7	2.58
V$_1$ 类岩	0.32	0.4	0.5	0.2	2.45

续表

材料	E/GPa	ν	f	c/MPa	容重/$(\mathrm{t/m^3})$
V_2 类岩	0.32	0.4	0.5	0.2	2.45
沉积土层	0.1	0.4	0.5	0.1	2.0
$XL_{316\text{-}1}$	0.3	0.38	0.6	0.256	2.0
f_{231}	0.3	0.38	0.47	0.09	2.0
f_{202}	0.3	0.38	0.5	0.1	2.0
β_{209}	7	0.3	0.35	0.05	2.0
β_{219}	7	0.3	0.35	0.05	2.0
β_5	7	0.3	0.35	0.05	2.0
f_1	2.2	0.35	0.35	0.05	2.0
$f_{208}/XL_{316\text{-}1}$	0.6	0.38	0.32	0.03	2.0
β_4	7	0.3	1	1	2.0
β_{209} 山外	7	0.3	0.35	0.05	2.0
β_{219} 山里	7	0.3	0.35	0.05	2.0
$XL_{316\text{-}1}$ 剪出段	2.2	0.35	0.8	0.7	2.58

3. 计算荷载

计算考虑的荷载包括地应力(岩体自重)和开挖卸荷。岩体容重建议值如表 8-7 所示。

4. 计算方案

计算采用 TFINE 程序,进行了开挖过程的模拟,选取揽机平台以上 20m 一层,以下 30m 一层。计算工况如下。

(1) 工况 0：山体自重应力场。

(2) 工况 1：边坡开挖至现状。

(3) 工况 2：施加加固措施。

8.3.3　右岸边坡自重应力场分析

对以下边坡形态进行了稳定分析(不考虑锚固和抗剪洞)：

(1) 开挖至现状。

(2) 开挖至现状＋削坡至 1315m 高程。

(3) 为研究参数的敏感性,针对开挖至现状,将参数提高 10%进行了计算(所有材料 f、c 同比例提高)。

结果汇总于表 8-8,不平衡力分布如图 8-33 和图 8-34 所示(仅针对开挖至现状)。

表 8-8　开挖至现状整体余能范数和不平衡力对参数敏感性分析

材料	开挖至现状		开挖至现状＋参数提高 10%		削坡至 1315m 高程	
	余能范数 /$(10^4\mathrm{N\cdot m})$	不平衡力 /$10^4\mathrm{N}$	余能范数 /$(10^4\mathrm{N\cdot m})$	不平衡力 /$10^4\mathrm{N}$	余能范数 /$(10^4\mathrm{N\cdot m})$	不平衡力 /$10^4\mathrm{N}$
Ⅱ类岩	0.000	82.17	0.000	35.30	0.000	33.56
Ⅲ₁ 类岩	0.000	0.00	0.000	0.00	0.000	0.00
Ⅲ₂ 类岩	0.000	13.89	0.000	1.06	0.000	8.45
Ⅳ类岩	0.000	15.19	0.000	3.10	0.000	8.83
Ⅴ₁ 类岩	0.000	97.22	0.000	26.43	0.000	72.48

续表

材料	开挖至现状		开挖至现状+参数提高10%		削坡至1315m高程	
	余能范数 /$(10^4\text{N}\cdot\text{m})$	不平衡力 /10^4N	余能范数 /$(10^4\text{N}\cdot\text{m})$	不平衡力 /10^4N	余能范数 /$(10^4\text{N}\cdot\text{m})$	不平衡力 /10^4N
V_2 类岩	0.000	55.34	0.000	29.55	0.000	48.96
沉积土层	0.000	25.55	0.000	15.79	0.000	16.33
XL_{316-1}	0.000	56.51	0.000	8.10	0.000	21.85
f_{231}	0.000	1266.64	0.000	44.23	0.000	666.96
f_{202}	0.000	19.29	0.000	11.19	0.000	17.07
β_{209}	0.093	20944.81	0.061	18439.21	0.021	11740.05
β_{219}	0.000	744.02	0.000	12.04	0.000	515.34
β_5	0.039	10473.25	0.011	5363.06	0.035	9882.34
F_1	0.000	618.00	0.000	343.75	0.001	704.44
f_{208}/XL_{316-1}	0.000	160.81	0.000	39.13	0.000	98.55
β_4	0.000	0.00	0.000	0.00	0.000	0.00
β_{209} 山外	0.000	109.60	0.000	18.93	0.000	90.78
β_{219} 山里	0.028	11830.20	0.014	10255.84	0.022	9467.75
XL_{316-1} 剪出段	0.000	0.99	0.000	0.47	0.000	0.00
总计	0.160	46513.48	0.086	34647.18	0.079	33393.74

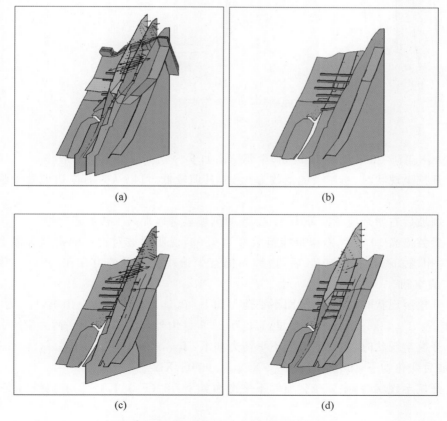

(a)　　　　　　　　　　　(b)

(c)　　　　　　　　　　　(d)

图 8-33　不平衡力分布(开挖至现状)

(a) 总体分布；(b) f_{231} 和 f_{202}；(c) f_{231} 和 β_{209}；(d) f_{231} 和 β_{219}

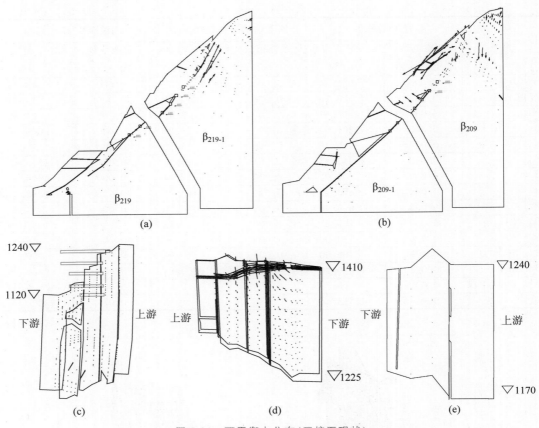

图 8-34　不平衡力分布(开挖至现状)

(a) β_{219} 和 $\beta_{219\text{-}1}$；(b) β_{209} 和 $\beta_{209\text{-}1}$；(c) f_{231}；(d) β_5；(e) f_{208}

由表 8-8、图 8-33 和图 8-34 可知,主要结论如下。

(1) 开挖至现状时,右岸余能范数为 0.16,其值较低,可以认为右岸边坡处于临界稳定状态。

(2) 削坡后右岸余能范数降为 0.08,表明削坡显著地提高了边坡稳定性。

(3) 参数提高 10% 后,右岸余能范数降为 0.09,说明削坡对稳定的贡献大体上和参数提高 10% 相当。参数提高 10% 后,边坡内仍有少量残余不平衡力存在,所以参数有上浮 10% 左右的空间。

(4) 开挖至现状时,主要侧滑面不平衡力如下：β_{209},2.1 万 t；β_{219} 山里,1.2 万 t。削坡后变化如下：β_{209},2.1 万 t；β_{219} 山里,1.2 万 t。β_{209} 山外,β_{219}、f_{202} 不平衡力很小。

(5) 开挖至现状时,主要底滑面不平衡力如下：f_{231},1266t；$f_{208}/XL_{316\text{-}1}$,161t；$XL_{316\text{-}1}$,57t。削坡后变化如下：$f_{231}$,667t；$f_{208}/XL_{316\text{-}1}$,999t；$XL_{316\text{-}1}$,22t。

(6) 开挖至现状时,主要拉裂面的不平衡力如下：$\beta_5(F_1)$,1.1 万 t；削坡后变化如下：1.0 万 t。

(7) 由上述不平衡力分布可推断：①β_{209}、β_{219} 分别为侧滑面和 $\beta_5(F_1)$ 为拉裂面的受力条件是显著的；②底滑面不平衡力均不大,只有 f_{231} 超过 1000t。

（8）侧滑面和拉裂面相较底滑面不平衡力大很多，说明右岸边坡在开挖过程处于内力处于相对剧烈的调整过程，但主要集中在侧滑面和拉裂面上，大范围整体滑坡（如以 $XL_{316\text{-}1}$ 和 f_{231} 为底滑面的滑块）可能性不大。这和观测到的边坡变形开裂一致，如第三次裂缝："2009 年 9 月 1 日下午 2:10 左右，右岸 1135.00～1165.00m 高程，边坡出现裂缝，为竖向缝，裂缝沿 β_{219} 辉绿岩脉展布。"

8.3.4 右岸边坡整体稳定性分析

本节在开挖至现状和削坡的基础上，逐步降强 1.1～1.5 倍（所有材料 f、c 同比例降低，不考虑锚固和抗剪洞），分析边坡的整体稳定性。表 8-9 为总体余能范数随降强倍数的变化，图 8-35 为总体余能范数随降强倍数的变化曲线。可以看到，削坡对整体稳定性的改善效果显著，在降强 1.4 倍后，余能范数开始迅速增加。

表 8-9 总体余能范数随降强倍数的变化 10^4N·m

计算工况	自重场	降强 1.1 倍	降强 1.2 倍	降强 1.3 倍	降强 1.4 倍	降强 1.5 倍
开挖至现状	0	1.703	2.038	2.279	5.289	26.629
削坡至 1315m 高程	0	1.332	1.481	1.685	2.761	7.108

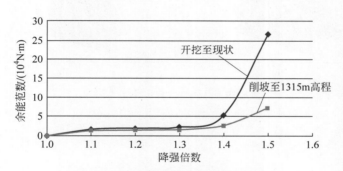

图 8-35 总体余能范数随降强倍数变化

8.3.5 改善边坡稳定性的加固优化分析

边坡在降强过程的不平衡力分布如图 8-36 和图 8-37 所示（仅针对开挖至现状）。按工程类别及边坡规范，大岗山右岸边坡持久状况边坡安全系数应取 1.3，具体到三维非线性有限元分析，可取降强 1.3 倍的不平衡力为所需加固力，主要结论如下。

（1）开挖至现状时再降强 1.3 倍，主要侧滑面不平衡力如下：β_{209}，3.8 万 t；β_{219}，4.5 万 t；β_{219} 山里，1.6 万 t。削坡后变化如下：β_{209}，1.5 万 t；β_{219}，4.1 万 t；β_{219} 山里，1.2 万 t。β_{209} 山外、f_{202} 不平衡力较小。

（2）开挖至现状时，再降强 1.3 倍，主要底滑面不平衡力如下：βf_{231}，5.1 万 t；$f_{208}/XL_{316\text{-}1}$，0.7 万 t；$XL_{316\text{-}1}$，0.7 万 t。削坡后变化如下：$f_{231}$，4.7 万 t；$f_{208}/XL_{316\text{-}1}$，0.3 万 t；$XL_{316\text{-}1}$，0.5 万 t。底滑面在各区间的不平衡力如表 8-10 所示。

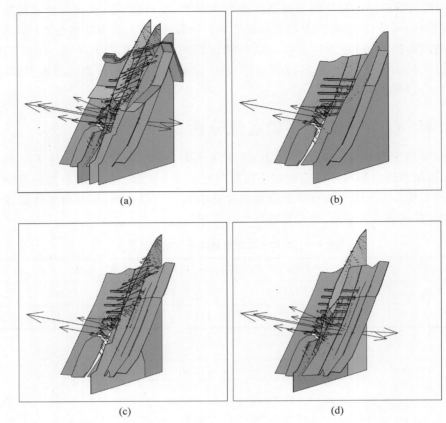

图 8-36　降强 1.3 倍不平衡力分布

（a）总体分布；（b）f_{231} 和 f_{202}；（c）f_{231} 和 β_{209}；（d）f_{231} 和 β_{209}

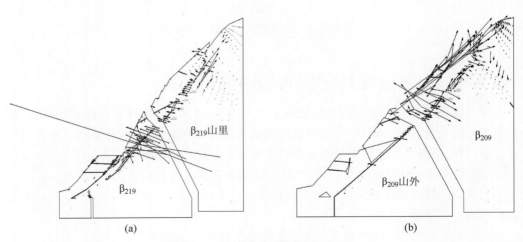

图 8-37　不平衡力分布（降强 1.3 倍）

（a）β_{219} 和 β_{219} 山里；（b）β_{209} 和 β_{209} 山外；（c）f_{231}；（d）β_5；（e）f_{208}

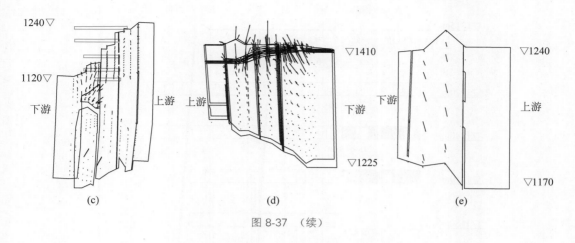

图 8-37 （续）

表 8-10 关键断层分区域不平衡力分布 t

材料	$\beta_{219}\sim$ 下游		$\beta_{209}\sim\beta_{219}$		$f_{202}\sim\beta_{209}$	
	开挖至现状	降强 1.3 倍	开挖至现状	降强 1.3 倍	开挖至现状	降强 1.3 倍
$XL_{316\text{-}1}$	17.29	2911.76	23.43	1795.74	13.65	761.01
F_{231}	696.30	29043.67	444.13	15962.68	130.82	6302.18

（3）开挖至现状时再降强 1.3 倍，主要拉裂面的不平衡力为 β_5（F_1），4.0 万 t；削坡后变为 3.3 万 t。

（4）底滑面中 f_{231} 不平衡力较大，故以 f_{231} 和 $XL_{316\text{-}1}$ 构成的滑块滑动可能性较大。侧滑面不平衡力较大，说明侧滑面对滑块有较强的约束，加固方案应充分考虑侧滑面的约束作用。

设计给出的 3 个加固方案分别如下。

（1）抗剪洞 1~6（▽1120m、▽1150m、▽1180m、▽1210m、▽1240m 和▽1270m）。

（2）抗剪洞 1~5（▽1120m、▽1150m、▽1180m、▽1210m 和▽1240m），斜井。

（3）抗剪洞 1~5（▽1120m、▽1150m、▽1180m、▽1210m 和▽1240m），削坡至▽1315m。

原加固方案抗剪洞布置如图 8-38 所示，各个抗剪洞可提供的加固力（仅考虑凝聚力贡献）如表 8-11 所示。

表 8-11 各抗剪洞可提供的加固力

抗剪洞	▽1120m	▽1150m	▽1180m	▽1210m	▽1240m	▽1270m
可提供的加固力/万 t	17.4	21.8	21.8	32.9	38.9	38.9

综合上述分析，对现有加固处理措施有如下建议（图 8-39）。

（1）根据不平衡力分布范围分析，抗剪洞 1~3（▽1120m 抗剪洞、▽1150m 抗剪洞和▽1180m 抗剪洞）可适当延长，穿过 β_{209}。

（2）4~6 抗剪洞（▽1210m 抗剪洞、▽1240m 抗剪洞和▽1270m 抗剪洞）部位不平衡力分布较小，即这几层抗剪洞的作用相对较弱。

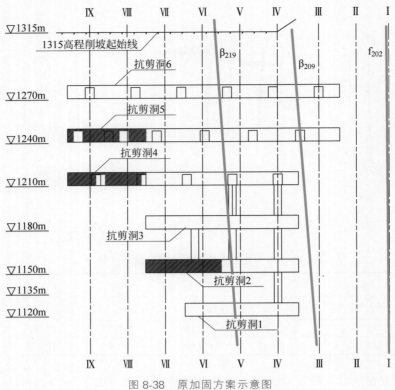

图 8-38 原加固方案示意图

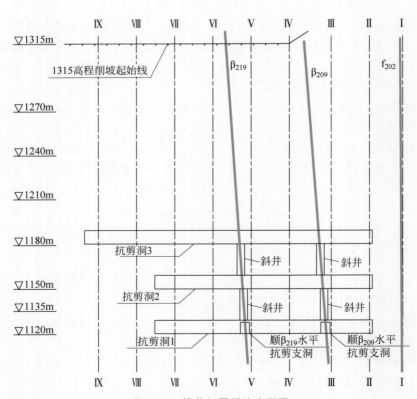

图 8-39 推荐加固措施布置图

（3）考虑到上游侧裂面的不平衡力相对较大，建议在推荐设计加固方案的基础上可沿 β_{219} 和 β_{209} 布置两条连接抗剪洞 1～3（▽1120m 抗剪洞、▽1150m 抗剪洞和▽1180m 抗剪洞）的斜井；作为斜井的延伸，在▽1120m 抗剪洞上增加沿 β_{219} 和 β_{209} 的水平抗剪支洞，直至坡面。

（4）f_{231} 的剪出口部位进行锚固的作用明显，该部位的锚索应尽量实施。

8.3.6 边坡工程效果及效益评价

1. 加固措施的效果

由 8.3.5 节分析可知，底滑面中 f_{231} 不平衡力较大，以 f_{231} 和 XL_{316-1} 构成的滑块滑动可能性较大，而侧滑面对滑块有较强的约束。在降强 1.3 倍情况下，f_{231}、XL_{316-1}、β_{209}、β_{219} 主要滑裂面不平衡力共 12.8 万 t。对于建议加固方案（图 8-39），3 条抗剪洞仅考虑凝聚力就可提供 33 万 t、33 万 t 和 39 万 t 加固力，再布置斜井增加抗剪洞整体性并对侧滑面进一步进行加固。由此可知，建议加固方案基本可以提供边坡保持整体稳定所需的加固力。

2. 加固措施优化的效益

建议加固方案（图 8-39）是在原加固方案（图 8-38）的基础上，取消抗剪洞 4、抗剪洞 5、抗剪洞 6，并延长抗剪洞 1、抗剪洞 2、抗剪洞 3。建议加固方案（图 8-39）中抗剪洞总长为 472m，比原方案减少 42m，减少混凝土 3000m³（8%），并且由 6 个洞缩减为 3 个洞，施工较为方便。

8.4 锦屏一级左岸坝肩边坡长期稳定性分析

8.4.1 工程概况

锦屏一级水电站位于雅砻江干流上，水电站以发电为主，兼有防洪、拦沙等作用，装机容量为 3600MW，年发电量为 166.20 亿 kW·h。水电站挡水建筑物为混凝土双曲拱坝，最大坝高为 305m，是已建和在建最高的拱坝。水库正常蓄水水位为 1880m，总库容为 77.6 亿 m³，调节库容为 49.1 亿 m³，为年调节水库。

锦屏一级高拱坝坝区两岸山体雄厚，谷坡陡峻，基岩裸露，相对高差千余米，为典型的深切 V 形谷。坝区地质条件复杂，断层发育，有 90 多条规模不等的断层。坝区岩体以厚层-块状结构为主，按岩性特征可细分为 8 层。

枢纽区左岸坝肩高边坡为反向边坡，边坡总体开挖高度约 530m，总开挖量约 550 万 m³，是目前水电工程开挖高度较高、开挖规模较大、稳定条件较差的边坡工程之一。开挖后的边坡变形监测数据显示，左岸边坡的变形具有明显的时间效应。为了保证正常蓄水后工程建筑物的正常运行，需要对左岸边坡长期变形规律、长期稳定性等进行研究，关注正常蓄水后边坡长期变形对拱坝的影响，揭示长期变形过程中边坡可能的薄弱部位。

8.4.2 计算模型及参数

数值计算模型考虑 II、III₁、III₂、IV₁、IV₂ 和 V 共 6 类岩体，f_2、f_5、f_8、f_{42-9}、f_w 等断层和煌

斑岩脉 X,以及坝体、置换和贴角等,模型共计考虑 25 种计算材料。模型模拟范围具体如下:①横河向(x 轴方向)为 $-800 \sim 800$m;②顺河向(y 轴方向)为 $-500 \sim 1000$m;③垂直向(z 轴方向)为 $-315 \sim 705$m。

锦屏一级高拱坝网格节点总数为 123914,单元总数为 114411,计算网格如图 8-40 所示。

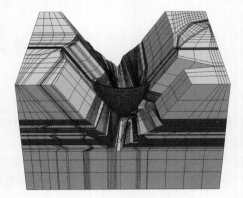

计算模型模拟坝顶高程以上 315m,在模型顶部施加 5.88MPa 面荷载(约 230m)模拟上覆岩体自重,网格其余表面均施加法向约束,具体计算步骤如下。

(1)计算天然地应力场。

(2)施加坝体自重,计算拱坝自重作用下的应力场。

(3)计算正常水载条件下的应力场。

(4)前面计算完成后得到坝体-坝基结构体的应力场和位移场,将位移场清零,进行蠕变计算。这里只考虑左岸坝肩高边坡的蠕变模拟,计算过程中坝体、贴角、垫座及右岸坝肩岩体和断层按弹塑性模型计算。

图 8-40 锦屏一级高拱坝计算网格

步骤(1)~步骤(3)的计算采用弹塑性计算,采用 Drucker-Prager 模型,弹塑性材料的计算参数如表 8-12 所示。

表 8-12 弹塑性材料的计算参数

材料分类	E/GPa	μ	$w/(kN/m^3)$	f	c/MPa	备注
大坝混凝土	24.0	0.167	24.0	1.70	5.00	—
贴角	21.0	0.167	24.0	1.35	2.00	f、c 取Ⅱ类岩
混凝土垫座	21.0	0.167	24.0	1.35	2.00	f、c 取Ⅱ类岩
Ⅱ类岩石	26.0	0.250	28.0	1.35	2.00	—
Ⅲ$_1$类岩石	11.5	0.250	28.0	1.07	1.50	—
Ⅲ$_2$类岩石	6.5	0.300	28.0	1.02	0.90	—
Ⅳ$_1$类岩石	3.0	0.350	27.5	0.70	0.60	—
Ⅳ$_2$类岩石	2.0	0.350	27.5	0.60	0.40	—
Ⅴ$_1$类岩体	0.375	0.350	27.5	0.30	0.02	—
Ⅲ$_1$类岩石灌浆	12.5	0.250	28.0	1.07	1.50	—
Ⅲ$_2$类岩石灌浆	7.0	0.300	28.0	1.02	0.90	—
Ⅳ$_1$类岩石灌浆	4.25	0.350	27.5	0.70	0.60	—
Ⅳ$_2$类岩石灌浆	4.25	0.350	27.5	0.60	0.40	—
抗剪洞和混凝土置换	21.0	0.167	24.0	1.35	2.00	f、c 取Ⅱ类岩
f$_2$	0.375	0.35	26.0	0.30	0.02	Ⅴ$_1$类
f$_5$(1680m 以上)	0.375	0.35	26.0	0.30	0.02	Ⅴ$_1$类
f$_5$(1680m 以下)	6.5	0.3	26.0	1.02	0.90	Ⅲ$_2$类
f$_8$	0.375	0.35	26.0	0.30	0.02	Ⅴ$_1$类
f$_{42-9}$	0.375	0.35	26.0	0.30	0.02	Ⅴ$_1$类
flc$_{13}$	0.375	0.35	26.0	0.30	0.02	

续表

材料分类	E/GPa	μ	w/(kN/m³)	f	c/MPa	备注
f₁₃	0.375	0.35	26.0	0.30	0.02	V₁类
f₁₄	0.375	0.35	26.0	0.30	0.02	V₁类
f₁₈ 及 X综合	0.375	0.35	26.0	0.30	0.02	V₁类
X(1680m 以上)	2.0	0.35	27.5	0.60	0.40	IV₂类
X(1680m 以下)	6.5	0.3	28.0	1.02	0.90	III₂类

根据文献[10]的研究成果,左岸边坡蠕变计算中部分岩体和断层仅考虑黏弹性计算,包括Ⅱ类岩、Ⅲ₁类岩及灌浆岩体、1680m 高程以下煌斑岩脉 X 等。其余岩体和断层考虑黏塑性计算,包括 V₁ 类岩体、各断层和 1680m 高程以上煌斑岩脉 X 等。蠕变参数参考文献[10],黏弹性材料的计算参数如表 8-13 所示,黏塑性材料的计算参数如表 8-14 所示。蠕变模型采用第 4 章所述的蠕变损伤模型[11,12]。

表 8-13 黏弹性材料的计算参数

材料分类	$\bar{a}$	G/GPa	K/GPa	B/GPa	η_e/(10⁷ GPa·s)
Ⅱ类岩石	1	17.33	10.40	120.00	51.84
Ⅲ₁类岩石	1	7.67	4.60	106.67	34.56
Ⅲ₂类岩石	1	5.42	2.50	66.67	21.60
IV₁类岩石	1	3.33	1.11	33.33	17.28
IV₂类岩石	1	2.22	0.74	16.67	8.64
Ⅲ₁类岩石(左岸灌浆)	1	8.33	5.00	106.67	34.56
Ⅲ₂类岩石(左岸灌浆)	1	5.83	2.69	66.67	21.60
IV₁类岩体(左岸灌浆)	1	4.72	1.57	33.33	17.28
IV₂类岩体(左岸灌浆)	1	4.72	1.57	16.67	8.64
抗剪洞和混凝土置换	1	10.51	9.00	120.00	51.84
X(1680m 以下)	1	5.42	2.50	33.33	17.28

表 8-14 黏塑性材料的计算参数

材料参数	V₁类岩体	断层	X(1680m 以上)
G_1/GPa	0.14	0.14	2.22
K_1/GPa	0.42	0.42	0.20
h/GPa	0.67	0.74	0.20
η_{p1}/(×10⁷ GPa·s)	4.32	0.89	0.89
a	0.11	0.11	0.11
R/kPa	22.3	22.3	22.3
κ_{p2}/(×10⁻¹⁴/s)	2.58	2.58	25.8

以上计算主要考虑正常蓄水后 20 年内左岸坝肩边坡的长期变形及其对高拱坝的影响,并分析坝肩边坡非平衡演化规律及整体的长期稳定性,指出边坡在长期变形过程中值得注意的薄弱部位。

8.4.3　长期变形对坝体影响分析

正常水载下弹塑性计算得到的拱坝应力和位移云图如图 8-41 和图 8-42 所示；蠕变计算 20 年后的坝体应力和位移增量云图如图 8-43 和图 8-44 所示。正常蓄水后上游坝面最大拉应力为 1.867MPa，下游坝面最大压应力为 17.74MPa；最大顺河向位移为 60.02mm，位于拱冠梁中部；最大横河向位移为 16.51mm，位于左拱。蓄水 20 年后上游坝面最大拉应力为 1.273MPa，下游坝面最大压应力为 17.81MPa；坝体最大顺河向位移增量为 8.29mm，指向下游，位于左拱端坝顶高程；最大横河向位移增量为 16.8mm，位于左拱端，指向河谷；最大垂直向位移增量为 11.15mm，位于左拱端坝顶高程，垂直向上。

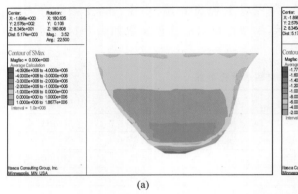 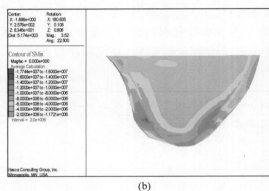

(a)　　　　　　　　　　　　　　　　　　(b)

图 8-41　正常蓄水初期坝面主应力云图

（a）上游坝面最大主应力；（b）下游坝面最小主应力

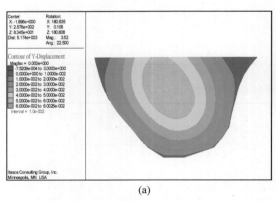 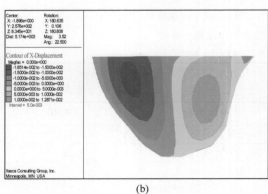

(a)　　　　　　　　　　　　　　　　　　(b)

图 8-42　正常蓄水初期坝面位移云图

（a）顺河向位移；（b）横河向位移

由此可见，左岸边坡长期变形使坝体最小主应力值略有增加，最大主应力减小且拉应力集中得到缓解；山体长期变形对坝体变形影响较小，坝体最大位移增量为 21.0mm，位于左拱端坝顶高程。虽然山体长期变形使坝体变形增量不大，但在左拱端会产生较大的位移增量梯度，该区域值得重点关注。

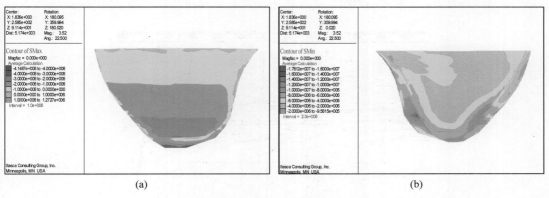

图 8-43 蓄水 20 年后坝面主应力云图

（a）上游坝面最大主应力；（b）下游坝面最小主应力

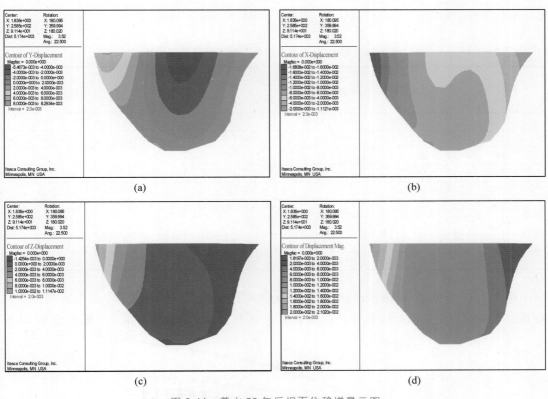

图 8-44 蓄水 20 年后坝面位移增量云图

（a）顺河向位移增量；（b）横河向位移增量；（c）垂直向位移增量；（d）总位移增量

8.4.4 坝肩边坡变形分析

图 8-45 为坝址区典型剖面位置图，其中剖面 $I-I$、$V-V$、II_1-II_1、$II-II$ 和 $II_{100}-II_{100}$ 的顺河向坐标（y 方向坐标，向下游为正）分别为 278.1m、161.6m、78.2m、

—4.8m和—104.2m。蓄水20年后,各剖面不同高程横河向位移如表8-15所示。

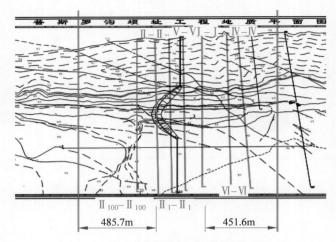

图 8-45 坝址区典型剖面位置图

表 8-15 蓄水 20 年后各剖面不同高程横河向位移

高程/m	Ⅰ—Ⅰ剖面/mm	Ⅴ—Ⅴ剖面/mm	Ⅱ₁—Ⅱ₁剖面/mm	Ⅱ—Ⅱ剖面/mm	Ⅱ₁₀₀—Ⅱ₁₀₀剖面/mm
2055	10.478	7.7118	8.27275	6.1562	4.2547
1955	12.157	6.840	6.644	9.201	5.410
1885	26.061	15.86	19.749	16.814	18.145
1840	18.52	15.62	17.226	21.425	10.946
1795	17.233	13.39	17.51	16.699	12.917
1750	20.338	15.075	12.362	13.269	13.164
1705	18.277	15.646	10.948	13.386	13.334
1660	18.322	12.036	6.3968	8.3433	14.959
1610	5.0491	10.207	9.6548	8.0172	11.571

由表 8-15 可知,坝顶高程(1885m)附近的坝肩边坡横河向位移最大。5 个典型剖面的坝顶高程横河向位移随时间的变化曲线如图 8-46 所示。由此可见,部分区域在蓄水 20 年

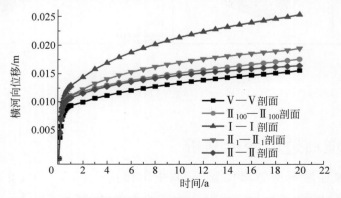

图 8-46 典型剖面的坝顶高程横河向位移随时间的变化曲线

后的横河向位移已基本趋于定值,部分区域的横河向位移收敛缓慢,蓄水 20 年后仍然有持续变形的趋势。

8.4.5 左岸边坡长期稳定性分析

图 8-47 为左岸坝肩边坡的能量耗散率及其变化率随时间的变化曲线($\Omega\text{-}t$ 和 $\dot{\Omega}\text{-}t$ 曲线),其中 Ω 和 $\dot{\Omega}$ 分别为能量耗散率的结构域内积分及其时间导数(详见 4.4.3 节相关内容)。由 $\Omega\text{-}t$ 曲线可知,正常蓄水后左岸坝肩高边坡整体朝向平衡态演化,是渐进稳定的;蓄水 3 年后能量耗散率的结构域内积分 Ω 值接近于 0,量级小于 10^0。$\dot{\Omega}\text{-}t$ 曲线显示 Ω 变化率在蓄水 3 年以内均小于 0 且持续增加并接近于 0,3 年后 $\dot{\Omega}$ 值在 0 附近小幅度振荡,数量级为 $10^{-9} \sim 10^{-7}$。因此,可以认为蓄水 3 年后左岸坝肩边坡整体基本处于稳定状态。

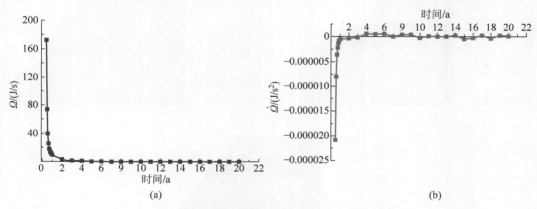

图 8-47 边坡能量耗散率及其变化率随时间变化曲线

(a) $\Omega\text{-}t$ 曲线;(b) $\dot{\Omega}\text{-}t$ 曲线

图 8-48 是左岸坝肩边坡 5 个典型剖面蓄水 3 年后的能量耗散云图。由此可见,在边坡整体趋于稳定情况下,有小部分区域仍然持续耗散能量。这些区域可视为边坡长期变形过程中值得注意的薄弱部位。该区域主要是坝顶高程与坝底高程之间的皇斑岩脉 X 和 f_2 断层。可能正是因为这些区域持续的能量耗散并伴随变形增加,边坡表面部分区域的横河向位移一直缓慢增加。

8.4.6 蠕变计算与超载计算结果比较分析

由表 8-16～表 8-19 可知,表 8-16 和表 8-18 分别为蠕变计算的不同时期左岸不同高程建基面坝踵、坝趾等效正应力,表 8-17 和表 8-19 分别为弹塑性计算的不同超载倍数的左岸不同高程建基面坝踵、坝趾等效正应力。

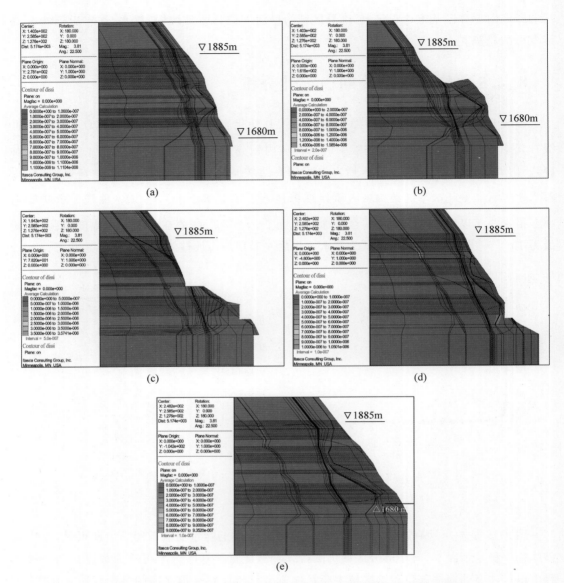

图 8-48　左岸坝间边坡 5 个典型剖面蓄水 3 年后的能量耗散云图

（a）Ⅰ—Ⅰ剖面；（b）Ⅴ—Ⅴ剖面；（c）Ⅱ$_1$—Ⅱ$_1$剖面；（d）Ⅱ—Ⅱ剖面；（e）Ⅱ$_{100}$—Ⅱ$_{100}$剖面

表 8-16　不同时期的左岸不同高程建基面坝踵等效正应力

高程/m	左岸坝踵等效正应力/MPa				
	蓄水后	蓄水 1 年后	蓄水 5 年后	蓄水 10 年后	蓄水 20 年后
1885	−1.37	−2.26	−2.58	−2.82	−3.27
1860	−0.12	−0.88	−1.24	−1.40	−1.49
1830	0.31	−0.14	−0.35	−0.42	−0.41
1810	0.27	−0.22	−0.59	−0.79	−0.98
1790	−0.94	−1.17	−1.46	−1.62	−1.72

续表

高程/m	左岸坝踵等效正应力/MPa				
	蓄水后	蓄水1年后	蓄水5年后	蓄水10年后	蓄水20年后
1760	−0.89	−0.95	−0.98	−1.05	−1.18
1730	−1.33	−1.46	−1.47	−1.58	−1.82
1700	−1.48	−1.63	−1.58	−1.61	−1.72
1670	−0.81	−1.27	−1.37	−1.37	−1.35
1640	−1.70	−1.93	−1.71	−1.66	−1.71
1610	−1.83	−2.19	−2.18	−2.09	−2.00
1580	−0.84	−1.29	−1.38	−1.40	−1.42

表 8-17　不同超载倍数的左岸不同高程建基面坝踵等效正应力

高程/m	左岸坝踵等效正应力/MPa				
	正常水载	超载1.5倍	超载2.0倍	超载2.5倍	超载3.0倍
1885	−1.37	−2.37	−3.48	−4.63	−5.82
1860	−0.12	−0.20	−0.23	−0.33	−0.45
1830	0.31	0.60	1.00	1.31	1.65
1810	0.27	0.84	1.50	2.06	2.63
1790	−0.94	−0.55	−0.08	0.34	0.77
1760	−0.89	−0.12	0.75	1.50	2.21
1730	−1.33	−0.67	−0.04	0.41	0.77
1700	−1.48	−0.39	0.54	1.22	1.79
1670	−0.81	0.12	1.03	1.74	2.40
1640	−1.70	−0.46	0.59	1.34	1.90
1610	−1.83	−1.14	−0.41	0.09	0.33
1580	−0.84	1.46	3.18	4.42	5.37

表 8-18　不同时期的左岸不同高程建基面坝踵等效正应力

高程/m	左岸坝趾等效正应力/MPa				
	蓄水后	蓄水1年后	蓄水5年后	蓄水10年后	蓄水20年后
1885	−3.34	−3.93	−4.12	−4.24	−4.49
1860	−4.18	−4.49	−4.59	−4.62	−4.67
1830	−4.75	−4.73	−4.60	−4.49	−4.37
1810	−5.18	−5.00	−4.76	−4.61	−4.45
1790	−3.74	−3.53	−3.28	−3.14	−3.01
1760	−5.38	−5.19	−4.95	−4.79	−4.61
1730	−4.19	−4.02	−3.88	−3.79	−3.67
1700	−5.92	−5.63	−5.73	−5.79	−5.82
1670	−7.45	−7.12	−7.13	−7.10	−7.07
1640	−7.44	−7.22	−7.42	−7.47	−7.46
1610	−5.25	−5.11	−4.98	−4.94	−4.93
1580	−4.71	−4.76	−4.76	−4.75	−4.75

表 8-19　不同超载倍数的左岸不同高程坝趾等效正应力

高程/m	左岸坝趾等效正应力/MPa				
	正常水载	超载 1.5 倍	超载 2.0 倍	超载 2.5 倍	超载 3.0 倍
1885	−3.34	−5.39	−7.68	−9.96	−12.30
1860	−4.18	−6.73	−9.57	−12.37	−15.26
1830	−4.75	−7.43	−10.40	−13.26	−16.15
1810	−5.18	−8.18	−11.39	−14.49	−17.61
1790	−3.74	−5.86	−8.10	−10.26	−12.43
1760	−5.38	−8.12	−10.96	−13.67	−16.37
1730	−4.19	−6.33	−8.44	−10.40	−12.32
1700	−5.92	−8.64	−11.23	−13.60	−15.90
1670	−7.45	−10.77	−14.06	−17.22	−20.24
1640	−7.44	−10.82	−14.04	−17.02	−19.83
1610	−5.25	−7.34	−9.42	−11.36	−13.18
1580	−4.71	−6.12	−7.09	−7.88	−8.47

由表 8-16 和表 8-17 可知,左岸坝肩边坡长期时效变形使拱坝建基面坝踵处正应力随时间逐渐减小,即坝踵拉应力的量值和范围越来越小,而压应力量值和范围越来越大;而超载计算中,坝踵建基面正应力随着超载倍数增加而增大,即坝踵拉应力量值和范围随超载倍数增加而显著增大。由表 8-18 和表 8-19 可知,左岸建基面坝趾压应力在左岸坝肩边坡长期变形过程中略微改善;而超载计算中,左岸坝趾压应力量值随超载倍数增加而显著增大。

由此可见,在考虑坝肩岩体时效变形的蠕变计算和考虑弹塑性的超载计算中,拱坝应力调整的模式完全不同。坝基岩体长期时效变形有利于拱坝坝踵和坝趾应力大范围地改善,长期变形对拱坝不利的影响可能是局部的。超载将使拱坝坝踵拉应力和坝趾压应力的量值和范围急剧增加,进而产生大面积的张拉破坏和压剪破坏,对拱坝的不利影响是大范围的、整体的。另外,长期荷载作用下考虑岩体时效变形的拱坝变形与破坏的机制和规律与超载条件下的机制和规律有所不同,因此超载计算可能无法全面且真实地反映结构破坏行为,其结果也无法直接用于分析高拱坝的长期稳定、安全和破坏。

8.5　基于强度参数反演的高边坡稳定性评价

高边坡静、动力稳定分析前,首先需要获取岩体的物理力学参数,如果无法获取足够的参数或所获得的参数偏差较大,那么据此开展的高边坡稳定分析及破坏机制研究将变得毫无意义。对于工程边坡,一般选址后会进行详细的地质勘探,揭示边坡的主要地层及软弱结构面分布,并通过现场原位试验及室内材料试验来确定主要岩体及结构面的物理力学参数。结合现场详细位移监测资料,通过数值反分析,可以得到基本符合实际状况的物理力学参数。然而,当涉及突发状况,如地震、暴雨等自然灾害引起的滑坡时,难以在短时间内完成详细的地质资料勘探,更不用说获取详细的变形监测资料。因此,如何基于有限的数据获取相对合理的物理力学参数,将是高边坡稳定评价及除险加固的关键。

8.5.1 红石岩堰塞体边坡工程概况及分析思路

2014 年云南省鲁甸县发生 6.5 级地震,造成牛栏江下游红石岩两岸山体发生大规模塌方,形成堰塞湖。堰塞体总方量约为 1200 万 m³,堰塞湖集水面积约为 11800km²,如图 8-49 所示。由于堰塞体山谷狭窄,临近很大的范围内并无足够宽阔的地方堆放堰塞体堆石料。因此,通过开挖堰塞体进行除险的方案很难实施,相对而言经济成本也较高。因此,将堰塞体改造成为永久的水利工程,不仅可以除险,而且具有很高的经济和社会价值。

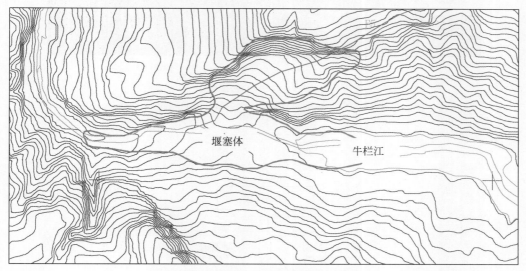

图 8-49 红石岩堰塞体位置示意图

地震后工程区典型剖面地质情况如图 8-50(a)所示,主要地层由下至上分别为奥陶系(O)、泥盆系(D)、二叠系(P)地层及第四系(Q)的覆盖层。岩层倾向山里偏下游,产状为 20°N～60°E,NW∠10°～30°,受长期地质作用,岩层多呈缓的褶皱或产生挠曲变形。边坡中部发育有断层 F₅(N5°～15°W,SW∠40°～50°),主要由碎裂岩及断层泥组成。震后堰塞体及高边坡如图 8-50(b)所示。

首先,通过现场及室内力学试验确定岩土体的初始参数;然后,根据现有边坡监测勘探资料,对地震前后边坡的稳定状态进行初步判断,并且基于对地震前后边坡整体稳定性及地震过程中坍塌区域的分析,确定符合实际情况的边坡岩体强度参数取值;最后,在此基础上,分析当前边坡各工况下的稳定性,并对加固效果进行评价[13]。图 8-51 为堰塞体主要分析思路。

8.5.2 震后监测数据分析

地震后,边坡发生大范围垮塌,同时在边坡顶部开口线以外形成多条裂缝,为了对当前边坡的稳定状态进行评价,沿着主要裂缝分别布设自动化测缝计及 GNSS 测点,以监测裂缝开合度及山体表面位移变化。监测点布置示意图如图 8-52 所示,自动测缝计及 GNSS 监测点如图 8-53 所示。

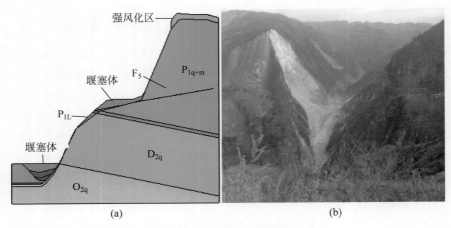

(a)　　　　　　　　　　　(b)

图 8-50　堰塞体地质情况

（a）震后典型剖面地质情况；（b）震后堰塞体及高边坡

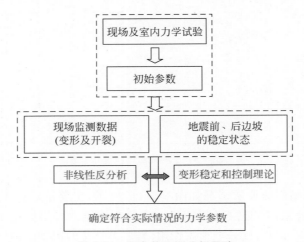

图 8-51　堰塞体主要分析思路

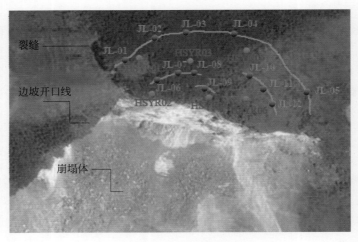

图 8-52　测点布置示意图

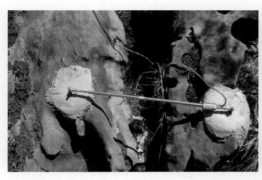

图 8-53　自动测缝计及 GNSS 监测点

　　图 8-54 和图 8-55 分别为自动测缝计及 GNSS 表面测点过程曲线。由图 8-54 和图 8-55 可见,3 条主要裂隙上 JL-05 号测点、JL-06 号测点和 JL-12 号测点逐渐闭合,其他测点基本稳定。而边坡表面测点位移过程曲线,虽然局部测点有所波动,但变化幅度在监测精度范围内,未出现趋势性变化。因此,震后边坡在静力下已经趋于稳定状态。

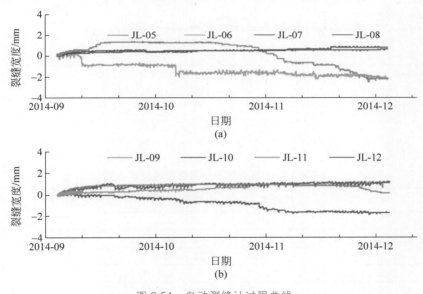

图 8-54　自动测缝计过程曲线
(a) JL-05～JL-08；(b) JL-09～JL-12

8.5.3　地质力学参数反演

　　根据现场材料力学试验,可以初步确定主要岩体及结构面的物理力学参数取值范围,如表 8-20 所示,该值为室内试验值,这里将作为参数反演的参考值。

　　通过对现场地形勘察及监测资料分析,可知以下内容。

　　(1)地震后边坡重新趋于静力平衡状态。

　　(2)地震前边坡处于静力平衡状态。

　　(3)地震过程中山体发生坍塌,坍塌范围可由初始地形线及当前地面线确定。

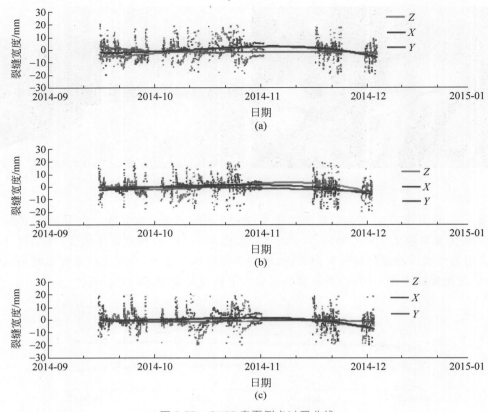

图 8-55　GNSS 表面测点过程曲线
（a）HSYR-02；（b）HSYR-03；（c）HSYR-04

表 8-20　主要岩体及结构面物理力学参数

材料分区	密度/(kN/m³)	摩擦角 φ/(°)	黏聚力/MPa	变形模量/GPa	泊松比
P_{1q+m}	26.0～27.0	45～52	0.8～1.5	6.0～10	0.22
P_{1L}	26.0～26.5	30～35	0.2～0.5	1.2～2.5	0.28
D_{2q}	26.0～26.5	40～45	0.4～0.8	4.0～6.0	0.24
O_{2q}	26.0～26.5	32～38	0.2～0.5	1.5～3.0	0.27
F_5	26.0	19～24	0.06～0.1	0.05	0.35

　　根据上述 3 个稳定性条件,可以采用变形稳定和控制理论,进行强度参数的反演分析,以获取比较接近真实的力学参数,为稳定分析和加固提供依据。岩体参数反演流程如图 8-56 所示。

1. 数值模型的建立

　　根据地震后地质勘察资料及地震前的地形线,分别建立震后及震前三维有限元模型,模型范围及材料分区分别如图 8-57 和图 8-58 所示,主要采用八节点六面体等参单元,局部区域为六节点五面体等参单元。模型底部固支,而四周边界约束法向。采用一致黏弹性边界进行动力计算。主要岩体及结构面的初始物理力学参数取值如表 8-20 所示,计算程序采用 TFINE 程序。

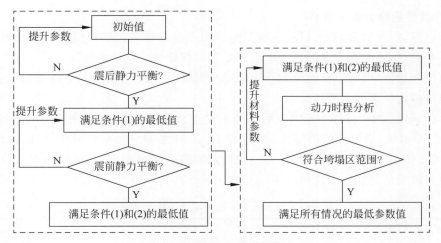

图 8-56　岩体参数反演流程

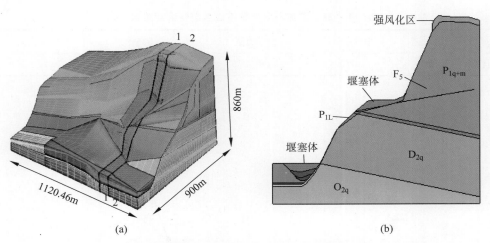

图 8-57　震后有限元模型（单元数为 103849，节点数为 110784）

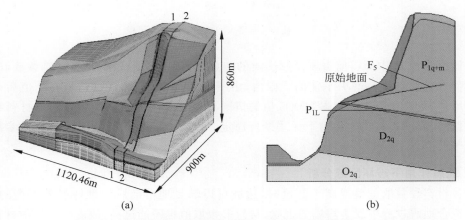

图 8-58　震前有限元模型（单元数为 105889，节点数为 112954）

2. 地震前后静力稳定分析

天然容重、内摩擦角、变形模量及凝聚力均为不确定变量,仅通过静力平衡条件无法同时反演4个变量,因此在反演过程中4个变量等比例变化。以最低值降30%(记作30%-)作为反演的初始值,以塑性余能范数作为稳定性判据,通过逐步提升材料参数取值获得使震后边坡维持静力平衡的下限值。

表8-21和表8-22分别为不同参数下边坡的塑性余能范数,计算过程中仅考虑自重荷载,由图8-59可见,边坡在低值降低10%(即10%-)之前余能范数很小,可以认为边坡处于稳定状态,超过20%以后(即20%-),塑性余能范数迅速增加,边坡将失稳。因此,边坡物理力学参数最低只能取至低值降10%(即10%-)。

表 8-21 震后不同参数下边坡塑性余能范数

参数取值	高值	平均值	低值	5%-	10%-	20%-	30%-
塑性余能范数	0.01	0.049	0.486	1.155	2.228	6.297	47.116

表 8-22 震前不同参数下边坡塑性余能范数

参数取值	10%+	低值	5%-	10%-
塑性余能范数	0.079	0.255	9.809	35.371

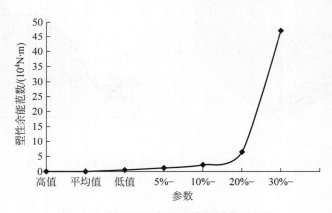

图 8-59 震后不同参数边坡塑性余能范数

以低值降10%作为震前边坡参数反演的初始值,逐步等比例提升各材料参数取值,可以获得使震前边坡维持静力平衡的下限值,由图8-60可见,右岸震前边坡在低值后余能范数迅速增加,可以认为在材料参数取低值的情况下边坡处于极限平衡状态。当材料参数比低值还低时,震前边坡在地应力下无法维持稳定,与实际情况不符,故实际的材料参数取值应不低于低值。

3. 地震作用下破坏区域分析

当各材料参数取低值或高于低值时,边坡可以满足地震前后均维持静力平衡的条件。而为了符合地震过程中发生坍塌的现状,材料参数取值也不能过高,故需要对当前材料参数取值下的边坡动力稳定性进行分析。

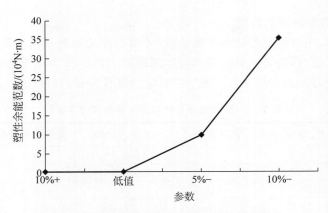

图 8-60 震前不同参数边坡塑性余能范数

采用规范谱生成地震工况下加速度时程曲线,在材料参数取低值的情况下计算边坡的整体稳定性。边坡整体塑性余能范数时程曲线如图 8-61 所示。由图 8-61 可见,在 6.92s 时,边坡的塑性余能范数达到最大值,此时边坡破坏最为剧烈。图 8-62 为 6.92s 时边坡主要剖面的不平衡力及塑性区分布图。由图 8-62 可见,地震作用下,原边坡不平衡力主要集中于当前地形线附近,即在材料参数取低值情况下,边坡的破坏模式与实际情况基本吻合。

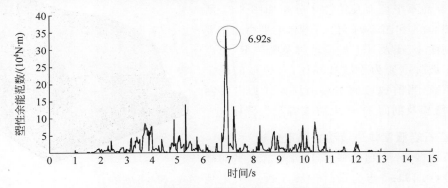

图 8-61 边坡整体塑性余能范数时程曲线

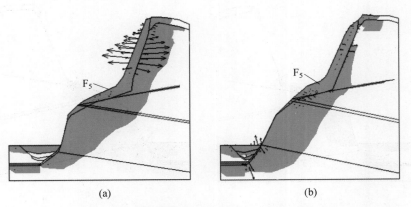

图 8-62 6.92s 时边坡主要剖面的不平衡力及塑性区分布

(a) 剖面 1—1;(b) 剖面 2—2

4. 岩体物理力学参数的确定

综上分析可知,边坡材料参数至少取低值,才可以使地震前后边坡均能处于平衡状态,且在材料参数取低值时,边坡的破坏模式与实际相符。表 8-23 为主要地层及结构面最终物理力学参数。据此对当前边坡在各工况下的稳定性进行分析,并对加固效果进行评价。

表 8-23 主要地层及结构面最终物理力学参数

地层	密度/(kN/m³)	摩擦角 φ/(°)	黏聚力/MPa	变形模量/GPa	泊松比
P_{1q+m}	26.0	45	0.8	6.0	0.22
P_{1L}	26.0	30	0.2	1.2	0.28
D_{2q}	26.0	40	0.4	4.0	0.24
O_{2q}	26.0	32	0.2	1.5	0.27
F_5	26.0	19	0.06	0.05	0.35

8.5.4 地震作用下整体稳定分析

1. 堰塞体边坡静力稳定分析

静力工况下边坡不平衡力矢量如图 8-63 所示,主要截面不平衡力及塑性区分布如图 8-64 所示。由图 8-63 和图 8-64 可以看到,不平衡力主要集中在剖面 4—4 及其上游段坡脚及断层 F_5 出露段。由于坡脚主要为松散堆积体,对边坡的稳定性影响不大,当前边坡的主要破坏模式为沿着断层 F_5 的滑移及剖面 4—4 上游坡脚发生破坏。

2. 红石岩堰塞体边坡动力稳定分析

以该地区 50 年超越概率 10% 基岩水平向峰值加速度(0.194g)作为设计地震工况。采用规范谱生成该工况下加速度时程曲线,对当前边坡

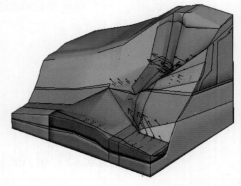

图 8-63 静力工况下不平衡力矢量

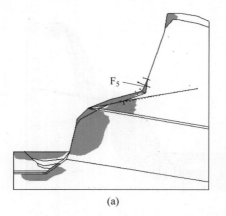

(a)

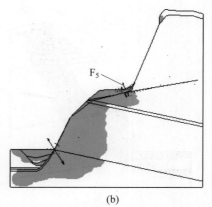

(b)

图 8-64 静力工况下主要截面不平衡力及塑性区分布

(a) 剖面 1—1;(b) 剖面 2—2

动力稳定性进行分析。如图 8-65 所示为地震过程中的塑性余能范数曲线。可以看到,边坡在 6.88s 时达到整体余能范数最大值,此时边坡不平衡力主要集中在坡脚、缓倾角平台断层出露段及坡顶,如图 8-66 所示。缓倾角平台处的不平衡力从剖面 2—2 至上游均比较明显,主要集中在断层出露段及平台几何形状突变部位,需对表面松动岩石进行清理,并重点加固断层 F5。坡顶倒悬体部分,从剖面 1—1 至剖面 2—2 均有少量不平衡力,主要沿着强风化线分布,平均深度约 20m,在地震作用下,可能引起局部破坏。

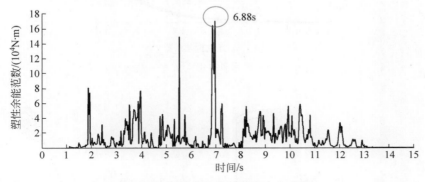

图 8-65　塑性余能范数时程变化曲线

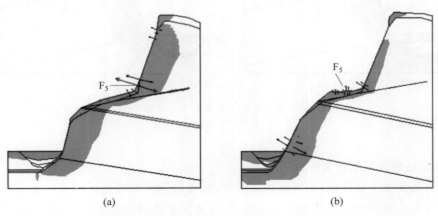

图 8-66　地震作用 6.88s 时不平衡力及塑性区分布
(a) 剖面 1—1; (b) 剖面 2—2

3. 暴雨作用下堰塞体边坡的整体稳定分析

根据现场勘查资料,边坡坍塌后坡表卸荷裂隙发育,后缘拉裂缝位于距塌后陡崖 40～60m 范围内,裂缝分布广,坡顶局部稳定性较差。当暴雨来临时,雨水将迅速沿着裂隙渗入,对该部分岩体采用有效应力进行计算以模拟暴雨对裂隙的影响。

如图 8-67 和图 8-68 所示,暴雨作用下边坡整体余能范数增大,稳定性降低,主要剖面不平衡力集中区域与静力工况下基本一致,即主要集中在坡脚和断层 F5 出露段,除此之外,在坡顶裂缝分布区域也有少量不平衡力分布,故暴雨主要影响坡顶裂缝区域的局部稳定性。

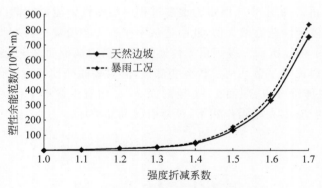

图 8-67 暴雨作用下塑性余能范数曲线

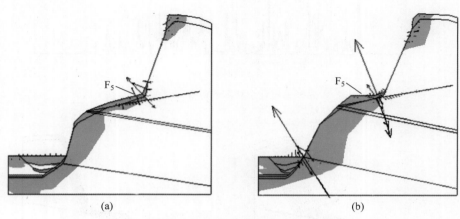

图 8-68 暴雨作用下不平衡力及塑性区分布
(a) 剖面 1—1；(b) 剖面 2—2

4. 加固处理方案及效果评价

震后边坡顶部十分陡峭，局部地区甚至倒悬，而坡顶由于在地震后形成大量裂隙，容易发生二次垮塌。而在动力工况和降雨工况下，坡顶倒悬体均有不平衡力分布，进一步加速这一过程。为此对坡顶 1750m 高程以上区域进行削坡，并沿着坡面布置锚杆，加固方案示意图如图 8-69 所示。

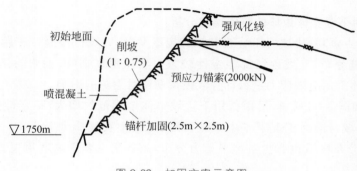

图 8-69 加固方案示意图

锚固后边坡塑性余能范数如表 8-24 所示。由表可知,锚固后边坡的整体余能范数进一步降低,降强 1.3 倍时,削坡后余能范数降低 4.9%,加系统锚杆后,塑性余能范数在此基础上进一步降低 5.5%。由此可见,加锚杆有利于提升整体稳定性,但是影响较小,主要提升边坡坡顶的局部稳定性。

表 8-24 锚固后边坡塑性余能范数 $10^4 \mathrm{N \cdot m}$

计算工况	天然边坡	削坡	削坡+锚固
地应力	0.486	0	0
强度折减 1.1 倍	4.614	4.247	4.236
强度折减 1.2 倍	12.719	12.18	12.166
强度折减 1.3 倍	21.436	20.381	20.354
强度折减 1.4 倍	48.201	45.475	45.378
强度折减 1.5 倍	135.767	129.66	129.483
强度折减 1.6 倍	331.728	317.568	317.067
强度折减 1.7 倍	750.894	713.592	712.712

取开挖面上同一剖面不同高程的 6 根锚杆(锚杆编号及位置如图 8-70 所示),得到不同降强倍数下的锚杆拉力,如表 8-25 所示。由表 8-25 可见,在降强 1.3 倍时,除了锚杆 85 外,其他锚杆拉力均在 50t 以内,锚杆 85 拉力为 53.0t,平均每个锚杆实际受力在 3t 以内,很容易满足要求。

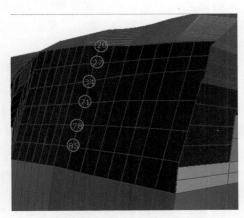

图 8-70 计算锚杆沿坡面分布示意图

表 8-25 锚杆拉力 $10^4 \mathrm{N}$

锚杆号	20	27	34	71	78	85
降强 1.1 倍	6.6	6.2	5.3	7.7	8.3	10.6
降强 1.2 倍	12.8	12.2	12.2	22.1	26.5	31.9
降强 1.3 倍	18.4	17.6	20.0	39.8	46.0	53.0
降强 1.4 倍	23.8	23.0	27.5	56.4	62.2	72.8
降强 1.5 倍	28.0	27.4	33.2	68.6	75.8	89.2

8.6 近坝高边坡稳定性分析及滑坡涌浪风险评价

近年来,锦屏一级、溪洛渡、小湾、拉西瓦、大岗山等大型水电工程相继投入运行。这些工程开挖边坡高度大,岩体完整性差,地质条件恶劣,对边坡的稳定性造成了极大挑战。该高边坡自身稳定性不强,在水库蓄水等水位变化作用下,更易发生局部失稳,引起滑坡灾害。较大滑坡体滑落至水库,不仅危害水库的健康运行,伴随产生的巨大的涌浪还会对大坝作用超载力,甚至造成漫坝危险,对库区及下游安全构成极大的威胁。

为了对边坡的稳定安全及涌浪灾害提供预警,本节提出了库岸边坡稳定性及滑坡涌浪分析框架。首先进行库岸边坡的稳定性分析,并确定可能出现的滑坡体,在此基础上进行滑坡涌浪的模拟,并对滑坡涌浪风险进行评价。

8.6.1 拉西瓦工程概况

拉西瓦水电站坐落在青藏高原东部青海省贵德县与贵南县交界的龙羊峡谷出口处,是继龙羊峡水电站之后,黄河上游水电基地梯级规划中的第二级水电站。坝址位于龙羊峡水电站下游 32.8km、李家峡水电站上游 73km 处,电站设计正常蓄水水位为 2452m,总库容为 $10.79 \times 10^8 m^3$,总装机容量为 4200MW,保证出力 958.8MW,多年平均年发电量为 102.33 亿 W·h,其规模居黄河上水电站之首。电站枢纽建筑物由双曲拱坝、引水发电系统、坝身表孔和深孔、坝后水垫塘等组成。拱坝最大坝高 250m。工程于 2009 年 5 月首台机组投产发电,2010 年 8 月全部机组投产发电。

果卜边坡位于拉西瓦水电站大坝右岸上游 500~1700m,总体呈向河床凸出的弧形坡体,大致走向为 NE30°,上游略向南偏转,边坡平均坡度 43°,由多条冲沟及山梁组成,如图 8-71 所示。2009 年,水库初期蓄水后,巡视发现大坝上游果卜平台及岸坡多处发生裂缝及变形迹象,岸坡前缘局部发生崩塌破坏。水库蓄水后,果卜地段岸坡变形速度明显加剧,监测资料显示,边坡变形速率与水库水位抬升密切相关(图 8-72)。变形体顶部倾倒部位最

图 8-71　拉西瓦果卜边坡全貌

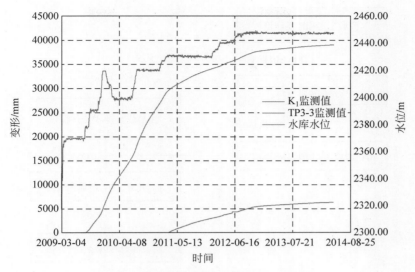

图 8-72 水库水位抬升与各测点位移变化

大位移总量达到 39.8m,但尚未产生大规模垮塌失稳[14]。

目前,水库水位维持在 2448m 左右,监测资料表明边坡变形速率趋于平缓,但局部崩塌破坏仍时有发生,并伴有落石。为了评估果卜边坡潜在的危险性,需要对边坡的稳定性和滑坡涌浪的影响进行详细分析。

8.6.2 边坡稳定性、滑坡和涌浪的联合分析

1. 边坡稳定和滑坡涌浪的联合分析框架

水库岸坡失稳涌浪危险性评价由三部分组成,即边坡稳定性分析和确定潜在滑坡体、滑坡运动过程的模拟、涌浪的产生、传播和爬高模拟。提出了一个将水库岸坡稳定性分析、滑动面识别、滑坡破坏过程模拟和由此产生的涌浪模拟结合在一起的联合分析模型[14]。

分析思路如图 8-73 所示,具体说明如下。

(1)基于变形稳定和控制理论,对边坡进行三维非线性有限元分析,采用 TFINE 程序[15]进行计算,对边坡稳定性进行评估。

(2)根据计算得出的不平衡力分布,确定潜在滑动面和滑坡体。

(3)基于浅水波方程与类流体颗粒的滑坡模型,利用步骤(2)中得出的潜在滑坡面与滑坡体,采用 COMCOT 程序模拟滑坡造成涌浪的产生与传播过程[16,17]。

(4)根据涌浪计算成果,分析涌浪是否对水电站各建筑物和大坝的安全运行造成较大影响,完成由边坡滑塌引起的涌浪对水电枢纽安全运行的风险评估。

2. 基于 COMCOT 程序的滑坡涌浪模拟

COMCOT 程序采用浅水波方程的保守形式来模拟波浪的传播与淹没过程。保守形式的控制方程由自由表面的波动和体积通量(即速度与水深的乘积)来表示。相比用水面波动

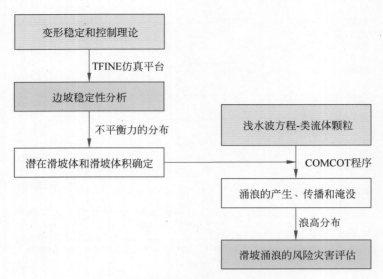

图 8-73   边坡稳定和滑坡涌浪的联合分析思路

与速度来表示的控制方程非保守形式,保守形式应用范围更广,即使在浅水波破碎情况下也适用。

球坐标系下的线性浅水波方程为

$$\begin{cases} \dfrac{\partial \eta}{\partial t} + \dfrac{1}{R\cos\varphi}\left(\dfrac{\partial P}{\partial \psi} + \dfrac{\partial}{\partial \varphi}\cos\varphi Q\right) = -\dfrac{\partial h}{\partial t} \\[3mm] \dfrac{\partial P}{\partial t} + \dfrac{gh}{R\cos\varphi}\dfrac{\partial \eta}{\partial \psi} - fQ = 0 \\[3mm] \dfrac{\partial Q}{\partial t} + \dfrac{gh}{R}\dfrac{\partial \eta}{\partial \varphi} + fP = 0 \end{cases} \tag{8-1}$$

其中,η 代表水面高度;(P,Q) 分别表示 X(东-西)和 Y(南-北)方向的体积通量;(φ,ψ) 表示经度、纬度;R 为地球半径;g 为重力加速度;h 为水的深度;$-\dfrac{\partial h}{\partial t}$ 项反映了海底瞬态运动的影响,可以用来模拟滑坡海啸;f 为地球自转的科里奥利力系数,且 $f = \Omega\sin\varphi$,Ω 为地球自转速率。

当忽略地球自转影响时,可选用直角坐标系下的线性浅水波方程,即

$$\begin{cases} \dfrac{\partial \eta}{\partial t} + \left(\dfrac{\partial P}{\partial x} + \dfrac{\partial Q}{\partial y}\right) = -\dfrac{\partial h}{\partial t} \\[3mm] \dfrac{\partial P}{\partial t} + gh\dfrac{\partial \eta}{\partial x} - fQ = 0 \\[3mm] \dfrac{\partial Q}{\partial t} + gh\dfrac{\partial \eta}{\partial y} + fP = 0 \end{cases} \tag{8-2}$$

其中,(P,Q) 分别表示 X(东-西)和 Y(南-北)方向的体积通量,是速率和水深的乘积,即 $P = hu$,$Q = hv$。

球坐标系下的非线性浅水波方程为

$$\begin{cases} \dfrac{\partial \eta}{\partial t} + \dfrac{1}{R\cos\varphi}\left(\dfrac{\partial P}{\partial \psi} + \dfrac{\partial}{\partial \varphi}\cos\varphi Q\right) = -\dfrac{\partial h}{\partial t} \\[2mm] \dfrac{\partial P}{\partial t} + \dfrac{1}{R\cos\varphi}\dfrac{\partial}{\partial \psi}\left(\dfrac{P^2}{H}\right) + \dfrac{1}{R}\dfrac{\partial}{\partial \varphi}\left(\dfrac{PQ}{H}\right) + \dfrac{gH}{R\cos\varphi}\dfrac{\partial \eta}{\partial \psi} - fQ + F_x = 0 \\[2mm] \dfrac{\partial Q}{\partial t} + \dfrac{1}{R\cos\varphi}\dfrac{\partial}{\partial \psi}\left(\dfrac{PQ}{H}\right) + \dfrac{1}{R}\dfrac{\partial}{\partial \varphi}\left(\dfrac{Q^2}{H}\right) + \dfrac{gH}{R}\dfrac{\partial \eta}{\partial \varphi} + fP + F_y = 0 \end{cases} \tag{8-3}$$

直角坐标系下的非线性浅水波方程为

$$\begin{cases} \dfrac{\partial \eta}{\partial t} + \left(\dfrac{\partial P}{\partial x} + \dfrac{\partial Q}{\partial y}\right) = -\dfrac{\partial h}{\partial t} \\[2mm] \dfrac{\partial P}{\partial t} + \dfrac{\partial}{\partial x}\left(\dfrac{P^2}{H}\right) + \dfrac{\partial}{\partial y}\left(\dfrac{PQ}{H}\right) + gH\dfrac{\partial \eta}{\partial x} + F_x = 0 \\[2mm] \dfrac{\partial Q}{\partial t} + \dfrac{\partial}{\partial x}\left(\dfrac{PQ}{H}\right) + \dfrac{\partial}{\partial y}\left(\dfrac{Q^2}{H}\right) + gH\dfrac{\partial \eta}{\partial y} + F_y = 0 \end{cases} \tag{8-4}$$

其中，H 为总水深，$H = h + \eta$；F_x 和 F_y 分别代表 X 和 Y 方向的底部摩擦力，可通过曼宁公式计算得到

$$\begin{cases} F_x = \dfrac{gn^2}{H^{7/3}}P\sqrt{P^2 + Q^2} \\[3mm] F_y = \dfrac{gn^2}{H^{7/3}}Q\sqrt{P^2 + Q^2} \end{cases} \tag{8-5}$$

其中，n 为曼宁糙率。

8.6.3　边坡稳定性分析及潜在滑坡体的确定

1. 有限元模型及计算参数

TFINE 程序用于边坡稳定性分析和确定潜在滑坡体。TFINE 的有限元计算网格如图 8-74 所示，计算网格总节点数为 309108，总单元数为 293863。

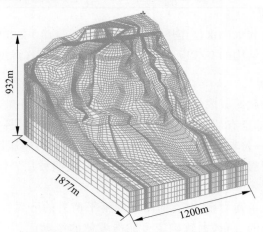

图 8-74　TFINE 的有限元计算网格

模型模拟范围具体如下。

（1）垂直向：向河床以下深度方向延伸到 2048m 高程，顶部向上延伸到 2980m 高程；竖直向下为 Z 轴正方向，模拟范围为 0～932m。

（2）横河向，后缘以 LF1 至岸里 100m 为界，前缘延伸至左岸 2250m 高程为界；水平指向山体为 X 轴正方向；模拟范围为－1877～0m。

（3）顺河向，从双树沟到石门沟之间 1200m 范围内。指向上游为 Y 轴正方向。模拟范围为－1200～0m。

根据地质资料和现场勘察资料，果卜边坡岩体划分为散体结构、碎裂结构、块裂结构和原岩 4 种结构类型，如图 8-75 所示，果卜边坡不同类型岩体的力学参数如表 8-26 所示。

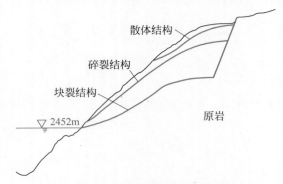

图 8-75　果卜边坡岩体结构分布图

表 8-26　果卜边坡不同类型岩体的力学参数

岩体结构类型	抗压强度/MPa	变形模量/GPa	岩体抗剪（断）参数		泊松比	容重/(10^3 kg/m^3)
			ϕ'/(°)	c'/MPa		
散体结构	＜25	0.2～0.5	24～27	0.03～0.05	0.4～0.45	＜2.4
碎裂结构	25～50	0.5～1.0	31～33	0.15～0.4	0.35～0.40	2.4～2.6
块裂结构	50～80	1.5～3.5	35～39	0.5～0.6	0.32～0.35	2.6～2.7
原岩	100～110	10～15	45～50	1.2～1.5	＜0.27	2.71

荷载考虑岩体自重和水库水位作用，水库水位考虑 2448～2452m 范围（正常蓄水水位）的蓄水过程。采用岩体结构的有效应力理论模拟水的影响[18]（详见第 5 章相关内容）。

2. 边坡稳定性分析

果卜边坡不平衡力和屈服区的分布如图 8-76 所示。由图可知，不平衡力主要集中在坡脚和坡顶，在边坡的中部也有部分不平衡力。屈服区的分布与不平衡力的分布具有很强的相关性，几乎出现在同一位置。由于应力集中，坡脚有明显的屈服区，局部存在较大的不平衡力。坡顶岩体进入屈服状态，出现较大的不平衡力，表明坡顶岩体处于局部破坏或临界稳定状态。

由于不平衡力是自平衡力系，在方向相反的不平衡力的分界部位，就是可能的滑动面，因此可以根据不平衡力的分布，大致确定可能滑坡体的滑动面。Ⅰ—Ⅰ、Ⅱ—Ⅱ、Ⅲ—Ⅲ 剖面的不平衡力空间分布情况和潜在滑动面深度如图 8-77 所示。

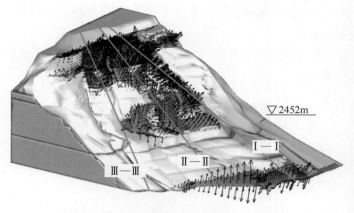

图 8-76 果卜边坡不平衡力和屈服区的分布

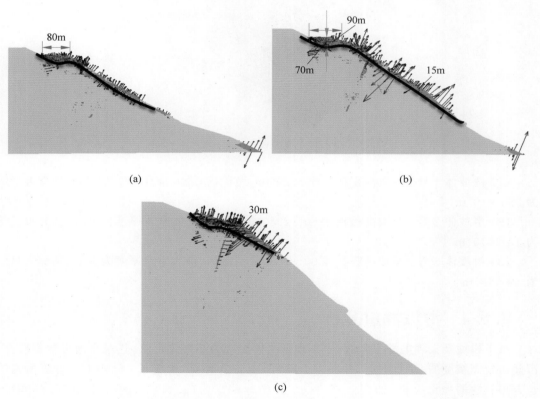

(a)　　　　　　　　　　　　　　　(b)

(c)

图 8-77 Ⅰ—Ⅰ、Ⅱ—Ⅱ、Ⅲ—Ⅲ 剖面不平衡力分布

(a) Ⅰ—Ⅰ剖面；(b) Ⅱ—Ⅱ剖面；(c) Ⅲ—Ⅲ剖面

(1) Ⅰ—Ⅰ剖面：不平衡力主要集中在顶部和中部的表层，水平向向山体内延伸约 80m。

(2) Ⅱ—Ⅱ剖面：不平衡力主要集中在顶部、中部和坡脚的表层，水平向向山体内延伸约 90m，竖直向延伸约 70m，内部部分断层、坡脚处也出现屈服。

（3）Ⅲ—Ⅲ剖面：不平衡力主要集中在顶部表层，垂直向向山体内延伸约30m。

3. 潜在滑坡体的确定

根据数值模拟计算得到的不平衡力分布情况，可以确定3个潜在滑坡体的滑动面和初始位置，如图8-78所示。

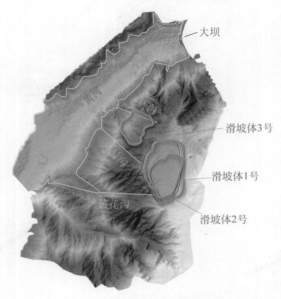

图8-78 潜在滑坡位置示意图

（1）滑坡体1号：滑坡高程在2860～2950m范围内，最大垂直厚度为70m，估算方量约为$360×10^4 m^3$。

（2）滑坡体2号：滑坡高程在2860～2950m范围内，最大垂直厚度为70m，估算方量约为$159×10^4 m^3$。

（3）滑坡体3号：滑坡高程在2500～2680m范围内，最大垂直厚度为15m，估算方量约为$50×10^4 m^3$。

8.6.4 滑坡涌浪分析

果卜岸坡及大坝上游水库的CAD地形文件轮廓为不规则形状，且对岸地形数据较少，因此由较高精度的CAD数据，并辅以DEM数据作为补充，构成了COMCOT计算所需的长方形轮廓的地形文件，如图8-79所示，其坐标范围为（424457.7871，3991277.4995）～（427357.7871，3994267.4995）。因为未被地形包括的水库上游面积较大，所以边界取为开放边界。计算时，空间网格设为5m×5m。对于滑坡的散粒体结构，密度取$2.4g/cm^3$，滑坡体的运动主要受底部摩擦的影响，不考虑散粒体内摩擦对滑坡运动的影响。

1. 滑坡体1号涌浪分析

在水库水位为2452m（正常水库水位）的条件下，对滑坡涌浪进行数值模拟。

结果表明，面积最大的滑坡体1号主要沿1号沟、2号沟、黄花沟3个方向运动崩解。如图8-80(a)所示，滑坡体在滑坡开始后约22.08s以20.1m/s的速度进入1号沟附近的水

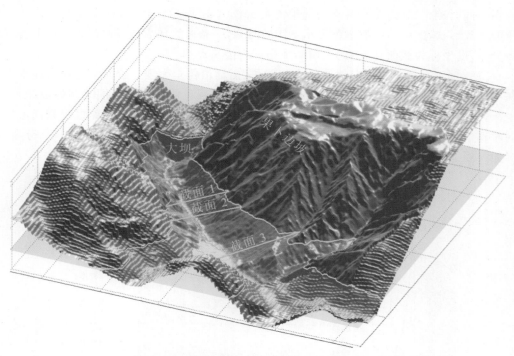

图 8-79 COMCOT 程序计算所用地形及截面位置示意图

面,并产生涌浪,其最大波高为 20.9m。滑坡体在滑坡开始后约 26.10s 以 28.7m/s 的速度进入 2 号沟附近的水面,产生涌浪的最大波高为 14.3m。35.09s 时黄花沟处有滑坡体滑至水面并产生涌浪,滑坡体入水速度为 21.1m/s,产生涌浪的最大波高为 15.0m。38.15s 时波浪传播至对岸,46.18s 时产生于 2 号沟与 3 号沟的两波涌浪在对岸坡脚附近叠加,产生的最大爬高约为 12.7m,该时刻水面的浪高分布如图 8-80(b)所示,最大爬高位置如图中红圈所示。

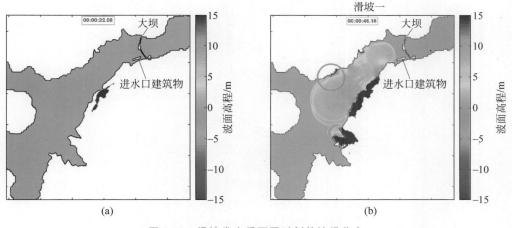

图 8-80 滑坡发生后不同时刻的波场分布

在不同时刻，3 个截面上各点的涌浪高度如图 8-81 所示。其中，红虚线表示该截面处河床的大致形状，图中不同的颜色表示不同的时刻，一条曲线代表该瞬时时刻截面上各点的浪高分布，横坐标为截面各点的 Y 坐标，纵坐标为浪高大小。

47.18s 涌浪传播至进水口建筑物上游面，2s 后涌浪传至大坝上游面。进水口迎水面各点在不同时刻的浪高分布如图 8-82 所示，图中不同的颜色曲线表示不同时刻的浪高分布，横坐标为进水口迎水面上各点的 X 坐标，纵坐标为浪高大小。大坝上游面接收到涌浪后的不同时刻浪高分布情况如图 8-83 所示，图中不同的颜色曲线表示不同时刻的浪高分布，横坐标为大坝上游面各点的 Y 坐标。

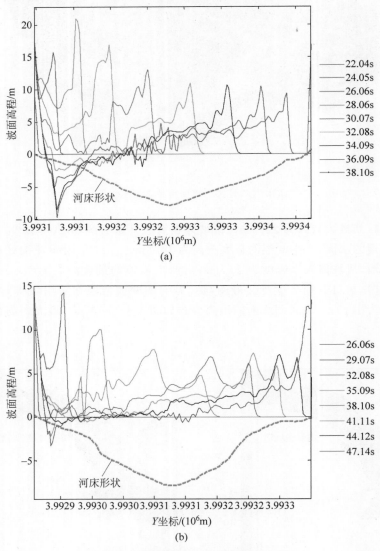

图 8-81　各截面不同时刻的浪高分布

(a) 截面 1；(b) 截面 2；(c) 截面 3

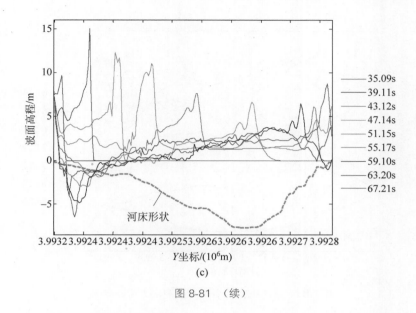

图 8-81 （续）

由图 8-82 可知,进水口迎水面的最大波高为 6.4m,其余各点的最大波高均在 4.8m 以上。由图 8-83 可知,大坝中间各点(Y 坐标在 3993700～3993800 范围内的点)浪高在 5.7m 以下,大坝两侧(Y 坐标在 3993700～3993800 范围之外的点)涌浪最高时约为 6.8m,而波浪反射后,在大坝上游水面引起 3m 左右的波动。

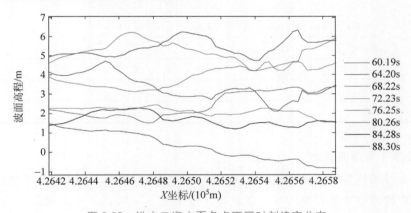

图 8-82 进水口迎水面各点不同时刻浪高分布

对于相同的潜在滑坡体,在蓄水至正常蓄水水位(2452m)时落至水面所引起的涌浪大小,与在水面高程维持在 2448m 时所引起的涌浪大小不一样。涌浪最大波高、对岸最大爬高、大坝上游中间与两侧最大波高、进水口迎水面最大波高等大小对比如表 8-27 所示。由表 8-27 可知,在两种水库水位情况下,滑坡诱发的涌浪不会漫过坝顶,不会对下游造成破坏性影响。

2. 滑坡体 2 号涌浪分析

滑坡体 2 号的体量比滑坡体 1 号小,其产生的涌浪与滑坡体 1 号相似,但波幅较小。表 8-27 总结了滑坡体 2 号在 2452m 和 2448m 两个水库水位条件下的波浪特征。

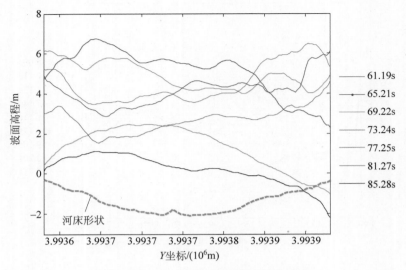

图 8-83 坝前 10m 处各时刻浪高沿大坝分布图

表 8-27 果卜边坡滑坡涌浪模拟结果

潜在滑坡体编号	库水位/m	最大波高	对岸最大爬高	坝前最高	坝侧最高	进水口最高
1 号	2452	20.9	12.7	5.7	6.8	6.4
	2448	18.5	15.0	5.0	6.8	—
2 号	2452	13.8	9.0	2.3	2.6	2.4
	2448	11.2	10.0	2.2	2.6	—
3 号	2452	7.0	4.8	1.5	1.8	1.7
	2448	6.4	5.5	1.7	2.3	—

3. 滑坡体 3 号涌浪分析

滑坡体 3 号的体量比另外两种潜在滑坡体小得多且高程较低,因此其诱发涌浪呈现出不同于其他两种滑坡体的传播特征。滑坡体 3 号位于 1 号沟和 2 号沟附近,与水面垂直距离较短,滑坡体主要向 1 号沟附近的水面移动,移动速度比滑坡体 1 号慢,2 号沟只接收少量滑坡体,没有引起明显的波浪,没有滑坡体进入黄花沟。在水库水位为 2452m(正常水库水位)的条件下,对滑坡涌浪进行数值模拟。滑坡体 3 号在滑坡开始后约 3.01s 以 11.2m/s 的速度到达 1 号沟附近的水面,并引起高度约 7.0m 的首波。24.09s 时该处产生的涌浪传播到对岸坡脚附近,在 27.06s 时产生了最大爬高,约为 4.81m,如图 8-84 所示,图中圆圈内红色较深的位置即为爬高较高处。图 8-85 显示了沿着图 8-79 所示的截面 1 在不同时刻的浪高分布。

32s 时涌浪传播至进水口建筑物上游面,大约 2s 后,即涌浪在 34.09s 传至大坝上游面。进水口迎水面各点在不同时刻的浪高分布如图 8-86 所示,图中不同的颜色曲线表示不同时

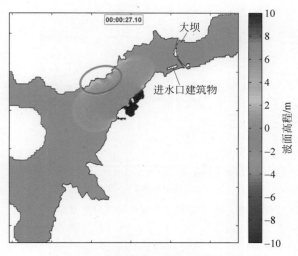

图 8-84　27.10s 时刻水面的浪高分布

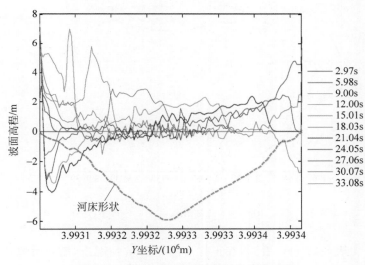

图 8-85　截面 1 各点不同时刻的浪高分布

刻的浪高分布,横坐标为进水口迎水面上各点的 X 坐标,纵坐标为浪高大小。大坝上游面接收到涌浪后的不同时刻浪高分布情况如图 8-87 所示,图中不同的颜色曲线表示不同时刻的浪高分布,横坐标为大坝上游面各点的 Y 坐标。

由浪高分布图 8-88 和图 8-89 可知,进水口建筑物上游面最大浪高约为 1.7m,大坝两侧浪高最高时约 1.8m,而大坝上游面中间浪高基本在 1.5m 以下。结果表明,削坡措施显著减少了潜在滑坡体 3 号的体积,即使在地震作用下,该滑坡体对大坝和水库的威胁也比滑坡体 1 号和 2 号小得多。

4. 涌浪分析结果汇总

表 8-27 汇总了果卜边坡在 2452m 和 2448m 两个水库水位情况下的潜在滑坡体的诱发

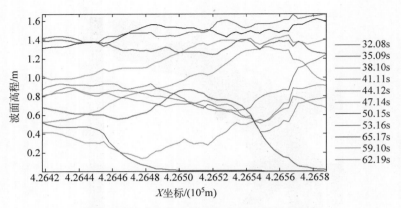

图 8-86　进水口迎水面各点不同时刻浪高分布

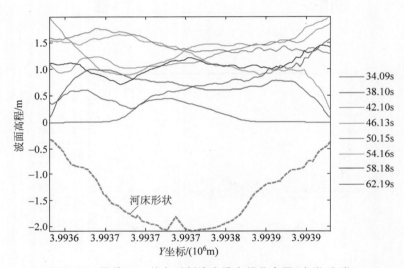

图 8-87　坝前 10m 处各时刻浪高沿大坝分布图(右岸-左岸)

涌浪模拟结果。由表 8-27 可以看到,在正常水位 2452m 情况下,潜在滑坡体 1 号诱发的最大波高达 20.9m。在几种工况下,由果卜边坡产生的滑坡涌浪传至大坝处,2542m 水位最高壅高为 6.8m,2448m 水位最高壅高为 6.8m,而坝顶高程为 2460m,因此并不会造成翻坝的危险。但涌浪传至对岸时,会形成较高的波浪爬高,最高达 12.7m,有可能对对岸边坡的稳定造成一定影响。

8.6.5　分析框架效果评价

本节在水库岸坡稳定性评价的基础上,提出了滑坡和滑坡诱发涌浪危险性评价的分析框架。它结合了 TFINE 程序进行岸坡稳定性分析和确定潜在滑动面的能力,以及 COMCOT 程序对滑坡和涌浪的动态耦合模拟能力。在该框架下,基于变形稳定和控制理论对水库岸坡进行有限元分析,利用 TFINE 计算不平衡力的分布,确定潜在滑动面和滑坡方量。与刚体极限平衡法等传统方法相比,其优点是不需要人为假设可能的滑动面。采用

COMCOT 海啸模拟软件中的动态耦合方法,同时模拟了滑坡运动和涌浪的时空演化过程,以分析滑坡涌浪对大坝和水库的潜在影响。

对拉西瓦水库滑坡诱发涌浪灾害评价的数值模拟结果表明,潜在滑坡触发的最大波高为 20.9m,而坝前最大波高仅为 6.8m,比坝顶低约 1.3m。因此,滑坡引起的涌浪不太可能翻坝,不会对下游和大坝结构本身的安全构成威胁。但涌浪传至对岸时,会形成较高的波浪爬高(12.7m),有可能对对岸边坡的稳定造成一定影响。本节所提出的分析框架能够科学合理地完成滑坡及涌浪的数值模拟,并且可以科学地进行库岸边坡滑塌的风险分析,相关成果既可以为库岸边坡及类似工程的除险加固提供合理建议,又可以为库岸边坡滑塌及涌浪危险提供预警信息。

参考文献

[1] 刘耀儒,杨强,薛利军,等.基于三维非线性有限元的边坡稳定分析方法[J].岩土力学,2007,28(9):1894-1898.

[2] 杨强,朱玲,翟明杰.基于三维非线性有限元的坝肩稳定刚体极限平衡法机理研究[J].岩石力学与工程学报,2005,24(19):3403-3409.

[3] 杨强,朱玲,薛利军.基于三维多重网格法的极限平衡法在锦屏高边坡稳定性分析中的应用[J].岩石力学与工程学报,2005,24(S2):5313-5318.

[4] LIU Y R,WANG C Q,YANG Q. Stability analysis of soil slope based on deformation reinforcement theory[J]. Finite elements in analysis & design,2012,58:10-19.

[5] 陈祖煜.建筑物抗滑稳定分析中"潘家铮最大最小原理"的证明[J].清华大学学报(自然科学版),1998,38(1):1-4.

[6] GOODMAN R E,SHI G H. Block theory and its application to rock engineering[M]. Englewood Cliffs:Prentice-Hall,Inc.,1985.

[7] 刘耀儒,黄跃群,杨强,等.基于变形加固理论的岩土边坡稳定和加固分析[J].岩土力学,2011,32(11):3349-3354.

[8] GRIFFITHS D V,LANE P A. Slope stability analysis by finite elements[J]. Geotechnique,1999,49(3):387-403.

[9] 吕庆超.复杂条件下高边坡变形稳定与控制的机理研究[D].北京:清华大学,2018.

[10] 王如宾,徐卫亚,孟永东,等.锦屏一级水电站左岸坝肩高边坡长期稳定性数值分析[J].岩石力学与工程学报,2014,33(S1):3105-3113.

[11] ZHANG L,LIU Y R,YANG Q. A creep model with damage based on internal variable theory and its fundamental properties[J]. Mechanics of materials,2014,78:44-55.

[12] 张泷,刘耀儒,杨强,等.考虑损伤的内变量黏弹-黏塑性本构方程[J].力学学报,2014,46(4):572-581.

[13] LV Q C,LIU Y R,YANG Q. Stability analysis of earthquake-induced rock slope based on back analysis of shear strength parameters of rock mass[J]. Engineering geology,2017,228:39-49.

[14] LIU Y R,WANG X M,WU Z S,et al. Simulation of landslide-induces surges and analysis of impact on dam based on stability evaluation of reservoir bank slope[J]. Landslides,2018,15(10):2031-2045.

[15] LIU Y R,WU Z S,YANG Q,et al. Dynamic stability evaluation of underground tunnels based on deformation reinforcement theory[J]. Advances in engineering software,2018,124:97-108.

[16] WANG X. Numerical modelling of surface and internal waves over shallow and intermediate water [D]. Ithaca：Cornell University,2008.

[17] WANG X,LIU P. Numerical simulations of the 2004 indian ocean tsunamis-coastal effects[J]. Journal of earthquake and tsunami,2007,1(3)：273-297.

[18] CHENG L,LIU Y R,YANG Q,et al. Mechanism and numerical simulation of reservoir slope deformation during impounding of high arch dams based on nonlinear FEM[J]. Computers and geotechnics,2017,81(1)：143-154.

第 9 章

地下岩体工程的稳定和加固分析

本章对地下工程的稳定性和加固进行分析,内容分为 3 个部分,其中 9.1 节针对水电地下厂房的施工优化分析进行介绍,9.2 节对深埋 TBM 隧洞的施工过程和支护时机进行分析,9.3 节针对地下洞室群的连锁破坏进行讨论,9.4 节对深埋地下长隧洞的长期稳定性进行分析。

9.1 水电地下厂房的施工优化分析

本节针对水布垭地下厂房的施工开挖过程进行优化分析。采用三维快速拉各朗日法(FLAC^{3D})进行不同施工步骤的开挖分析,从而得到最优的施工开挖方案[1]。

9.1.1 水布垭地下厂房概述

水布垭水利枢纽[2-5]位于清江中游河段的湖北省巴东县水布垭镇,是清江干流梯级开发中的最上一级,也是清江流域梯级开发的龙头电站。该工程上游距离恩施市 117km,下游距离隔河岩水利枢纽 92km,距离清江与长江汇合口 153km。

水布垭工程枢纽为混凝土面板堆石坝、左岸溢洪道和右岸引水式地下式电站、放空洞的布置方案。大坝高为 234m,地下电站装机 4 台,单机容量为 400MW,总装机容量为 1600MW。主要建筑物包括引水渠和进水口、引水隧洞、主厂房、安装场、尾水洞、尾水平台和尾水渠、出线洞、500kV 变电所、交通洞、通风洞等。

1. 地下电站的布置方案

地下厂房主要建筑物布置与相关尺寸如下:

主厂房纵轴线方向为 N296°,与岩层走向夹角 34°,平面尺寸为 141m×23m(长×宽),其中机组段长 102m,安装场长 39m。断面形式为圆拱直墙式,顶拱高程 233m,尾水管底板开挖高程 165m,总高度 68m。主变室布置在地上。

引水洞为 1 机 1 洞,洞中心间距 24m,斜交于主厂房,夹角为 70°。引水洞上平段内径为

9.0m,斜井与下平洞高压段内径为 6.9m。

母线洞断面为城门洞形,尺寸为 7m×6.5m(宽×高),母线出线井断面为圆形,直径为 5m。

尾水洞按 1 机 1 洞布置,洞线与主厂房轴线夹角为 90°,洞中心线间距为 25.5m。从厂房向下游,尾水洞开挖断面为渐变的矩形,最大处距主厂房下游侧墙 27m,断面尺寸为 10m×9m(宽×高)。接着为矩形变化至尾水管卵形的渐变段,尾水管为近似卵形,最大宽度为 8m,最大高度为 13m。

2. 地质条件

坝址区位于长阳复式背斜西翼的次级褶皱三友坪向斜的东翼。三友坪处的向斜轴向总体为南北走向,向北倾伏,地层缓倾,呈平卧状。受向斜倾伏的影响,东翼岩层总体走向 320°,倾向南西,倾角为 12°左右。坝址区共发育大小断层 230 余条,其中 1/3 分布于坝址河段及马崖、大崖地段。断层发育的优势方向为 NNE、NNW 组,占总数的 61.4%。其中,NNE 组最为发育,占总数的 35%;其次为 NNW 组,占总数的 26.4%。对工程影响较大的有 F_2、F_3、F_8、F_{12}、F_{14}、F_{115} 共 6 条。断层的倾角在 65°~86°范围内,断层性质为正断层、平移正断层。

水布垭工程的厂房布置区地层产状平缓,岩层比较复杂。岩层走向与河流向近于正交,岩层倾向上游略偏左岸,倾角为 8°~20°。地层岩性上软下硬,上部又是软硬相间,软岩所占的比例高。主要的岩层包括茅口组 P_{1m} 的灰岩,栖霞组 P_{1q} 的灰岩,马鞍组 P_{1ma} 的灰岩,泥盆系写经寺组 D_{3x} 的灰岩,黄家蹬组 D_{3h} 的砂、页岩。其中,P_{1q} 岩层中含炭泥质生物碎屑灰岩、灰质泥岩、泥质灰岩和泥灰岩等软弱岩层,累计占总厚度的 18.2%~17.4%;P_{1ma} 岩层为软弱夹层。总之,这里的岩层具有多软层、多剪切带、多层面和力学性能较差的特点,对厂房的围岩稳定十分不利。水布垭厂房输水线路地质纵剖面如图 9-1 所示。

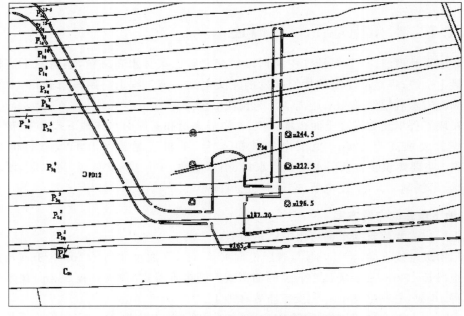

图 9-1   水布垭厂房输水线路地质纵剖面图

9.1.2 计算模型和施工方案

1. 计算模型

模型以 1 号机组顶拱中心为模型的 X、Y 坐标轴 O 点。计算模型范围如下：厂房轴线方向（Y 向，向河谷的方向为正），以 1 号机组中心线为中心，向两侧各延伸 150m；垂直厂房轴线方向（X 向，下游为正），从 1 号机组顶拱中心线向两侧各延伸 200m；竖直方向（Z 向，向上为正），采用实际所给的高程，向下延伸到 0m 高程，向上延伸到自由地表面，最高处高程为 505m。综上所述，数值模型范围为 400m×300m×505m（长×宽×高，垂直方向随地形线稍有差异），计算范围相应的坐标如下：X 方向，$-200 \sim 200$m；Y 方向，$-150 \sim 150$m；Z 方向，$0 \sim 505$m。

计算模型考虑了计算范围内的地形地质条件和施工开挖分期因素，计算节点共 30047 个，单元 28172 个，计算网格如图 9-2 所示。

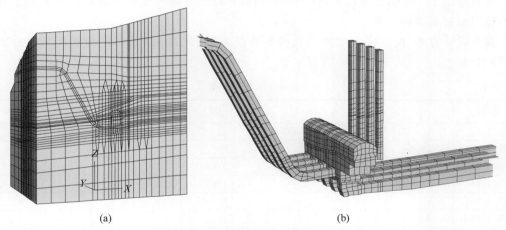

(a)   (b)

图 9-2 计算网格

（a）整体模型；（b）开挖（厂房）部分网格

水布垭地下厂房区的地应力是以自重应力为主导的地应力场，厂区属中等地应力水平区。因此，计算时只考虑自重应力场。

岩体采用 Drucker-Prager 模型，地层共 14 种。地下厂房岩体力学参数如表 9-1 所示。

表 9-1 地下厂房岩体力学参数

岩 层	变形模量 /MPa	泊松比	黏结力 /MPa	摩擦角/(°)	抗拉强度 /MPa	容重/ (10^3 kN/m³)
F_{50}	50	0.4	0.03	14.03	0	0.0265
D_{3x} 以下	15000	0.25	1.0	45.0	1.5	0.0265
D_{3x}	4000	0.25	0.4	40.0	0.5	0.0265
C_{2h}	6000	0.3	0.7	16.7	0.5	0.0265
P_{1ma}	15000	0.35	0.3	26.57	1.0	0.0265
P_{1ql}	6000	0.3	0.7	40.36	0.5	0.0265

续表

岩　　　层			变形模量 /MPa	泊松比	黏结力 /MPa	摩擦角/(°)	抗拉强度 /MPa	容重/ $(10^3 \mathrm{kN/m^3})$
P_{1q2}			15000	0.25	1.2	55.77	1.0	0.0265
P_{1q3}	Ⅲ		5000	0.3	0.7	40.36	0.5	0.0265
	Ⅴ	剪切带	100	0.4	0.01	13.0	0.0	0.0265
		其他	15000	0.25	1.0	55.77	1.0	0.0265
P_{1q4}			15000	0.25	1.0	55.77	1.0	0.0265
P_{1q5}			15000	0.25	1.0	48.0	1.15	0.0265
P_{1q5} 以上			15000	0.25	1.0	48.0	1.15	0.0265
混凝土			30000	0.25	1.7	60.0	2.0	0.0265

2. 施工开挖方案

水布垭地下厂房的规模巨大,合理布置分期开挖的方案对于地下电站的顺利施工及围岩的稳定都有重要的意义。

参考设计方案,初步拟采用如下几种的开挖方案,如表 9-2 所示。施工各开挖分区如图 9-3 所示。

表 9-2　开挖方案

方案	一	二	三	四	五	六	七
第 1 期	1	1	6+7+8	6	6+8	6+8	7
第 2 期	2+6	3+8	1	1	1	1+7	1
第 3 期	3+8	2+6	2	2+8	2	2	2+6
第 4 期	4+7	4+7	3	3+7	3+7	3	3+8
第 5 期	5	5	4	4	4	4	4
第 6 期	—	—	5	5	5	5	5

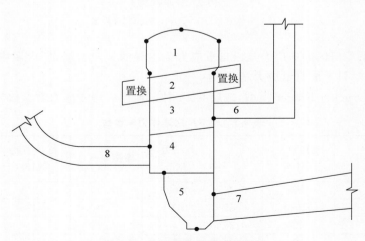

图 9-3　施工各开挖区域示意图

开挖前先进行置换,再按以下顺序开挖。

方案一:首先开挖主厂房顶拱,开挖厂房的时候也同时依次开挖引水洞、母线洞、尾水洞,共分5期开挖。

方案二:根据施工单位的要求,计算跳挖的方案。第2期先开挖第三开挖块和引水洞,第3期开挖第二开挖块和母线洞。其他工期开挖与方案一相同。

方案三:在开挖主厂房前,先开挖引水洞、母线洞和尾水洞,然后顺序开挖主厂房。

方案四:先开挖母线洞,然后开挖厂房顶拱,继续开挖主厂房,同时依次开挖引水洞和尾水洞。

方案五:首先开挖母线洞和引水洞,开挖完主厂房中上部后,尾水洞与主厂房第三部分同时开挖,最后开挖主厂房第四、第五部分。

方案六:首先开挖母线洞和引水洞;然后开挖厂房顶拱,与尾水洞同时开挖;最后依次开挖主厂房其他部分。

方案七:第1期首先开挖尾水洞,然后再开挖主厂房与引水洞、母线洞。

9.1.3 施工优化分析

通过施工过程的模拟,对位移、应力、塑性区及施工工期等方面对不同施工方案进行比选。

1. 位移与变形的分析

选取典型的沿1号机组中心线的剖面进行分析,特征点的分布如图9-4所示。

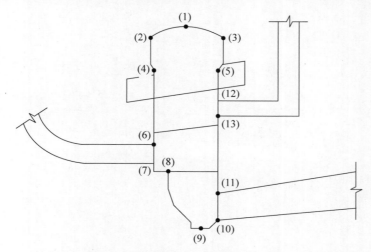

图 9-4　1号机组中心线断面洞室周围特征点分布示意图

注:图中括号内数字为特征点序号

不同方案开挖完毕后,洞周水平(X 向)和竖向(Z 向)位移的分布规律类似。以方案一1号机组中心线剖面为例进行分析。方案一全断面开挖后1号机组中心线断面洞周特征点位移如表9-3所示;方案一全断面开挖后厂房边墙1号机组剖面位移矢量图如图9-5所示。

表 9-3　方案一全断面开挖后 1 号机组中心线断面洞周特征点位移

特征点编号	节点位移/mm			特征点位置说明
	X	Y	Z	
1	−0.43	0.52	−10.46	主厂房拱顶中心
2	1.14	−0.28	−4.93	主厂房上游侧顶拱拱端
3	−2.48	0.96	−5.71	主厂房下游侧顶拱拱端
4	7.39	−0.60	0.99	主厂房上游侧顶拱拱座处
5	−8.98	0.67	−0.59	主厂房下游侧顶拱拱座处
6	5.53	−0.56	−1.12	引水洞顶拱中心
7	4.51	−1.43	15.62	引水洞底板中心
8	16.93	−1.87	30.76	主厂房斜坡
9	−0.42	−0.37	13.70	主厂房底板中心
10	−4.17	−1.31	18.51	尾水洞底板中心
11	−32.94	−3.27	−26.21	尾水洞顶拱中心
12	−8.43	0.41	−4.32	母线洞顶拱中心
13	−8.57	−0.26	1.11	母线洞底板中心

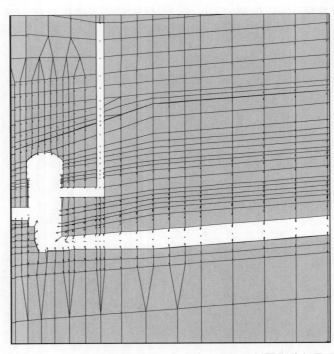

图 9-5　方案一全断面开挖后厂房边墙 1 号机组剖面位移矢量图

由图 9-5 和表 9-3 可知,全断面开挖后厂房的变形均指向洞内。在 1 号机组断面上, X 向位移最大值为 32.94mm(变形指向上游),位于尾水洞与主厂房下游边墙相交处(特征点 11),主厂房上游边墙处(特征点 8)的 X 向位移为 16.93mm(变形指向下游),较大。厂房顶拱上游拱座处(特征点 4)的 X 向位移为 7.39mm(变形指向下游),顶拱下游拱座处(特征点 5)的 X 向位移为 8.98mm(变形指向上游)。厂房的 Y 向位移总体较小,大多只有 1~2mm。

竖向位移最大处发生在主厂房上游边墙处(特征点 8)的回弹位移为 30.76mm(方向向上)。在厂房的底板处(特征点 9)回弹位移为 13.70mm(方向向上)。从整体上看,厂房的底板的回弹是比较明显的。在母线洞和进水洞处的底板上也有明显的竖向位移回弹。1 号机组尾水洞的顶拱中心点(特征点 11)的下沉量较大,为 26.21mm(方向向下)。尾水洞的底板(特征点 10)的回弹为 18.51mm(方向向上)。

主厂房顶拱的竖向位移随施工过程的累计曲线图如图 9-6 所示。由图可见,顶拱的竖向(Z 向)位移随着开挖过程不断积累,由于最先开挖顶拱,所以第一步开挖顶拱后 Z 向位移较大,为 6.53mm(方向向下),最终 5 期开挖后顶拱的最大位移累计为 10.46mm(方向向下)。

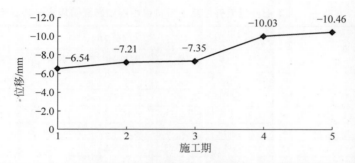

图 9-6　方案一 1 号机组主厂房顶拱竖向位移随施工开挖过程的累计曲线

沿主厂房轴线方向的竖向位移施工过程中的累计曲线如图 9-7 和图 9-8 所示。从图 9-7 和图 9-8 中可以看出 2、3 号机组段的变形较大,4 号机组由于靠近洞室的边墙受到围岩的约束较大,其竖向位移量相对较小。

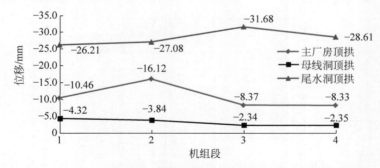

图 9-7　方案一全断面开挖后厂房顶拱沿洞室轴线方向竖向位移图 1

其他方案的计算结果如表 9-4 所示。由表可以看到,方案三和方案七的位移相对较小。这两个方案的特点都是先开挖尾水洞。从各个方案计算的位移结果可以看出,厂房变形最大处是尾水洞与厂房边墙相交处,这里的岩层比较薄弱。开挖尾水洞时,会对厂房其他部位的变形有一定影响。从图 9-6 中也可以看到,方案一中的第 4 期施工时开挖尾水洞,顶拱的竖向位移明显增大,所以先开挖尾水洞对减小厂房的整体变形是有利的。

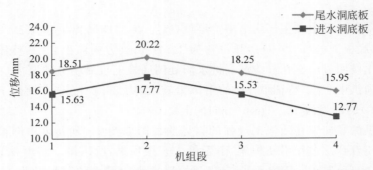

图 9-8　方案一全断面开挖后厂房顶拱沿洞室轴线方向竖向位移图 2

表 9-4　方案一～方案七全断面开挖后 1 号机组中心线断面洞周部分特征点位移

特征点编号	位移方向	节点位移/mm						
		方案一	方案二	方案三	方案四	方案五	方案六	方案七
1	X	−0.43	−0.43	−0.40	−0.42	−0.42	−0.41	−0.40
	Y	0.52	0.52	0.53	0.54	0.53	0.53	0.53
	Z	−10.46	−10.46	−10.55	−10.48	−10.49	−10.53	−10.54
4	X	7.39	7.53	7.35	7.58	7.58	7.61	7.35
	Y	−0.60	−0.61	−0.61	−0.62	−0.63	−0.63	−0.60
	Z	0.99	1.15	0.91	1.00	1.01	0.98	0.92
5	X	−8.98	−8.96	−8.85	−9.06	−9.06	−9.02	−8.90
	Y	0.67	0.68	0.69	0.70	0.70	0.72	0.68
	Z	−0.59	−0.49	−0.82	−0.64	−0.66	−0.72	−0.79
6	X	5.53	5.51	5.54	5.57	5.57	5.53	5.54
	Y	−0.56	−0.58	−0.56	−0.56	−0.56	−0.56	−0.57
	Z	−1.16	−1.17	−1.16	−1.10	−1.11	−1.17	−1.17
7	X	4.51	4.49	4.49	4.46	4.45	4.49	4.49
	Y	−1.44	−1.43	−1.43	−1.44	−1.42	−1.43	−1.44
	Z	15.63	15.62	15.59	15.69	15.68	15.60	15.59
8	X	16.93	16.93	16.75	16.81	16.82	16.76	16.75
	Y	−1.87	−1.87	−1.85	−1.87	−1.87	−1.85	−1.86
	Z	30.76	30.75	30.50	30.65	30.66	30.52	30.49
9	X	−0.42	−0.42	−0.48	−0.43	−0.43	−0.47	−0.50
	Y	−0.37	−0.37	−0.38	−0.37	−0.37	−0.38	−0.39
	Z	13.70	13.70	13.64	13.68	13.68	13.65	13.64
10	X	−4.17	−4.17	−4.28	−4.21	−4.21	−4.27	−4.30
	Y	−1.31	−1.31	−1.35	−1.31	−1.31	−1.34	−1.36
	Z	18.51	18.51	18.37	18.44	18.44	18.38	18.36
11	X	−32.94	−32.92	−32.17	−32.64	−32.59	−32.25	−32.14
	Y	−3.27	−3.26	−3.29	−3.36	−3.26	−3.31	−3.31
	Z	−26.21	−26.24	−26.30	−26.35	−26.28	−26.35	−26.36
12	X	−8.43	−8.44	−8.21	−8.35	−8.35	−8.25	−8.20
	Y	0.41	0.38	0.48	0.43	0.43	0.45	0.47
	Z	−4.32	−4.31	−4.47	−4.39	−4.38	−4.48	−4.51

续表

特征点编号	位移方向	节点位移/mm						
		方案一	方案二	方案三	方案四	方案五	方案六	方案七
13	X	−8.57	−8.55	−8.33	−8.48	−8.48	−8.38	−8.30
	Y	−0.26	−0.26	−0.18	−0.24	−0.24	−0.20	−0.17
	Z	1.11	1.10	0.90	1.04	1.04	0.92	0.86

2. 应力分析

7个方案的应力分布规律比较相似,各个方案全断面开挖后的应力分布规律相似,应力极值点出现的位置也基本相同,差异不是非常明显。

下面以方案一为例,分析应力分布的特点。方案一全断面开挖后1号机组剖面主应力图分别如图9-9和图9-10所示。由图9-9和图9-10可以看到,压应力主要集中在主厂房的上、下游顶拱拱座处,最大值为13.9MPa。在一些洞室交叉部位,以主厂房与引水洞连接处最明显,最大值为13.3MPa。洞室的上、下游边墙中部出现了不同程度的拉应力区,主厂房尾水洞之间的岩柱也出现了一定范围的拉应力区,数值在0.5～1MPa范围内。最大的拉应力为1.40MPa,位于主厂房下游边墙与母线洞相交处。

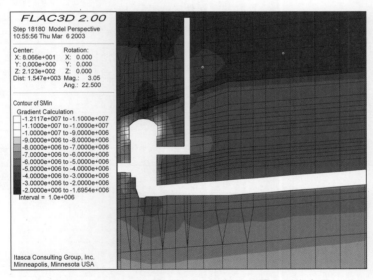

图9-9 方案一全断面开挖后1号机组剖面主压应力图

3. 塑性区分布

全断面开挖后,7种方案主厂房的边墙都出现了较大的塑性区。塑性区的分布规律基本相似。各个方案厂房施工工期塑性区的比较如表9-5所示;方案一全断面开挖后塑性区分布如图9-11～图9-13所示。由图9-11～图9-13可知,塑性区主要集中在主厂房上、下游边墙,特别是主厂房尾水洞间的岩柱和尾水洞与主厂房相交处。同时,在厂房顶拱上侧的F_{50}断层附近、引水隧洞与主厂房相交处、母线洞与主厂房相交处都出现了一定范围的塑性区。引水洞处的塑性区向上游延伸15～25m,尾水洞处的塑性区较大,已经基本贯通。

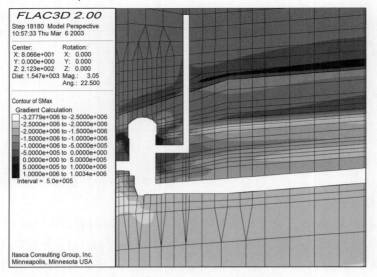

图 9-10 方案一全断面开挖后 1 号机组剖面主拉应力图

表 9-5 各个方案厂房施工工期塑性区的比较

方案	塑性区体积($\times 10^4 \mathrm{m}^3$)					
	第 1 期	第 2 期	第 3 期	第 4 期	第 5 期	第 6 期
一	1.21	2.17	2.44	46.21	50.81	—
二	1.21	3.34	3.73	46.33	51.89	—
三	39.87	41.57	42.51	42.45	45.63	48.79
四	0.12	1.32	2.51	42.65	46.39	50.39
五	0.27	1.39	2.64	42.91	46.23	49.52
六	0.27	42.13	42.93	43.44	45.69	49.13
七	39.78	41.54	42.33	42.61	45.42	48.17

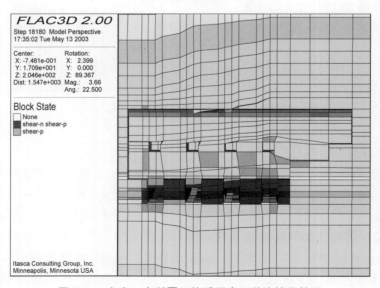

图 9-11 方案一全断面开挖后厂房下游边墙塑性区

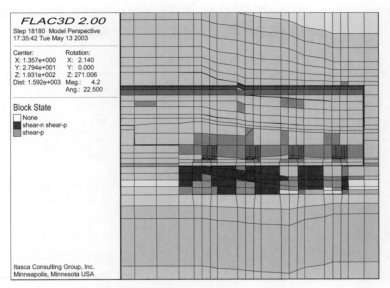

图 9-12　方案一全断面开挖后厂房上游边墙塑性区

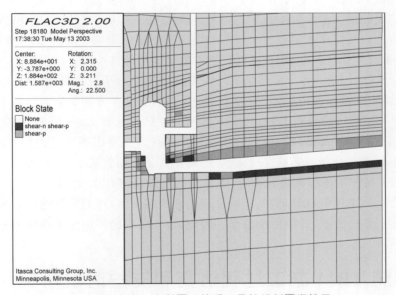

图 9-13　方案一全断面开挖后 1 号机组剖面塑性区

从表 9-5 可以看出,塑性区主要产生于尾水洞开挖后,尾水洞先开挖的方案三与方案七产生塑性区的体积最小。由此可见,尾水洞的开挖对于整个厂房的稳定有很大的影响。

4. 施工工程量的对比分析

洞室施工总挖方量为 344208m³。主厂房厂房顶拱的拱座处置换的混凝土体积为 20850m³。各施工工期的工程量比较如表 9-6 所示。由表 9-6 可看出,各方案的工程量都不是十分平均。这里面的主要问题在于引水洞、母线洞、尾水洞都比较长,在实际工程施工中一般不会等到这些隧洞全部开挖完成后才进行下一步的施工。因为这些隧洞的开挖大部分是可以独立于主厂房开挖进行的,所以其施工工程量是可以灵活掌握的,起到平衡各步的工程量的作用。就上述方案的比较看,方案七的施工工程量更为平均。

表 9-6　各施工工期的工程量比较　　　　　　　　　　　　　　m³

方案	一	二	三	四	五	六	七
第 1 期	45493	45493	191852	26852	106548	106548	85304
第 2 期	59582	105383	45493	45493	45493	130797	45493
第 3 期	105383	59582	32730	112426	32730	32730	59582
第 4 期	121397	121397	25687	110991	110991	25687	105383
第 5 期	12353	12353	36093	36093	36093	36093	36093
第 6 期	—	—	12353	12353	12353	12353	12353

5. 主要优化结论

通过对不同方案的变形、应力、塑性区及施工工期与施工量的比较,得出以下结论。

(1) 各个开挖方案的主厂房洞室周边的变形不大。主厂房的顶拱拱座处的软岩在洞室开挖前进行了混凝土置换,穿过此处的 P_{1q}^3 岩层剪切带对主厂房拱座处有一定的影响,主要表现在拱座处的 X 向位移较大,出现了一定范围的塑性区,并且存在一定的应力集中现象。各方案变形较大的地方基本集中在 P_{1ma}、C_{2h} 两岩层与主厂房相交的地方,包括尾水洞及尾水洞之间的岩柱。开挖尾水洞对整个厂房的变形有一定的影响。在方案三和方案七中,先开挖尾水洞,再开挖厂房其他部分,这样厂房的整体变形是最小的。

(2) 从应力分布来看,各方案都是主厂房顶拱拱座处的压应力最大,为 $13 \sim 14\mathrm{MPa}$,厂房上、下游边墙中部有拉应力区,最大为 $1.2\mathrm{MPa}$ 左右。各个方案在应力分布上区别不大。

(3) 从塑性屈服区的分布上看,几个方案的塑性区都比较大,主厂房顶拱、边墙及尾水洞与主厂房相交的地方都出现大面积的塑性区。塑性区主要出现在开挖尾水洞后,先开挖尾水洞的两个方案在全断面开挖完成后,总的塑性区比其他方案小。

(4) 从施工各步的工程量比较来看,方案七的工程量相对比较平均。

所以综合上述条件可以看出,施工顺序以先开挖尾水洞,再顺序开挖厂房各个部分最为有利。综合比较各个方面,方案七为最优。因此,推荐采用的厂房施工顺序为开挖方案七。

9.2　隧洞 TBM 施工过程仿真和支护时机研究

本节对双护盾隧道掘进机(tunnel boring machine,TBM)隧洞的施工过程的模拟方法进行分析,研究回填支护时机对围岩、支护结构力学特性的影响[6,7]。

9.2.1　概述

TBM 广泛应用于水利水电工程、公路铁路及矿山等行业的地下工程建设中,分为开敞式 TBM、单护盾 TBM 和双护盾 TBM 共 3 种类型。其中,双护盾 TBM 凭借其安全、高效且适用于硬岩、软岩及复合地层的特点,越来越广泛地应用于深埋长隧洞的施工中。但双护盾 TBM 在不良地质条件下易发生卡护盾的现象。根据不完全统计,TBM 掘进过程中常常面临着各种工程地质灾害问题[8]，其中尤其以挤压大变形最为频发，所占比例达 37%。而深埋隧洞地应力高、地质条件往往又十分复杂，因此挤压大变形引发的卡机问题将成为双护盾 TBM 隧洞建设中首要考虑的问题。

双护盾 TBM 一般通过施加衬砌管片并进行豆砾石回填和灌浆对围岩进行支护。在 TBM 掘进施工过程中，管片安装位于护盾末端，围岩和管片之间的空隙采用豆砾石回填。间隔一定距离后，对豆砾石进行灌浆，使管片和豆砾石形成整体支护结构。由于灌浆一般滞后于豆砾石回填[9]2～5d，围岩变形发展比较充分，但是管片在前期起不到支护的作用，增加了 TBM 卡机的风险。另外，采用豆砾石进行回填灌浆往往密实度较低[10]，容易造成局部的应力集中，引起管片的开裂。因此，采用一种比传统豆砾石和灌浆能够更加及时支护且回填密实的材料，并定量研究双护盾 TBM 支护时机对围岩变形和支护体系受力的影响，确定合理的支护时机是非常有必要的。

双护盾 TBM 由于护盾的存在，掘进过程中难以对围岩的变形情况进行实时监测；同时围岩与护盾、回填层复杂的相互作用，围岩时效收敛变形，回填层硬化，管片安装，护盾锥度，围岩与护盾间的不均匀环向间隙，刀盘推力等各种因素的影响，导致很难采用理论分析方法对双护盾 TBM 的掘进过程进行评价。鉴于此，三维数值仿真分析和试验方法成为研究深埋隧洞双护盾 TBM 掘进的重要手段。为了更加定量、合理地研究支护时机对 TBM 卡机的影响，有必要建立完整的双护盾 TBM 开挖三维数值模型。目前，对于 TBM 开挖过程及 TBM-围岩相互作用的数值模拟主要包括两种方法：二维轴对称模型和完整三维模型。Ramoni 和 Anagnostou[11] 提出了二维轴对称模型，模拟 TBM 开挖，分析了不同的超挖量、不同的护盾长度、不同的护盾锥度条件下 TBM 与围岩的相互作用机制。对于三维双护盾 TBM 的模拟，Zhao 等[12] 采用 Midas GTS 建立了 TBM 的三维有限元模型，对 TBM 的施工过程进行了较为全面的模拟，考虑刀盘、护盾、撑靴与围岩的相互作用及回填与衬砌的分步设置等因素，研究了 TBM 围岩的变形规律；Hasanpour 等[13] 采用 FLAC^{3D} 建立了 TBM 完整模型，对刀盘、前后护盾、衬砌管片、回填灌浆层等进行了模拟，研究了隧道纵向变形曲线（longitudinal deformation profile，LDP）和接触压力的变化规律及 TBM 掘进速率、超挖量等因素的影响；程建龙等[14] 采用 FLAC^{3D} 建立了复合地层三维双护盾 TBM 开挖模型，研究了不同地层 TBM 与围岩的作用机制。

在回填层的模拟方面，一般是在衬砌管片安装后立刻激活回填层单元，或者之后一定距离处激活，较少考虑回填灌浆发挥支护作用的时间滞后因素[6]。传统的数值分析一般采用软化和硬化两个阶段模拟回填层硬化，但回填层硬化实际上是一个时效过程，材料参数是与时间相关的函数。本节基于一种容易调整固结硬化速率的自密实混凝土回填材料[15]，代替传统的豆砾石灌浆施工方法，考虑围岩蠕变与自密实混凝土回填层的硬化效应，在精细模拟 TBM 组件，如刀盘、前后护盾、衬砌管片、管片接头及管片与围岩间不均匀间隙的基础上，研究了自密实混凝土的回填支护时机对围岩与 TBM 相互作用的影响，并综合考虑围岩变形和支护体系受力，对自密实混凝土的合理回填支护时机进行了分析。

9.2.2 深埋隧洞双护盾 TBM 数值模型

以某深埋隧洞工程为例建立数值模型，隧洞埋深 800m，垂直应力分量为 20MPa，水平应力分量 30MPa，洞径 9.13m，掘进速率为 1m/h。

1. 计算网格

为防止边界效应的影响,深埋隧洞的模型范围应取足够大。对于挤压性地层,模型的横向模拟范围应不小于 15 倍的洞径[12],纵向模拟范围应根据实际情况取值。因此,本节建立了尺寸为 150m×150m×100m(横向 150m×150m,纵向 100m)的三维隧洞数值模型,如图 9-14 所示。

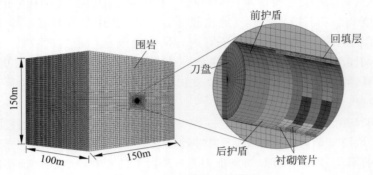

图 9-14　TBM 隧洞三维模型

为使计算结果更加精确,隧洞开挖范围附近区域(半径 15m 以内)采用加密网格,以获得较高的应力应变梯度,横向最小单元尺寸可达 0.3m;距离开挖面较远的区域则采用较粗的网格,纵向单元尺寸均为 1m;整个模型单元数为 376000,节点数为 387941。为获得尺寸均匀的高质量网格,采用 FLAC^{3D} 中的 cshell 内置单元创建模型,精确模拟 TBM 组件、衬砌管片及回填层。

TBM 几何尺寸及相关技术参数如表 9-7 所示。对 TBM 的主要组件进行模拟,各部位模拟情况如表 9-8 所示。刀盘采用实体单元,前后护盾、衬砌管片、自密实混凝土回填层采用 cshell 单元进行模拟;刀盘、前后护盾、衬砌管片采用线弹性模型,自密实混凝土采用

表 9-7　TBM 几何尺寸及相关技术参数

几何尺寸/m					推进系统/MN		TBM 自重/t
开挖直径	前/后护盾外径	管片外径	刀盘/前护盾/后护盾长度	管片宽度/厚度	最大刀盘推力	主/副油缸最大推力	
9.13	9.04/8.94	8.80	1.0/6.0/6.0	2.0/0.35	16	61.575/73	16

表 9-8　TBM 主要组件模拟

部　位	单元类型	本构类型	备　注
刀盘	实体单元	线弹性	在开挖面施加面力模拟刀盘推力
前后护盾	cshell 单元	线弹性	—
衬砌管片	cshell 单元	线弹性	接头采用 beam 单元模拟
自密实混凝土回填层	cshell 单元	Mohr-Coulomb	采用 Thermal 模块模拟水化热温升对应力和变形的影响,力学参数等随时间变化以模拟其时效硬化过程

Mohr-Coulomb 强度准则。由于当隧洞埋深较大且侧压力系数 $\lambda \geqslant 1$ 时，支撑靴对围岩变形和塑性区的影响非常微弱[16]，因此本模拟中，不考虑撑靴或油缸压力。

2. 刀盘推力、护盾及 TBM 自重模拟

刀盘采用线弹性材料的实体单元模拟，护盾采用线弹性材料 cshell 单元模拟，赋予其相应的钢材力学参数（弹性模量和泊松比）；在刀盘开挖面施加 0.255MPa（最大刀盘推力除以刀盘横截面积）的面力以模拟刀盘推力。TBM 每次开挖 1m 作为一个开挖步，每次进入下一个开挖步之前都需要将上一个开挖步的刀盘推力移除，然后再在当前开挖面施加刀盘推力。

考虑到 TBM 的自重较大，采用等效密度法对 TBM 自重进行模拟，根据 TBM 真实重量和模型中 TBM 各部件的体积，换算成等效密度[14]（即 TBM 真实重量除以模型中各部件的体积）。式（9-1）即为换算成的等效密度。管片、刀盘、前后护盾的密度在模型中均取该等效密度值

$$\rho_e = \frac{M}{\sum V_i} = 56986.76876(\text{kg/m}^3) \tag{9-1}$$

其中，ρ_e 为换算后的等效密度；M 为 TBM 的真实质量；$\sum V_i$ 为 TBM 各组件的体积之和。

双护盾 TBM 主要部件力学参数如表 9-9 所示。需要注意的是，每次进入下一个开挖步之前都需要将上一个开挖步的刀盘推力移除，然后再在当前开挖面施加刀盘推力。因为在 FLAC[3D] 中，一般通过赋为空模型（model null）的方式对岩体进行挖除，实际上岩体挖除后的网格依然存在，只是材料参数均为空值，不参与计算；一旦将空模型网格重新赋材料，网格便会重新显示，故在进入下次计算循环之前应移除前一计算循环施加的推力，不然计算条件与实际不符。

表 9-9　双护盾 TBM 主要部件力学参数表

部　　件	弹性模量/GPa	泊松比	密度/(kg/m³)
刀盘（钢）	200	0.3	56986.77（等效密度）
护盾（钢）	200	0.3	56986.77（等效密度）
管片（C35 混凝土）	31.5	0.25	2390

3. 衬砌管片分块及接头模拟

TBM 施工中需要使用预制的衬砌管片进行支护，管片一般由管片块通过接头拼装而成，为了更加准确地评估双护盾 TBM 掘进过程，需要对此进行模拟。

管片采用错缝拼装方式，每环管片由 7 块构成，其中 1 块封顶块、2 块邻接块、4 块标准块，衬砌环、纵缝采用螺栓连接，其中每环管片纵缝采用 14 根 M30 螺栓，环缝采用 19 根 M30 螺栓，螺栓力学性能等级为 5.6 级。图 9-15 所示为管片分块示意图，图 9-16 所示为管片内侧展开图。

衬砌管片采用线弹性材料 cshell 单元模拟，管片接头采用 beam 单元模拟，每环管片包括 19 个环缝接头和 14 纵缝接头，管片不同环之间和块之间均施加 Interface 单元，模拟其相互作用以及接触与分离，每次安装 2m 作为一环，管片及接头模型如图 9-17 所示。beam 单元和 Interface 单元材料参数如表 9-10 所示。

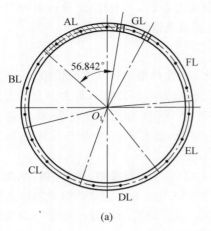
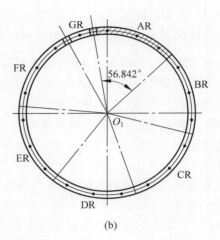

(a)　　　　　　　　　　　　(b)

图 9-15　管片分块示意图

(a) 管片左环(L 环)；(b) 管片右环(R 环)

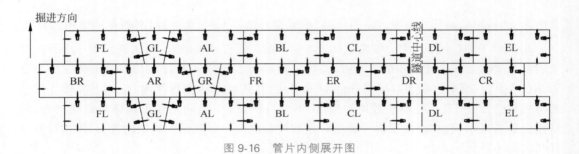

图 9-16　管片内侧展开图

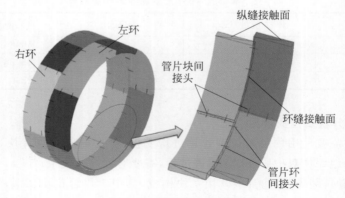

图 9-17　管片及接头模型

表 9-10　beam 单元和 Interface 单元材料参数

beam 单元			Interface 单元		
弹性模量/GPa	泊松比	直径/mm	法向刚度/GPa	切向刚度/GPa	摩擦角/(°)
200	0.26	30	4.45×10^3	4.45×10^3	35

4. 自密实混凝土回填层的模拟

管片安装后,围岩与管片之间存在不均匀的环向间隙,此时管片不能发挥支护效果,围岩仍处于临空无支护状态。深埋隧洞开挖后易发生挤压大变形,围岩快速向洞内发生收敛变形,容易导致卡盾。为减少围岩变形,应及时对环向间隙进行回填,且回填材料应能够在较短的时间内硬化,与衬砌管片结合形成支护整体,并达到较高刚度(抑制围岩变形)和强度(防止自身破坏),以发挥支撑作用。

显然,传统的豆砾石灌浆回填工艺无法达到此要求,其弹性模量硬化时一般只能达到1.0GPa(软化时按 0.5GPa 考虑)[17];而且其硬化时间较长,再加上实际工程中经常在回填灌浆时没有解决好分段分区的问题,导致豆砾石回填远滞后于管片安装,无法在 TBM 掘进过程中对围岩及时支护。为满足快速支护和回填密实的要求,本节采用了自密实混凝土[18,19]作为回填层材料,如表 9-11 所示为 3 种自密实混凝土回填材料(self-compacting cancrete backfilling material,SCCBM)的抗压强度随时间变化情况。

表 9-11　3 种自密实混凝土回填材料的抗压强度随时间变化情况

回填材料	抗压强度/MPa					
	2h	4h	24h	72h	168h	672h
混凝土 1	—	20	40	/	—	40.71
混凝土 2	—	3	13	32	40	—
混凝土 3	1.32	1.67	4.43	23.83	33.79	43.45

采用 Mohr-Coulomb 模型作为自密实混凝土的本构模型,通过使其力学参数随模型中围岩蠕变时间不断变化,来模拟其时效硬化过程。自密实混凝土参数由试验数据拟合获得(泊松比取为常数 0.2)。3 种 SCCBM 的抗压强度和弹性模量随时间变化情况如图 9-18 所示。

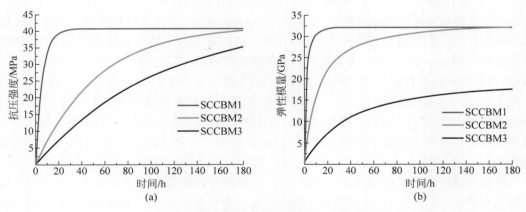

图 9-18　3 种 SCCBM 的抗压强度和弹性模量随时间变化情况
(a) 抗压强度;(b) 弹性模量

对于 Mohr-Coulomb 准则,可用单轴抗压强度 σ_c 和单轴抗拉强度 σ_t 表示黏聚力 c 和内摩擦角 φ 的关系[20],它们的关系为

$$\tan\varphi = \frac{\sigma_c - \sigma_t}{2\sqrt{\sigma_c\sigma_t}}, \quad c = \frac{\sqrt{\sigma_t\sigma_c}}{2} \tag{9-2}$$

自密实混凝土的密度取常数 $\rho = 2500\mathrm{kg/m^3}$，剪胀角取常数 $\psi = 12°$，泊松比 $\mu = 0.2$，这样 TBM 的力学参数就完全确定了，如表 9-12 所示。在 FLAC^{3D} 中编制 FISH 语言，控制自密实混凝土的材料力学参数随模型系统的蠕变时间（自密实混凝土施加后作为零时刻）变化，以模拟自密实混凝土的固结硬化过程。

表 9-12 自密实混凝土回填层力学参数

参　　数	符　　号	取　　值
抗压强度/MPa	σ_t	$\sigma_t = \sigma_c/12.27$
内摩擦角/(°)	φ	$\tan\varphi = (\sigma_c - \sigma_t)/(2\sqrt{\sigma_c\sigma_t})$
黏聚力/MPa	c	$c = \sqrt{\sigma_c\sigma_t}/2$
剪胀角/(°)	ψ	12
密度/(kg/m³)	ρ	2400
泊松比	μ	0.2

5. 护盾与围岩相互作用

TBM 掘进过程中，围岩逐渐向洞内收敛，挤压性地层中常产生挤压大变形，当围岩变形超过护盾与围岩之间的间隙时，围岩将与护盾发生接触，若变形持续增加，围岩作用于护盾的挤压力将逐渐增大，甚至导致护盾被卡。特别是，当 TBM 掘进速度减慢或者发生故障停机维修时，更加容易发生卡机[21]。因此，研究中需要真实模拟 TBM 掘进过程中护盾与围岩之间的相互作用，考虑环向间隙的闭合、护盾锥度（后护盾与围岩的间隙大于前护盾）、不均匀环向间隙（顶部间隙大于底部）等因素。为了模拟护盾与围岩接触的过程，应当监测作用于护盾的接触压力，从而对卡机状况作出判断；刘泉声等[22]指出 TBM 三维数值模拟中围岩、护盾、支护结构间的界面模拟存在困难；Hasanpour 等[13]和程建龙等[14]等采用 FLAC^{3D} 在护盾表面施加接触面单元（interface element）的方式来模拟围岩与护盾的接触，监测接触压力。但该做法需要一定条件，即围岩和护盾之间不能存在任何网格。而实际模拟中很难做到这一点，因为一般采用空模型模拟挖除，以便之后对围岩与护盾的间隙进行回填，其网格实际依然存在，只是模型参数都为空，不参与计算。这种情况下上述的接触面单元是无效的，无法监测到接触压力。黄兴等[23]采用材料参数软弱的实体单元模拟围岩与护盾的间隙，即间隙层并不采用空模型，而是采用材料参数极其小的实体单元，相当于泡沫层，然后在泡沫层和护盾之间设置接触面单元，近似模拟围岩与护盾的相互作用，并监测其接触压力。

按照泡沫层的方式模拟围岩与护盾间隙，在护盾与泡沫层之间建立接触面单元，用以获取围岩与护盾的接触压力，并能够防止围岩网格由于变形过大贯入护盾网格中。由于围岩的收敛变形很大，在 FLAC^{3D} 中采用设置大变形模式进行计算。

由于前后护盾采用锥度设计，后护盾的半径要小于前护盾，后护盾与围岩之间的间隙要大于前护盾与围岩之间的间隙，具体如图 9-19 所示。这样做的目的是，TBM 在掘进过程中，掌子面存在空间约束效应，后护盾处围岩变形要大于前护盾，增加后护盾与围岩的间隙能够使围岩更不容易与后护盾接触，进而降低 TBM 卡机的风险。在本次计算中，前护盾与围岩的不均匀间隙取值如下：顶部 7cm，底部 2cm，腰部 4.5cm。后护盾与围岩的不均匀间隙取值如下：顶部 12cm，底部 7cm，腰部 9.5cm。

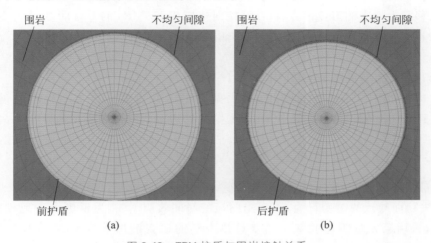

围岩　　　　　　　不均匀间隙　　　　　围岩　　　　　　　不均匀间隙

前护盾　　　　　　　　　　　　　　　后护盾

(a)　　　　　　　　　　　　　　　(b)

图 9-19　TBM 护盾与围岩接触关系

(a) 前护盾与围岩间的不均匀间隙；(b) 后护盾与围岩间的不均匀间隙

6. TBM 掘进模拟

采用逐步开挖法对 TBM 掘进过程进行模拟[24-25]，每个开挖步长度为 1m，TBM 掘进速率为 1m/h，因此每个开挖步的蠕变时间为 1h。整个开挖过程，TBM 一共掘进 75m，分为 69 个阶段，前 6 个阶段为 TBM 进洞过程，后面 63 个阶段为 TBM 正常掘进，每个阶段掘进 1m。具体掘进步骤如下。

0th 阶段：初始状态，将模型计算至平衡态，获得初始应力场[图 9-20(a)]。

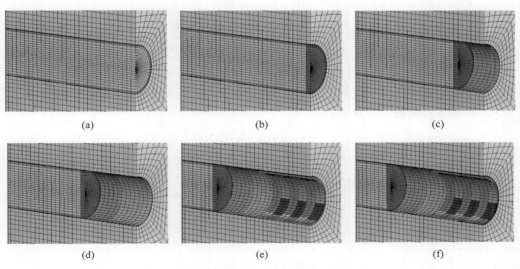

(a)　　　　　　　　　　(b)　　　　　　　　　　(c)

(d)　　　　　　　　　　(e)　　　　　　　　　　(f)

图 9-20　双护盾 TBM 连续掘进过程

(a) 0th：初始状态；(b) 1th：刀盘激活；(c) 2th：前护盾进洞；

(d) 3th：后护盾进洞；(e) 4th：衬砌管片安装；(f) 5th：自密实混凝土回填

1th 阶段：刀盘激活，开挖面施加刀盘推力[图9-20(b)]。

2th 阶段：前护盾进洞，每次掘进在护盾与泡沫层之间建立接触界面单元(interface element)，移除上一次的刀盘推力后，在开挖面施加0.255MPa的刀盘推力[图9-20(c)]。

3th 阶段：后护盾进洞，模拟方法与前护盾相同[图9-20(d)]。

4th 阶段：衬砌管片安装[图9-20(e)]。

5th 阶段：自密实混凝土回填[图9-20(f)]。

6th～68th 阶段：TBM正常掘进，每次掘进1m，并重复1th～5th阶段的过程，直至75m，考虑到边界效应的影响，不能将整个模型挖穿至100m，掌子面和纵向边界应有一定距离。

9.2.3　围岩蠕变本构参数反演

深部岩体构造复杂、地应力高，开挖后容易产生挤压大变形。挤压大变形是一种由于极限剪应力失稳而导致的蠕变行为，表现出明显的时间效应[26]。为了更合理地模拟围岩的变形特性，采用第4章所述的基于内变量热力学的蠕变损伤本构模型[27]模拟围岩的变形特性。

该蠕变本构模型可以较好地模拟蠕变三阶段[28]：在过渡蠕变和稳态蠕变阶段，损伤效果不明显，材料系统首先趋于平衡态；随着内变量的演化，能量耗散率及其时间导数急剧增加，材料系统背离平衡态发展。在FLAC^{3D}中采用该蠕变本构模型具有如下特点：①可模拟围岩的时间特性，并能反映其能量耗散过程；②能够模拟TBM的掘进速率；③不需要通过人为释放应力来模拟时间效应，应力释放程度由掘进速率决定。由此可见，采用蠕变本构模型描述TBM掘进过程中围岩的挤压大变形是非常合适的。

通过对现场超前孔监测的位移数据进行反演分析得到蠕变模型的参数[29]。超前监测中，主要在超前孔布置高差位移计，如图9-21所示，钻孔向上倾斜14°，沿隧洞轴线方向，第1组高差位移计位于距离坐标原点55m处(起始测量点，$y=55$m)，TBM掘进中监测各组高差位移计监测到的围岩变形如图9-22所示，数据采集总时间为1500min，即TBM掘进25h至$y=80$m处。该模拟中TBM一共掘进75m，这是针对正式计算时的情况，而进行反演时让TBM掘进至80m，以便计算值能与全过程的测量值进行对比。需要注意的是，由于M4和M5测点位于较好围岩和较差围岩相连接的部位，M4测点高差位移几乎为0，使得第4组和第5组的变形曲线几乎重合。

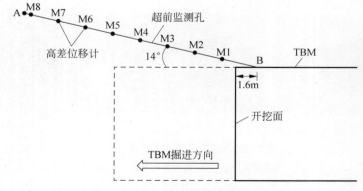

图9-21　高差测量计布设

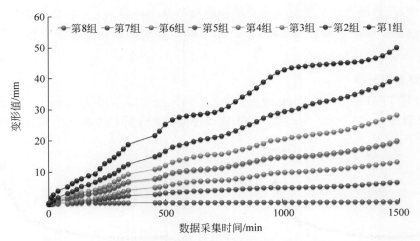

图 9-22 超前孔监测数据

反演分析采用直接法。直接法就是将参数反演问题转变为最优化问题,把位移实测值与数值计算值之差的二次方和当作目标函数,求出使该目标函数达到最小值时的岩体参数,即

$$F(\boldsymbol{X}) = \sum_{j=1}^{n} \left[D_j(\boldsymbol{X}) - D_j'(\boldsymbol{X}) \right]^2 \to \min \tag{9-3}$$

其中,$\boldsymbol{X}(X_1, X_2, X_3, \cdots, X_m)$ 为需要反演的参数(m 为参数个数);n 为时间点数据个数;$D_j(\boldsymbol{X})$ 为第 j 个测点的位移计算值;$D_j'(\boldsymbol{X})$ 为第 j 个测点的位移实测值。

经过反演分析,得到的围岩蠕变模型的力学参数如表 9-13 所示,后续所有计算在此基础上进行。

表 9-13 反演后的围岩蠕变模型的力学参数表

参　　数	量　　值	参　　数	量　　值
E/GPa	5.3	h/GPa	1.5
μ	0.26	$\kappa_{p2}/\mathrm{s}^{-1}$	1.0×10^{-8}
$\eta_{p1}/(\mathrm{GPa \cdot s})$	1.0×10^{14}	$\kappa_{p3}/\mathrm{s}^{-1}$	0
σ_t/MPa	3.5	b	0
m	1000	p	1.70
R/MPa	7.5	—	—

9.2.4　支护时机研究

数值计算结果主要包括各方案下围岩的 LDP 曲线、围岩的稳定性和屈服状态分析、支护结构的应力与屈服区分析。综合考虑围岩变形和支护体体系受力,提出合理的支护时机范围,并分析采用时效硬化速率不同的自密实混凝土对支护效果的影响。

为了研究自密实混凝土回填时机的影响,分析了不同回填距离对自密实混凝土 1 的影响(表 9-13)。自密实混凝土回填距离表示自密实混凝土回填起点与掌子面的距离,不考虑

TBM 停机情况,此时自密实混凝土的回填距离反映其支护时机;双护盾 TBM 长度按 13m 模拟,因此自密实混凝土最短回填距离为 13m,即管片安装后立刻对围岩与管片间的环状间隙进行回填。

1. 围岩变形分析

主要针对 TBM 掘进 60～75m(即掘进 60～75h)这一时段的围岩变形进行分析。图 9-23 为 TBM 分别掘进 60h、65h、70h、75h 时不同自密实混凝土回填方案围岩顶部 LDP 曲线。

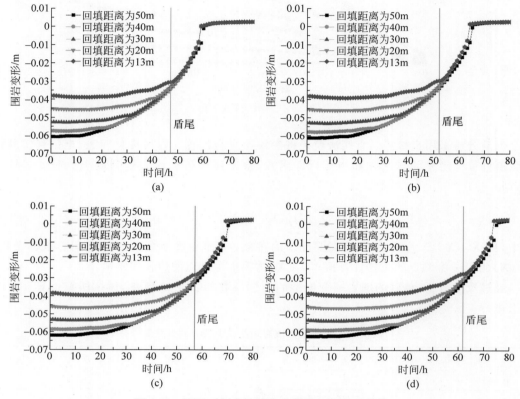

图 9-23　不同时刻各计算方案隧道顶部 LDP 曲线
(a) 掘进 60h; (b) 掘进 65h; (c) 掘进 70h; (d) 掘进 75h

由图 9-23 可知,围岩变形空间效应明显,距离掌子面越远的部位变形越大。掌子面处围岩变形接近于 0,洞口位置($y=0$)的围岩变形最大。对于回填距离为 50m 的情况,当 TBM 掘进 75h 时,洞口处围岩变形可达 62.5mm。未回填部位的围岩时效变形显著,围岩变形随 TBM 的掘进不断增大。例如,对于回填距离为 50m 的情况,在 $y=55m$ 处,掘进 60h 变形为 19.7mm,掘进 65h 变形为 70mm,掘进 70h 变形为 36.1mm,掘进 75h 为 41.6mm。

自密实混凝土回填越及时,围岩的变形越小。对于已经回填的部位,以 $y=0m$ 处围岩为例,为了便于观察不同回填距离下的支护效果,绘制各回填距离下 $y=0m$ 处的围岩顶部变形曲线,如图 9-24 所示。可以明显看出,回填距离越短,围岩变形越小,且围岩变形与回填距离并非线性关系,说明回填越及时,对围岩变形抑制的收益越高;同时也可以发现,各时刻围岩的变形差别不大,围岩变形随时间增长极为缓慢,因为这段时间自密实混凝土已经回填了至少 10h,其弹性模量增长到了较大值,能够对围岩产生良好的支护效果。

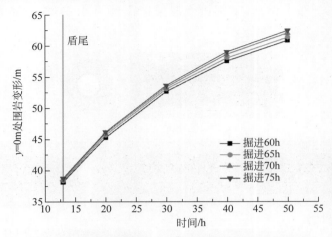

图 9-24　各回填距离下 $y=0$ m 处的围岩顶部变形曲线

　　自密实混凝土回填除了对其后方支护处的围岩由非常良好的支护效果,对前方未支护的围岩也有良好的变形抑制效果。表 9-14 为各方案不同掘进时间盾构尾部上方围岩的洞顶竖向变形。

表 9-14　不同掘进时间盾构尾部上方围岩的洞顶竖向变形

回填距离	掘 进 时 间			
	60h	65h	70h	75h
50m	34.5mm	33.9mm	32.7mm	32.9mm
40m	34.6mm	33.6mm	31.6mm	31.1mm
30m	33.3mm	32.6mm	31.2mm	31.0mm
20m	33.2mm	32.5mm	31.0mm	30.7mm
13m	30.7mm	29.8mm	28.4mm	27.7mm
变形减少率/%	11.1	12.1	13.1	15.6

　　由表 9-14 可以看到,自密实混凝土回填越及时,前方未支护围岩的变形越小,说明及时回填能够减小围岩作用于护盾的接触压力(如果围岩与护盾发生接触),从而减少 TBM 卡机风险。不同掘进时间下,回填距离 13m 相较于回填距离 50m 情况的围岩变形减小率均达到了 10% 以上,且减小率随时间不断增长,由 11.1% 增至 15.6%,这也反映了自密实混凝土的固结硬化过程。综上可知,采用自密实混凝土回填材料进行及时回填确实能够有效抑制围岩变形,预防卡机的发生。

2. 围岩屈服状态及稳定性分析

　　围岩稳定性采用 4.4.3 节介绍的能量耗散率 $\dot{\Phi}$ 和能量耗散率的域积分 Ω 进行评价。图 9-25 所示为 TBM 掘进 75h 各回填距离下的围岩屈服区分布情况,图中棕色区域为屈服区域,蓝色区域为未屈服区域,洋红色为在计算过程中曾经屈服的区域。可见,距离掌子面越远,屈服区深度越大。无支护状态下[图 9-25(a)],下部围岩在 $y=0$m 至 $y=9$m 范围内最大深度达 6.21m,其余部分屈服区深度主要在 5.05m 左右。围岩屈服区的深度分布情况大致如下:下部>上部>中部,下部最大屈服区深度为 6.21m,上部为 5.05m,下部为 3.99m。

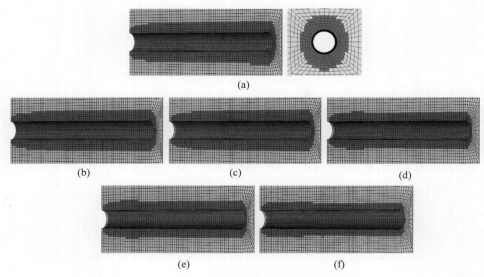

图 9-25　TBM 掘进 75h 各回填距离下的围岩屈服区分布

(a) 无支护条件;(b) 回填距离为 50m;(c) 回填距离为 40m;

(d) 回填距离为 30m;(e) 回填距离为 20m;(f) 回填距离为 13m

从距离掌子面 50m 和 40m 开始回填自密实混凝土,相对于未支护情况,屈服区深度有所减小,下部围岩在 $y=0$m 至 $y=9$m 范围内最大屈服区深度已由原来的 6.21m 减小为 5.05m,可见自密实混凝土与衬砌形成的支护系统此时已经开始发挥作用。但从回填距离为 50m 与回填距离为 40m 的屈服状态对比来看,回填距离为 40m 时的屈服区深度减小并不明显,这主要是因为回填距离为 40m 时的自密实混凝土回填距离还是比较远,因此加固效果并不明显。回填距离为 30m 时和回填距离为 20m 时的屈服区相较于无支护情况有明显减少,有较多区域的屈服区最大深度由 5.05m 降低至 3.99m。回填距离为 13m 时(管片安装后立即回填自密实混凝土)的屈服区相较于无支护情况有非常大的改善,大部分屈服区深度降为 3.04m。以上说明,采用自密实混凝土回填材料进行及时支护,可以有效地改善围岩屈服区,回填越及时,屈服区的深度越小。

图 9-26 为各回填距离下的能量耗散率域积分及其时间导数随时间的变化曲线。由图 9-26 可知,各方案初始的 Ω 值和 $\dot{\Omega}$ 值较大,但随时间迅速趋近于 0,可以认为 TBM 掘进 20h 内,结构整体趋于平衡态,是渐进稳定的;30~75h,$\dot{\Omega}$ 值虽然为正,但非常接近于 0,可认为该时段结构整体处于恒定演化阶段,保持动态稳定,结构不会失稳。

为了更好地反映不同方案整体稳定性情况,取图 9-26(a) 中 30h 后的曲线重新作图,如图 9-27 所示。可以明显地看出,随着回填距离的减少,Ω 值也在逐渐减小,说明自密实混凝土回填越及时,对围岩的整体稳定越有利。

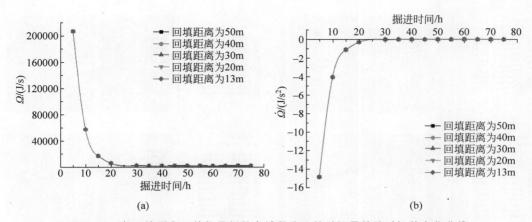

图 9-26 各回填距离下的能量耗散率域积分及其时间导数随时间的变化曲线

（a）各回填距离下 Ω-t 曲线；（b）各回填距离下 $\dot{\Omega}$-t 曲线

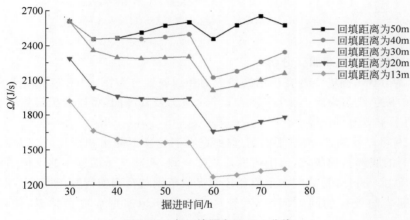

图 9-27 各回填距离下 Ω-t 曲线

考察不同方案在不同时刻能量耗散率的分布情况，对其局部稳定性进行评价。由于方案较多，为了便于对比支护时机对围岩稳定性的影响，在此只对回填距离为 50m 和回填距离为 13m 两种情况进行比较。图 9-28 为 TBM 掘进 60h 和 65h 的围岩能量耗散率云图。能量耗散率 Φ 值较大的区域主要集中在掌子面附近，该区域围岩由于开挖扰动，开始时偏离平衡态较远。其中，回填距离为 50m 时，随时间的发展，Φ 值逐渐变小，说明在逐渐趋于平衡态；而回填距离为 13m 时，随时间的发展，Φ 值逐渐变大，说明在逐渐远离平衡态。综上可知，支护越及时，越有利于岩体开挖后围岩的稳定性。

回填距离为 50m 时，Φ 的量值在各个时刻都要比回填距离为 13m 时小，回填距离为 50m 时，Φ 最大值为 5.432；而回填距离为 13m 时，Φ 最大值为 2.894。这说明自密实混凝土回填越及时，对掌子面附近围岩的扰动越小，而更进一步说明支护越及时，越有利于围岩的稳定，能够减小 TBM 卡机的风险。

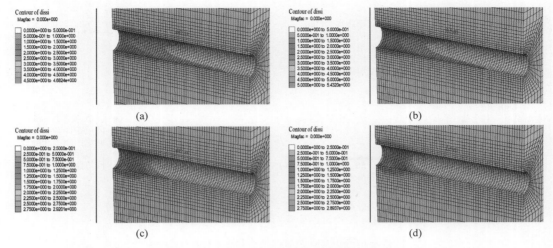

图 9-28　TBM 掘进 60h 和 65h 的围岩能量耗散率云图

（a）掘进 60h，回填距离为 50m；（b）掘进 65h，回填距离为 50m；

（c）掘进 60h，回填距离为 13m；（d）掘进 65h，回填距离为 13m

3. 支护结构应力及屈服区分析

图 9-29 为 TBM 掘进 75h 支护结构的应力和屈服区分布图，自密实混凝土和管片最大主应力云图中黑色线条为应力张量，表示 3 个主应力及其方向，可以看出最大主应力沿切向方向，其他两个主应力量值较小。

由图 9-29 可以看到，距离掌子面越远的部位，自密实混凝土和管片的应力越大，最大应力发生在隧洞的底部和顶部，这与围岩变形规律一致，距离掌子面越远的支护结构需要承受更大的围岩压力。另外，管片应力量值比较明显的范围与自密实混凝土回填范围基本一致，说明只有对围岩与管片的间隙回填后，管片才能与回填层形成支护体系，使围岩起支撑作用。

回填层屈服区主要分布在掌子面附近，且自密实混凝土的回填距离越近，屈服区范围越小。自密实混凝土回填距离较远（40m、50m）时，在隧洞的中部会出现部分屈服区域；自密实混凝土回填距离较近（13m、20m、30m）时，屈服区均出现在掌子面附近。

但是，自密实混凝土回填越及时，其应力越大。及时回填可以减小围岩变形，但自密实混凝土和管片需要承受更多的围岩压力。图 9-30 为管片和自密实混凝土的主压应力最大值与自密实混凝土回填距离的变化关系曲线，从最危险的角度来看，自密实混凝土回填得越早，支护结构的应力将增加得越快，这不利于支护结构的稳定。因此，如果从支护的角度出发，要想实现预防卡机的效果，支护结构就需要较高的强度。

4. 自密实回填材料时效硬化速率的影响分析

分析采用不同时效硬化速率的自密实混凝土进行快速回填支护时的效果。考虑到总的掘进时机为 75h，在此期间内混凝土的强度和弹性模量关系始终如下：SCCBM1＞SCCBM2＞SCCBM3。这说明 SCCBM1 的时效硬化速率最大，SCCBM2 的时效硬化速率次之，SCCBM3 的时效硬化速率最小。时效硬化速率的影响主要反映了 SCCBM 弹性模量的影响。

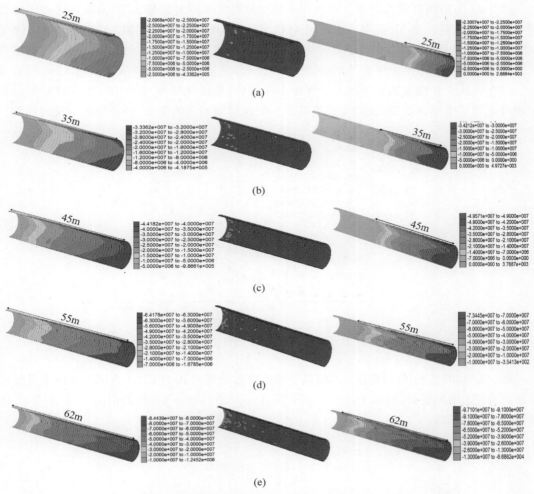

图 9-29　TBM 掘进 75h 支护结构的应力及屈服区分布

图中回填层应力(左)、回填层屈服区(中)、管片应力(右)

(a) 回填距离为 50m；(b) 回填距离为 40m；(c) 回填距离为 30m；(d) 回填距离为 20m；(e) 回填距离为 13m

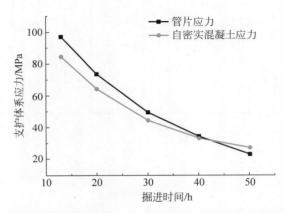

图 9-30　管片和自密实混凝土的主压应力最大值与自密实混凝土回填距离的变化关系曲线

　　图 9-31 为不同自密实混凝土回填和不同回填距离下围岩顶部 LDP 曲线。通过图像分析可知：① 相同回填距离时，围岩竖向位移：SCCBM1 ＜ SCCBM2 ＜ SCCBM3。说明 SCCBM 的时效硬化越快，相当于支护越及时，围岩变形越小。② 回填距离为 20m 时的围岩竖向变形明显小于回填距离为 30m 时的围岩变形，且均明显小于回填距离为 50m 时的变形。说明快速支护带来的影响远大于混凝土参数（时效硬化速率）的影响，不论自密实混凝土的时效硬化速率快或慢，及时支护均可以有效地抑制围岩的变形，减小发生卡机的风险。

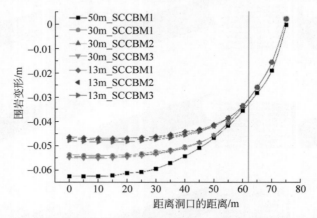

图 9-31　不同自密实混凝土回填和不同回填距离下围岩顶部 LDP 曲线

　　图 9-32 和图 9-33 分别为各回填距离下掘进 75h 的管片和 SCCBM 的最大主应力及各计算方案的应力增加倍数（相对于从距离掌子面 50m 开始回填 SCCBM 的情况）。由图 9-32 和图 9-33 分析可知以下内容。

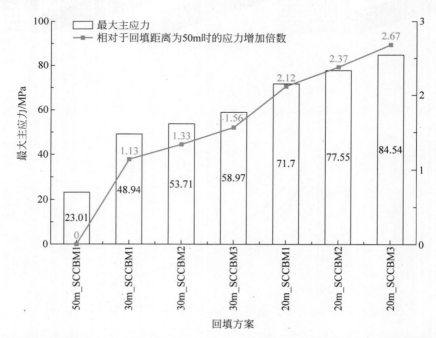

图 9-32　各回填距离下掘进 75h 的管片最大主应力及相对于回填距离为 50m 时的应力增加倍数

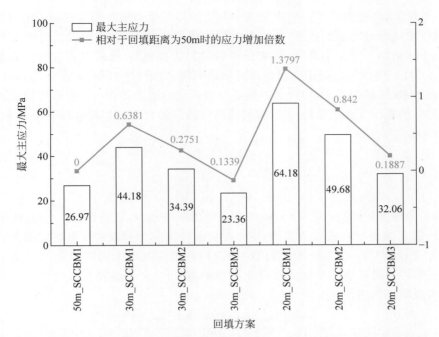

图 9-33　各回填距离下掘进 75h 的自密实混凝土最大主应力及相对于回填距离为 50m 时的应力增加倍数

（1）当回填距离一定时，管片最大主应力情况如下：SCCBM1＜SCCBM2＜SCCBM3；而自密实回填层应力如下：SCCBM1＞SCCBM2＞SCCBM3。说明自密实混凝土时效硬化速率越快，其刚度增加越快，故回填层承受的围岩压力越大，传递给管片的应力就越小。同时，混凝土时效硬化速率对回填层应力的影响大于对管片应力的影响。

（2）回填距离为 20m 时的混凝土应力明显大于回填距离为 30m 时的混凝土应力，且两者均大于 50m 回填的工况。说明快速支护下，管片的应力会明显增大。同样，快速支护的影响明显大于混凝土参数（时效硬化速率）的影响。

（3）回填层为混凝土结构，其屈服应力一般较小。采用时效硬化速率慢的混凝土，可以较大程度地减小回填层自身的应力；这样做虽然管片应力会有所增大，但管片为钢筋混凝土结构，其承载力相对自密实混凝土较高，且可以选用强度更高的重型管片。因此在施工中可以优先选择时效硬化速率偏慢的自密实混凝土，即低弹性模量、高强度的自密实混凝土。具体的自密实混凝土参数的选择需要结合具体工程进行针对性的研究。

5. 自密实回填材料时效硬化速率的影响分析

通过前述分析，支护越及时（即 SCCBM 的回填起点距离掌子面越近），围岩的变形越小，发生卡机的风险也越小。但支护越及时，衬砌管片和自密实混凝土回填层的应力越大，对支护提出的要求也越高。与新奥法原理类似，合理的支护时机即在能够保证围岩稳定的基础上，允许围岩发生一定的变形，发挥其自承载能力，使围岩支护结构形成共同受力的体系。但针对深埋 TBM 隧洞工程，围岩大变形引起的卡机带来的危害相对于采用高强支护的成本要大得多，因此，深埋 TBM 隧洞的支护时机更多的是一种快速支护条件下的合理支护时机。通过综合分析开挖后的围岩变形量和支护体系承载力，这里提出了一种确定深埋 TBM 隧洞的合理支护时机的分析方法。

　　图 9-34 为 TBM 掘进至 75h 时围岩变形和支护体系受力随自密实混凝土回填距离的变化关系曲线（虚线部分为假想曲线）。假设隧洞的超挖量约为 7cm，故围岩变形的临界值取为 7cm，小于该值时不发生卡机（假设防止围岩和护盾接触）；所采用的自密实混凝土屈服强度约为 40MPa，由此可以确定回填距离的取值范围 2；管片为钢筋混凝土结构，认为当其应力小于 80MPa 时较为安全，由此可以确定回填距离的取值范围 1。合理的快速支护时机应同时满足取值范围 1 和取值范围 2，故最终确定隧洞的合理支护时机为取值范围 2。以上分析过程可表示为

$$\left.\begin{aligned} R &= R_1 \bigcap R_2 \\ R_1 &= [x_1, x_3] \\ R_2 &= [x_2, x_3] \end{aligned}\right\} \tag{9-4}$$

其中，R 表示合理支护时机（即 SCCBM 的合理回填距离）的取值范围；R_1 表示由管片应力和围岩变形限定的支护时机取值范围；R_2 表示由管片应力和围岩变形限定的支护时机取值范围；x_1 表示管片应力为安全临界值时对应的自密实混凝土回填距离；x_2 表示回填层应力为安全临界值时对应的自密实混凝土回填距离；x_3 表示围岩变形为安全临界值时对应的自密实混凝土回填距离。

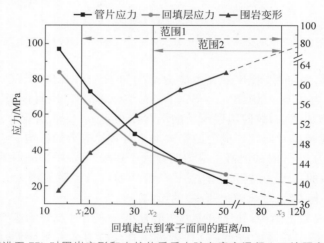

图 9-34　TBM 掘进至 75h 时围岩变形和支护体系受力随自密实混凝土回填距离的变化关系曲线

9.2.5　小结

　　本节针对双护盾 TBM 隧洞施工中存在的豆砾石回填灌浆滞后导致的支护不及时和灌浆不密实的问题，研究了采用 SCCBM 进行密实回填和支护的施工方法，并对其合理的支护时机进行了研究，可得出以下结论。

　　（1）支护时机对围岩变形的影响较为显著，自密实混凝土回填越及时，围岩的收敛变形和松动破坏越小，发生卡机和岩爆等灾害的风险也越小。

　　（2）及时支护能够有效减小围岩的变形和屈服区深度，有利于围岩的稳定，但与此同时，回填层和衬砌管片将承受较大的围岩压力。通过综合考虑支护受力和围岩变形提出了合理支护时机的确定方法，能够在保证限制围岩变形的前提下，发挥围压一定的自承载能力，减小了支护体系的受力，使管片和回填层保持良好的工作性能。围岩变形与能量释放率域积分有较好的相关性，限制围岩变形相当于限制了围岩松动圈的扩展和演化，提高了围岩的整体性。

（3）通过对不同时效硬化速率的混凝土分析,混凝土硬化速率越快,则掘进至同一时刻的围岩变形越小,回填层应力越大,管片应力越小。但是混凝土硬化的快慢对围岩变形的影响较小,远小于支护时机的影响;自密实混凝土的硬化速率对支护体系受力的影响很大,尤其可以明显减小回填层的受力。考虑到回填层的承载力一般小于管片的承载力,因此在采用 TBM 隧洞中采用自密实混凝土进行及时支护时,选用硬化较慢（低弹性模量、高强度）的自密实混凝土,可以有效减小回填层的应力,在一定程度上改善支护体系的应力分布,但必要时仍需配合高强度的重型管片。

9.3　地下洞室群的连锁破坏分析

9.3.1　地下储库洞群注采气情况下的连锁破坏分析

采用 2.2 节所述的变形稳定和控制理论,对四洞储库注采气情况下的连锁破坏进行数值分析;同时进行地质力学模型试验,并与数值分析结果进行对比[30-31]。

1. 模型概述

4 个储库为大小相同的椭球体,长轴 168m、短轴 72m,4 个储库的中心连成一个边长为 144m 的正方形。储库中心的间距为 72m,相当于 2 倍洞径。储库底部存在 56m 的沉渣区,因此实际储库高 112m。储库中心点往上 24m 位置处有厚度为 2m 的水平走向泥岩夹层,储库的埋深为 1000m,地应力为 21.5MPa。

取包含 4 个储库的一定范围进行模拟,数值模拟和模型试验的范围是一致的。模型试验比尺为 1：400。储库群的竖直向剖面及尺寸、水平向平切面及尺寸示意图如图 9-35 和图 9-36 所示。

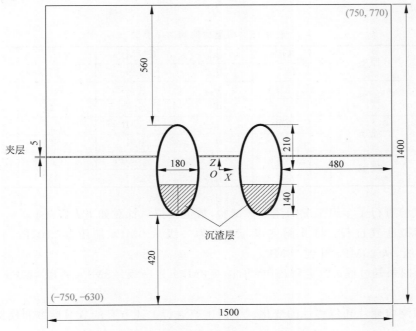

图 9-35　竖直向剖面及尺寸示意图（单位：mm）

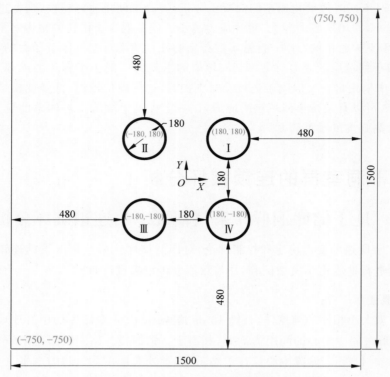

图 9-36 水平向平切面及尺寸示意图(单位:mm)
图中尺寸为模型试验的尺寸

试验模拟了岩盐和泥岩夹层,其力学参数如表 9-15 所示。洞室群试验示意图如图 9-37 所示。

表 9-15 两类材料的力学参数

		E_p/GPa	μ_p	C_p/MPa	f_p	γ_p/(N/m^2)
岩盐	原型	18	0.3	1.0	0.577	2150
	模型	E_m/MPa	μ_m	C_m/MPa	f_m	γ_m/(N/m^2)
		45	0.3	2.5×10^{-3}	0.577	2150
泥岩夹层	原型	E_p/GPa	μ_p	C_p/MPa	f_p	γ_p/(N/m^2)
		4	0.3	0.5	0.577	2800
	模型	E_m/MPa	μ_m	C_m/MPa	f_m	γ_m/(N/m^2)
		10	0.3	1.25×10^{-3}	0.577	2800

模型试验进行了多组工况的注采气试验,数值模拟只针对如下方案进行:

(1)模拟注气过程:将Ⅱ洞室以 4MPa 为一级从 0MPa 加压到 28MPa,4 个洞室以 2MPa 为一级,从 28MPa 升到 36MPa。

(2)模拟采气过程:稳定后,再将Ⅱ洞以 2MPa 为一级(28MPa 后以 4MPa 为一级)降到 0MPa。

期间观测应变片和位移计的变化。下面主要进行上述方案的数值模拟和模型试验的对比分析。

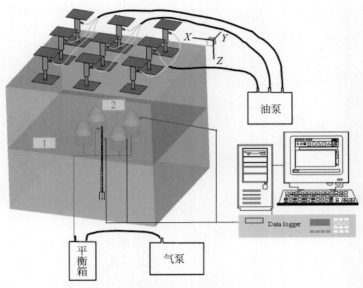

图 9-37 洞室群试验示意图

1—泥岩夹层；2—溶腔

2. 位移基本规律对比分析

图 9-38 为 -35mm 高程平面上绝对位移计内 1～内 5 的具体分布位置。图 9-39 为 65mm 高程平面上绝对位移计内 7 的具体分布位置。

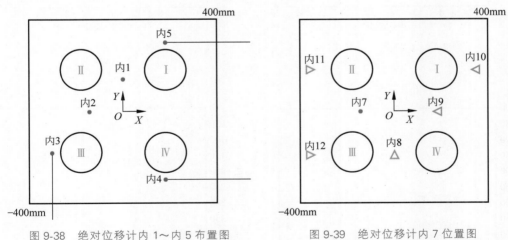

图 9-38 绝对位移计内 1～内 5 布置图	图 9-39 绝对位移计内 7 位置图
（-35mm 高程）	（65mm 高程）

图 9-40 为绝对位移计内 1～内 5、内 7 的数值模拟计算位移随内压变化曲线。图 9-41 为绝对位移计内 1～内 5、内 7 的地质力学模型试验位移随降压变化曲线。图 9-42～图 9-47 为各个测点位移的数值模拟计算值和地质力学模型试验值对比图。

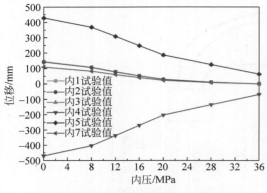

图 9-40　位移随内压变化曲线（数值模拟）

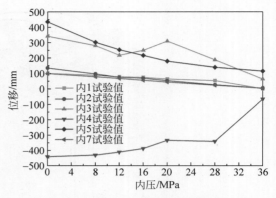

图 9-41　位移随内压变化曲线（模型试验）

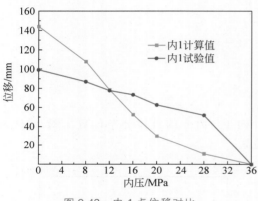

图 9-42　内 1 点位移对比

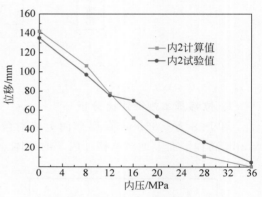

图 9-43　内 2 点位移对比

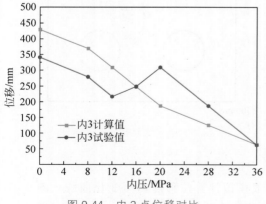

图 9-44　内 3 点位移对比

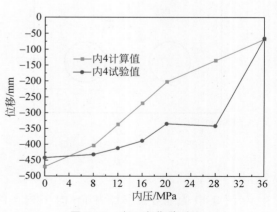

图 9-45　内 4 点位移对比

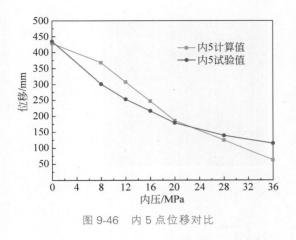

图 9-46　内 5 点位移对比

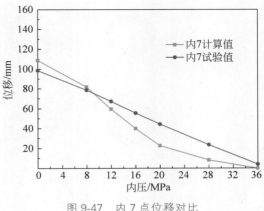

图 9-47　内 7 点位移对比

可以看出,位移数值模拟计算值和地质力学模型试验值曲线变化的总体趋势和规律相同,数值相差不大。这说明地质力学模型实验设计方案是正确的。

3. 破坏情况对比分析

四洞储库群的 4 个不同高程平面上的不平衡力分布和裂缝分布图如图 9-48～图 9-51 所示。通过对比数值模拟计算的不平衡力和地质力学模型试验观察到的裂缝分布情况可以发现,数值分析中不平衡力大的部位大多在地质力学模型试验中发生破坏和开裂。

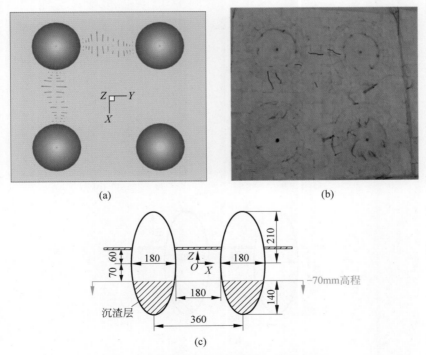

图 9-48　不平衡力和裂缝分布(高程 −70mm)

(a) 不平衡力;(b) 裂缝;(c) 平面所在位置

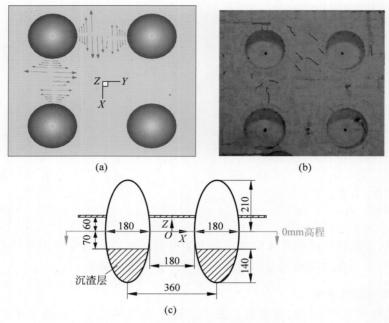

图 9-49　不平衡力和裂缝分布（高程 0mm）

（a）不平衡力；（b）裂缝；（c）平面所在位置

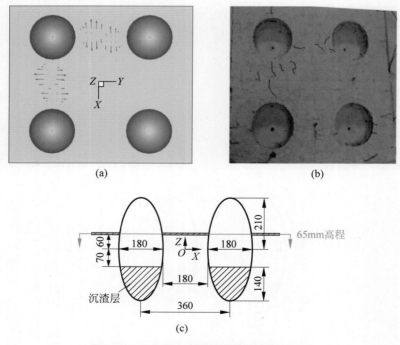

图 9-50　不平衡力和裂缝分布（高程 65mm）

（a）不平衡力；（b）裂缝；（c）平面所在位置

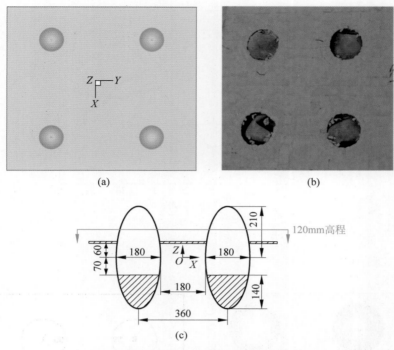

图 9-51 不平衡力和裂缝分布（高程 120mm）

(a) 不平衡力；(b) 裂缝；(c) 平面所在位置

数值模拟分析与地质力学模型试验都显示，最危险的部位为 0mm 高程平面上，这个平面上开裂得最严重，如图 9-49 所示；其次为 65mm 高程平面和 -70mm 高程平面，如图 9-50 和图 9-48 所示；开裂最轻微的是 120mm 高程平面，如图 9-51 所示，几乎没有出现不平衡力和裂缝分布。

以上分析表明，四洞储库群不平衡力的分布规律与破坏开裂有很好的相关性，不平衡力能够清楚地展现破坏开裂的部位和模式。

4. 连锁破坏对比分析

四洞储库群 4 个不同高程平面上的不平衡力分布和关键点应变如图 9-52～图 9-55 所示。

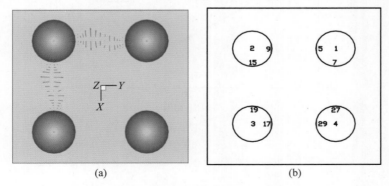

图 9-52 不平衡力分布和关键点应变（高程 -70mm）

(a) 不平衡力；(b) 关键测点位置；(c) 关键测点应变随内压变化曲线

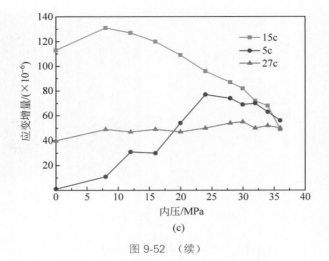

(c)

图 9-52 （续）

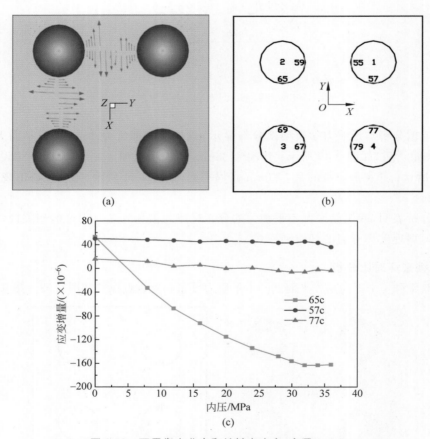

(a)

(b)

(c)

图 9-53　不平衡力分布和关键点应变（高程 0mm）

（a）不平衡力；（b）关键测点位置；（c）关键测点应变随内压变化曲线

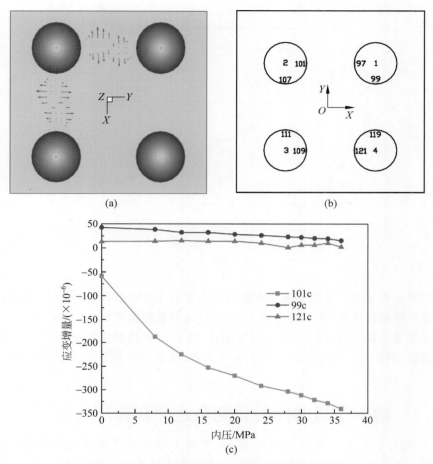

图 9-54　不平衡力分布和关键点应变（高程 65mm）

（a）不平衡力；（b）关键测点位置；（c）关键测点应变随内压变化曲线

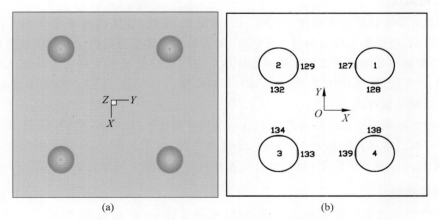

图 9-55　不平衡力分布和关键点应变（高程 120mm）

（a）不平衡力；（b）关键测点位置；（c）关键测点应变随内压变化曲线

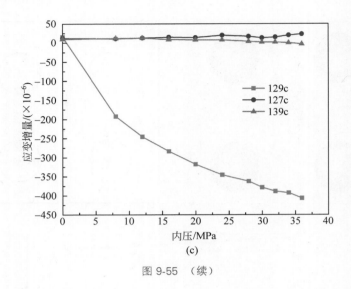

图 9-55　（续）

通过不平衡力分布和关键测点应变随内压变化曲线可以发现,出现不平衡力的部位,其测点的应变增量量值很大,不平衡力越大,则应变增量量值也越大。

应变增量量值最大的部位为采气洞室洞壁,其次为相邻洞室洞壁,最后为对角洞室洞壁。这也说明,洞室采气的影响仅局限于采气洞室,其他洞室影响较小,因此不会发生连锁破坏。

9.3.2　地下盐岩储库的长期稳定性和破坏分析

采用 3.3.1 节所述的蠕变损伤模型,本节基于量化库群整体稳定和破坏的关键判据——塑性余能 ΔE 的变化判断其稳定性,以不平衡力反映盐岩储库群的破坏过程,研究了地下盐岩储库在荷载作用下的长期稳定性,并对其失压破坏进行了分析。

1. 工程概况

金坛盐矿位于江苏省常州市金坛市。20 世纪 80 年代,金坛已有超过 $60km^2$ 的地下盐矿面积被探明,盐矿的总储量超过 160 亿 t。随着西气东输工程的启动和我国油气储备的需要,金坛盐矿最终被确定为长江三角洲地区地下油气储存的重要工程。金坛储气库已进入全面溶腔、试压阶段,可以储气 9.99 亿 m^3,年调峰量达 6.66 亿 m^3。而储油库正在建设中,预计建成后原油储备为 300 万～600 万 t。

金坛盐矿区现共有采完废弃腔体 30 口,主要分布在茅兴、茅溪、荣柄、东岗、直溪桥和颜家庄 6 个井区。东岗井区包含 4 个储库,分别命名为 D1、D2、G1、G2,其平面布置示意图如图 9-56 所示,4 个储库的洞室形状、相对位置和夹层分布图分别如图 9-57 和图 9-58 所示。

2. 计算模型

图 9-59 所示为金坛盐矿油气存储库群(东岗井区)有限元模型,模拟范围为 $600m \times 600m \times 640m$(长×宽×高),除了顶部表面自由外,其余 5 个表面均为法向简支约束。节点数为 91097,单元数为 85556。

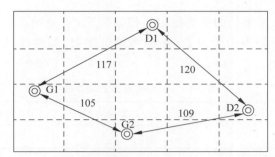

图 9-56 金坛盐矿油气存储库群(东岗井区)平面布置示意图

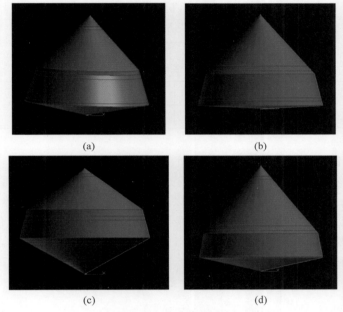

图 9-57 东岗井区储库洞室形状

(a) D1 储库；(b) G1 储库；(c) D2 储库；(d) G2 储库

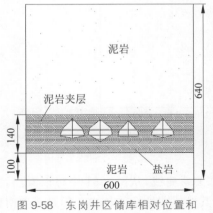

图 9-58 东岗井区储库相对位置和
夹层分布图

图 9-59 金坛盐矿油气存储库群(东岗井区)
有限元模型

　　基于考虑时效变形和损伤的变形稳定与控制理论,对金坛盐矿油气储库群进行流变失压稳定分析。盐岩的静力力学参数、黏弹性模型参数、黏塑性和黏塑性损伤模型参数如表9-16~表9-18所示。

表 9-16　盐岩的静力力学参数

材料	弹模/GPa	泊松比	黏聚力/MPa	内摩擦角/(°)	密度/(kg/m³)
盐岩	18	0.3	1.0	30	2300

表 9-17　盐岩的黏弹性模型参数

材料	$\varphi_1/\mathrm{MPa}^{-1}$	r_1/h^{-1}	$\varphi_2/\mathrm{MPa}^{-1}$	r_2/h^{-1}
盐岩	2.87×10^{-3}	0.017	1.82×10^{-4}	1.256

表 9-18　盐岩的黏塑性和黏塑性损伤模型参数

材料	$\Gamma^{\mathrm{vp}}/\mathrm{h}^{-1}$	$\Gamma^{\mathrm{vd}}/\mathrm{h}^{-1}$	Y_0/MPa	q	k
盐岩	3.5×10^{-3}	4×10^{-6}	0.459	1	119

3. 金坛盐矿储库群长期稳定和破坏分析

　　图9-60为只考虑黏塑性时效变形,不考虑黏塑性损伤时不同洞室失压的 $T\text{-}\Delta E$ 关系曲线,失压速率为2.1MPa/d。从图9-60中可以看到,洞室失压后,库群整体塑性余能迅速增大,达到一个峰值余能,失压结束后,其整体余能范数逐渐降低至一个稳定值,这是一个库群经过自我变形调整从非平衡态趋向平衡态的过程。从图9-60中可以看到,D2洞室失压后,其峰值塑性余能和稳态塑性余能都是最大的,因此,D2洞室失压是最危险的。

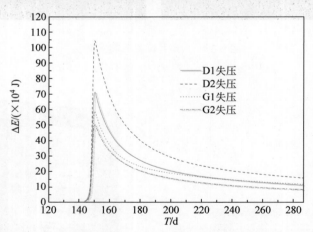

图 9-60　不同洞室失压的 $T\text{-}\Delta E$ 关系曲线(失压速率为 2.1MPa/d)

　　图9-61为D2洞室在不同失压速率下的 $T\text{-}\Delta E$ 关系曲线,从图9-61中可以看出,失压速率对峰值塑性余能的大小有影响,失压速率越大,其峰值塑性余能越大。但是随着时间的增长,都趋向于同一个稳态塑性余能值。

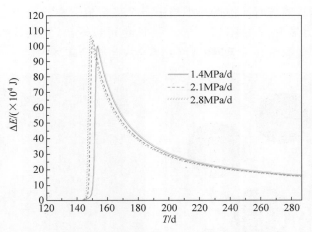

图 9-61　不同失压速率下的 T-ΔE 关系曲线（D2 失压）

　　图 9-62～图 9-66 为 4 个洞室失压后在峰值塑性余能出现（$T=149\mathrm{d}$）时和 $T=287\mathrm{d}$ 时的超屈服力分布向量图和等值线图。从图 9-62～图 9-66 中可以明显看到，在失压后的超屈

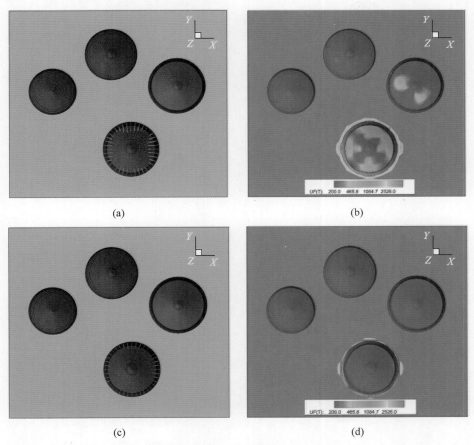

图 9-62　D1 失压超屈服力分布

（a）向量（$T=149\mathrm{d}$）；（b）等值线（$T=149\mathrm{d}$）；（c）向量（$T=287\mathrm{d}$）；（d）等值线（$T=287\mathrm{d}$）

服力达到最大值,然后随着时间慢慢减小趋于一个稳定值。在整个流变变形过程中,D2 洞室失压后的超屈服力最大,为最不利工况。另外,也可以看出,失压后的超屈服力仅局限于失压洞室周边,对其他洞室几乎无影响,因此不会发生连锁破坏。

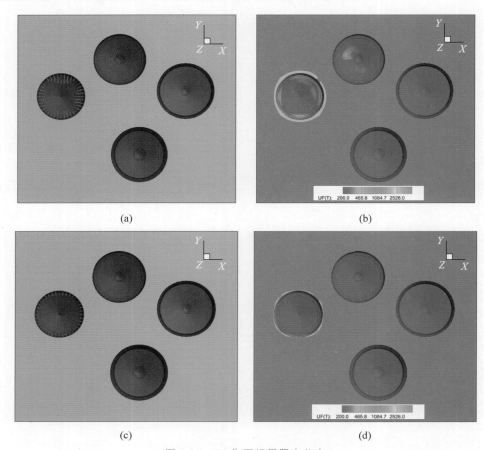

图 9-63 G1 失压超屈服力分布

(a) 向量($T=149d$); (b) 等值线($T=149d$); (c) 向量($T=287d$); (d) 等值线($T=287d$)

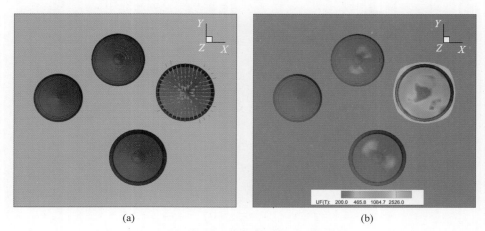

图 9-64 D2 失压超屈服力分布

(a) 向量($T=149d$); (b) 等值线($T=149d$); (c) 向量($T=287d$); (d) 等值线($T=287d$)

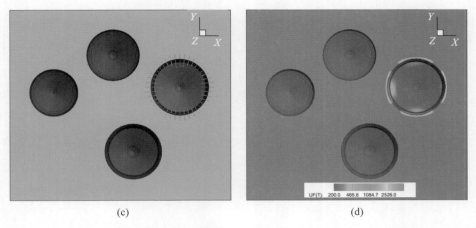

图 9-64 （续）

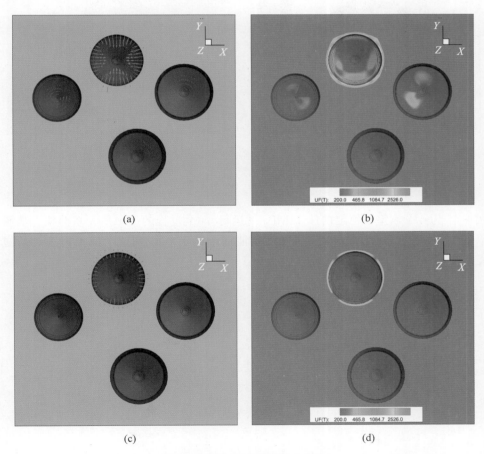

图 9-65 G2 失压超屈服力分布

（a）向量（$T=149$d）；（b）等值线（$T=149$d）；（c）向量（$T=287$d）；（d）等值线（$T=287$d）

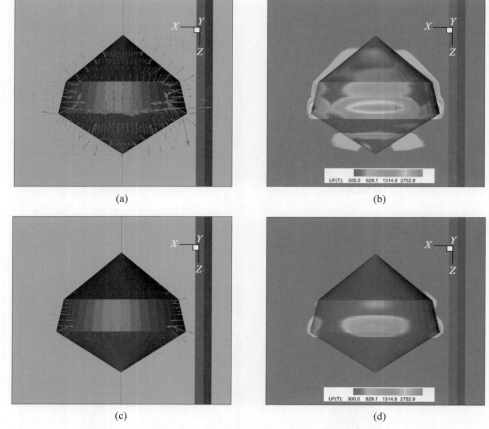

图 9-66　D2 失压超屈服力分布(立视图)

(a) 向量($T=149\text{d}$);(b) 等值线($T=149\text{d}$);(c) 向量($T=287\text{d}$);(d) 等值线($T=287\text{d}$)

图 9-67 为 4 个洞室在恒定内压 12MPa 下运行 6a 全过程的 $T\text{-}\Delta E$ 关系曲线。从图 9-67 中可以看出,由于内压的加固效果,其塑性余能逐渐趋于 0,说明整个储库群在运行过程中不会发生失稳破坏。

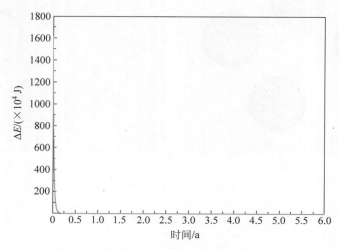

图 9-67　恒定内压 12MPa 的 $T\text{-}\Delta E$ 关系曲线

图 9-68 为 4 个洞室在恒定内压 12MPa 下初始时刻($T=0a$)和 $T=6a$ 时的超屈服力分布图。从图 9-68 中可知,初始时刻的超屈服力较大,而 $T=6a$ 时的超屈服力几乎为 0。

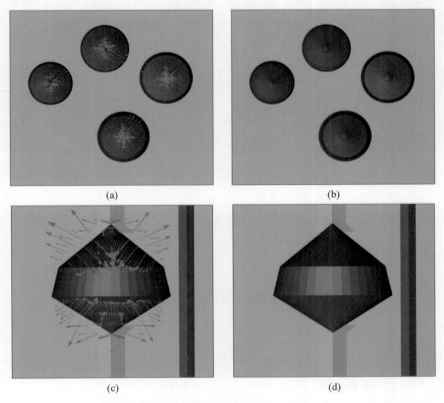

图 9-68 恒定内压 12MPa 的超屈服力分布

(a) $T=0a$;(b) $T=6a$;(c) $T=0a$(D2 洞室立视图);(d) $T=6a$(D2 洞室立视图)

图 9-69 为 4 个洞室在恒定内压 12MPa 下初始时刻($T=0a$)和 $T=6a$ 时的损伤分布图。初始时刻的损伤为 0,而 $T=6a$ 时的损伤也非常小,最大损伤因子为 0.1 左右。由此也说明,内压对抑制损伤演化具有明显的效果。

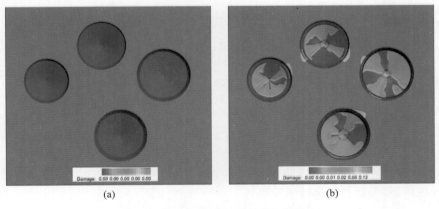

图 9-69 恒定内压 12MPa 的损伤分布

(a) $T=0a$;(b) $T=6a$;(c) $T=0a$(D2 洞室立视图);(d) $T=6a$(D2 洞室立视图)

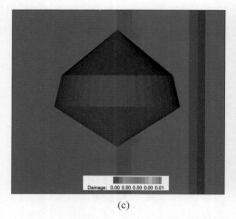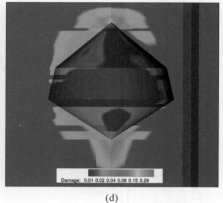

图 9-69 （续）

因此,金坛盐矿储库群若要避免储库群发生损伤破坏,就应尽量让储库群在较高的内压下运行,并且最好同采同注,使储库之间的内压保持一致,避免产生过大压差。

9.4 深埋地下隧洞的长期稳定性分析

采用 4.2 节所述的基于内变量热力学的流变模型,对深埋地下隧洞的长期稳定性进行分析[32]。

9.4.1 计算模型

深埋双隧洞由两条平行隧洞组成,隧洞最近距离为 3.0m,顶部以上埋深 700m,隧洞截面呈马蹄形,平面几何尺寸如图 9-70 所示。模拟范围和计算网格如图 9-71 所示。在网格顶部施加 16.53MPa 的均匀应力以模拟覆盖岩体自重,网格其余表面均施加法向约束。计算考虑岩体材料黏塑性变形且伴随损伤演化过程,分析开挖后隧洞的长期变形,计算参数如表 9-19 所示。

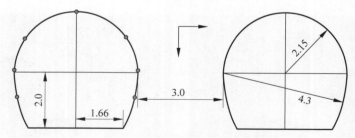

图 9-70 隧洞截面(单位:m)

计算步骤如下:首先采用弹性模型计算未开挖岩体的位移和应力场;然后将位移场"清零",开挖隧洞,并计算岩体时效变形。

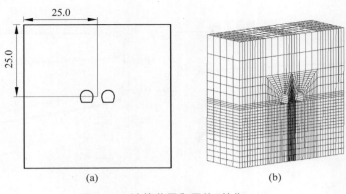

图 9-71 计算范围和网格(单位:m)

(a) 模型模拟范围示意图;(b) 计算网格

表 9-19 计算参数

参 数	量 值	参 数	量 值
K/GPa	26	R/MPa	3.6
G/GPa	15.6	$\kappa_{p2}/\mathrm{s}^{-1}$	2.8×10^{-10}
$\rho(\mathrm{kg/m^3})$	2500	$\kappa_{p3}/\mathrm{s}^{-1}$	9.2×10^{-11}
h/GPa	1.75	c_1	0.0
$\eta_{p1}/(\mathrm{GPa\cdot s})$	39400	b	250
σ^{t}/MPa	3.0	p	1.56
m	1000	$\Delta t/\mathrm{s}$	60

9.4.2 长期稳定性分析

图 9-72 和图 9-73 分别为隧洞围岩特征点(图 6-12)在 x 和 y 方向位移随时间的变化曲线。

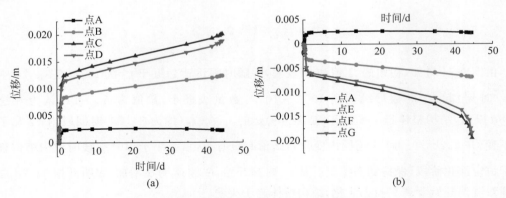

图 9-72 特征点 x 方向位移时间曲线

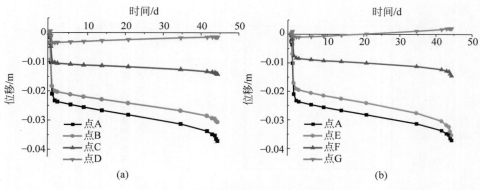

图 9-73　特征点 y 方向位移时间曲线

可见,特征点的位移-时间曲线变化趋势并不完全相同,即使变化趋势相同的曲线,其特征时间点也不完全相同。因此很难通过不同测点的时效变形判定结构整体的长期稳定性状态。

图 9-74 为能量耗散率域积分及其时间导数随时间的变化曲线,隧洞整体的非平衡演化过程和状态可以通过 $\Omega\text{-}t$ 和 $\dot{\Omega}\text{-}t$ 曲线进行评估,长期稳定性判定准则见 9.2.3 节。

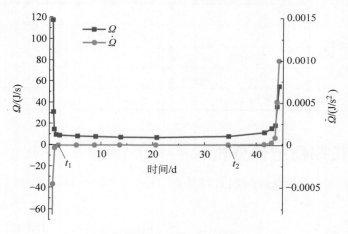

图 9-74　$\Omega\text{-}t$ 和 $\dot{\Omega}\text{-}t$ 曲线

由图 9-74 可知,初始的 Ω 值和 $\dot{\Omega}$ 较大,并随时间迅速趋近于 0,从 1.38d(图 9-74 中所示 t_1 时刻)起,$\dot{\Omega}$ 的数量级达到 $10^{-7}\sim10^{-6}$,数量级极小,量值为负。可以认为开挖后1.38d 以内,结构整体趋于平衡态,是渐进稳定的。$t_1\sim t_2$(约为 34.7d)时间段内,Ω 几乎保持不变(在 7.22~9.04J/s 范围内变化),$\dot{\Omega}$ 值有负有正,量级小于 10^{-7};该时段内结构整体处于恒定演化阶段,保持动态稳定。从 t_2 时刻开始,Ω 和 $\dot{\Omega}$ 明显增加,表明开挖 34.7d 以后深埋双隧洞开始背离平衡态演化,结构整体趋于失稳。

围岩稳定性判别指标(见 4.4.3 节)中,0 是一个重要的判定量值。但实际结构计算中,可能很难真正计算出理想的 0 值。例如,理想情况下,处于恒定演化阶段的结构的 $\dot{\Omega}$ 值应该等于 0，但因为计算误差等原因，计算的 $\dot{\Omega}$ 值可能并不恒为 0，而是在某微小区间内振荡变化，此时可认为 $\dot{\Omega}$ 约为 0；又如，本例中，$t_1 \sim t_2$ 时段内 $\dot{\Omega}$ 在 0 附近小幅振荡，量级小于 10^{-7}，因此该时段内的 $\dot{\Omega}$ 近似认为是 0。

从上述分析可知，深埋洞室必须在开挖后 34.7d 以内完成支护，以保持其长期稳定。支护的重点部位便是结构非平衡演化过程中容易出现局部破坏的区域，即能量耗散比较剧烈的区域。图 9-75 和图 9-76 分别为开挖后 t_1 时刻和 t_2 时刻的能量耗散率云图。可见，洞间岩柱体和洞室边壁下部围岩是结构非平衡演化过程中容易出现局部破坏的区域，应重点支护和加固。

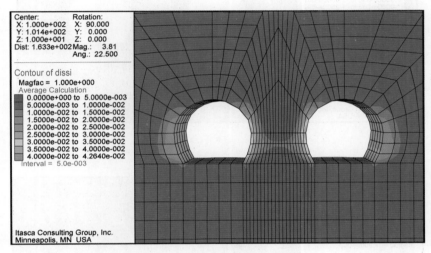

图 9-75　t_1 时刻能量耗散率云图

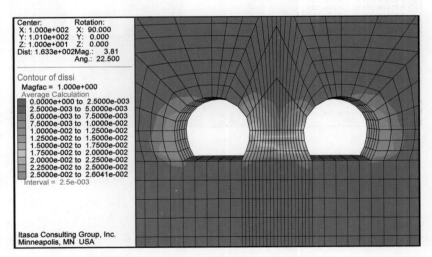

图 9-76　t_2 时刻能量耗散率云图

图 9-77 和图 9-78 分别为 t_1 和 t_2 时刻表征损伤效应的内变量 χ 的云图。由此可见，t_1 时刻内变量 χ 不仅量值小且范围主要集中在洞室边壁，说明岩体几乎处于无损状态，

图 9-75 中的能量耗散来自于变形类内变量(即内变量 γ 和 λ)的调整。由图 9-78 可知,t_2 时刻岩体受损程度和范围明显扩大,且主要集中在洞间岩柱体内,即图 9-76 中能量耗散剧烈的区域。

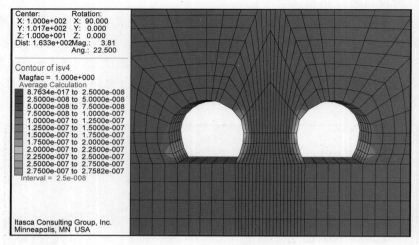

图 9-77　t_1 时刻内变量 χ 云图

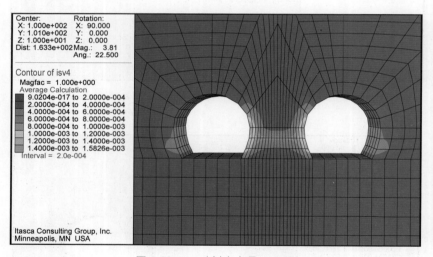

图 9-78　t_2 时刻内变量 χ 云图

　　由此可见,$t_1 \sim t_2$ 时刻,结构虽然处于恒定演化阶段,短时间内不会出现整体失稳,但该时段内岩体损伤却不断发展,为后面结构整体失稳埋下隐患。从 t_2 时刻起,洞室岩柱内"损伤区"贯通,使得结构整体偏离平衡态演化而趋于失稳。为了保证结构稳定,必须在损伤演化发展过程中完成加固。$t_1 \sim t_2$ 时段内任意时刻完成有效的加固和支护均可以保证结构稳定。最早可在 t_1 时刻完成支护,此时岩体几乎无损,完整性好,支护和加固可能相对容易;更重要的是,经过充分变形的围岩在此时所需的加固力较小。不过,t_1 时刻仅为开挖完成后 1.38d,给加固支护的施工准备时间较短,且可能会对其他施工过程造成影响。最迟在 t_2 时刻完成支护,此时为开挖完成 34.7d,可有大量时间做施工准备;不过此时的岩体已受损严重,支护处理也必定更加困难。因此,理想的加固支护时间应该是 $t_1 \sim t_2$ 时段内某时刻,该时刻的岩体受损程度和范围不大,且能保证充足的施工准备时间。

参考文献

[1] 陈帅宇.大型洞室群的稳定及优化分析和三维可视化的研究[D].北京:清华大学,2003.

[2] 徐平,陈代华.水布垭枢纽地下厂房围岩稳定三维弹塑性分析[J].长江科学院院报,1999,16(1):48-51.

[3] 徐卫亚,谢守益,罗先启,等.水布垭地下厂房围岩应力分析研究[J].勘察科学技术,1999(4):33-36.

[4] 李昌彩,王云清,谢军兵.清江水布垭导流洞工程开挖方案分析[J].岩石力学与工程学报,2002,21(7):1068-1071.

[5] 丁秀丽,盛谦,邬爱清,等.水布垭枢纽地下厂房施工开挖与加固的数值模拟[J].岩石力学与工程学报,2002,21(S1):2162-2167.

[6] LIU Y R, HOU S K, LI C Y, et al. Study on support time in double-shield TBM tunnel based on self-compacting concrete backfilling material[J]. Tunnelling and underground space technology,2020,96:103212.

[7] 周浩文.深埋隧洞双护盾TBM三维仿真及支护时机研究[D].北京:清华大学,2018.

[8] 尚彦军,杨志法,曾庆利,等.TBM施工遇险工程地质问题分析和失误的反思[J].岩石力学与工程学报,2007,26(12):2404-2411.

[9] 刘丽萍.全断面掘进机(TBM)施工中豆砾石回填灌浆技术[J].水利水电技术,2012,43(6):63-66.

[10] 王明友,侯少康,刘耀儒,等.TBM豆砾石回填灌浆密实度对支护效果的影响研究[J].隧道建设(中英文),2020,40(3):326-336.

[11] RAMONI M, ANAGNOSTOU G. On the feasibility of TBM drives in squeezing ground[J]. Tunnelling and underground space technology kncorporating trenchless technology research,2006,21(3-4):262-262.

[12] ZHAO K, JANUTOLO M, BARLA G. A completely 3D model for the simulation of mechanized tunnel excavation[J]. Rock mechanics and rock engineering,2012,45(4):475-497.

[13] HASANPOUR R, ROSTAMI J, BARLA G. Impact of advance rate on entrapment risk of a double-shielded TBM in squeezing ground[J]. Rock mechanics and rock engineering, 2015, 48(3):1115-1130.

[14] 程建龙,杨圣奇,杜立坤,等.复合地层中双护盾TBM与围岩相互作用机制三维数值模拟研究[J].岩石力学与工程学报,2016,35(3):511-523.

[15] AN X, WU Q, JIN F, et al. Rock-filled concrete,the new norm of SCC in hydraulic engineering in China[J]. Cement and concrete composites,2014,54:89-99.

[16] 孙金山,卢文波,苏利军.双护盾TBM在软弱地层中的掘进模式选择[J].岩石力学与工程学报,2007,26(S2):3668-3673.

[17] BARLA G, ZHAO K, JANUTOLO M. 3D advanced modelling of TBM excavation in squeezing rock condition[C]//Proceedings of First Asian and Ninth Iranian Tunnel Symposium,2011.

[18] 安雪晖,金峰,石建军.自密实混凝土充填堆石体试验研究[J].混凝土,2005(1):3-6,42.

[19] 金峰,安雪晖,石建军,等.堆石混凝土及堆石混凝土大坝[J].水利学报,2005,36(11):1347-1352.

[20] 徐秉业,刘信声.应用弹塑性力学[M].北京:清华大学出版社,1995.

[21] RAMONI M, ANAGNOSTOU G. Tunnel boring machines under squeezing conditions[J]. Tunnelling and underground space technology,2010,25(2):139-157.

[22] 刘泉声,黄兴,刘建平,等.深部复合地层围岩与TBM的相互作用及安全控制[J].煤炭学报,2015,

40(6)：1213-1224.

[23] 黄兴,刘泉声,彭星新,等.引大济湟工程 TBM 挤压大变形卡机计算分析与综合防控[J].岩土力学,2017,38(10)：2962-2972.

[24] CANTIENI L,ANAGNOSTOU G. The effect of the stress path on squeezing behavior in tunnelling [J]. Rock mechanics and rock engineering,2009,42(2)：289-318.

[25] VLACHOPOULOS N,DIEDERICHS M S. Improved longitudinal displacements profiles for convergence confinement analysis of deep tunnel[J]. Rock mechanics and engineering,2009,42(2)：131-146.

[26] BARLA G. Squeezing rocks in tunnels[J]. ISRM news journal,1995,3(4)：44-49.

[27] ZHANG L,LIU Y R,YANG Q. A creep model with damage based on internal variable theory and its fundamental properties[J]. Mechanics of materials,2014,78：44-55.

[28] 张泷.基于内变量热力学的流变模型及岩体结构长期稳定性研究[D].北京：清华大学,2015.

[29] LI C Y,HOU S K,LIU Y R,et al. Analysis on the crown convergence deformation of surrounding rock for double-shield TBM tunnel based on advance borehole monitoring and inversion analysis[J]. Tunnelling and underground space technology,2020,103：103513.

[30] DENG J Q,YANG Q,LIU Y R,et al. Stability evaluation and failure analysis of rock salt gas storage caverns based on deformation reinforcement theory[J]. Computers and geotechnics,2015,68：147-160.

[31] DENG J Q,LIU Y R,YANG Q,et al. A viscoelastic,viscoplastic,and viscodamage constitutive model of salt rock for underground energy storage cavern[J]. Computers and geotechnics,2020,119：103288.

[32] ZHANG L,LIU Y R,YANG Q. Study on time-dependent behavior and stability assessment of deep-buried tunnels based on internal state variable theory[J]. Tunnelling and underground space technology,2016,51：164-174.